Lineare Algebra 2

Stefan Waldmann

Lineare Algebra 2

Anwendungen und Konzepte für
Studierende der Mathematik und Physik

2. Auflage

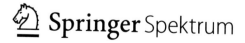 Springer Spektrum

Stefan Waldmann
Institut für Mathematik
Universität Würzburg
Würzburg, Deutschland

ISBN 978-3-662-63638-1   ISBN 978-3-662-63639-8   (eBook)
https://doi.org/10.1007/978-3-662-63639-8

Die Deutsche Nationalbibliothek verzeichnet diese Publikation in der Deutschen Nationalbibliografie;
detaillierte bibliografische Daten sind im Internet über http://dnb.d-nb.de abrufbar.

Springer Spektrum

Planung/Lektorat: Lisa Edelhäuser
Springer Spektrum ist ein Imprint der eingetragenen Gesellschaft Springer-Verlag GmbH, DE und ist ein
Teil von Springer Nature.
Die Anschrift der Gesellschaft ist: Heidelberger Platz 3, 14197 Berlin, Germany

Für meine Lieben:
 Robert, Sonja, Richard, Silvia und Viola

Vorwort

Die kanonischen Themen der linearen Algebra umfassen typischerweise eine kurze Einführung in die Theorie der Gruppen, Ringe und Körper, eine ausführlichere Diskussion von Vektorräumen und linearen Abbildungen, Determinanten und Matrizen, sowie Normalformen, Eigenwerttheorie und eine erste Einführung in die Theorie der euklidischen und unitären Vektorräume. Diese Themen sind wohl in allen gängigen Lehrbüchern zur linearen Algebra wie etwa [5, 6, 8, 22–26, 28, 38] zu finden und können gut in (vielleicht etwas mehr als) einem Semester bewältigt werden. Es bleibt aber meistens dem Dozenten überlassen, die restliche Zeit des typischerweise zweisemestrigen Kurses zur linearen Algebra zu füllen. Einige Lehrbücher bieten hier weiterführende Themen an, andere bieten lediglich das Material für den Grundstock und lassen der Dozentin die Wahl.

Die möglichen Themen sind dabei sehr vielfältig: Man kann versuchen, die theoretischen Aspekte der linearen Algebra weiter zu vertiefen und beispielsweise die Theorie der Moduln über Ringen vorbereiten als erste Verallgemeinerung der Vektorräume über Körpern. Andererseits kann man auch stärker in Richtung von Anwendungen, beispielsweise in der Numerik, gehen und hier erste numerische Verfahren diskutieren, mit denen Problemstellungen der linearen Algebra wie etwa das Finden der Normalformen angegangen werden können. Dazwischen sind selbstverständlich unzählige andere Optionen möglich. Zudem existieren an vielen Universitäten neben dem klassischen Bachelor in Mathematik sowie den Lehramtsstudiengängen auch weitere, spezialisierte Bachelor-Studiengänge wie Wirtschaftsmathematik oder mathematische Physik. Hier gilt es also auch abzuwägen, welches Klientel in der zweiten Hälfte einer linearen Algebra mit welchen Themen angesprochen werden soll.

Aufbauend auf dem ersten Band zur linearen Algebra [37] liefert der vorliegende zweite Band hier nun einen Vorschlag, wie die restliche Zeit einer zweisemestrigen Vorlesung genutzt werden kann:

Zum einen sollen wichtige Anwendungen aufzeigen, wie Techniken der linearen Algebra genutzt werden können, um mathematische Probleme jenseits ihres eigentlichen Wirkungskreises zu lösen. Hier fiel die Wahl auf die Lösungstheorie von gewöhnlichen linearen Differentialgleichungen mit konstanten Koeffizienten, welche durch geeignete Matrix-Exponentiation leicht gelöst werden können. Die Bedeutung dieser Anwendung ist kaum zu überschätzen. Innerhalb der Mathematik handelt es sich um die erste wichtige Klasse von Differentialgleichungen, für die eine einfache und geschlossene Lösungstheorie vorhanden ist. Die Diskussion der Exponentialfunktion für Matrizen ist weiter ein erster Ausblick auf die Theorie der Matrix-Lie-Gruppen und ihrer Lie-Algebren. Aber auch außerhalb der Mathematik sind die Anwendungen vielfältig. Hier werden vor allem die Anwendungen in der mathematischen Physik der harmonischen Schwingungen in der Vordergrund gestellt.

Zum anderen sollen die abstrakteren Techniken der linearen Algebra verfeinert werden: Als erstes Thema in diesem Kontext werden verschiedene Quotientenkonstruktionen betrachtet. Oftmals werden Quotientenvektorräume lediglich kurz definiert und schnell abgehandelt. Im Kontrast dazu sollen sie hier nun in einem eigenen Kapitel als eine von vielen Quotientenkonstruktionen auftreten, welches die universelle Bedeutung von Äquivalenzklassen und Quotienten herausstellen soll. Diese Sichtweise ist in fast allen Bereichen der Mathematik von großem Belang und bereitet Studierenden nur allzu oft Schwierigkeiten, wenn es etwa zu Fragen nach Wohldefiniertheit kommt. Durch die intensive Beschäftigung mit Quotienten von verschiedener Natur soll hier eine solide Grundlage geschaffen werden, die es erlaubt, auch in weiterführenden Vorlesungen dieses wichtige Thema unbeschwert angehen zu können.

Das Herzstück dieses zweiten Bandes zur linearen Algebra ist das Kapitel zu multilinearen Abbildungen und Tensorprodukten. Die Wahl fiel hierbei recht leicht, da dieses Thema in den meisten Lehrbüchern zur linearen Algebra nur sehr kurz oder überhaupt nicht zur Sprache kommt. Lediglich in weiterführenden Büchern wie etwa [16] findet man eine angemessene Darstellung dieses in so vielen Bereichen der Mathematik wichtigen Themas. Die Bedeutung der multilinearen Algebra und des Tensorprodukts lässt sich im Hinblick auf weiterführende Vorlesungen kaum überschätzen: In der homologischen Algebra, der algebraischen Topologie, der Differentialgeometrie, der Algebra, aber eben auch in angewandteren Themen der Funktionalanalysis und nicht zuletzt in der Quanteninformationstheorie werden Tensorprodukte als zentrale Technik benötigt. Daher werden die Tensorprodukte, ihre universellen Eigenschaften, sowie resultierende Konstruktionen detailliert besprochen. Im Hinblick auf Anwendungen in der Physik (aber auch in der Differentialgeometrie) darf eine Diskussion des Indexkalküls nicht fehlen. Auch wenn dies sicherlich nicht die beste Art darstellt, mit Tensoren zu arbeiten, muss man diese Herangehensweise doch gesehen haben, um viele der zum Teil auch älteren Arbeiten später lesen zu können. Das Kapitel endet dann mit einer Diskussion der Tensoralgebra sowie der symmetrischen Algebra und der Grassmann-Algebra.

Als letztes großes Thema werden nun Bilinearformen erneut diskutiert. Im ersten Band wurden hier bereits einige Grundlagen gelegt, um dann schnell zu den positiv definiten Bilinearformen, also den Skalarprodukten auf reellen Vektorräumen, zu kommen. Nun werden Bilinearformen über beliebigen Körpern betrachtet und verschiedene Normalformen diskutiert, was im symmetrischen und reellen Fall zum Begriff der Signatur führt, im antisymmetrischen Fall zum linearen Darboux-Theorem. Der antisymmetrische Fall wurde hier bewusst sehr ausführlich dargestellt, um einige Grundlagen für weiterführende Vorlesungen etwa zur symplektischen Geometrie zu bieten. Abschließend werden erste Ergebnisse zu quadratischen Funktionen und Quadriken vorgestellt. Dies ist jedoch nur als ein Ausblick zu sehen, da eine weiterführende Diskussion entweder in der Differentialgeometrie oder der algebraischen Geometrie erfolgt, je nach dem, ob metrische Aspekte berücksichtigt werden sollen oder nicht.

Jedes Kapitel enthält eine Vielzahl von Übungsaufgaben (insgesamt über 100), welche den Studierenden ermöglichen sollen, die erlernten Techniken zu benutzen und zu vertiefen: Wie immer so gilt es auch hier, dass man Mathematik nicht durch Zuschauen lernen kann. Nur wer selbst Hand anlegt, kann am Ende einen Erfolg erzielen. Wie auch schon in Band 1 gibt es zahlreiche Hinweise zu den Übungen, die explizite Lösungen überflüssig machen sollten. Weiter gibt es wieder Übungen zum Erstellen von Übungen, in denen diskutiert wird, wie man geschickte Zahlenbeispiele konstruiert. Abschließend gibt es immer eine Übung zum Beweisen oder Widerlegen, wo schnelle und einfache Argumente und Gegenbeispiele gefunden werden sollen.

Etwaige Unklarheiten sowohl zum Haupttext als auch zu den Übungen werde ich auf meiner Homepage

    https://www.mathematik.uni-wuerzburg.de/mathematicalphysics

kontinuierlich klarstellen. Kommentare hierzu sind selbstverständlich sehr willkommen.

Wie schon beim ersten Band haben auch bei diesem Buch viele Kolleginnen und Kollegen auf verschiedene Weise zum Gelingen beigetragen. Zunächst möchte ich Josias Reppekus danken, der bei den ersten Versionen des Manuskripts beim Schreiben der LaTeX-Dateien tatkräftig geholfen hat. Weiter gilt mein Dank Bas Janssen und Christoph Zellner in Erlangen für die Hilfe beim Erstellen der Übungen zur Vorlesung, die ich im Sommersemester 2013 so das erste Mal gehalten habe. Viele der Übungsaufgaben haben ihren Weg in dieses Buch gefunden. Meinen Kollegen Peter Fiebig und Karl-Hermann Neeb in Erlangen gebührt ebenfalls großer Dank für die vielen Diskussionen und Ideen zum Halten einer Vorlesung über lineare Algebra. Beim zweiten Durchgang im Sommersemester 2016, nun in Würzburg, halfen mir vor allem Chiara Esposito, Thorsten Reichert, Jonas Schnitzer, Matthias Schötz und Thomas Weber mit vielen neuen Übungen sowie mit weitreichenden Vorschlägen und Kommentaren zum Manuskript. Dem Team des Springer-Verlags sei an dieser Stelle ebenfalls für die Betreuung des ganzen zweibändigen Projekts herzlich gedankt.

Der meiste Dank gilt natürlich meiner Familie: Ohne die Unterstützung meiner Kinder wie auch meiner Frau Viola wäre dieses Projekt unmöglich gewesen.

Würzburg, Juli 2016   *Stefan Waldmann*

Vorwort zur zweiten Auflage

Erfreulicherweise gibt es nun auch für diesen zweiten Band eine neue Auflage mit der damit verbundenen Chance, Fehler, Ungenauigkeiten und Auslassungen der ersten Auflage zu korrigieren. Hier haben mir viele Kolleginnen, Kollegen und Studierende der Mathematik Hinweise und Verbesserungsvorschläge gegeben, die ich nun versucht habe, einfließen zu lassen. Gleichzeitig habe ich den gesamten Text deutlich überarbeitet und an verschiedenen Stellen ausgebaut. Insbesondere konnte ich etliche neue Übungen sowie einen neuen kleinen Anhang zur Sprache der Kategorien und Funktoren hinzufügen. Dieser Anhang stellt selbstverständlich keine eigenständige Einführung zur Kategorientheorie dar. Vielmehr soll er das Interesse wecken, sich mit dieser modernen und weit in der Mathematik Anwendung findenden Sprache auseinander zu setzen.

Den vielen Leserinnen und Lesern der ersten Auflage, die mir zahlreiche Hinweise gegeben haben, sei an dieser Stelle herzlich gedankt. Marvin Dippell und Felix Menke möchte ich für ihre zahlreichen Hinweise und Vorschläge insbesondere zum neuen Anhang danken. Dem Team vom Springer-Verlag gebührt ebenfalls großer Dank für die Begleitung bei diesem Buchprojekt. Meine Familie war mir wie immer die wichtigste Unterstützung, wofür ich mich hier besonders bedanken möchte.

Würzburg, Mai 2021   *Stefan Waldmann*

Inhaltsverzeichnis

Symbolverzeichnis

$\mathbb{N}$, $\mathbb{N}_0$	Natürliche Zahlen und natürliche Zahlen mit Null
$\mathbb{Z}$	Ring der ganzen Zahlen
$\mathbb{Q}$, $\mathbb{R}$, $\mathbb{C}$	Körper der rationalen, reellen und komplexen Zahlen
$(G, \cdot, 1)$	Multiplikativ geschriebene Gruppe
$(G, +, 0)$	Additiv geschriebene (abelsche) Gruppe
$\boldsymbol{n}$	Menge der ersten n natürlichen Zahlen
$S_n = \mathrm{Bij}(\boldsymbol{n})$	Permutationsgruppe (symmetrische Gruppe)
$\mathbb{Z}_p$	Zyklische Gruppe der Ordnung p
0, 1	Additiv bzw. multiplikativ geschriebene triviale Gruppe
$\vec{a} \times \vec{b}$	Kreuzprodukt für Vektoren $\vec{a}, \vec{b} \in \mathbb{R}^3$
$\ker \phi$, $\operatorname{im} \phi$	Kern und Bild von ϕ
$\mathsf{R}[x]$	Polynomring mit Koeffizienten in Ring R
$\deg(p)$	Grad eines Polynoms p
$\operatorname{char}(\Bbbk)$	Charakteristik eines Körpers $\Bbbk$
δ_{ab}	Kronecker-Symbol
$\mathrm{Abb}_0(M, \Bbbk)$	Abbildungen mit endlichem Träger
$v = \sum_{b \in B} v_b b$	Basisdarstellung von Vektor $v \in V$
$\dim V$	Dimension des Vektorraums V
$\prod_{i \in I} V_i$	Kartesisches Produkt von Vektorräumen
$\bigoplus_{i \in I} V_i$	Direkte Summe von Vektorräumen
$\Bbbk^B$	Kartesisches Produkt von B Kopien von $\Bbbk$
$\Bbbk^{(B)}$	Direkte Summe von B Kopien von $\Bbbk$

$\mathrm{Hom}(V, W)$	Lineare Abbildungen (Homomorphismen) von V nach W
$\mathrm{rank}\,\Phi$	Rang der linearen Abbildung Φ
${}_B[v] \in \Bbbk^{(B)}$	Koordinaten von v bezüglich einer Basis B
${}_B[\Phi]_A$	Matrix der linearen Abbildung Φ bezüglich der Basen A und B
$\Bbbk^{(B) \times A}$	$B \times A$-Matrizen mit Endlichkeitsbedingung
$\mathrm{M}_{n \times m}(\Bbbk),\ \mathrm{M}_n(\Bbbk)$	$n \times m$-Matrizen, $n \times n$-Matrizen über $\Bbbk$
$\mathrm{GL}_n(\Bbbk) = \mathrm{M}_n(\Bbbk)^\times$	Allgemeine lineare Gruppe
E_{ij}	(i, j)-Elementarmatrix
$\mathrm{diag}(\lambda_1, \ldots, \lambda_n)$	Diagonalmatrix mit Diagonaleinträgen $\lambda_1, \ldots, \lambda_n$
A^T	Transponierte Matrix zu A
$V^* = \mathrm{Hom}(V, \Bbbk)$	Dualraum von V
$b^* \in V^*$	Koordinatenfunktional zum Basisvektor $b \in B \subseteq V$.
Φ^*	Duale (transponierte) Abbildung zu Φ
$\iota\colon V \longrightarrow V^{**}$	Kanonische Einbettung in den Doppeldualraum
$[A, B] = AB - BA$	Kommutator von A und B
$\mathrm{SL}_n(\Bbbk)$	Spezielle lineare Gruppe
$\chi_A(x) = \det(A - x\mathbb{1})$	Charakteristisches Polynom von A
$\mathrm{tr}(A)$	Spur von A
$A = A_\mathrm{S} + A_\mathrm{N}$	Jordan-Zerlegung in halbeinfachen und nilpotenten Teil
$A = \sum_{i=1}^k \lambda_i P_i$	Spektraldarstellung von A
$\mathrm{spec}(A)$	Spektrum von A
$\mathbb{K}$	Alternativ $\mathbb{R}$ oder $\mathbb{C}$
$\langle\,\cdot\,,\,\cdot\,\rangle$	Inneres Produkt, Skalarprodukt
$\flat\colon V \longrightarrow V^*$	Musikalischer Homomorphismus bezüglich $\langle\,\cdot\,,\,\cdot\,\rangle$
$\mathrm{Bil}(V)$	Bilinearformen auf V
$[\langle\,\cdot\,,\,\cdot\,\rangle]_{B,B}$	Matrix der Bilinearform $\langle\,\cdot\,,\,\cdot\,\rangle$ bezüglich einer Basis B
$\|\cdot\|$	Norm
$U^\perp$	Orthogonalkomplement der Teilmenge $U \subseteq V$
$v = v_\parallel + v_\perp$	Orthogonale Zerlegung von v
P_U	Orthogonalprojektor auf U
$\mathrm{O}(n),\ \mathrm{U}(n)$	Orthogonale und unitäre Gruppe

$\mathrm{SO}(n)$, $\mathrm{SU}(n)$	Spezielle orthogonale und spezielle unitäre Gruppe
A^*	Adjungierte Abbildung von A
$\sharp$	Inverses des musikalischen Isomorphismus $\flat$
$\sqrt{A}$	Positive Wurzel von positivem A
$|A|$, A_+, A_-	Absolutbetrag, Positivteil und Negativteil von A
$\|A\|$, $\|A\|_2$	Operatornorm und Hilbert-Schmidt-Norm von A
$\dot{x}(t)$, $\ddot{x}(t)$, $x^{(k)}(t)$	Erste, zweite und k-te Ableitung von x nach t
$\exp\colon \mathrm{M}_n(\mathbb{K}) \longrightarrow \mathrm{M}_n(\mathbb{K})$	Exponentialabbildung für Matrizen
$\mathrm{Sym}_n(\mathbb{K})$	Selbstadjungierte $n \times n$-Matrizen
$\mathrm{Sym}_n^+(\mathbb{K})$	Positiv definite $n \times n$-Matrizen
$\mathfrak{sl}_n(\mathbb{K})$	Spurfreie $n \times n$-Matrizen
$\mathfrak{so}(n)$	Reelle schiefsymmetrische $n \times n$-Matrizen
$\mathfrak{u}(n)$	Anti-Hermitesche $n \times n$-Matrizen
$\mathfrak{su}(n)$	Spurfreie anti-Hermitesche $n \times n$-Matrizen
$R(\alpha, \vec{n})$	Drehmatrix um Achse $\vec{n} \in \mathbb{R}^3$ um Winkel α
$\sim$	Äquivalenzrelation
$[x] = \mathrm{pr}(x)$	Äquivalenzklasse von x
$\mathrm{pr}\colon M \longrightarrow M/\!\sim$	Quotientenabbildung
$\sim_F$	Kernrelation von Abbildung F
G/H	Quotientengruppe
$p\mathbb{Z}$	Ganzzahlige Vielfache von p
R/J	Quotientenring (Faktorring)
V/U	Quotientenvektorraum
$\mathrm{codim}\, U$	Kodimension eines Unterraums U
U^{ann}	Annihilator eines Unterraums U
$\mathrm{Hom}_\mathsf{f}(V, W)$	Homomorphismen mit endlich-dimensionalem Bild
$\mathrm{End}_\mathsf{f}(V)$	Endomorphismen mit endlich-dimensionalem Bild
$\mathrm{coker}\, \phi$	Kokern einer linearen Abbildung
$\mathrm{Hom}(V_1, \ldots, V_k; W)$	Multilineare Abbildungen $V_1 \times \cdots \times V_k \longrightarrow W$
$\Psi \circ_k \Phi$	Verkettung an k-ter Stelle
$\mathrm{i}_\ell(v)\Phi$	Einsetzung an ℓ-ter Stelle
$_B[\Phi]_{A_1,\ldots,A_k}$	Basisdarstellung von multilinearer Abbildung
$V_1 \otimes \cdots \otimes V_k$	Tensorprodukt von Vektorräumen

$\otimes$	Tensorprodukt von Vektoren, Abbildungen
$\tau\colon V\otimes W\longrightarrow W\otimes V$	Kanonische Flip-Abbildung
$\Theta\colon W\otimes V^*\longrightarrow \mathrm{Hom}_{\mathrm{f}}(V,W)$	Kanonischer Isomorphismus
$\mathrm{ev}\colon V\otimes V^*\longrightarrow \Bbbk$	Kanonische Evaluation (Spur)
$\mathrm{T}^k(V)=V^{\otimes k}$	Kontravariante Tensorpotenzen von V
$\mathrm{T}_\ell(V)=\mathrm{T}^\ell(V^*)$	Kovariante Tensorpotenzen von V
$\mathrm{T}^k_\ell(V)$	Gemischte Tensoren vom Typ $\binom{k}{\ell}$
$\sigma\triangleright$	Permutationswirkung auf $V^{\otimes k}$
$\mathrm{Sym}_k,\mathrm{Alt}_k$	Symmetrisator und Antisymmetrisator auf $V^{\otimes k}$
$\mathrm{S}^k(V)\subseteq \mathrm{T}^k(V)$	Symmetrische Tensoren
$\Lambda^k(V)\subseteq \mathrm{T}^k(V)$	Antisymmetrische Tensoren
$\mathscr{A}$	Assoziative Algebra
$\mathscr{A}/\mathscr{J}$	Quotientenalgebra
$\mathrm{T}^\bullet(V)$	Tensoralgebra über V
$\vee,\wedge$	Symmetrisches und antisymmetrisches Tensorprodukt
$\mathrm{S}^\bullet(V)$	Symmetrische Algebra über V
$\Lambda^\bullet(V)$	Grassmann-Algebra über V
ϕ^*,ϕ_*	Pull-back und push-forward
$\deg,\deg_{\mathrm{s}},\deg_{\mathrm{a}}$	Gradabbildungen von $\mathrm{T}^\bullet(V)$, $\mathrm{S}^\bullet(V)$ und $\Lambda^\bullet(V)$
$\ker h,\mathrm{rank}\,h$	Kern und Rang einer Bilinearform h
$\mathrm{Bil}_\pm(V)$	Symmetrische und antisymmetrische Bilinearformen
$\eta_{r,s}$	Kanonisches inneres Produkt mit Signatur (r,s)
$\mathrm{O}(r,s;\mathbb{R})$	Pseudoorthogonale Gruppe
$\mathrm{L}(1,n)=\mathrm{O}(1,n;\mathbb{R})$	Lorentz-Gruppe
$\mathrm{U}(r,s)$	Pseudounitäre Gruppe
$\mathrm{SU}(r,s)$	Spezielle pseudounitäre Gruppe
(V,ω)	Symplektischer Vektorraum
$\mathrm{Sp}(V,\omega),\mathrm{Sp}(2n,\Bbbk)$	Symplektische Gruppe
Ω_{can}	Kanonische symplektische Matrix
$(V_{\mathrm{red}},\omega_{\mathrm{red}})$	Reduzierter symplektischer Vektorraum
T_v	Translation um $v\in V$
$Q(f,\lambda)=f^{-1}(\{\lambda\})$	Quadrik zur quadratischen Funktion f zu $\lambda\in\Bbbk$

Kapitel 1
Lineare Differentialgleichungen und die Exponentialabbildung

In diesem kleinen Kapitel wollen wir eine erste Klasse von Anwendungen diskutieren, die in vielen Bereichen der Mathematik sowie in den Naturwissenschaften von zentraler Bedeutung ist: die Lösungstheorie linearer Differentialgleichungen. Selbstverständlich ist dies ein viel zu weites Feld, als dass man es in kurzer Zeit und mit geringem Aufwand angemessen vorstellen könnte. Unsere Darstellung bleibt daher notwendigerweise unvollständig und oberflächlich, zur Vertiefung sei auf die weiterführende Literatur wie beispielsweise [17–19] verwiesen. Es soll hier vielmehr dargelegt werden, wie diejenigen Techniken der linearen Algebra, die wir bisher entwickelt haben, eingesetzt werden können, um in anderen Bereichen der Mathematik weitreichende Aussagen treffen zu können. Als neues und wesentliches Hilfsmittel werden wir hierfür die Exponentialfunktion auf Matrizen ausdehnen und einige ihrer Eigenschaften studieren.

1.1 Lineare Differentialgleichungen

In vielen Bereichen der Naturwissenschaften und vornehmlich in der Physik werden vielfältige Fragestellungen durch *gewöhnliche Differentialgleichungen* modelliert. Hier ist eine eventuell vektorwertige Funktion $x \colon \mathbb{R} \longrightarrow \mathbb{R}^d$ einer Variablen t gesucht, die eine Gleichung der Form

$$F\left(x^{(n)}(t), x^{(n-1)}(t), \ldots, \dot{x}(t), x(t), t\right) = 0 \qquad (1.1.1)$$

erfüllen soll, wobei $x^{(k)}$ die k-te Ableitung von x bezeichnet und

$$F \colon \underbrace{\mathbb{R}^d \times \cdots \times \mathbb{R}^d}_{n+2} \times \mathbb{R} \longrightarrow \mathbb{R}^m \qquad (1.1.2)$$

© Springer-Verlag GmbH Deutschland, ein Teil von Springer Nature 2022
S. Waldmann, *Lineare Algebra 2*, https://doi.org/10.1007/978-3-662-63639-8_1

eine eventuell ebenfalls vektorwertige Funktion von $n + 2$ Argumenten ist. Dies ist noch eine recht allgemeine und unspezifische Form, welche wir im Folgenden mathematisch präzisieren müssen. *Gewöhnlich* soll in diesem Zusammenhang bedeuten, dass wir nur eine Variable t haben, nach der differenziert wird. *Partielle* Differentialgleichungen sind dann solche, in denen Ableitungen nach mehreren Variablen auftreten. Erwartungsgemäß ist ihr Studium erheblich komplizierter.

Wir beginnen zur Orientierung mit einigen Beispielen:

Beispiel 1.1 (Freie Bewegung und die Newtonsche Bewegungsgleichung). Wir betrachten ein Teilchen der Masse $m > 0$, welches sich im Anschauungsraum bewegen kann. Die Position des Teilchens zur Zeit t ist dann also ein Punkt $\vec{x}(t) \in \mathbb{R}^3$, womit wir die *Bahnkurve* des Teilchens als Abbildung

$$\vec{x} \colon \mathbb{R} \longrightarrow \mathbb{R}^3 \qquad (1.1.3)$$

auffassen können. Die *Geschwindigkeit* des Teilchens zur Zeit t ist dann durch die Ableitung

$$\dot{\vec{x}}(t) = \frac{\mathrm{d}\vec{x}(t)}{\mathrm{d}t} \qquad (1.1.4)$$

gegeben, während die *Beschleunigung* die zweite Ableitung

$$\ddot{\vec{x}}(t) = \frac{\mathrm{d}^2\vec{x}(t)}{\mathrm{d}t^2} \qquad (1.1.5)$$

ist. Unterliegt das Teilchen keinen äußeren Kräften, so lehrt die Newtonsche Mechanik, dass die Bewegung durch die Differentialgleichung

$$\ddot{\vec{x}}(t) = 0 \qquad (1.1.6)$$

festgelegt wird. Liegen dagegen äußere Kräfte vor, und bezeichnen wir die Kraft zur Zeit t mit $\vec{F}(t)$, so gilt allgemeiner die *Newtonsche Bewegungsgleichung*

$$m\ddot{\vec{x}}(t) = \vec{F}(t). \qquad (1.1.7)$$

Wir haben also in beiden Situationen eine Differentialgleichung vorliegen, für (1.1.7) müssen wir natürlich noch die genaue Form der Kraft $\vec{F}(t)$ spezifizieren, um eine tatsächliche physikalische Situation beschreiben zu können.

Beispiel 1.2 (Harmonischer Oszillator I). Eine speziellere Situation der Bewegung ist der harmonische Oszillator. Hier betrachtet man eine Kraft, die zum einen einen Anteil hat, der proportional zur Auslenkung, also zur Position $\vec{x}(t)$ des Teilchens ist. Zum anderen soll es einen Anteil geben, der proportional zur Geschwindigkeit $\dot{x}(t)$ ist. Das Modell für diese Situation ist daher die Differentialgleichung

$$m\ddot{\vec{x}}(t) + \varrho\dot{\vec{x}}(t) + D\vec{x}(t) = 0, \qquad (1.1.8)$$

wobei $m > 0$ wieder die Masse des Teilchens und $\varrho, D \in \mathbb{R}$ Parameter des Modells sind. Die physikalische Interpretation des Terms $\varrho\dot{\vec{x}}$ ist die einer Reibungskraft, da sie eine Beschleunigung entgegen der aktuellen Geschwindigkeit hervorruft, sofern $\varrho \geq 0$. Die Bedeutung von $D > 0$ ist die einer Federkonstante, da dieser Term eine Kraft entgegen der Richtung der Auslenkung $\vec{x}$ bewirkt. Alternativ können wir (1.1.8) auch nur für eine skalare Funktion

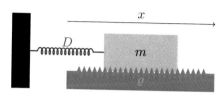

Abb. 1.1 Eindimensionaler harmonischer Oszillator mit Reibung

$x\colon \mathbb{R} \longrightarrow \mathbb{R}$ wie etwa in Abb. 1.1 oder auch für einen n-komponentigen Vektor $x\colon \mathbb{R} \longrightarrow \mathbb{R}^n$ betrachten. Auf diese Weise erhält man eine Spielart des n-dimensionalen harmonischen Oszillators.

Die Theorie der Differentialgleichungen von Typ (1.1.1) oder auch (1.1.7) ist im Allgemeinen noch sehr kompliziert, und ohne die Funktion F beziehungsweise die Kraft $\vec{F}$ zu spezifizieren, lässt sich nur wenig über die Lösungen von (1.1.1) oder (1.1.7) in Erfahrung bringen. Die freie Bewegung (1.1.6) oder etwas allgemeiner der harmonische Oszillator (1.1.8) erlauben dagegen eine viel übersichtlichere Theorie, da die gesuchte Funktion und ihre Ableitungen *linear* auftreten. Diese Beobachtung führt zu folgender spezielleren Klasse von Differentialgleichungen:

Definition 1.3 (Lineare Differentialgleichung). Seien $k, n \in \mathbb{N}$. Eine gewöhnliche lineare Differentialgleichung k-ter Ordnung in n Dimensionen ist eine Differentialgleichung der Form

$$A_k(t)x^{(k)}(t) + A_{k-1}(t)x^{(k-1)}(t) + \cdots + A_1(t)\dot{x}(t) + A_0(t)x(t) = 0, \quad (1.1.9)$$

wobei $A_0, A_1, \ldots, A_k\colon \mathbb{R} \longrightarrow \mathrm{M}_n(\mathbb{R})$ vorgegebene matrixwertige Funktionen sind und $x\colon \mathbb{R} \longrightarrow \mathbb{R}^n$ die gesuchte vektorwertige Funktion ist. Sind die Funktionen $A_0, \ldots, A_k$ sogar konstant, so spricht man von einer gewöhnlichen linearen Differentialgleichung mit konstanten Koeffizienten. Eine Lösung von (1.1.9) ist eine $\mathscr{C}^k$-Funktion

$$x\colon \mathbb{R} \longrightarrow \mathbb{R}^n, \quad (1.1.10)$$

für welche (1.1.9) für alle $t \in \mathbb{R}$ gilt.

Bemerkung 1.4. Dass wir nach Lösungen suchen, die k-mal stetig differenzierbar sind, ist sicherlich durch das Problem (1.1.9) nahegelegt. Es sind aber auch andere (schwächere) Forderungen denkbar, wo etwa (1.1.9) nicht punktweise für alle $t \in \mathbb{R}$, sondern nur in einem geeigneten maßtheoretischen Sinne fast überall gelten sollte. Schließlich befasst sich die Distributionentheorie mit Lösungen gänzlich anderer Natur: Hier können bei geeigneter Interpretation der Ableitungen die Lösungen $\vec{x}$ sogar unstetig sein. Diese Spielarten sollen uns aber zunächst nicht weiter kümmern, vielmehr sei hierfür auf die weiterführende Literatur wie etwa [7, 11, 33] verwiesen. Weiter ist klar, dass eine Gleichung der Form (1.1.9) auch interessant ist, wenn die gültigen Zeiten t nur auf eine offene Teilmenge $I \subseteq \mathbb{R}$ eingeschränkt sind und entsprechend die gesuchte Lösung auch nur auf I definiert sein soll.

Ob es nun tatsächlich Lösungen zu (1.1.9) gibt und wie wir diese finden können, hängt sehr von der Wahl und Natur der Koeffizientenfunktionen $A_0, \ldots, A_k$ ab. Eine Aussage lässt sich aufgrund der *Linearität* jedoch bereits hier treffen:

Proposition 1.5. *Die Lösungen einer linearen gewöhnlichen Differentialgleichung k-ter Ordnung in n Dimensionen bilden einen Untervektorraum von* $\mathscr{C}^k(\mathbb{R}, \mathbb{R}^n)$.

Beweis. Zunächst ist klar, dass die Nullabbildung

$$0 \colon \mathbb{R} \ni t \mapsto 0 \in \mathbb{R}^n$$

immer eine (sogar unendlich oft differenzierbare) Lösung von (1.1.9) ist, egal was für Koeffizientenfunktionen wir vorgeben. Sind nun $\lambda, \mu \in \mathbb{R}$ und $x, y \in \mathscr{C}^k(\mathbb{R}, \mathbb{R}^n)$ Lösungen von (1.1.9), so gilt für $z = \lambda x + \mu y$ zunächst

$$z^{(r)}(t) = \lambda x^{(r)}(t) + \mu y^{(r)}(t)$$

für alle $r = 0, \ldots, k$ nach den üblichen Regeln für die Ableitung. Dann rechnen wir nach, dass

$$
\begin{aligned}
A_k(t) & z^{(k)}(t) + \cdots + A_1(t)\dot{z}(t) + A_0(t)z(t) \\
&= \lambda A_k(t)x^{(k)}(t) + \cdots + \lambda A_1(t)\dot{x}(t) + \lambda A_0(t)x(t) \\
&\quad + \mu A_k(t)y^{(k)}(t) + \cdots + \mu A_1(t)\dot{y}(t) + \mu A_0(t)y(t) \\
&= 0.
\end{aligned}
$$

Damit ist also auch $z(t)$ eine Lösung von (1.1.9). $\qquad\square$

Ist die Koeffizientenmatrix $A_k(t)$ ausgeartet, so wird die k-te Ableitung $x^{(k)}(t)$ durch (1.1.9) im Allgemeinen nicht durch die vorherigen Ableitungen bestimmt werden können. Es ist daher eine sinnvolle und in der Praxis auch oftmals erfüllte zusätzliche Annahme, dass $A_k(t)$ für alle $t \in \mathbb{R}$ eine invertierbare Matrix sein soll. In diesem Fall ist x offenbar genau dann eine Lösung von (1.1.9), wenn

$$x^{(k)} + A_k^{-1} A_{k-1} x^{(k-1)} + \cdots + A_k^{-1} A_1 \dot{x} + A_k^{-1} A_0 x = 0 \qquad (1.1.11)$$

gilt. Wir können daher ohne Einschränkung annehmen, dass bereits $A_k(t) = \mathbb{1}$ für alle $t \in \mathbb{R}$ gilt und somit eine lineare Differentialgleichung der Form

$$x^{(k)}(t) + A_{k-1}(t) x^{(k-1)}(t) + \cdots + A_1(t) \dot{x}(t) + A_0(t) x(t) = 0 \qquad (1.1.12)$$

betrachten. Bemerkenswerterweise können wir eine solche Differentialgleichung k-ter Ordnung in n Dimensionen immer als eine Differentialgleichung *erster Ordnung* in entsprechend mehr Dimensionen interpretieren:

Proposition 1.6. *Seien k matrixwertige Koeffizientenfunktionen A_0, ..., $A_{k-1} \colon \mathbb{R} \longrightarrow \mathrm{M}_n(\mathbb{R})$ vorgegeben. Eine Funktion $x \in \mathscr{C}^k(\mathbb{R}, \mathbb{R}^n)$ löst genau dann (1.1.11), wenn die Funktion $y \in \mathscr{C}^1(\mathbb{R}, \mathbb{R}^{nk})$ mit*

$$y(t) = \begin{pmatrix} x(t) \\ \dot{x}(t) \\ \vdots \\ x^{(k-1)}(t) \end{pmatrix} \qquad (1.1.13)$$

die lineare Differentialgleichung

$$\dot{y}(t) = A(t) y(t) \qquad (1.1.14)$$

mit der Blockmatrix

$$A(t) = \begin{pmatrix} 0 & \mathbb{1} & 0 & \cdots & 0 \\ \vdots & & & & 0 \\ \vdots & & & & \vdots \\ 0 & & & 0 & \mathbb{1} \\ -A_0(t) & \cdots & & -A_{k-2}(t) & -A_{k-1}(t) \end{pmatrix} \qquad (1.1.15)$$

löst.

Beweis. Sei zunächst x eine Lösung von (1.1.12), dann gilt für y gemäß (1.1.13)

$$\dot{y}(t) = \begin{pmatrix} \dot{x}(t) \\ x^{(2)}(t) \\ \vdots \\ x^{(k)}(t) \end{pmatrix} = \begin{pmatrix} \dot{x}(t) \\ x^{(2)}(t) \\ \vdots \\ -A_{k-1}(t) x^{(k-1)}(t) - \cdots - A_0(t) x(t) \end{pmatrix} = A(t) y(t).$$

Also löst y die lineare Differentialgleichung (1.1.14). Offenbar ist y immer noch $\mathscr{C}^1$. Ist umgekehrt $y \in \mathscr{C}^1(\mathbb{R}, \mathbb{R}^{nk})$ eine Lösung von (1.1.14), so gelten nach Komponenten ausgeschrieben für

$$
y(t) = \begin{pmatrix} x_0(t) \\ x_1(t) \\ \vdots \\ x_{k-1}(t) \end{pmatrix} \quad \text{mit} \quad x_0, \ldots, x_{k-1} \colon \mathbb{R} \longrightarrow \mathbb{R}^n
$$

die Gleichungen

$$
\dot{x}_0(t) = x_1(t),
$$
$$
\vdots
$$
$$
\dot{x}_{k-2}(t) = x_{k-1}(t),
$$
$$
\dot{x}_{k-1}(t) = -A_0(t)x_0(t) - \cdots - A_{k-1}(t)x_{k-1}(t).
$$

Setzt man nun rekursiv ein, erhält man $x_r(t) = x_0^{(r)}(t)$ für alle $1 \leq r \leq k-2$ und

$$
x_0^{(k)}(t) = -A_0(t)x_0(t) - \cdots - A_{k-1}(t)x_0^{(k-1)}(t),
$$

was wieder (1.1.11) für $x(t) = x_0(t)$ liefert. $\square$

Bemerkung 1.7. Mit dem gleichen Trick kann man offenbar jede Differentialgleichung k-ter Ordnung in n Variablen in eine Differentialgleichung erster Ordnung mit dafür nk Variablen überführen. Die Betonung der Proposition liegt also vor allem darin, dass die *Linearität* der Differentialgleichung dabei erhalten bleibt. Sind wir also auch an (1.1.12) interessiert, so können wir zudem annehmen, dass wir die einfachere Form (1.1.14) vorliegen haben.

Korollar 1.8. *Die lineare Differentialgleichung* (1.1.12) *hat genau dann konstante Koeffizienten, wenn die äquivalente Differentialgleichung* (1.1.14) *konstante Koeffizienten hat.*

Beispiel 1.9 (Harmonischer Oszillator II). Seien $m, D, \varrho > 0$ vorgegeben. Die lineare Differentialgleichung mit konstanten Koeffizienten

$$
\ddot{x}(t) + \frac{\varrho}{m}\dot{x}(t) + \frac{D}{m}x(t) = 0 \tag{1.1.16}
$$

des eindimensionalen harmonischen Oszillators ist zur linearen Differentialgleichung

$$
\dot{y}(t) = Ay(t) \quad \text{mit} \quad A = \begin{pmatrix} 0 & 1 \\ -\frac{D}{m} & -\frac{\varrho}{m} \end{pmatrix} \tag{1.1.17}
$$

für die zweikomponentige Funktion

$$y(t) = \begin{pmatrix} x(t) \\ \dot{x}(t) \end{pmatrix} \qquad (1.1.18)$$

äquivalent.

Bemerkung 1.10. Es wird vorteilhaft sein, auch komplexe Lösungen $x \in \mathscr{C}^k(\mathbb{R}, \mathbb{C}^n)$ von (1.1.12) beziehungsweise $y \in \mathscr{C}^k(\mathbb{R}, \mathbb{C}^{nk})$ zuzulassen. Da $\mathbb{C} \cong \mathbb{R}^2$ gilt, können wir jede $\mathbb{C}$-wertige Funktion als ein Paar von $\mathbb{R}$-wertigen Funktionen auffassen. Damit erhalten wir unmittelbar Begriffe für Stetigkeit und Differenzierbarkeit auch für $\mathbb{C}$-wertige Funktionen. Umgekehrt können wir jede $\mathbb{R}$-wertige Funktion x als $\mathbb{C}$-wertige Funktion mit $x = \overline{x}$ auffassen, da so die reellen Zahlen $\mathbb{R} \subseteq \mathbb{C}$ innerhalb der komplexen Zahlen charakterisiert werden können.

Kontrollfragen. Was ist eine (lineare) Differentialgleichung? Weshalb bilden die Lösungen einer linearen Differentialgleichung einen Unterraum? In welchem Sinne genügt es, Differentialgleichungen erster Ordnung zu betrachten?

1.2 Die Exponentialabbildung

Wir wollen nun den Fall mit konstanten Koeffizienten betrachten. Damit ist also $A \in \mathrm{M}_n(\mathbb{R})$ beziehungsweise $A \in \mathrm{M}_n(\mathbb{C})$ eine fest gewählte Matrix, und wir suchen die Lösungen von

$$\dot{x}(t) = Ax(t), \qquad (1.2.1)$$

wobei $x \in \mathscr{C}^1(\mathbb{R}, \mathbb{R}^n)$ beziehungsweise $x \in \mathscr{C}^1(\mathbb{R}, \mathbb{C}^n)$ gesucht ist. Zur Abkürzung betrachten wir den reellen und den komplexen Fall wieder simultan und setzen $\mathbb{K}$ für $\mathbb{R}$ oder $\mathbb{C}$.

Zur ersten Orientierung betrachten wir den Fall $n = 1$, sodass also $x \in \mathscr{C}^1(\mathbb{R}, \mathbb{K})$ und die Matrix $A = a \in \mathbb{K}$ einfach eine Zahl ist.

Lemma 1.11. *Sei $a \in \mathbb{K}$. Jede Lösung von*

$$\dot{x}(t) = ax(t) \qquad (1.2.2)$$

ist von der Form

$$x(t) = ce^{at}, \qquad (1.2.3)$$

wobei die Konstante $c \in \mathbb{K}$ durch den Anfangswert

$$x(0) = c \qquad (1.2.4)$$

festgelegt ist.

Beweis. Die bekannten Rechenregeln zum Differenzieren der Exponential-funktion liefern sofort, dass (1.2.3) für jede Wahl von $c \in \mathbb{K}$ eine Lösung von (1.2.2) ist, welche die Anfangsbedingung (1.2.4) erfüllt. Ist nun umge-kehrt $x \in \mathscr{C}^1(\mathbb{R}, \mathbb{K})$ eine andere Lösung von (1.2.2) mit $x(0) = c$, so erfüllt $y(t) = \mathrm{e}^{-at} x(t)$ die Gleichung

$$\dot{y}(t) = -a\mathrm{e}^{-at} x(t) + \mathrm{e}^{-at} \dot{x}(t) = -a\mathrm{e}^{-at} x(t) + \mathrm{e}^{-at} ax(t) = 0$$

mit der Anfangsbedingung $y(0) = 0$. Also ist $y(t) = y(0) = c$ konstant und $x(t) = c\mathrm{e}^{at}$ folgt. □

Wir nehmen diese einfache Beobachtung nun als Motivation dafür, auch den höherdimensionalen Fall mit Hilfe einer Exponentialabbildung zu lösen. Dazu müssen wir also eine geeignete Definition für das Exponenzieren einer Matrix $A \in \mathrm{M}_n(\mathbb{K})$ finden und analoge Eigenschaften davon nachweisen, die es erlauben, wie im skalaren Fall zu argumentieren.

Wir werden hierzu auf verschiedene Resultate der Analysis zurückgreifen, insbesondere auf die *Äquivalenz aller Normen* in $\mathbb{K}^n$ und die *Vollständigkeit* von $\mathbb{K}^n$. Für ersteres Problem benötigen wir nur einen Spezialfall:

Lemma 1.12. *Sei $n \in \mathbb{N}$. Dann gibt es eine Konstante $c > 0$ mit*

$$\max_{i,j=1}^{n} |A_{ij}| \leq \|A\| \leq c \max_{i,j=1}^{n} |A_{ij}| \tag{1.2.5}$$

für alle $A = (A_{ij})_{i,j=1,\dots,n} \in \mathrm{M}_n(\mathbb{K})$.

Beweis. Hier bezeichnet $\|A\|$ wie immer die Operatornorm von A. Für die erste Ungleichung benutzen wir die Cauchy-Schwarz-Ungleichung

$$|A_{ij}| = |\langle \mathrm{e}_i, A\mathrm{e}_j \rangle| \leq \|\mathrm{e}_i\| \|A\mathrm{e}_j\| \leq \|\mathrm{e}_i\| \|A\| \|\mathrm{e}_j\|,$$

sowie $\|\mathrm{e}_i\| = 1 = \|\mathrm{e}_j\|$ für alle $i, j = 1, \dots, n$. Die zweite Ungleichung haben wir bereits in Kap. 7 in Band 1 gezeigt. □

Bemerkung 1.13. Mit diesem Lemma können wir also alle komponentenwei-se definierten Konzepte der Analysis auch mittels der Operatornorm for-mulieren und erhalten gleichwertige Ergebnisse: Folgenkonvergenz bezüglich $\| \cdot \|$ ist dasselbe wie komponentenweise Folgenkonvergenz aller Komponenten, Cauchy-Folgen bezüglich $\| \cdot \|$ sind dasselbe wie komponentenweise Cauchy-Folgen in allen Komponenten etc. Wir werden hiervon im Folgenden inten-siven Gebrauch machen und Resultate der Analysis in $\mathbb{K}$ auf die Analysis der Matrizen übertragen. Von einem höheren Standpunkt aus betrachtet ist nichts besonderes an der Operatornorm: Analoge Aussagen gelten auf $\mathbb{K}^n$ für *jede* Norm. Der Beweis ist nur geringfügig komplizierter und wird in den ein-schlägigen Lehrbüchern der Analysis erbracht, siehe etwa [2, Beispiel III.3.9].

Wir können nun die Exponentialabbildung für Matrizen mit Hilfe der aus der Analysis bekannten Reihendarstellung von exp definieren:

Definition 1.14 (Exponentialabbildung). Sei $n \in \mathbb{N}$.

i.) Für $A \in \mathrm{M}_n(\mathbb{K})$ definiert man die Exponentialreihe von A als

$$\exp(A) = \sum_{r=0}^{\infty} \frac{A^r}{r!}. \tag{1.2.6}$$

ii.) Die Exponentialabbildung ist die Abbildung

$$\exp \colon \mathrm{M}_n(\mathbb{K}) \ni A \; \mapsto \; \exp(A) \in \mathrm{M}_n(\mathbb{K}). \tag{1.2.7}$$

Damit der zweite Teil überhaupt sinnvoll ist, müssen wir natürlich zeigen, dass (1.2.6) immer eine wohldefinierte Matrix darstellt, also konvergiert. Dies geschieht in folgendem Satz:

Satz 1.15 (Exponentialabbildung). *Sei $n \in \mathbb{N}$.*

i.) Für jede Matrix $A \in \mathrm{M}_n(\mathbb{K})$ konvergiert die Exponentialreihe $\exp(A)$ absolut.

ii.) Für jedes $A \in \mathrm{M}_n(\mathbb{K})$ gilt die Normabschätzung

$$\|\exp(A)\| \leq \mathrm{e}^{\|A\|}. \tag{1.2.8}$$

iii.) Sind $A, B \in \mathrm{M}_n(\mathbb{K})$ mit $[A, B] = 0$ gegeben, so gilt

$$\exp(A)\exp(B) = \exp(A + B). \tag{1.2.9}$$

iv.) Ist $A \in \mathrm{M}_n(\mathbb{K})$ und $s, t \in \mathbb{K}$, so gilt

$$\exp(sA)\exp(tA) = \exp((s + t)A). \tag{1.2.10}$$

v.) Es gilt $\exp(0) = \mathbb{1}$.

vi.) Für alle $A \in \mathrm{M}_n(\mathbb{K})$ gilt $\exp(A) \in \mathrm{GL}_n(\mathbb{K})$ mit

$$\exp(A)^{-1} = \exp(-A). \tag{1.2.11}$$

vii.) Für alle $A \in \mathrm{M}_n(\mathbb{K})$ und $U \in \mathrm{GL}_n(\mathbb{K})$ gilt

$$U \exp(A) U^{-1} = \exp(U A U^{-1}). \tag{1.2.12}$$

viii.) Für alle $A \in \mathrm{M}_n(\mathbb{K})$ gilt

$$\exp(A)^{\mathrm{T}} = \exp(A^{\mathrm{T}}), \quad \overline{\exp(A)} = \exp(\overline{A}) \quad \textit{und} \quad \exp(A)^* = \exp(A^*). \tag{1.2.13}$$

Beweis. Wir zeigen *i.)* und *ii.)* simultan. Mit der Eigenschaften $\|AB\| \leq \|A\|\|B\|$ der Operatornorm erhalten wir für jedes $N, M \in \mathbb{N}$ die Abschätzung

$$\left\| \sum_{r=M}^{N} \frac{A^r}{r!} \right\| \leq \sum_{r=M}^{N} \left\| \frac{A^r}{r!} \right\| \leq \sum_{r=M}^{N} \frac{\|A\|^r}{r!} \leq e^{\|A\|}.$$

Da die skalare Exponentialreihe eine Cauchy-Reihe ist, sehen wir zum einen, dass $\|\sum_{r=M}^{N} \frac{A^r}{r!}\|$ durch ein entsprechendes Reststück der skalaren Exponentialreihe abgeschätzt werden kann. Damit ist die Exponentialreihe eine Cauchy-Reihe und somit konvergent aufgrund der Vollständigkeit von $M_n(\mathbb{K})$. Die Abschätzung zeigt überdies die absolute Konvergenz von $\exp(A)$ und die Abschätzung (1.2.8), wenn man $M = 0$ setzt. Für den dritten Teil benutzen wir zunächst den Binomialsatz

$$(A + B)^r = \sum_{s=0}^{r} \binom{r}{s} A^s B^{r-s},$$

den wir deshalb anwenden dürfen, da die Matrizen nach Voraussetzung vertauschen sollen. Man beachte, dass für $[A, B] \neq 0$ diese Aussage im Allgemeinen nicht richtig ist und entsprechend (1.2.9) auch nicht zu gelten braucht, siehe auch Übung 1.5. Da die Exponentialreihe nun absolut konvergiert, können wir mit dem üblichen Cauchy-Produkt argumentieren und erhalten

$$
\begin{aligned}
\exp(A + B) &= \sum_{r=0}^{\infty} \frac{(A + B)^r}{r!} \\
&= \sum_{r=0}^{\infty} \frac{1}{r!} \sum_{s=0}^{r} \binom{r}{s} A^s B^{r-s} \\
&= \sum_{r=0}^{\infty} \sum_{s=0}^{r} \frac{A^s}{s!} \frac{B^{r-s}}{(r - s)!} \\
&= \left(\sum_{s=0}^{\infty} \frac{A^s}{s!} \right) \left(\sum_{t=0}^{\infty} \frac{B^t}{t!} \right) \\
&= \exp(A) \exp(B).
\end{aligned}
$$

Der vierte Teil ist hiervon ein Spezialfall, da die Matrizen tA und sA kommutieren. Der fünfte Teil ist klar. Damit erhalten wir aber auch *vi.)*, indem wir $t = 1$ und $s = -1$ setzen: Es folgt

$$\exp(A) \exp(-A) = \exp(A - A) = \exp(0) = \mathbb{1},$$

womit (1.2.11) gezeigt ist. Sei nun $A \in M_n(\mathbb{K})$ und $U \in GL_n(\mathbb{K})$, dann gilt

$$(UAU^{-1})^r = UA\underbrace{U^{-1}U}_{=\mathbb{1}}AU^{-1} \cdots UAU^{-1} = UA^rU^{-1}.$$

Die Matrixmultiplikation ist komponentenweise aus Produkten und Additionen in $\mathbb{K}$ zusammengefügt und daher komponentenweise stetig. Nach Bemerkung 1.13 ist die Matrixmultiplikation ebenfalls stetig bezüglich der Operatornorm, womit wir also den Grenzübergang der Reihenkonvergenz von exp mit der Multiplikation mit U und U^{-1} vertauschen dürfen. Es gilt daher

$$U \exp(A)U^{-1} = \sum_{r=0}^{\infty} U \frac{A^r}{r!} U^{-1} = \sum_{r=0}^{\infty} \frac{(UAU^{-1})^r}{r!} = \exp(UAU^{-1}).$$

Für den letzten Teil bemerken wir, dass sowohl die Transposition als auch die komplexe Konjugation komponentenweise und daher auch bezüglich $\|\cdot\|$ stetig sind. Weiter gilt für alle $r \in \mathbb{N}_0$

$$\overline{A^r} = \overline{A \cdots A} = \overline{A} \cdots \overline{A} = (\overline{A})^r$$

und

$$(A^r)^{\mathrm{T}} = (A \cdots A)^{\mathrm{T}} = A^{\mathrm{T}} \cdots A^{\mathrm{T}} = (A^{\mathrm{T}})^r,$$

wobei wir beim Transponieren zwar die Reihenfolge der Faktoren umkehren müssen, dies sich bei identischen Faktoren aber nicht weiter auswirkt. Daher gilt also

$$\overline{\exp(A)} = \overline{\sum_{r=0}^{\infty} \frac{A^r}{r!}} = \sum_{r=0}^{\infty} \frac{\overline{A^r}}{r!} = \sum_{r=0}^{\infty} \frac{(\overline{A})^r}{r!} = \exp(\overline{A})$$

ebenso wie

$$\exp(A)^{\mathrm{T}} = \left(\sum_{r=0}^{\infty} \frac{A^r}{r!} \right)^{\mathrm{T}} = \sum_{r=0}^{\infty} \frac{(A^r)^{\mathrm{T}}}{r!} = \sum_{r=0}^{\infty} \frac{(A^{\mathrm{T}})^r}{r!} = \exp(A^{\mathrm{T}}).$$

Die letzte Gleichung in (1.2.13) folgt damit ebenfalls. $\qquad\square$

Als nächstes benötigen wir neben diesen algebraischen Eigenschaften der Exponentialabbildung auch noch einige analytische Eigenschaften von Matrizen und ihrer Exponentialabbildung. Wir beginnen mit folgender Version der Leibniz-Regel:

Lemma 1.16 (Leibniz-Regel). *Seien $A, B \in \mathscr{C}^1(\mathbb{R}, \mathrm{M}_n(\mathbb{K}))$ einmal stetig differenzierbare matrixwertige Funktionen, und sei $x \in \mathscr{C}^1(\mathbb{R}, \mathbb{K}^n)$ eine einmal stetig differenzierbare vektorwertige Funktion. Dann gilt $AB \in \mathscr{C}^1(\mathbb{R}, \mathrm{M}_n(\mathbb{K}))$ und $Ax \in \mathscr{C}^1(\mathbb{R}, \mathbb{K}^n)$ sowie*

$$\frac{\mathrm{d}}{\mathrm{d}t}(A(t)B(t)) = \frac{\mathrm{d}A(t)}{\mathrm{d}t} B(t) + A(t) \frac{\mathrm{d}B(t)}{\mathrm{d}t} \qquad (1.2.14)$$

und

$$\frac{\mathrm{d}}{\mathrm{d}t}(A(t)x(t)) = \frac{\mathrm{d}A(t)}{\mathrm{d}t} x(t) + A(t) \frac{\mathrm{d}x(t)}{\mathrm{d}t}. \qquad (1.2.15)$$

Beweis. Wie immer bezieht sich $\mathscr{C}^1$ auf die komponentenweise Definition, was wieder dank Lemma 1.12 zur Definition von $\mathscr{C}^1$ bezüglich der Operatornorm äquivalent ist. Für die (i,j)-te Komponente von AB gilt

$$(AB)_{ij}(t) = \sum_{k=1}^{n} A_{ik}(t) B_{kj}(t),$$

womit $(AB)_{ij} \in \mathscr{C}^1(\mathbb{R}, \mathbb{K})$ klar ist. Daher ist auch $AB \in \mathscr{C}^1(\mathbb{R}, \mathrm{M}_n(\mathbb{K}))$. Es gilt

$$\frac{\mathrm{d}}{\mathrm{d}t}(AB)_{ij}(t) = \sum_{k=1}^{n} \left(\frac{\mathrm{d}A_{ik}(t)}{\mathrm{d}t} B_{kj}(t) + A_{ik}(t) \frac{\mathrm{d}B_{kj}(t)}{\mathrm{d}t} \right),$$

was gerade die (i,j)-te Komponente der Gleichung (1.2.14) ist. Also folgt die Leibniz-Regel (1.2.14), da $i, j \in \{1, \ldots, n\}$ beliebig waren. Die zweite Version zeigt man analog. $\qquad\square$

Proposition 1.17. *Sei* $A \in \mathrm{M}_n(\mathbb{K})$. *Dann ist die Abbildung*

$$\mathbb{R} \ni t \mapsto \exp(tA) \in \mathrm{M}_n(\mathbb{K}) \tag{1.2.16}$$

unendlich oft stetig differenzierbar mit

$$\frac{\mathrm{d}}{\mathrm{d}t} \exp(tA) = A \exp(tA) = \exp(tA) A. \tag{1.2.17}$$

Beweis. Wir zeigen zunächst, dass (1.2.16) einmal differenzierbar ist und (1.2.17) erfüllt. Sei dazu $s, t \in \mathbb{R}$, dann gilt nach (1.2.10) für den Differenzenquotienten

$$\frac{\exp((t+s)A) - \exp(tA)}{s} = \exp(tA) \frac{\exp(sA) - \mathbb{1}}{s}, \tag{1.2.18}$$

sofern $s \neq 0$. Da die Multiplikation mit $\exp(tA)$ stetig ist, genügt es daher den Grenzwert von $\frac{\exp(sA) - \mathbb{1}}{s}$ für $s \longrightarrow 0$ zu bestimmen, um den Grenzwert der linken Seite von (1.2.18) für $s \longrightarrow 0$ zu erhalten. Es gilt

$$\left\| \frac{\exp(sA) - \mathbb{1}}{s} - A \right\| = \left\| \frac{1}{s} \sum_{r=2}^{\infty} \frac{(sA)^r}{r!} \right\| \leq \frac{1}{|s|} \sum_{r=2}^{\infty} \frac{|s|^r \|A\|^r}{r!}.$$

Die rechte Seite ist aber aus der skalaren Theorie der Exponentialfunktion bekannt und liefert im Grenzübergang $s \longrightarrow 0$ den Wert Null. Daher folgt bezüglich der Operatornorm also

$$\lim_{s \to 0} \frac{\exp(sA) - \mathbb{1}}{s} = A.$$

Dies zeigt zusammen mit (1.2.18) dann (1.2.17), da offenbar $A \exp(tA) = \exp(tA) A$ gilt. Iteratives Anwenden von (1.2.17) zeigt die Behauptung für alle höheren Ableitungen. $\qquad\square$

Bemerkung 1.18. Die Gleichung (1.2.17) erlaubt es nun, alle Ableitungen von (1.2.16) bei $t = 0$ zu berechnen. Es gilt daher

$$\frac{\mathrm{d}^k}{\mathrm{d}t^k}\exp(tA)\Big|_{t=0} = A^k. \tag{1.2.19}$$

Mit dieser leichten Beobachtung sehen wir, dass die Abbildung $t \mapsto \exp(tA)$ nicht nur glatt, sondern sogar reell-analytisch beziehungsweise ganz holomorph ist. Die Reihe

$$\exp(tA) = \sum_{r=0}^{\infty} \frac{A^r}{r!} t^r \tag{1.2.20}$$

ist nichts anderes als die Taylor-Reihe um $t = 0$, welche den Konvergenzradius ∞ besitzt. Mit geringfügig höherem Aufwand sieht man, dass die Exponentialfunktion im Falle $\mathbb{K} = \mathbb{R}$ eine reell-analytische Abbildung

$$\exp\colon \mathrm{M}_n(\mathbb{K}) \longrightarrow \mathrm{M}_n(\mathbb{K}) \tag{1.2.21}$$

in allen n^2 Variablen liefert. Im Fall $\mathbb{K} = \mathbb{C}$ ist (1.2.21) sogar ganz holomorph. Wir werden diese Eigenschaften der Exponentialabbildung jedoch im Folgenden nicht benötigen.

Im Allgemeinen ist die Exponentialfunktion von Matrizen recht schwer zu berechnen: Dies liegt daran, dass wir hierfür zunächst alle Matrixpotenzen von A kennen müssen. Es stellt sich also die Frage, wie sich die Berechnung von $\exp(A)$ gegebenenfalls vereinfachen lässt. Die Eigenschaft *vii.)* aus Satz 1.15 erweist sich dabei als Schlüssel:

Proposition 1.19. *Sei $A \in \mathrm{M}_n(\mathbb{K})$ diagonalisierbar mit*

$$A = UDU^{-1}, \tag{1.2.22}$$

wobei $U \in \mathrm{GL}_n(\mathbb{K})$ und $D = \mathrm{diag}(\lambda_1, \ldots, \lambda_n)$ mit $\lambda_1, \ldots, \lambda_n \in \mathbb{K}$. Dann gilt

$$\exp(A) = U \operatorname{diag}(\mathrm{e}^{\lambda_1}, \ldots, \mathrm{e}^{\lambda_n}) U^{-1}. \tag{1.2.23}$$

Beweis. Nach Satz 1.15, *vii.)*, wissen wir $\exp(A) = U \exp(D) U^{-1}$. Es bleibt also $\exp(D)$ zu berechnen. Dies ist jedoch einfach, da für jedes $r \in \mathbb{N}_0$

$$D^r = \mathrm{diag}(\lambda_1^r, \ldots, \lambda_n^r)$$

und entsprechend

$$\sum_{r=0}^{N} \frac{D^r}{r!} = \sum_{r=0}^{N} \frac{1}{r!}\operatorname{diag}(\lambda_1^r, \ldots, \lambda_n^r) = \operatorname{diag}\left(\sum_{r=0}^{N}\frac{\lambda_1^r}{r!}, \ldots, \sum_{r=0}^{N}\frac{\lambda_n^r}{r!}\right)$$

für $N \longrightarrow \infty$ gegen $\operatorname{diag}(\mathrm{e}^{\lambda_1}, \ldots, \mathrm{e}^{\lambda_n})$ konvergiert. $\square$

Es ist also vergleichsweise einfach, Diagonalmatrizen und damit auch die diagonalisierbaren Matrizen zu exponenzieren. Wir können (1.2.23) auch etwas invarianter schreiben, da in (1.2.22) die Matrix U zum Diagonalisieren ja nicht eindeutig ist, sondern gewählt werden muss. Für eine diagonalisierbare Matrix können wir die Spektraldarstellung

$$A = \sum_{i=1}^{k} \lambda_i P_i \qquad (1.2.24)$$

benutzen, wobei die Spektralprojektoren P_i auf die Eigenräume von A eine Zerlegung der Eins bilden und die λ_i die paarweise verschiedenen Eigenwerte sind. Nach dem polynomialen Kalkül wissen wir

$$A^r = \sum_{i=1}^{k} \lambda_i^r P_i \qquad (1.2.25)$$

für alle $r \in \mathbb{N}_0$. Daher gilt

$$\exp(A) = \sum_{r=0}^{\infty} \frac{1}{r!} \sum_{i=1}^{k} \lambda_i^r P_i = \sum_{i=1}^{k} \left(\sum_{r=0}^{\infty} \frac{\lambda_i^r}{r!} \right) P_i = \sum_{i=0}^{k} e^{\lambda_i} P_i, \qquad (1.2.26)$$

was die basisunabhängige Version von (1.2.23) ist. Zudem liefert diese Darstellung gleich die Spektralzerlegung von e^A.

Nun sind leider nicht alle Matrizen diagonalisierbar, wie immer sträuben sich die nilpotenten Matrizen bekanntermaßen entschieden dagegen. Für diese ist das Exponenzieren aber aus anderen Gründen sehr einfach:

Proposition 1.20. *Sei* $A \in M_n(\mathbb{K})$ *nilpotent mit* $A^k = 0$. *Dann gilt*

$$\exp(A) = \mathbb{1} + A + \cdots + \frac{1}{(k-1)!} A^{k-1}. \qquad (1.2.27)$$

Beweis. Klar. $\qquad\qquad\qquad\qquad\qquad\qquad\qquad\qquad\qquad\qquad\qquad$ $\square$

Im nilpotenten Fall müssen wir also lediglich endlich viele Potenzen von A und daher ein *Polynom* in A berechnen. Der allgemeine Fall ist dank der Jordan-Zerlegung eine Kombination aus diesen beiden:

Proposition 1.21. *Sei* $A \in M_n(\mathbb{K})$. *Als komplexe Matrix habe* A *die komplexe Jordan-Zerlegung* $A = A_S + A_N$ *in den halbeinfachen und nilpotenten Teil. Dann gilt*

$$\exp(A) = \exp(A_S) \exp(A_N) = \exp(A_N) \exp(A_S), \qquad (1.2.28)$$

wobei $\exp(A_S)$ *gemäß Proposition 1.19 und* $\exp(A_N)$ *gemäß Proposition 1.20 gegeben ist.*

Beweis. Da $\mathbb{R} \subseteq \mathbb{C}$, können wir auch eine reelle Matrix $A \in M_n(\mathbb{R})$ als komplexe Matrix auffassen. Für das Exponenzieren von A ist dies unerheblich, denn $A = \overline{A} \in M_n(\mathbb{C})$ impliziert $\exp(A) = \overline{\exp(A)}$ nach Satz 1.15, *viii.).*

Da $\mathbb{C}$ nun algebraisch abgeschlossen ist, zerfällt χ_A als komplexes Polynom in Linearfaktoren mit komplexen Nullstellen. Wir können daher den Spektralsatz aus Kap. 6 von Band 1 anwenden. Jetzt ist entscheidend, dass in der Jordan-Zerlegung $A = A_S + A_N$ der halbeinfache und der nilpotente Teil miteinander *vertauschen*. Nur deshalb können wir jetzt Satz 1.15, *iii.)*, anwenden, um (1.2.28) zu erhalten.   □

Man beachte jedoch, dass für eine reelle Matrix A der halbeinfache Teil A_S und der nilpotente Teil A_N beide nicht notwendigerweise reell sind. Entsprechend können im Allgemeinen $\exp(A_S)$ und $\exp(A_N)$ komplex sein, erst deren Produkt (1.2.28) liefert dann wieder eine reelle Matrix $\exp(A)$.

Den Rest dieses Abschnitts wollen wir nun ein erstes Beispiel für das Exponenzieren einer Matrix diskutieren:

Beispiel 1.22. Sei $\gamma \geq 0$ ein Parameter und

$$A = \begin{pmatrix} 0 & 1 \\ -1 & -\gamma \end{pmatrix}. \tag{1.2.29}$$

Das charakteristische Polynom von A ist dann $\chi_A(x) = x^2 + \gamma x + 1$ und hat folglich die Nullstellen

$$\lambda_{1/2} = -\frac{\gamma}{2} \pm \sqrt{\frac{\gamma^2}{4} - 1}. \tag{1.2.30}$$

Für $\gamma^2 > 4$ sind diese reell und verschieden, für $\gamma^2 = 4$, also für $\gamma = 2$, entarten sie zu einer doppelten Nullstelle bei

$$\lambda = -1, \tag{1.2.31}$$

während sie für $\gamma^2 < 4$ zu zwei komplexen Nullstellen

$$\lambda_{1/2} = -\frac{\gamma}{2} \pm \mathrm{i}\sqrt{1 - \frac{\gamma^2}{4}} \tag{1.2.32}$$

werden.

Wir bestimmen nun die Eigenvektoren und Eigenräume. Im Fall $\gamma > 2$ erhalten wir die reellen Eigenvektoren

$$v_{1/2} = \begin{pmatrix} 1 \\ \lambda_{1/2} \end{pmatrix} \in \mathbb{R}^2. \tag{1.2.33}$$

Mit dem Basiswechsel

$$U = \begin{pmatrix} 1 & 1 \\ \lambda_1 & \lambda_2 \end{pmatrix} \quad \text{und} \quad U^{-1} = \frac{1}{\lambda_2 - \lambda_1} \begin{pmatrix} \lambda_2 & -1 \\ -\lambda_1 & 1 \end{pmatrix} \tag{1.2.34}$$

erhalten wir daher wie gewünscht $A = U \operatorname{diag}(\lambda_1, \lambda_2) U^{-1}$. Mit $\exp(tA) = U \operatorname{diag}(e^{t\lambda_1}, e^{t\lambda_2}) U^{-1}$ folgt dann

$$\exp(tA) = \frac{1}{\lambda_2 - \lambda_1} \begin{pmatrix} \lambda_2 e^{t\lambda_1} - \lambda_1 e^{t\lambda_2} & -e^{t\lambda_1} + e^{t\lambda_2} \\ \lambda_1 \lambda_2 (e^{t\lambda_1} - e^{t\lambda_2}) & \lambda_2 e^{t\lambda_2} - \lambda_1 e^{t\lambda_1} \end{pmatrix}. \tag{1.2.35}$$

Für den entarteten Fall $\gamma = 2$ haben wir lediglich einen eindimensionalen Eigenraum, der von

$$v_1 = \begin{pmatrix} 1 \\ \lambda \end{pmatrix} = \begin{pmatrix} 1 \\ -1 \end{pmatrix} \tag{1.2.36}$$

aufgespannt wird. Ein Komplement zu v_1 erhalten wir nun beispielsweise durch die Vielfachen von

$$v_2 = \begin{pmatrix} 1 \\ 1 \end{pmatrix}. \tag{1.2.37}$$

Bezüglich dieser Vektoren erhalten wir dann $(A - \lambda)v_1 = 0$ und

$$(A - \lambda)v_2 = \begin{pmatrix} 1 & 1 \\ -1 & -1 \end{pmatrix} \begin{pmatrix} 1 \\ 1 \end{pmatrix} = 2v_1. \tag{1.2.38}$$

Wir betrachten daher die Basis $w_1 = v_2$ und $w_2 = 2v_1$, in der $A - \lambda$ die Gestalt

$$(A - \lambda)w_1 = w_2 \quad \text{und} \quad (A - \lambda)w_2 = 0 \tag{1.2.39}$$

annimmt. Damit hat A in dieser Basis also die Jordansche Normalform. Für das Exponenzieren erhalten wir schließlich

$$\exp(tA) = \exp(t\lambda)\exp(t(A - \lambda)) \tag{1.2.40}$$

mit

$$\exp(t(A - \lambda))w_1 = \left(\mathbb{1} + t(A - \lambda) + \frac{t^2}{2}(A - \lambda)^2 + \cdots\right)w_1 = w_1 + tw_2 \tag{1.2.41}$$

sowie

$$\exp(t(A - \lambda))w_2 = w_2. \tag{1.2.42}$$

Insgesamt gilt dann auf der Basis w_1 und w_2 für die Exponentialfunktion

$$\exp(tA)w_1 = e^{-t}(w_1 + tw_2) \quad \text{und} \quad \exp(tA)w_2 = e^{-t}w_2. \tag{1.2.43}$$

Man kann nun erneut den Basiswechsel von der kanonischen Basis auf die Basis (w_1, w_2) durchführen und erhält dann auch eine explizite Form der Matrix von $\exp(tA)$, was wir hier jedoch unterlassen wollen.

Schließlich betrachten wir den Fall $\gamma < 2$ mit den komplexen Lösungen $\lambda_{1/2} \in \mathbb{C}$ aus (1.2.32). In diesem Fall haben wir die komplexen Eigenvektoren

$$v_{1/2} = \begin{pmatrix} 1 \\ \lambda_{1/2} \end{pmatrix} \in \mathbb{C}^2 \qquad (1.2.44)$$

mit dem zugehörigen komplexen Basiswechsel

$$U = \begin{pmatrix} 1 & 1 \\ \lambda_1 & \lambda_2 \end{pmatrix} \quad \text{mit} \quad U^{-1} = \frac{1}{\lambda_2 - \lambda_1} \begin{pmatrix} \lambda_2 & -1 \\ -\lambda_1 & 1 \end{pmatrix} \in \mathrm{M}_2(\mathbb{C}). \qquad (1.2.45)$$

Als komplexe Matrix ist A diagonalisierbar mit $A = U \operatorname{diag}(\lambda_1, \lambda_2) U^{-1}$ und entsprechend

$$\exp(tA) = \frac{1}{\lambda_2 - \lambda_1} \begin{pmatrix} \lambda_2 e^{t\lambda_1} - \lambda_1 e^{t\lambda_2} & -e^{t\lambda_1} + e^{t\lambda_2} \\ \lambda_1 \lambda_2 \left(e^{t\lambda_1} - e^{t\lambda_2} \right) & \lambda_2 e^{t\lambda_2} - \lambda_1 e^{t\lambda_1} \end{pmatrix}. \qquad (1.2.46)$$

Nun gilt $\lambda_2 = \overline{\lambda_1}$, womit deren Differenz also rein imaginär ist. Wir schreiben den Imaginärteil von λ_1 als

$$\omega = \sqrt{1 - \frac{\gamma^2}{4}} \qquad (1.2.47)$$

und erhalten somit $\lambda_2 - \lambda_1 = -2i\omega$. Einsetzen in (1.2.46) liefert nach kurzer Rechnung dann die explizite Form

$$\exp(tA) = e^{-\frac{\gamma}{2}t} \begin{pmatrix} \cos(\omega t) - \frac{\gamma}{2\omega} \sin(\omega t) & \frac{1}{\omega} \sin(\omega t) \\ -\frac{1}{\omega} \sin(\omega t) & \cos(\omega t) - \frac{\gamma}{2\omega} \sin(\omega t) \end{pmatrix}. \qquad (1.2.48)$$

Insbesondere sieht man nun explizit, dass $\exp(tA)$ tatsächlich eine reelle Matrix ist, wie dies natürlich nach unseren allgemeinen Überlegungen zu erwarten war, obwohl wir unterwegs einen kleinen Ausflug in die komplexe Zahlenebene unternommen haben. Bemerkenswert ist der Spezialfall

$$\gamma = 0 \quad \text{und damit} \quad \omega = 1, \qquad (1.2.49)$$

in welchem

$$\exp(tA) = \begin{pmatrix} \cos(t) & \sin(t) \\ -\sin(t) & \cos(t) \end{pmatrix} \qquad (1.2.50)$$

die bekannte Drehmatrix um den Winkel t ist.

An diesem vermeintlich einfachen Beispiel sieht man sehr gut, dass die Diagonalisierung zwar technisch mühsam ist und einige Fallunterscheidungen erfordert, aber letztlich einfacher sein kann, als die Exponentialreihe direkt aufzusummieren. Weiter sieht man sehr deutlich, dass der Umweg ins Komplexe selbst dann lohnenswert ist, wenn sowohl die Problemstellung als auch die Lösung am Ende wieder rein reell sind.

Kontrollfragen. Warum konvergiert die Exponentialreihe für Matrizen? Welche algebraischen und analytischen Eigenschaften hat die Exponentialabbildung? Wie kann man $\exp(A)$ auf effektive Weise berechnen?

1.3 Lösungstheorie bei konstanten Koeffizienten

Wir betrachten nun den Spezialfall einer linearen Differentialgleichung, deren Koeffizienten zudem *konstant* sind. Nach Proposition 1.6 und Korollar 1.8 können wir also annehmen, dass $A \in \mathrm{M}_n(\mathbb{K})$ eine (konstante) vorgegebene Matrix ist und Lösungen zu

$$\dot{x}(t) = Ax(t) \qquad (1.3.1)$$

gesucht werden. Als direkte Verallgemeinerung von Lemma 1.11 erhalten wir sofort folgenden Satz:

Satz 1.23 (Lineare Differentialgleichung mit konstanten Koeffizienten). *Sei $n \in \mathbb{N}$, und sei $A \in \mathrm{M}_n(\mathbb{K})$ fest gewählt. Dann existiert zu jeder Anfangsbedingung $x(0) = v \in \mathbb{K}^n$ genau eine Lösung $x(t)$ der Differentialgleichung (1.3.1). Explizit ist diese durch*

$$x(t) = \exp(tA)v \qquad (1.3.2)$$

gegeben. Die Lösungen bilden daher einen zu $\mathbb{K}^n$ isomorphen Unterraum von $\mathscr{C}^1(\mathbb{R}, \mathbb{K}^n)$. Jede Lösung ist reell-analytisch beziehungsweise ganz holomorph.

Beweis. Dank der Vorarbeiten in Proposition 1.17 und Lemma 1.16 ist die Existenz nun einfach. Wir setzen $x(t)$ wie in (1.3.2) und rechnen mit Hilfe von (1.2.15) und (1.2.17) nach, dass

$$\frac{\mathrm{d}}{\mathrm{d}t}x(t) \overset{(1.2.15)}{=} \frac{\mathrm{d}}{\mathrm{d}t}(\exp(tA)v) \overset{}{=} \left(\frac{\mathrm{d}}{\mathrm{d}t}\exp(tA)\right)v \overset{(1.2.17)}{=} A\exp(tA)v = Ax(t).$$

Also löst (1.3.2) die Differentialgleichung (1.3.1) zur richtigen Anfangsbedingung, da $x(0) = \exp(0)v = v$. Sei nun umgekehrt $y \in \mathscr{C}^1(\mathbb{R}, \mathbb{K}^n)$ eine weitere Lösung. Dann betrachten wir

$$z(t) = \exp(-tA)y(t).$$

Diese Funktion ist immer noch $\mathscr{C}^1$. Wir können daher Lemma 1.16 erneut anwenden, um die Ableitung als

$$\frac{\mathrm{d}}{\mathrm{d}t}z(t) \overset{(1.2.15)}{=} \left(\frac{\mathrm{d}}{\mathrm{d}t}\exp(-tA)\right)y(t) + \exp(-tA)\frac{\mathrm{d}}{\mathrm{d}t}y(t)$$

$$\overset{(1.2.17)}{=} -\exp(-tA)Ay(t) + \exp(-tA)Ay(t)$$

$$= 0$$

zu berechnen. Also ist $z(t) = z(0)$ konstant und somit

$$y(t) = \exp(tA)z(t) = \exp(tA)z(0),$$

da $\exp(tA)$ das Inverse zu $\exp(-tA)$ ist. Dies zeigt die Eindeutigkeit der Lösung. Nach Proposition 1.17 beziehungsweise Bemerkung 1.18 ist die Lösung glatt, im reellen Fall reell-analytisch und im komplexen Fall ganz holomorph.

$\square$

Bemerkung 1.24. Da wir die Exponentialabbildung für Matrizen nun mittels Diagonalisierung beziehungsweise der Jordan-Zerlegung gut ausrechnen können, erhalten wir hier also eine einfache Charakterisierung der Lösungen von (1.3.1), die zudem sehr explizit ist.

Wir betrachten nun erneut unser Beispiel des harmonischen Oszillators mit Reibung aus Beispiel 1.9:

Beispiel 1.25 (Harmonischer Oszillator III). Seien wieder $m > 0$, $D > 0$ und $\varrho \geq 0$ die Parameter des eindimensionalen harmonischen Oszillators

$$\ddot{x}(t) + \frac{\varrho}{m}\dot{x}(t) + \frac{D}{m}x(t) = 0. \tag{1.3.3}$$

Zunächst reskalieren wir die gesuchte Funktion x auf folgende Weise, um eine „dimensionslose" Version zu erhalten. Wir setzen

$$\xi(t) = x\left(\sqrt{\frac{D}{m}}\,t\right). \tag{1.3.4}$$

Dann gilt nach der Kettenregel

$$\dot{\xi}(t) = \sqrt{\frac{D}{m}}\dot{x}\left(\sqrt{\frac{D}{m}}\,t\right) \quad \text{und} \quad \ddot{\xi}(t) = \frac{D}{m}\ddot{x}\left(\sqrt{\frac{D}{m}}\,t\right), \tag{1.3.5}$$

womit x die Gleichung (1.3.3) genau dann löst, wenn ξ die Gleichung

$$\ddot{\xi}(t) + \gamma\dot{\xi}(t) + \xi(t) = 0 \tag{1.3.6}$$

mit

$$\gamma = \frac{\varrho}{\sqrt{Dm}} \tag{1.3.7}$$

erfüllt. Wie in Beispiel 1.9 schreiben wir (1.3.6) in Matrixform als

$$\dot{y}(t) = \underbrace{\begin{pmatrix} 0 & 1 \\ -1 & -\gamma \end{pmatrix}}_{A} y(t) \quad \text{mit} \quad y(t) = \begin{pmatrix} \xi(t) \\ \dot{\xi}(t) \end{pmatrix}. \tag{1.3.8}$$

Die Lösungen erhalten wir dann durch Exponenzieren der Matrix A als

$$y(t) = \exp(tA)y(0) \qquad (1.3.9)$$

für jede Anfangsbedingung $y(0) \in \mathbb{R}^2$. Die Matrix $\exp(tA)$ haben wir bereits in Beispiel 1.22 allgemein berechnet. Hier können wir die drei Fälle für γ nun einfacher interpretieren und erhalten für $x(t)$ folgende Charakterisierung:

i.) Für $\gamma > 2$ dominiert die Reibung. Nach anfänglicher Auslenkung bewegt sich das Teilchen exponentiell schnell auf den Ursprung zu, ohne durch den Ursprung zu schwingen.

ii.) Im Grenzfall $\gamma = 2$ dominiert immer noch die Reibung, aber das Teilchen bewegt sich langsamer/schneller auf den Ursprung zu, da es auch eine lineare Komponente in der Lösung (1.2.43) gibt. Diesen Fall nennt man auch den *aperiodischen Grenzfall*.

iii.) Für $\gamma < 2$ dominiert die Rückstellkraft. Die Lösung oszilliert durch den Ursprung und bewegt sich aufgrund der Reibung mit gegen Null konvergierender Amplitude. Im Spezialfall $\gamma = 0$ gibt es keine Reibung und es liegt eine ungedämpfte Schwingung vor.

Für exemplarische Anfangsbedingungen kann man die Lösungen gut im *Phasenraum* der Orte und Geschwindigkeiten darstellen, siehe Abb. 1.2.

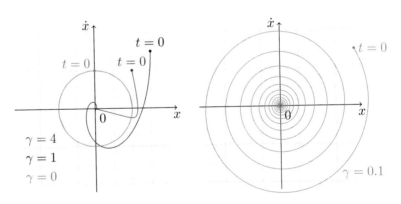

Abb. 1.2 Exemplarische Lösungen für verschiedene Werte der Reibung γ und verschiedene Anfangsbedingungen im Geschwindigkeitsphasenraum

Kontrollfragen. Wie kann man die Lösungen einer linearen Differentialgleichung mit konstanten Koeffizienten beschreiben? Welche Beispiele hierfür können Sie explizit berechnen?

1.4 Gekoppelte harmonische Oszillatoren

In einem etwas interessanteren Modell betrachtet man mehrere Teilchen, welche durch lineare Rückstellkräfte miteinander wechselwirken sollen. Nach Einführen geeigneter Relativkoordinaten lässt sich das System als ein gekoppeltes System von linearen Differentialgleichungen zweiter Ordnung mit konstanten Koeffizienten

$$m_i \ddot{x}_i(t) + \sum_{j=1}^{n} V_{ij} x_j(t) = 0 \qquad (1.4.1)$$

für $i = 1, \ldots, n$ beschreiben, wobei $V_{ij} = V_{ji}$ die Wechselwirkungen des i-ten mit dem j-ten Teilchen beschreibt. Das Newtonsche *actio gleich reactio* erzwingt die Symmetrie $V_{ij} = V_{ji}$. Die physikalische Interpretation, dass es sich um Rückstellkräfte handeln soll, erfordert zudem, dass die Matrix

$$V = (V_{ij})_{i,j=1,\ldots,n} \in \mathrm{M}_n(\mathbb{R}) \qquad (1.4.2)$$

positiv oder besser sogar *positiv definit* sein sollte. Hier und im Folgenden verwenden wir das Standardskalarprodukt für $\mathbb{R}^n$, um Positivität zu erklären. Etwas allgemeiner kann man nun auch n Teilchen betrachten, die sich im Raum $\mathbb{R}^3$ anstelle von $\mathbb{R}$ bewegen. Ebenfalls verallgemeinert man (1.4.1) dahingehend, dass man die Massen der Teilchen zu einer *positiv definiten Massenmatrix*

$$M \in \mathrm{M}_n(\mathbb{R}) \qquad (1.4.3)$$

zusammenfasst, sodass das resultierende System von Differentialgleichungen dann die Form

$$M\ddot{x}(t) + V x(t) = 0 \qquad (1.4.4)$$

für eine gesuchte Funktion $x \in \mathscr{C}^1(\mathbb{R}, \mathbb{R}^n)$ annimmt und M sowie V beide positiv definit sein sollen. Man beachte, dass wir der Einfachheit wegen *keinen* Reibungsterm (proportional zu $\dot{x}$) berücksichtigen.

Definition 1.26 (Gekoppelte harmonische Oszillatoren). Seien $M, V \in \mathrm{M}_n(\mathbb{R})$ positiv definit. Dann heißt die Differentialgleichung

$$M\ddot{x}(t) + V x(t) = 0 \qquad (1.4.5)$$

ein System von gekoppelten harmonischen Oszillatoren.

Wir wollen nun die Lösungstheorie eines solchen Systems von gekoppelten Oszillatoren beschreiben. Hier bieten sich zwei Strategien an, die verschiedene Techniken der bisher entwickelten linearen Algebra zum Einsatz bringen. Der erste und etwas naive Zugang bringt (1.4.5) zunächst auf die Form (1.3.1) und verwendet dann Satz 1.23:

Proposition 1.27. *Seien $M, V \in \mathrm{M}_n(\mathbb{R})$ positiv definit. Dann liefert*

$$y(t) = \begin{pmatrix} x(t) \\ \dot{x}(t) \end{pmatrix} = \exp(tA) \begin{pmatrix} x(0) \\ \dot{x}(0) \end{pmatrix} \tag{1.4.6}$$

mit

$$A = \begin{pmatrix} 0 & \mathbb{1} \\ -M^{-1}V & 0 \end{pmatrix} \in \mathrm{M}_{2n}(\mathbb{R}) \tag{1.4.7}$$

die eindeutige Lösung $x(t)$ von (1.4.5) zu den Anfangsbedingungen $x(0), \dot{x}(0) \in \mathbb{R}^n$.

Beweis. Da M positiv definit ist, ist M insbesondere invertierbar. Daher ist (1.4.5) zur Differentialgleichung

$$\ddot{x}(t) + M^{-1}Vx(t) = 0$$

äquivalent. Wieder auf erste Ordnung gebracht, ergibt sich daher die äquivalente Differentialgleichung

$$\dot{y}(t) = \begin{pmatrix} \dot{x}(t) \\ \ddot{x}(t) \end{pmatrix} = \begin{pmatrix} 0 & \mathbb{1} \\ -M^{-1}V & 0 \end{pmatrix} \begin{pmatrix} x(t) \\ \dot{x}(t) \end{pmatrix} = Ay(t).$$

Hierauf wenden wir dann Satz 1.23 an. $\square$

Während dies die Lösungstheorie vollständig beschreibt, bleiben doch einige Fragen offen: Es ist beispielsweise nicht direkt zu sehen, wieso (1.4.6) wirklich *oszillatorische* Lösungen liefert und nicht etwa exponentiell abklingende wie in Beispiel 1.25. Zudem wurde nicht verwendet, dass M und V positiv definit sind, sondern nur, dass M invertierbar ist. Es bleibt also die Frage, welche zusätzlichen Eigenschaften wir erhalten, wenn wir die positive Definitheit von M und V wirklich zum Einsatz bringen.

Lemma 1.28. *Seien $M, V \in \mathrm{M}_n(\mathbb{R})$ positiv definit. Dann ist auch die Matrix*

$$\tilde{V} = \frac{1}{\sqrt{M}} V \frac{1}{\sqrt{M}}. \tag{1.4.8}$$

positiv definit.

Beweis. Zunächst ist die Wurzel $\sqrt{M}$ einer positiv definiten Matrix mittels des Spektralkalküls aus Kap. 7 in Band 1 definiert und selbst wieder positiv definit, da die Eigenwerte von $\sqrt{M}$ gerade die positiven Wurzeln der Eigenwerte von M sind und letztere strikt positiv sind. Damit ist $\sqrt{M}$ wieder invertierbar und $\tilde{V} = \frac{1}{\sqrt{M}} V \frac{1}{\sqrt{M}}$ ist definiert. Sei nun $x \in \mathbb{R}^n$, dann gilt

$$\left\langle x, \tilde{V}x \right\rangle = \left\langle x, \frac{1}{\sqrt{M}} V \frac{1}{\sqrt{M}} x \right\rangle = \left\langle \frac{1}{\sqrt{M}} x, V \frac{1}{\sqrt{M}} x \right\rangle \geq 0,$$

da V positiv ist und $\sqrt{M}^{\mathrm{T}} = \sqrt{M}$ sowie auch $\frac{1}{\sqrt{M}}$ selbstadjungiert sind. Hierfür benutzen wir die Charakterisierung positiver Matrizen aus Kap. 7 in

Band 1. Weiter gilt

$$\tilde{V}^{\mathrm{T}} = \left(\frac{1}{\sqrt{M}} V \frac{1}{\sqrt{M}} \right)^{\mathrm{T}}$$
$$= \left(\frac{1}{\sqrt{M}} \right)^{\mathrm{T}} V^{\mathrm{T}} \left(\frac{1}{\sqrt{M}} \right)^{\mathrm{T}}$$
$$= \frac{1}{\sqrt{M}} V \frac{1}{\sqrt{M}}$$
$$= \tilde{V},$$

wiederum da sowohl $\frac{1}{\sqrt{M}}$ als auch V selbstadjungiert sind. Insgesamt ist damit $\tilde{V}$ also positiv semidefinit. Da $\frac{1}{\sqrt{M}}$ und V aber positiv definit sind, sind diese Matrizen insbesondere invertierbar. Daher ist auch $\tilde{V}$ invertierbar. Als positiv semidefinite invertierbare Matrix ist $\tilde{V}$ insgesamt sogar positiv definit. □

Ist V nur positiv semidefinit, so ist $\frac{1}{\sqrt{M}} V \frac{1}{\sqrt{M}}$ zumindest noch positiv semidefinit. Insgesamt erhalten wir also eine positiv (semi-)definite Matrix $\tilde{V}$. Diese enthält letztlich die gesamte Information, welche wir zur Lösung des gekoppelten harmonischen Oszillators (1.4.5) benötigen:

Lemma 1.29. *Seien $M, V \in \mathrm{M}_n(\mathbb{R})$ positiv definit. Dann ist die Funktion $x \in \mathscr{C}^1(\mathbb{R}, \mathbb{R}^n)$ genau dann die Lösung von (1.4.5) mit den Anfangsbedingungen $x(0), \dot{x}(0) \in \mathbb{R}^n$, wenn*

$$\xi(t) = \sqrt{M} x(t) \tag{1.4.9}$$

die Lösung von

$$\ddot{\xi}(t) + \tilde{V} \xi(t) = 0 \tag{1.4.10}$$

zu den Anfangsbedingungen $\xi(0) = \sqrt{M} x(0)$ und $\dot{\xi}(0) = \sqrt{M} \dot{x}(0)$ ist.

Beweis. Da $\sqrt{M}$ invertierbar ist und $\sqrt{M}^2 = M$ erfüllt, folgt dies durch einfaches Einsetzen. □

Wir haben also die allgemeine Form der gekoppelten harmonischen Oszillatoren auf die speziellere Form (1.4.10) zurückgeführt. Durch Diagonalisieren von $\tilde{V}$ können wir diese nun direkt lösen:

Satz 1.30 (Gekoppelte harmonische Oszillatoren). *Sei $\tilde{V} \in \mathrm{M}_n(\mathbb{R})$ positiv definit. Sei weiter $v_1, \ldots, v_n \in \mathbb{R}^n$ eine Orthonormalbasis von Eigenvektoren von $\tilde{V}$ zu den Eigenwerten $\omega_1^2, \ldots, \omega_n^2 > 0$. Dann bilden die Funktionen*

$$\xi_i(t) = \cos(\omega_i t) v_i \quad und \quad \eta_i(t) = \sin(\omega_i t) v_i \tag{1.4.11}$$

für $i = 1, \ldots, n$ eine Basis des Lösungsraums von (1.4.10). Die eindeutige Lösung x von (1.4.5) mit $\tilde{V}$ gemäß (1.4.8) zu den Anfangsbedingungen $x(0), \dot{x}(0) \in \mathbb{R}^n$ ist daher

$$x(t) = \frac{1}{\sqrt{M}} \sum_{i=1}^{n} \left(\alpha_i \cos(\omega_i t) + \frac{\beta_i}{\omega_i} \sin(\omega_i t) \right) v_i, \qquad (1.4.12)$$

wobei $\alpha_i, \beta_i \in \mathbb{R}$ *durch*

$$\alpha_i = \left\langle v_i, \sqrt{M} x(0) \right\rangle \quad und \quad \beta_i = \left\langle v_i, \sqrt{M} \dot{x}(0) \right\rangle \qquad (1.4.13)$$

für $i = 1, \ldots, n$ *aus den Anfangswerten* $x(0)$ *und* $\dot{x}(0)$ *bestimmt werden können.*

Beweis. Da $\tilde{V}$ positiv definit ist, wissen wir vom Spektralsatz aus Kap. 7 in Band 1, dass alle Eigenwerte von $\tilde{V}$ positiv sind und dass $\tilde{V}$ orthogonal diagonalisiert werden kann, also eine Orthonormalbasis von Eigenvektoren besitzt. Damit ist zunächst die Existenz der $v_1, \ldots, v_n$ und der $\omega_1^2, \ldots, \omega_n^2 > 0$ gesichert, und wir können die Eigenwerte wirklich als ω_i^2 mit *reellem* ω_i schreiben. Seien nun ξ_i und η_i wie in (1.4.11) gegeben. Dann gilt

$$\ddot{\xi}_i(t) = -\omega_i^2 \cos(\omega_i t) v_i = -\omega_i^2 \xi_i(t) \quad und \quad \ddot{\eta}_i(t) = -\omega_i^2 \sin(\omega_i t) v_i = -\omega_i^2 \eta_i(t).$$

Da die v_i Eigenvektoren von $\tilde{V}$ zu den Eigenwerten ω_i^2 sind, folgt also

$$\ddot{\xi}_i(t) + \tilde{V} \xi_i(t) = 0 \quad \text{ebenso wie} \quad \ddot{\eta}_i(t) + \tilde{V} \eta_i(t) = 0.$$

Weiter gilt

$$\xi_i(0) = v_i \quad und \quad \dot{\xi}_i(0) = 0,$$

sowie

$$\eta_i(0) = 0 \quad und \quad \dot{\eta}_i(0) = \omega_i v_i.$$

Wir sehen, dass $x(t)$ wie in (1.4.12) eine Lösung ist, da $\sqrt{M} x(t)$ eine Linearkombination der Lösungen $\xi_i(t)$ und $\eta_i(t)$ ist. Da die $v_1, \ldots, v_n$ orthonormal sind, gilt

$$\left\langle v_i, \sqrt{M} x(0) \right\rangle = \left\langle v_i, \left. \sum_{j=1}^{n} \left(\alpha_j \cos(\omega_j t) + \frac{\beta_j}{\omega_j} \sin(\omega_j t) \right) \right|_{t=0} v_j \right\rangle = \alpha_i$$

und genauso $\left\langle v_i, \sqrt{M} \dot{x}(0) \right\rangle = \beta_i$, was (1.4.13) zeigt. Schließlich gilt umgekehrt

$$x(0) = \sum_{i=1}^{n} \alpha_i \frac{1}{\sqrt{M}} v_i \quad und \quad \dot{x}(0) = \sum_{i=1}^{n} \beta_i \frac{1}{\sqrt{M}} v_i.$$

Da die Vektoren $\frac{1}{\sqrt{M}} v_1, \ldots, \frac{1}{\sqrt{M}} v_n$ immer noch eine Basis bilden (sie sind jedoch nicht länger orthonormal), können wir durch geeignete Wahl der Koeffizienten $\alpha_1, \ldots, \alpha_n, \beta_1, \ldots, \beta_n$ jede Anfangsbedingung $x(0), \dot{x}(0) \in \mathbb{R}^n$ realisieren, womit alles gezeigt ist. $\qquad \square$

Bemerkung 1.31. Hier sehen wir nun explizit den oszillatorischen Charakter der Lösungen von (1.4.5), welcher in Proposition 1.27 noch verborgen war. Wir erhalten in diesem zweiten Zugang eine explizite und vollständige Beschreibung der Lösungen und wissen zudem, dass die sogenannten *Normalmoden* $v_1, \ldots, v_n \in \mathbb{R}^n$ eine Orthonormalbasis bilden. Dies hat sich bei der Bestimmung der Entwicklungskoeffizienten $\alpha_1, \ldots, \alpha_n, \beta_1, \ldots, \beta_n$ zur korrekten Einstellung der Anfangsbedingungen als sehr nützlich erwiesen, siehe auch Übung 1.22.

Bemerkung 1.32 (Herkunft des Begriffs Spektrum). Man kann dieses Resultat auch als Herkunft des Begriffs des (mathematischen) Spektrums werten, da in der Akustik das (physikalische) Spektrum eines Instruments diejenigen Frequenzen sind, mit denen das Instrument klingt. Modelliert man das Instrument als ein hinreichend kompliziertes System von gekoppelten harmonischen Oszillatoren, so beschreiben die Normalmoden genau die „Eigenschwingungen" des Instruments und die Eigenwerte ω^2 liefern die zugehörigen Eigenfrequenzen ω. Man sieht hier jedoch, dass das Modell noch etwas zu einfach ist, da ein realistisches Musikinstrument in der Lage ist, unendlich viele Obertöne zu produzieren. Daher genügt eine Modellierung durch ein System von endlich vielen Oszillatoren eventuell noch nicht. Um nun realistischere Modelle zu erzielen, muss man zu partiellen Differentialgleichungen, wie etwa der Wellengleichung, übergehen, die dann beispielsweise eine schwingende Saite einer Geige adäquat beschreiben. Auch wenn die nötige Mathematik schwieriger wird, bleibt die Idee doch die gleiche: Man hat (unendlich viele) Eigenwerte und Normalmoden, welche die Schwingungszustände der physikalischen Saite auf mathematischer Seite beschreiben.

Kontrollfragen. Welche Schritte sind zur Lösung eines Systems gekoppelter harmonischer Oszillatoren nötig? Wieso erhalten Sie tatsächlich eine oszillatorische Lösung? Was sind Normalmoden und wie können Sie diese bestimmen?

1.5 Übungen

Übung 1.1 (Mehr Leibniz-Regeln). Sei $n \in \mathbb{N}$.

i.) Sei $\langle \cdot, \cdot \rangle$ ein Skalarprodukt auf $\mathbb{K}^n$, und seien $x, y \in \mathscr{C}^1(\mathbb{R}, \mathbb{K}^n)$ differenzierbare Funktionen mit Werten in $\mathbb{K}^n$. Zeigen Sie, dass dann die Verkettung $t \mapsto \langle x(t), y(t) \rangle$ eine $\mathscr{C}^1$-Funktion liefert. Zeigen Sie weiter die Leibniz-Regel

$$\frac{\mathrm{d}}{\mathrm{d}t} \langle x, y \rangle = \langle \dot{x}, y \rangle + \langle x, \dot{y} \rangle, \tag{1.5.1}$$

wobei wir wie immer $\dot{x} = \frac{\mathrm{d}x}{\mathrm{d}t}$ für die Ableitung schreiben.

ii.) Verallgemeinern Sie die Leibniz-Regel (1.2.14) für Funktionen mit Werten in Rechteckmatrizen der passenden Größe.

iii.) Seien nun $x, y \in \mathscr{C}^1(\mathbb{R}, \mathbb{R}^3)$. Zeigen Sie, dass die Funktion $t \mapsto x(t) \times y(t)$ wieder $\mathscr{C}^1$ ist und dass die Leibniz-Regel

$$\frac{\mathrm{d}}{\mathrm{d}t} x \times y = \dot{x} \times y + x \times \dot{y} \tag{1.5.2}$$

gilt.

Übung 1.2 (Differentialoperatoren). Sei $I \subseteq \mathbb{R}$ eine offene Teilmenge. Betrachten Sie dann den Vektorraum $\mathscr{C}^\infty(I, \mathbb{R}^n)$ der vektorwertigen glatten Funktionen auf I.

i.) Rekapitulieren Sie die nötigen Ergebnisse aus der Analysis, welche zeigen, dass die Ableitung

$$\frac{\mathrm{d}}{\mathrm{d}t} : \mathscr{C}^\infty(I, \mathbb{R}^n) \longrightarrow \mathscr{C}^\infty(I, \mathbb{R}^n) \tag{1.5.3}$$

eine lineare Abbildung ist.

ii.) Zeigen Sie weiter, dass die punktweise Anwendung einer glatten Abbildung $A \in \mathscr{C}^\infty(I, \mathrm{M}_n(\mathbb{R}))$ auf $f \in \mathscr{C}^\infty(I, \mathbb{R}^n)$ mittels

$$(Af)(t) = A(t)f(t) \tag{1.5.4}$$

eine lineare Abbildung $A \colon \mathscr{C}^\infty(I, \mathbb{R}^n) \longrightarrow \mathscr{C}^\infty(I, \mathbb{R}^n)$ definiert.

iii.) Seien $A_0, \dots, A_k \in \mathscr{C}^\infty(I, \mathrm{M}_n(\mathbb{R}))$. Zeigen Sie, dass dann auch

$$D = A_0 + A_1 \frac{\mathrm{d}}{\mathrm{d}t} + \cdots + A_k \frac{\mathrm{d}^k}{\mathrm{d}t^k} \tag{1.5.5}$$

einen linearen Endomorphismus von $\mathscr{C}^\infty(I, \mathbb{R}^n)$ liefert. Eine derartige Abbildung heißt auch *Differentialoperator*. Sind die Abbildungen $A_0, \dots, A_k$ konstant, also einfach durch Matrizen $A_0, \dots, A_k \in \mathrm{M}_n(\mathbb{R})$ gegeben, so heißt D ein Differentialoperator mit *konstanten Koeffizienten*. Ist $k = 0$, so heißt D ein *Multiplikationsoperator*.

iv.) Interpretieren Sie nun das Resultat von Proposition 1.5 im Lichte dieser neuen Begriffsbildung.

v.) Zeigen Sie, dass die Menge aller Differentialoperatoren auf $\mathscr{C}^\infty(I, \mathbb{R}^n)$ einen Untervektorraum aller linearen Abbildungen liefert, welcher zudem unter der Verknüpfung von Abbildungen abgeschlossen ist. Zeigen Sie, dass entsprechende Aussagen auch für die Menge der Differentialoperatoren mit konstanten Koeffizienten gelten.

Hinweis: Hier benötigen Sie eine Variante von Lemma 1.16.

vi.) Berechnen Sie den Kommutator

$$\left[\frac{\mathrm{d}}{\mathrm{d}t}, A \right] = \frac{\mathrm{d}}{\mathrm{d}t} \circ A - A \circ \frac{\mathrm{d}}{\mathrm{d}t} \tag{1.5.6}$$

der Ableitung mit einem Multiplikationsoperator $A \in \mathscr{C}^\infty(I, \mathrm{M}_n(\mathbb{R}))$.

vii.) Verallgemeinern Sie diese Resultate für Funktionen mit geringerer Differentiationsklasse $\mathscr{C}^r$ anstelle von $\mathscr{C}^\infty$. Was ist hierbei zu beachten?

Übung 1.3 (Kommutierende Matrizen). Seien $A, B \in \mathrm{M}_n(\mathbb{K})$. Zeigen Sie, dass folgende Aussagen äquivalent sind:

i.) Die Matrizen A und B kommutieren.

ii.) Für alle $s \in \mathbb{K}$ kommutieren die Matrizen A und $\exp(sB)$.

iii.) Für alle $s, t \in \mathbb{K}$ kommutieren die Matrizen $\exp(tA)$ und $\exp(sB)$.

Finden Sie geringfügige Abschwächungen der zweiten und dritten Aussage, indem Sie untersuchen, für wieviele s beziehungsweise t, s das Kommutieren bereits hinreichend für *i.)* ist.

Übung 1.4 (Matrizen exponenzieren). Berechnen Sie für $a, b \in \mathbb{C}$

$$\exp\begin{pmatrix} a & b \\ -b & a \end{pmatrix}. \tag{1.5.7}$$

Übung 1.5 (Die Exponentialabbildung ist kein Gruppenmorphismus). Zeigen Sie, dass die Exponentialabbildung

$$\exp \colon \mathrm{M}_n(\mathbb{K}) \longrightarrow \mathrm{GL}_n(\mathbb{K}) \tag{1.5.8}$$

kein Gruppenmorphismus ist, sobald $n \geq 2$ gilt. Hier sei $\mathrm{M}_n(\mathbb{K})$ als abelsche Gruppe bezüglich $+$ verstanden. Welche Eigenschaften eines Gruppenmorphismus gelten?

Übung 1.6 (Invertierbarkeit von positiv semidefiniten Matrizen). Zeigen Sie, dass eine positiv semidefinite Matrix $A \in \mathrm{M}_n(\mathbb{K})$ genau dann invertierbar ist, wenn sie positiv definit ist.

Übung 1.7 (Logarithmus und Wurzel). Betrachten Sie die selbstadjungierten Matrizen $\mathrm{Sym}_n(\mathbb{K}) \subseteq \mathrm{M}_n(\mathbb{K})$ sowie die positiv definiten Matrizen $\mathrm{Sym}_n^+(\mathbb{K}) \subseteq \mathrm{M}_n(\mathbb{K})$.

i.) Zeigen Sie, dass die Exponentialabbildung eine Bijektion

$$\exp \colon \mathrm{Sym}_n(\mathbb{K}) \longrightarrow \mathrm{Sym}_n^+(\mathbb{K}) \tag{1.5.9}$$

liefert. Das Inverse bezeichnen wir als Logarithmus

$$\log \colon \mathrm{Sym}_n^+(\mathbb{K}) \longrightarrow \mathrm{Sym}_n(\mathbb{K}). \tag{1.5.10}$$

ii.) Zeigen Sie, dass für $A \in \mathrm{Sym}_n^+(\mathbb{K})$ auch $UAU^{-1} \in \mathrm{Sym}_n^+(\mathbb{K})$ gilt, wobei U orthogonal beziehungsweise unitär sei. Folgern Sie, dass dann auch $\log(UAU^{-1}) = U\log(A)U^{-1}$ gilt.

iii.) Bestimmen Sie das Spektrum und die Spektralprojektoren von $\log(A)$ aus denen von $A \in \mathrm{Sym}_n^+(\mathbb{K})$.

Hinweis: Raten Sie die Spektraldarstellung, und zeigen Sie dann, dass die naheliegende Wahl alle Eigenschaften einer und damit der Spektraldarstellung erfüllt.

iv.) Zeigen Sie

$$\sqrt{A} = \exp\left(\tfrac{1}{2}\log(A)\right) \tag{1.5.11}$$

für alle $A \in \mathrm{Sym}_n^+(\mathbb{K})$.

v.) Zeigen Sie $\sqrt{A^{-1}} = (\sqrt{A})^{-1}$ für $A \in \mathrm{Sym}_n^+(\mathbb{K})$.

Sei wieder $A \in \mathrm{Sym}_n^+(\mathbb{K})$ mit der Spektraldarstellung

$$A = \sum_{i=1}^k \lambda_i P_i \tag{1.5.12}$$

geben. Definieren Sie dann für $\alpha \in \mathbb{K}$ die Potenz

$$A^\alpha = \sum_{i=1}^k \lambda_i^\alpha P_i. \tag{1.5.13}$$

vi.) Zeigen Sie, dass dies für $\alpha \in \mathbb{Z}$ mit der üblichen Definition von A^α übereinstimmt.

vii.) Bestimmen Sie das Spektrum von A^α für $\alpha \in \mathbb{K}$. Ist A^α wieder selbstadjungiert oder zumindest normal?

viii.) Zeigen Sie, dass $A^{\alpha+\beta} = A^\alpha A^\beta$ für alle $\alpha, \beta \in \mathbb{K}$ gilt. Zeigen Sie ebenso $(A^\alpha)^\beta = A^{\alpha\beta}$ für $\alpha, \beta \in \mathbb{R}$.

Hinweis: Wieso gilt $A^\alpha \in \mathrm{Sym}_n^+(\mathbb{K})$ für $\alpha \in \mathbb{R}$?

ix.) Zeigen Sie, dass

$$A^\alpha = \exp(\alpha \log(A)) \tag{1.5.14}$$

für alle $\alpha \in \mathbb{K}$ gilt.

Übung 1.8 (Determinante und Spur). Zeigen Sie

$$\det(\exp(A)) = \exp(\mathrm{tr}(A)) \tag{1.5.15}$$

für alle $A \in \mathrm{M}_n(\mathbb{K})$.

Hinweis: Verwende Sie beispielsweise die Jordan-Zerlegung.

Übung 1.9 (Exponentialabbildung für $\mathfrak{sl}_n(\mathbb{K})$). Betrachten Sie die spurfreien reellen oder komplexen Matrizen

$$\mathfrak{sl}_n(\mathbb{K}) = \big\{ A \in \mathrm{M}_n(\mathbb{K}) \mid \mathrm{tr}\, A = 0 \big\}. \tag{1.5.16}$$

i.) Zeigen Sie, dass $\mathfrak{sl}_n(\mathbb{K}) \subseteq \mathrm{M}_n(\mathbb{K})$ ein Unterraum der Dimension $n^2 - 1$ ist, indem Sie eine möglichst einfache Basis explizit angeben.

ii.) Zeigen Sie, dass für $A, B \in \mathfrak{sl}_n(\mathbb{K})$ auch $[A, B] \in \mathfrak{sl}_n(\mathbb{K})$ gilt.

iii.) Sei $A \in \mathrm{M}_n(\mathbb{K})$. Zeigen Sie, dass $\exp(tA) \in \mathrm{SL}_n(\mathbb{K})$ für alle $t \in \mathbb{K}$ genau dann gilt, wenn $A \in \mathfrak{sl}_n(\mathbb{K})$.

Hinweis: Verwenden Sie Übung 1.8, und differenzieren Sie.

Übung 1.10 (Exponentialabbildung für $\mathfrak{so}(n)$). Betrachten Sie die Menge der reellen antisymmetrischen Matrizen, die wir als

$$\mathfrak{so}(n) = \left\{ A \in \mathrm{M}_n(\mathbb{R}) \mid A^\mathrm{T} = -A \right\} \tag{1.5.17}$$

abkürzen wollen.

i.) Zeigen Sie, dass $\mathfrak{so}(n)$ ein Untervektorraum aller Matrizen ist, und bestimmen Sie dessen Dimension, indem Sie eine möglichst einfache Basis explizit angeben.

ii.) Zeigen Sie $\mathfrak{so}(n) \subseteq \mathfrak{sl}_n(\mathbb{R})$.

iii.) Zeigen Sie, dass für $A, B \in \mathfrak{so}(n)$ auch $[A, B] \in \mathfrak{so}(n)$ gilt.

iv.) Zeigen Sie, dass

$$\exp \colon \mathfrak{so}(n) \longrightarrow \mathrm{SO}(n). \tag{1.5.18}$$

Hinweis: Dass $\exp(A) \in \mathrm{O}(n)$ für $A \in \mathfrak{so}(n)$ gilt, ist recht leicht zu sehen. Verwenden Sie dann Übung 1.8.

v.) Sei umgekehrt $A \in \mathrm{M}_n(\mathbb{R})$ eine Matrix mit der Eigenschaft, dass $\exp(tA) \in \mathrm{O}(n)$ für alle $t \in \mathbb{R}$ gilt. Zeigen Sie, dass dann $\exp(tA) \in \mathrm{SO}(n)$ gelten muss. Zeigen Sie weiter $A \in \mathfrak{so}(n)$.

Hinweis: Differenzieren Sie.

Übung 1.11 (Exponentialabbildung für $\mathfrak{u}(n)$ und $\mathfrak{su}(n)$). Betrachten Sie die Menge der anti-Hermiteschen Matrizen

$$\mathfrak{u}(n) = \left\{ A \in \mathrm{M}_n(\mathbb{C}) \mid A^* = -A \right\} \tag{1.5.19}$$

sowie die spurfreien anti-Hermiteschen Matrizen

$$\mathfrak{su}(n) = \left\{ A \in \mathrm{M}_n(\mathbb{C}) \mid A^* = -A \text{ und } \mathrm{tr}\, A = 0 \right\}. \tag{1.5.20}$$

i.) Zeigen Sie, dass $\mathfrak{u}(n)$ ein reeller Untervektorraum aller komplexen $n \times n$-Matrizen ist, und bestimmen Sie dessen reelle Dimension, indem Sie eine möglichst einfache Basis explizit angeben. Ist $\mathfrak{u}(n)$ auch ein komplexer Unterraum? Zeigen Sie analog, dass $\mathfrak{su}(n)$ ebenfalls ein reeller Unterraum ist, und bestimmen Sie dessen Dimension.

ii.) Zeigen Sie, dass genau dann $A \in \mathfrak{u}(n)$, wenn $\overline{A} \in \mathfrak{u}(n)$.

iii.) Was ist die Kodimension von $\mathfrak{su}(n)$ in $\mathfrak{u}(n)$?

Hinweis: Wie können Sie diese direkt und ohne Verwendung einer Basis bestimmen?

iv.) Zeigen Sie, dass $A \in \mathfrak{u}(n)$ diagonalisierbar ist. Welche Eigenschaften hat das Spektrum von A?

Hinweis: Nehmen Sie an, dass $\lambda \in \mathrm{spec}(A)$ ein Eigenwert ist. Bringen Sie dann λ mit $-\lambda$ und $\overline{\lambda}$ in Verbindung.

v.) Welche zusätzlichen Eigenschaften besitzt das Spektrum einer Matrix $A \in \mathfrak{su}(n)$?

vi.) Zeigen Sie, dass für $A, B \in \mathfrak{u}(n)$ auch $[A, B] \in \mathfrak{u}(n)$ gilt.

vii.) Welche Werte kann die Spur auf Matrizen aus $\mathfrak{u}(n)$ annehmen?

viii.) Verfahren Sie analog für $\mathfrak{su}(n)$, und zeigen Sie, dass auch $\mathfrak{su}(n)$ unter Kommutatoren abgeschlossen ist.

ix.) Zeigen Sie, dass

$$\exp\colon \mathfrak{u}(n) \longrightarrow \mathrm{U}(n) \quad \text{sowie} \quad \exp\colon \mathfrak{su}(n) \longrightarrow \mathrm{SU}(n), \qquad (1.5.21)$$

wobei $\mathrm{SU}(n)$ die spezielle unitäre Gruppe bezeichnet.

Hinweis: Auch hier ist Übung 1.8 nützlich.

x.) Sei umgekehrt $A \in \mathrm{M}_n(\mathbb{C})$ eine Matrix mit der Eigenschaft, dass $\exp(tA) \in \mathrm{U}(n)$ für alle $t \in \mathbb{R}$ gilt. Zeigen Sie, dass dann $A \in \mathfrak{u}(n)$.

xi.) Formulieren und zeigen Sie die entsprechende Aussage auch für $\mathrm{SU}(n)$ und $\mathfrak{su}(n)$ anstelle von $\mathrm{U}(n)$ und $\mathfrak{u}(n)$.

Diese Übung sowie die Übungen 1.9 und 1.10 können konzeptuell klarer in der Theorie der Matrix-Lie-Gruppen und ihrer Lie-Algebren verstanden werden, siehe etwa [17, 19]. Wir werden in Kap. 4 weitere Beispiele kennenlernen. Zum jetzigen Zeitpunkt dienen uns diese Beispiele in erster Linie dazu, die Exponentialabbildung von Matrizen zu illustrieren.

Übung 1.12 (Echte obere Dreiecksmatrizen). Betrachten Sie die Menge

$$\mathfrak{g}_n(\mathbb{K}) = \left\{ A \in \mathrm{M}_n(\mathbb{K}) \mid A \text{ ist echt obere Dreiecksmatrix} \right\} \qquad (1.5.22)$$

der echten oberen Dreiecksmatrizen. Sei weiter

$$G_n(\mathbb{K}) = \left\{ \mathbb{1} + A \in \mathrm{M}_n(\mathbb{K}) \mid A \text{ ist echt obere Dreiecksmatrix} \right\}. \qquad (1.5.23)$$

i.) Zeigen Sie, dass $\mathfrak{g}_n(\mathbb{K})$ ein Untervektorraum ist, und bestimmen Sie dessen Dimension, indem Sie eine möglichst einfache Basis angeben. Zeigen Sie weiter, dass $\mathfrak{g}_n(\mathbb{K})$ unter Kommutatoren abgeschlossen ist.

ii.) Zeigen Sie, dass $\exp(A) \in G_n(\mathbb{K})$ für alle $A \in \mathfrak{g}_n(\mathbb{K})$.

iii.) Zeigen Sie, dass $G_n(\mathbb{K}) \subseteq \mathrm{SL}_n(\mathbb{K})$ eine Untergruppe ist. Ist diese normal?

iv.) Zeigen Sie, dass die Exponentialabbildung

$$\exp\colon \mathfrak{g}_n(\mathbb{K}) \longrightarrow G_n(\mathbb{K}) \qquad (1.5.24)$$

eine Bijektion ist.

Hinweis: Wie können Sie zu $A \in G_n(\mathbb{K})$ einen Logarithmus definieren?

v.) Bestimmen Sie $\exp(A)$ für $A \in \mathfrak{g}_2(\mathbb{K})$ explizit.

Übung 1.13 (Boosts). Sei $\vec{n} \in \mathbb{R}^3$ ein Einheitsvektor und

$$b_{\vec{n}} = \begin{pmatrix} 0 & \vec{n}^{\mathrm{T}} \\ \vec{n} & 0 \end{pmatrix} \in M_4(\mathbb{R}) \qquad (1.5.25)$$

eine daraus gebildete 4×4-Blockmatrix.

i.) Zeigen Sie, dass es eine Drehung $D \in SO(3)$ mit $D\vec{n} = e_1$ gibt.

ii.) Betrachten Sie zu einer Drehmatrix $D \in SO(3)$ die 4×4-Blockmatrix

$$L_D = \begin{pmatrix} 1 & 0 \\ 0 & D \end{pmatrix}. \qquad (1.5.26)$$

Zeigen Sie, dass $SO(3) \ni D \mapsto L_D \in GL_4(\mathbb{R})$ ein injektiver Gruppenmorphismus ist.

Hinweis: Wieso ist L_D überhaupt invertierbar?

iii.) Berechnen Sie $L_D b_{\vec{n}} L_D^{-1}$ durch geschicktes Ausnutzen der Blockstruktur.

iv.) Berechnen Sie nun explizit durch Aufsummation der Exponentialreihe $\exp(t b_{\vec{e}_i})$ für $i = 1, 2, 3$.

Hinweis: Verwenden Sie die Taylor-Entwicklung von cosh und sinh.

v.) Berechnen Sie nun allgemein $\exp(t b_{\vec{n}})$.

Hinweis: Versuchen Sie nicht, die Exponentialreihe nochmal aufzusummieren.

In der speziellen Relativitätstheorie spielen diese Matrizen die Rolle von *Boosts*, beschreiben also den Wechsel in ein relativ bewegtes Intertialsystem, siehe etwa [32].

Übung 1.14 (Erstellen von Übungen I). Für eine Vorlesung zu gewöhnlichen Differentialgleichungen sollen Übungen zu linearen Differentialgleichungen mit konstanten Koeffizienten erstellt werden: Finden Sie kompliziert aussehende, aber einfach zu rechnende konkrete Beispiele für gekoppelte lineare Differentialgleichungen mit konstanten Koeffizienten in kleinen Dimensionen. Es sollen insbesondere die verschiedenen Effekte (oszillatorische Lösungen, exponentiell wachsende und fallende Lösungen, Lösungen mit polynomialer Zeitabhängigkeit) in den Übungen auftreten.

Hinweis: Hier können Sie Ihr gesamtes Wissen zu Normalformen von Matrizen zum Einsatz bringen, um einfaches Exponenzieren zu erreichen.

Übung 1.15 (Spektrum von $\exp(A)$). Sei $A \in M_n(\mathbb{C})$. Bestimmen Sie das Spektrum von $\exp(A)$.

Hinweis: Wenn A diagonalisierbar ist, sollte dies einfach zu bewerkstelligen sein. Im Allgemeinen verwenden Sie die Jordansche Normalform.

Übung 1.16 (Surjektivität von exp**).** Das Bild der Exponentialabbildung ist typischerweise recht schwierig zu bestimmen, wie folgende Überlegungen zeigen:

i.) Zeigen Sie, dass $\exp(A) \in \mathrm{GL}_n^+(\mathbb{R})$ für alle $A \in \mathrm{M}_n(\mathbb{R})$, wobei $\mathrm{GL}_n^+(\mathbb{R})$ die Untergruppe von $\mathrm{GL}_n(\mathbb{R})$ derjenigen Matrizen mit positiver Determinante sei.

ii.) Zeigen Sie, dass eine diagonalisierbare und invertierbare Matrix $B \in \mathrm{GL}_n(\mathbb{C})$ immer im Bild von exp ist.

   Hinweis: Raten Sie einen Logarithmus und verifizieren Sie anschließend.

iii.) Sei $J_n \in \mathrm{M}_n(\mathbb{C})$ die $n \times n$-Jordan-Matrix

$$
J_n = \begin{pmatrix} 0 & 1 & 0 & \cdots\cdots & 0 \\ \vdots & \ddots & \ddots & \ddots & \vdots \\ \vdots & & \ddots & \ddots & 0 \\ \vdots & & & \ddots & 1 \\ 0 & \cdots\cdots\cdots\cdots & & & 0 \end{pmatrix} \tag{1.5.27}
$$

und $\lambda \in \mathbb{C} \setminus \{0\}$. Zeigen Sie, dass die Matrix $\lambda\mathbb{1} + J_n$ im Bild von exp ist, es also eine Matrix $A \in \mathrm{M}_n(\mathbb{C})$ mit $\exp(A) = \lambda\mathbb{1} + J_n$ gibt.

   Hinweis: Verwenden Sie die Taylor-Entwicklung von log, und überlegen Sie sich, dass die Konvergenz trivial ist.

iv.) Zeigen Sie die Surjektivität von

$$
\exp \colon \mathrm{M}_n(\mathbb{C}) \longrightarrow \mathrm{GL}_n(\mathbb{C}). \tag{1.5.28}
$$

v.) Betrachten Sie nun die reelle Matrix $A = \begin{pmatrix} -1 & 0 \\ 0 & -2 \end{pmatrix} \in \mathrm{GL}_2^+(\mathbb{R})$, und zeigen Sie, dass es *keine* Matrix $X \in \mathrm{M}_2(\mathbb{R})$ mit $\exp(X) = A$ gibt. Das reelle Analogon von *iv.)* ist also selbst für $\mathrm{Gl}_2^+(\mathbb{R})$ falsch.

   Hinweis: Betrachten Sie ein $X \in \mathrm{M}_2(\mathbb{C})$ mit $\exp(X) = A$, welches es nach *iv.)* gibt. Verwenden Sie die Jordan-Zerlegung von X, um zu zeigen, dass X notwendigerweise diagonalisierbar ist. Kann es dann ein reelles X geben?

vi.) Sei $A = \begin{pmatrix} -1 & a \\ 0 & -1 \end{pmatrix} \in \mathrm{SL}_2(\mathbb{C})$. Zeigen Sie, dass für $a \in \mathbb{C} \setminus \{0\}$ es keine Matrix $X \in \mathfrak{sl}_2(\mathbb{C})$ mit $\exp(X) = A$ gibt. Formulieren und zeigen Sie ebenfalls den analogen reellen Fall.

   Hinweis: Sei $X \in \mathrm{M}_2(\mathbb{C})$ eine komplexe Matrix mit $\exp(X) = A$ nach *iv.)*. Bestimmen Sie das Spektrum von X, um zu zeigen, dass es keine spurfreie Wahl für X gibt.

vii.) Zeigen Sie mithilfe des Spektralsatzes die Surjektivität von

$$
\exp \colon \mathfrak{so}(n) \longrightarrow \mathrm{SO}(n). \tag{1.5.29}
$$

viii.) Sei $U \in \mathrm{U}(n)$ eine unitäre Matrix. Zeigen Sie dann, dass es eine Matrix $A \in \mathfrak{u}(n)$ mit $\exp(A) = U$ gibt. Ist A eindeutig?

> Hinweis: Der Spektralsatz hilft hier sehr.

ix.) Sei $U \in \mathrm{SU}(n)$ eine spezielle unitäre Matrix. Zeigen Sie, dass es dann sogar eine Matrix $A \in \mathfrak{su}(n)$ mit $\exp(A) = U$ gibt.

Übung 1.17 (Exponentialabbildung für $\mathfrak{sl}_2(\mathbb{C})$-Matrizen). Betrachten Sie erneut $\mathfrak{sl}_2(\mathbb{C})$ und die zugehörige spezielle lineare Gruppe $\mathrm{SL}_2(\mathbb{C})$.

i.) Zeigen Sie, dass

$$A^2 = -\det(A)\mathbb{1} \qquad (1.5.30)$$

für alle $A \in \mathfrak{sl}_2(\mathbb{C})$ gilt.

ii.) Zeigen Sie, dass

$$\exp(A) = \cos\left(\sqrt{\det(A)}\right)\mathbb{1} + \frac{\sin\left(\sqrt{\det(A)}\right)}{\sqrt{\det(A)}}A \qquad (1.5.31)$$

für alle $A \in \mathfrak{sl}_2(\mathbb{C})$.

> Hinweis: Hier benutzen Sie, dass die Funktion $z \mapsto \cos(z)$ ebenso wie die Funktion $z \mapsto \sin(z)/z$ für alle $z \in \mathbb{C}$ mit der offensichtlichen Fortsetzung für $z = 0$ glatte (ja sogar holomorphe) und *gerade* Funktionen sind, sodass die Wahl der Wurzel in (1.5.31) *keine* Rolle spielt. Wie ist (1.5.31) für $\det(A) = 0$ zu verstehen?

Damit haben Sie also insbesondere die Exponentialabbildung auch für $\mathfrak{su}(2)$ und $\mathfrak{so}(2)$ berechnet.

iii.) Zeigen Sie, dass für $A \in \mathfrak{sl}_2(\mathbb{C})$ die Matrix $\exp(A)$ genau dann einen Eigenwert -1 besitzt, wenn es ein $k \in \mathbb{Z}$ gibt, sodass A die beiden Eigenwerte $\pm(\mathrm{i}\pi + 2\pi\mathrm{i}k)$ besitzt.

iv.) Sei nun $A \in \mathfrak{sl}_2(\mathbb{C})$ derart, dass $\exp(A)$ einen Eigenwert -1 besitzt. Zeigen Sie, dass dann $\exp(A) = -\mathbb{1}$ gelten muss. Dies liefert ein geringfügig anderes Argument für die Nichtsurjektivität aus Übung 1.16, *vi.)*.

Übung 1.18 (Exponentialabbildung für $\mathfrak{so}(3)$). Betrachten Sie die Drehgruppe $\mathrm{SO}(3)$ in drei Dimensionen sowie $\mathfrak{so}(3)$.

i.) Wie aus den Übungen zu Kap. 5 in Band 1 bekannt ist, gibt es zu jeder antisymmetrischen Matrix A einen Einheitsvektor $\vec{n}$ und eine Zahl $\alpha \in \mathbb{R}$, sodass $A\vec{x} = \alpha\vec{n} \times \vec{x}$. Umgekehrt liefern $\vec{n}$ und α durch diese Vorschrift eine antisymmetrische Matrix A. Zeigen Sie, dass

$$\exp(A)\vec{x} = \cos(\alpha)\vec{x} + (1 - \cos(\alpha))\langle\vec{n}, \vec{x}\rangle\vec{n} + \sin(\alpha)\vec{n} \times \vec{x}. \qquad (1.5.32)$$

Interpretieren Sie Ihr Resultat: Welche Abbildung ist $R(\alpha, \vec{n}) = \exp(A)$?

> Hinweis: Hier können Sie entweder die Exponentialreihe explizit aufsummieren, indem Sie Ergebnisse zu den Potenzen von antisymmetrischen 3×3-Matrizen aus Kap. 5 in Band 1 verwenden. Alternativ können Sie (1.5.32) nach α differenzieren und explizit

nachrechnen, dass die rechte Seite die erforderliche Differentialgleichung einer Exponentialabbildung mit den richtigen Anfangsbedingungen erfüllt.

ii.) Zeigen Sie $R(\alpha + 2\pi, \vec{n}) = R(\alpha, \vec{n}) = R(2\pi - \alpha, -\vec{n})$.

iii.) Folgern Sie die Surjektivität

$$\exp: \mathfrak{so}(3) \longrightarrow SO(3). \tag{1.5.33}$$

Übung 1.19 (Exponentialabbildung für $\mathfrak{su}(2)$). Betrachten Sie die spezielle unitäre Gruppe $SU(2)$ sowie $\mathfrak{su}(2)$.

i.) Betrachten Sie die Pauli-Matrizen

$$\sigma_1 = \begin{pmatrix} 0 & 1 \\ 1 & 0 \end{pmatrix}, \quad \sigma_2 = \begin{pmatrix} 0 & -i \\ i & 0 \end{pmatrix} \quad \text{und} \quad \sigma_3 = \begin{pmatrix} 1 & 0 \\ 0 & -1 \end{pmatrix} \tag{1.5.34}$$

und zeigen Sie, dass die Matrizen $-\frac{i}{2}\sigma_1, -\frac{i}{2}\sigma_2, -\frac{i}{2}\sigma_3$ eine Basis von $\mathfrak{su}(2)$ bilden.

ii.) Sei $\vec{n} \in \mathbb{R}^3$ ein Einheitsvektor und $\alpha \in \mathbb{R}$. Wie bereits in Kap. 5 in Band 1 setzen wir $\vec{n} \cdot \vec{\sigma} = n_1\sigma_1 + n_2\sigma_2 + n_3\sigma_3$. Zeigen Sie mithilfe der dortigen Ergebnisse für die Matrix

$$U(\alpha, \vec{n}) = \exp\left(-\frac{i}{2}\alpha\vec{n} \cdot \vec{\sigma}\right), \tag{1.5.35}$$

dass

$$U(\alpha, \vec{n}) = \cos\left(\frac{\alpha}{2}\right)\mathbb{1} - i\sin\left(\frac{\alpha}{2}\right)\vec{n} \cdot \vec{\sigma}. \tag{1.5.36}$$

iii.) Folgern Sie die Surjektivität von

$$\exp: \mathfrak{su}(2) \longrightarrow SU(2). \tag{1.5.37}$$

iv.) Zeigen Sie $U(\alpha + 4\pi, \vec{n}) = U(\alpha, \vec{n}) = U(4\pi - \alpha, -\vec{n})$.

Übung 1.20 (Erstellen von Übungen II). Für die Vorlesung Lineare Algebra sollen Zahlenbeispiele für unitäre und spezielle unitäre Matrizen gefunden werden.

i.) Argumentieren Sie, dass es nicht so einfach ist, Beispiele für unitäre Matrizen zu konstruieren, während es sehr einfach ist, nachzuweisen, dass eine gegebene Matrix unitär ist.

ii.) Verwenden Sie die Resultate zum Exponenzieren von Matrizen aus $\mathfrak{u}(n)$ und $\mathfrak{su}(n)$ aus Übung 1.11 und Übung 1.17, um explizite Beispiele in zwei Dimensionen zu konstruieren. Wie können Sie die tatsächlichen Eigenwerte kontrollieren und nach Wunsch einstellen? Finden Sie so (zumindest prinzipiell) 1000 paarweise verschiedene unitäre Matrizen in $U(2)$.

Hinweis: Um möglichst einfache Zahlen zu erhalten, brauchen Sie Winkel mit möglichst einfachen Werten für Kosinus und Sinus.

iii.) Überlegenen Sie sich, dass die Matrizen, die einer Permutation σ der kanonischen Basisvektoren $e_1, \ldots, e_n \in \mathbb{C}^n$ entsprechen, unitär sind. Wann sind diese sogar speziell unitär?

iv.) Verwenden Sie nun unitäre 2×2-Matrizen oder unitäre 1×1-Matrizen als diagonale Blöcke einer großen $n \times n$-Matrix, wobei beispielsweise $n = 4$, 5 oder 6. Zeigen Sie, dass die resultierende Matrix wieder unitär ist.

v.) Argumentieren Sie, wieso die bisherige Konstruktion noch zu einfach ist. Um die Resultate etwas besser unkenntlich zu machen, bilden Sie daher Produkte mit Permutationen und anderen block-diagonalen unitären Matrizen.

vi.) Diskutieren Sie, an welcher Stelle Sie etwas aufpassen müssen, um die Resultate auch für speziell-unitäre Matrizen sowie orthogonale Matrizen verwenden zu können.

Übung 1.21 (Mathematisches Pendel).
Betrachten Sie eine punktförmige Masse m, welche an einer starren Stange befestigt ist, welche selbst kein Gewicht besitzt und am anderen Ende reibungsfrei drehbar gelagert ist, sodass die unten hängende Masse schwingen kann, siehe Abb. 1.3. Die Erdbeschleunigung sei g. Der Winkel des ausgelenkten Pendels gegenüber der Senkrechten sei mit φ bezeichnet.

i.) Stellen Sie die Newtonschen Bewegungsgleichungen für die Masse m als Differentialgleichung für den Winkel φ auf.

> Hinweis: Hier genügt das Physikwissen der Schule. Eleganter kann man dies in der Lagrangeschen Mechanik erreichen.

ii.) Linearisieren Sie die Bewegungsgleichung für kleine Auslenkungen, indem Sie die Näherung $\sin(\varphi) \approx \varphi$ verwenden.

iii.) Lösen Sie die linearisierte Bewegungsgleichung für beliebige Anfangsbedingungen, indem Sie zuerst ein äquivalentes System von linearen Differentialgleichungen erster Ordnung mit konstanten Koeffizienten finden. Exponenzieren Sie dann die relevante Matrix explizit.

iv.) Wieso ist die linearisierte Bewegungsgleichung sicher nicht für beliebige Anfangsbedingungen eine gute Näherung?

Übung 1.22 (Gekoppelte Pendel).
Betrachten Sie zwei mathematische Pendel mit gleicher Masse m und gleicher Länge ℓ, welche in einem Abstand d voneinander aufgehängt sind. Zwischen den beiden Massen sei nun zusätzlich eine Feder mit Federkonstante D gespannt, welche bei Länge d in ihrer Ruhelage ist, siehe Abb. 1.3.

i.) Stellen Sie analog zum mathematischen Pendel in Übung 1.21 die Bewegungsgleichung für die beiden Winkel φ_1 und φ_2 auf.

ii.) Linearisieren Sie die Bewegungsgleichung für kleine Auslenkungen, indem Sie die Näherungen $\sin(\varphi_1) \approx \varphi_1$ und $\sin(\varphi_2) \approx \varphi_2$ verwenden. Dadurch vereinfacht sich der Beitrag der Feder erheblich.

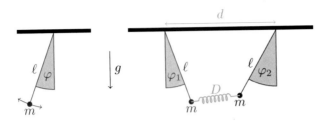

Abb. 1.3 Das mathematische Pendel (links) und das gekoppelte Pendel (rechts)

iii.) Zeigen Sie, dass Sie mit diesem gekoppelten System von linearen Differentialgleichungen zweiter Ordnung tatsächlich in der Situation von Satz 1.30 sind, indem Sie die notwendigen Matrizen explizit bestimmen und ihre positive Definitheit nachweisen.

iv.) Bestimmen Sie die Normalmoden des gekoppelten Doppelpendels explizit. Welchem Auslenkungsmuster entsprechen die beiden Normalmoden?

v.) Diskutieren Sie qualitativ den Gültigkeitsbereich der linearen Näherung.

Übung 1.23 (Beweisen oder widerlegen). Beweisen oder widerlegen Sie folgende Aussagen. Finden Sie gegebenenfalls zusätzliche Bedingungen, unter denen falsche Aussagen richtig werden.

i.) Für $A, B \in \mathfrak{sl}_n(\mathbb{K})$ gilt $AB \in \mathfrak{sl}_n(\mathbb{K})$.

ii.) Für $A, B \in \mathfrak{so}(n; \mathbb{R})$ gilt $AB \in \mathfrak{so}(n; \mathbb{R})$.

iii.) Für $A, B \in \mathfrak{u}(n)$ gilt $AB \in \mathfrak{u}(n)$.

iv.) Für $A, B \in \mathfrak{su}(n)$ gilt $AB \in \mathfrak{su}(n)$.

v.) Für alle Matrizen $A, B \in \mathrm{M}_n(\mathbb{K})$ gilt $\exp(A + B) = \exp(A)\exp(B)$.

vi.) Permutationen der kanonischen Basisvektoren von $\mathbb{C}^n$ liefern unitäre Matrizen.

vii.) Permutationen der kanonischen Basisvektoren von $\mathbb{R}^n$ liefern orthogonale Matrizen.

viii.) Für $A, B \in \mathfrak{sl}_n(\mathbb{K})$ gilt $\exp(A + B) = \exp(A)\exp(B)$.

ix.) Für Matrizen $A, B \in \mathrm{M}_n(\mathbb{K})$ gilt genau dann $AB = BA$, wenn $\exp(A)\exp(B) = \exp(B)\exp(A)$.

x.) Es gibt keine Matrizen A und B mit $[\exp(A), \exp(B)] = 0$ aber $[A, B] \neq 0$.

xi.) Die Abbildung $\exp \colon \mathfrak{so}(n) \longrightarrow \mathrm{O}(n)$ ist surjektiv.

Kapitel 2
Quotienten

Es gilt nun in diesem Kapitel, einige Konstruktionen zu Quotienten nachzuholen. Dies ist ein sehr allgemeines Thema in vielen Bereichen der Mathematik: Oft hat man Äquivalenzrelationen, die mit zusätzlichen Strukturen verträglich sind, und möchte die zugehörigen Äquivalenzklassen dann wieder mit gleichartigen Strukturen versehen. Die Menge aller Äquivalenzklassen nennt man dann den Quotienten der ursprünglichen Menge modulo der Äquivalenzrelation. Wir werden in diesem Kapitel hierfür nun erste Beispiele kennenlernen und insbesondere Quotientengruppen, Quotientenringe und vor allem Quotientenvektorräume untersuchen. Es sei hier aber nochmals betont, dass es in vielen anderen Gebieten der Mathematik ebenfalls Quotientenkonstruktionen gibt, etwa Quotientenalgebren, Quotienten von topologischen Räumen oder von differenzierbaren Mannigfaltigkeiten, um nur einige zu nennen. Man sollte dieses Kapitel daher durchaus in einem größeren Zusammenhang sehen, auf den man später immer wieder zurückkommen wird.

Zur Einstimmung in die Problematik der Quotienten betrachten wir eine Menge von Obst, wie etwa Erdbeeren, Himbeeren, Äpfel, Pfirsiche, Birnen, Melonen etc. Wir können auf dieser Menge von Obst eine Äquivalenzrelation „gleiche Farbe" definieren. Obst mit der gleichen Farbe fassen wir dann zusammen zu „rotes Obst", „grünes Obst", etc. Auf diese Weise erhalten wir eine Abbildung von unserer Menge von Obst in die Menge der Farben. Dies ist eine Quotientenkonstruktion: Die Menge der Farben ist der Quotient der Menge des Obsts modulo der Äquivalenzrelation „gleiche Farbe". Wir können nun weiter den verschiedenen Obstsorten eine Größe zuordnen: Erdbeeren und Himbeeren sind klein, Pfirsiche mittelgroß und Melonen sehr groß. Da es nun aber Obst gleicher Farbe gibt, das sehr unterschiedlich groß ist, wie etwa Erdbeeren und Äpfel, können wir den Farben direkt keine Größe zuordnen, die der Farbe der zugehörigen Obstsorten entspricht. Die Abbildung „Größe" ist nicht *wohldefiniert* auf dem Quotienten. Dieses Beispiel enthält prinzipiell bereits alle wesentlichen Eigenschaften der gesamten Problematik mit Quotienten, es lohnt sich daher, es sich gelegentlich wieder vor Augen zu führen.

© Springer-Verlag GmbH Deutschland, ein Teil von Springer Nature 2022
S. Waldmann, *Lineare Algebra 2*, https://doi.org/10.1007/978-3-662-63639-8_2

2.1 Äquivalenzrelationen und Quotienten

Zur Orientierung betrachten wir zunächst die mengentheoretische Situation allein: Sei M eine Menge und $\sim$ eine Äquivalenzrelation auf M. Beispiele hierfür sind uns bereits vielfach begegnet, siehe insbesondere Anhang B von Band 1.

Definition 2.1 (Äquivalenzklasse). Sei M eine Menge und $\sim$ eine Äquivalenzrelation auf M. Für $x \in M$ nennt man

$$[x] = \{y \in M \mid x \sim y\} \subseteq M \tag{2.1.1}$$

die Äquivalenzklasse von x. Ein $y \in [x]$ heißt Repräsentant der Äquivalenzklasse $[x]$.

Eine Äquivalenzklasse oder auch kurz *Klasse* ist also eine Teilmenge von M. Andere übliche Bezeichnungen sind $\overline{x}$ oder $\underline{x}$ anstelle von $[x]$.

Erste einfache Eigenschaften von Äquivalenzklassen ergeben sich nun aus den definierenden Eigenschaften einer Äquivalenzrelation. Wir fassen diese folgendermaßen zusammen:

Proposition 2.2. *Sei M eine (nichtleere) Menge und $\sim$ eine Äquivalenzrelation auf M. Seien $x, y \in M$.*

i.) Es gilt $x \in [x]$.

ii.) Es gilt genau dann $x \in [y]$, wenn $y \in [x]$ gilt.

iii.) Es gilt entweder $[x] \cap [y] = \emptyset$ oder $[x] = [y]$.

Beweis. Dies sind einfache Umformulierungen der definierenden Eigenschaften einer Äquivalenzrelation: Da $x \sim x$ aufgrund der Reflexivität von $\sim$ gilt, folgt *i.)*. Die Symmetrie $x \sim y \iff y \sim x$ einer Äquivalenzrelation liefert *ii.)*. Für *iii.)* betrachten wir den Fall $[x] \cap [y] \neq \emptyset$. Sei dann $z \in [x] \cap [y]$. Es gilt also $z \sim x$ sowie $z \sim y$. Die Transitivität und Symmetrie von $\sim$ liefert dann zunächst $x \sim y$. Ist nun $a \in [x]$, so gilt sowohl $a \sim x$ als auch $a \sim y$ unter erneuter Verwendung der Transitivität und Symmetrie. Es folgt $a \in [y]$ und somit $[x] \subseteq [y]$. Durch Vertauschen der Rollen von x und y erhalten wir dann $[x] = [y]$, was *iii.)* zeigt. $\qquad\square$

Beispiel 2.3. Wir betrachten $M = \mathrm{M}_n(\Bbbk)$ für ein $n \in \mathbb{N}$. Als Äquivalenzrelation $\sim$ können wir beispielsweise die *Ähnlichkeit* von Matrizen betrachten. Ist nun zudem $\Bbbk$ algebraisch abgeschlossen, wie etwa $\mathbb{C}$, so können wir einen besonders einfachen Repräsentanten für die Äquivalenzklasse $[A]$ einer Matrix $A \in \mathrm{M}_n(\Bbbk)$ angeben: die *Jordansche Normalform* von A, siehe auch Kap. 6 in Band 1. Dort hatten wir gesehen, dass A und B genau dann ähnlich sind, wenn sie dieselbe Jordansche Normalform besitzen.

Wir wollen nun die Menge aller Äquivalenzklassen bezüglich einer fest gewählten Äquivalenzrelation betrachten und nicht nur eine einzelne solche Klasse:

Definition 2.4 (Quotient). Sei M eine (nichtleere) Menge und $\sim$ eine Äquivalenzrelation auf M. Dann heißt die Menge

$$M/\!\sim \, = \left\{ [x] \in 2^M \mid x \in M \right\} \subseteq 2^M \tag{2.1.2}$$

der Quotient von M modulo $\sim$. Die Abbildung

$$\mathrm{pr} \colon M \ni x \mapsto [x] \in M/\!\sim \tag{2.1.3}$$

heißt die Quotientenabbildung oder auch Quotientenprojektion.

Eine wesentliche Eigenschaft der Quotientenabbildung ist nun, dass sie offensichtlich *surjektiv* ist.

Um nochmals das anschauliche Beispiel aus Anhang B in Band 1 der Landkarte aufzugreifen: Für die Menge der Sandkörner in der Karibik ist *trockenen Fußes erreichbar* eine Äquivalenzrelation. Der Quotient kann dann als die Menge der Inseln verstanden werden und die Quotientenabbildung ordnet einem Sandkorn diejenige Insel zu, zu der es gehört.

Wir wollen nun einige allgemeine Eigenschaften eines Quotienten zusammentragen. Zunächst betrachten wir folgende Situation. Sei M eine Menge mit Äquivalenzrelation $\sim$, und sei N eine andere Menge. Wir wollen dann Abbildungen

$$f \colon M/\!\sim \, \longrightarrow N \tag{2.1.4}$$

auf möglichst effektive Weise beschreiben. Im obigen Beispiel kann man etwa den Inseln einen Namen geben wollen. Oftmals ist es einfacher, Abbildungen $F \colon M \longrightarrow N$ zu untersuchen, da die Menge M ja bereits zuvor konkret vorliegt. Es stellt sich daher die Frage, was diese mit Abbildungen der Form (2.1.4) zu tun haben.

Proposition 2.5. *Seien M und N (nichtleere) Mengen und $\sim$ eine Äquivalenzrelation auf M. Sei weiter $F \colon M \longrightarrow N$ eine Abbildung. Dann sind äquivalent:*

i.) Die Abbildung F ist konstant auf den Äquivalenzklassen, d.h., für alle $x, y \in M$ mit $x \sim y$ gilt $F(x) = F(y)$.

ii.) Es existiert eine Abbildung $f \colon M/\!\sim \, \longrightarrow N$ mit

$$F = f \circ \mathrm{pr}. \tag{2.1.5}$$

In diesem Fall ist die Abbildung f durch (2.1.5) eindeutig bestimmt, und es gilt

$$\operatorname{im} F = \operatorname{im} f. \tag{2.1.6}$$

Beweis. Zunächst wissen wir, dass für $x, y \in M$

$$x \sim y \iff [x] = [y] \iff \mathrm{pr}(x) = \mathrm{pr}(y) \tag{2.1.7}$$

gilt. Gibt es also eine Abbildung f mit (2.1.5), so folgt $F(x) = F(y)$, wann immer $x \sim y$. Sei umgekehrt $i.)$ erfüllt. Aufgrund der Definition von $M/\sim$ ist die Quotientenabbildung pr immer surjektiv. Es gibt daher eine Abbildung $\sigma \colon M/\sim \longrightarrow M$ mit

$$\mathrm{pr} \circ \sigma = \mathrm{id}_{M/\sim}.$$

Eine solche Abbildung wählt also für jede Äquivalenzklasse in $M/\sim$ einen passenden Repräsentanten in dieser Klasse aus. Wir definieren nun versuchsweise

$$f = F \circ \sigma \colon M/\sim \longrightarrow N.$$

Sei nun $x \in M$, dann gilt $x \sim \sigma([x])$ nach (2.1.7), da ja $\mathrm{pr}(x) = [x] = \mathrm{pr}(\sigma([x]))$. Also folgt

$$(f \circ \mathrm{pr})(x) = (F \circ \sigma \circ \mathrm{pr})(x) = (F \circ \sigma)([x]) = F(\sigma([x])) = F(x),$$

da F auf Äquivalenzklassen konstant ist. Die Abbildung f erfüllt also (2.1.5), was die Existenz von f und somit insgesamt die Äquivalenz von $i.)$ und $ii.)$ zeigt. Ist nun f' eine weitere solche Abbildung, dann gilt für $[x] \in M/\sim$

$$f([x]) = (f \circ \mathrm{pr})(x) = F(x) = (f' \circ \mathrm{pr})(x) = f'([x]),$$

womit $f = f'$ folgt. Schließlich gilt

$$\mathrm{im}\, F = \big\{ f(\mathrm{pr}(x)) \mid x \in M \big\} = \big\{ f([x]) \mid [x] \in M/\sim \big\} = \mathrm{im}\, f,$$

womit auch (2.1.6) erfüllt ist. $\square$

Bemerkung 2.6 (Wohldefiniertheit). Seien M und N Mengen und $F \colon M \longrightarrow N$ eine Abbildung. Sei weiter $\sim$ eine Äquivalenzrelation auf M. Wir sagen, dass F *wohldefiniert* auf dem Quotienten $M/\sim$ ist, wenn F die Bedingung aus Proposition 2.5, $i.)$, erfüllt. In diesem Fall gibt es also die zugehörige induzierte Abbildung f auf dem Quotienten. Man kann diese Situation auch wieder als kommutatives Diagramm

$$
\begin{array}{ccc}
M & \xrightarrow{\ \ F\ \ } & N \\
{\scriptstyle \mathrm{pr}}\big\downarrow & \nearrow {\scriptstyle f} & \\
M/\sim & &
\end{array}
\qquad (2.1.8)
$$

interpretieren. In der Literatur wird oftmals das gleiche Symbol für die induzierte Abbildung auf dem Quotienten wie für die Abbildung auf der ursprünglichen Menge verwendet. Auch wir werden dies gelegentlich so handhaben.

Eine Abbildung $\sigma \colon M/\sim \longrightarrow M$ mit der Eigenschaft

$$\mathrm{pr} \circ \sigma = \mathrm{id}_{M/\sim} \qquad (2.1.9)$$

nennt man auch einen *Schnitt* der Quotientenabbildung. Diese Bezeichnung wird anhand einer graphischen Darstellung der Äquivalenzklassen leicht klar, siehe Abb. 2.1, da ein Schnitt jede Äquivalenzklasse genau einmal schneidet.

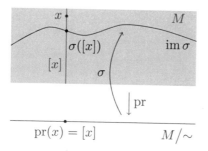

Abb. 2.1 Quotientenabbildung einer Äquivalenzrelation und ein Schnitt. Das Bild von σ schneidet jede Äquivalenzklasse $[x]$ in genau einem Punkt $\sigma([x])$.

Wir werden auch die etwas allgemeinere Situation antreffen, wo wir mehrere Mengen $M_1, \ldots, M_k$ mit Äquivalenzrelationen $\sim_1, \ldots, \sim_k$ vorliegen haben und kommutative Diagramme der Form

$$
\begin{array}{ccc}
M_1 \times \cdots \times M_k & \xrightarrow{\quad F \quad} & N \\
{\scriptstyle \mathrm{pr}_1 \times \cdots \times \mathrm{pr}_k} \downarrow & \nearrow {\scriptstyle f} & \\
(M_1/\!\sim_1) \times \cdots \times (M_k/\!\sim_k) & &
\end{array}
\qquad (2.1.10)
$$

untersuchen wollen. Hier sind wir also an Abbildungen F beziehungsweise f mit mehreren Argumenten interessiert. Eine leichte Verallgemeinerung zeigt nun, dass F genau dann auf den Quotienten wohldefiniert ist, es also eine Abbildung f mit (2.1.10) gibt, wenn F auf den jeweiligen Äquivalenzklassen konstant ist, also

$$
x_1 \sim_1 y_1, \ldots, x_k \sim_k y_k \implies F(x_1, \ldots, x_k) = F(y_1, \ldots, y_k) \qquad (2.1.11)
$$

für alle $x_1, y_1 \in M_1, \ldots, x_k, y_k \in M_k$ gilt, siehe auch Übung 2.3.

Wir wollen nun ein letztes Beispiel für eine Äquivalenzrelation geben, welches einerseits konkret immer wieder auftreten wird, andererseits letztlich den einzigen Fall einer Äquivalenzrelation darstellt.

Definition 2.7 (Kernrelation). Sei $F \colon M \longrightarrow N$ eine Abbildung. Die Kernrelation $\sim_F$ auf M bezüglich F ist dann durch

$$
x \sim_F y \iff F(x) = F(y) \qquad (2.1.12)
$$

definiert, wobei $x, y \in M$.

Proposition 2.8. *Sei $F\colon M \longrightarrow N$ eine Abbildung.*

i.) Die Kernrelation $\sim_F$ ist eine Äquivalenzrelation.

ii.) Die Abbildung F ist auf dem Quotienten $M/{\sim_F}$ wohldefiniert und induziert eine injektive Abbildung $f\colon M/{\sim_F} \longrightarrow N$ mit $F = f \circ \mathrm{pr}$.

Beweis. Der erste Teil ist trivial. Dass F auf $M/{\sim_F}$ wohldefiniert ist, ist nach Konstruktion von $\sim_F$ ebenfalls klar: Die Bedingung *i.)* aus Proposition 2.5 ist offenbar erfüllt. Sei also $f\colon M/{\sim_F} \longrightarrow N$ mit $F = f \circ \mathrm{pr}$ die zugehörige Abbildung auf dem Quotienten. Ist nun $[x], [y] \in M/{\sim_F}$ mit $f([x]) = f([y])$ gegeben, so gilt

$$F(x) = (f \circ \mathrm{pr})(x) = f([x]) = f([y]) = (f \circ \mathrm{pr})(y) = F(y).$$

Dies zeigt aber $x \sim_F y$ und damit $[x] = [y]$. Also ist f injektiv. $\square$

Proposition 2.9. *Sei M eine Menge und $\sim$ eine Äquivalenzrelation auf M. Dann gibt es eine Menge N und eine Abbildung $F\colon M \longrightarrow N$, sodass $\sim = \sim_F$.*

Beweis. Die Zielmenge N ebenso wie die Abbildung F sind natürlich keineswegs eindeutig, aber $N = M/{\sim}$ und $F = \mathrm{pr}\colon M \longrightarrow M/{\sim}$ leisten das Gewünschte. $\square$

In diesem Sinne ist also jede Äquivalenzrelation eine Kernrelation, nämlich die Kernrelation ihrer Quotientenabbildung. Wir werden nun in spezielleren Situationen sehen, woher der Name „Kernrelation" seine Motivation bezieht.

Kontrollfragen. Was ist eine Äquivalenzklasse, was ein Quotient? Wieso ist die Quotientenabbildung surjektiv? Was ist ein Schnitt? Was verbirgt sich hinter dem Begriff *wohldefiniert*?

2.2 Quotienten von Gruppen

Wir wollen nun den Fall betrachten, dass die Menge sogar mit einer Gruppenstruktur versehen ist. Die Frage ist dann, wie man es erreichen kann, dass auch der Quotient eine Gruppe wird. Um die Gruppenstruktur von G und die zu findende Gruppenstruktur von $G/{\sim}$ sinnvoll in Verbindung zu bringen, wollen wir zudem, dass die Quotientenabbildung

$$\mathrm{pr}\colon G \longrightarrow G/{\sim} \tag{2.2.1}$$

ein *Gruppenmorphismus* ist. Mit anderen Worten wollen wir, dass die Äquivalenzrelation $\sim$ die Kernrelation eines Gruppenmorphismus ist. Ohne eine derartige Forderung wird eine Gruppenstruktur auf $G/\sim$ natürlich beliebig und hat nichts mehr mit der ursprünglichen Gruppenstruktur auf G zu tun.

Lemma 2.10. *Sei G eine Gruppe, und sei $\sim$ eine Äquivalenzrelation auf G, sodass $G/\sim$ eine Gruppenstruktur trägt, bezüglich derer* $\mathrm{pr}\colon G \longrightarrow G/\sim$ *ein Gruppenmorphismus ist. Dann gilt:*

i.) Die Gruppenstruktur auf $G/\sim$ ist eindeutig bestimmt.

ii.) Die Äquivalenzrelation $\sim$ ist durch

$$g \sim h \iff g^{-1}h \in \ker\mathrm{pr} \tag{2.2.2}$$

gegeben, wobei $g, h \in G$.

Beweis. Seien $g, h \in G$ und $[g] = \mathrm{pr}(g), [h] = \mathrm{pr}(h) \in G/\sim$ die zugehörigen Äquivalenzklassen. Ist $e \in G$ das neutrale Element, so ist $[e] \in G/\sim$ das neutrale Element von $G/\sim$, da pr ein Gruppenmorphismus ist. Weiter gilt

$$[g] \cdot [h] = \mathrm{pr}(g) \cdot \mathrm{pr}(h) = \mathrm{pr}(gh) = [gh]$$

für die Gruppenmultiplikation im Quotienten, wieder aufgrund der Morphismuseigenschaft von pr. Damit liegen aber auch alle Produkte in $G/\sim$ fest, womit die Gruppenstruktur eindeutig bestimmt ist. Weiter gilt

$$\begin{aligned}
g \sim h &\iff \mathrm{pr}(g) = \mathrm{pr}(h)\\
&\iff \mathrm{pr}(g)^{-1}\mathrm{pr}(h) = [e]\\
&\iff \mathrm{pr}(g^{-1}h) = [e]\\
&\iff g^{-1}h \in \ker\mathrm{pr},
\end{aligned}$$

womit auch der zweite Teil gezeigt ist. $\qquad\square$

Bemerkung 2.11. Da eine Äquivalenzrelation $\sim$ immer als Kernrelation $\sim_{\mathrm{pr}}$ bezüglich der Quotientenabbildung $\mathrm{pr}\colon M \longrightarrow M/\sim$ aufgefasst werden kann, siehe Proposition 2.8, sehen wir mit Lemma 2.10, *ii.)*, woher dieser Begriff kommt: Die Bedingung (2.2.2) bedeutet natürlich gerade, dass $\mathrm{pr}(g) = \mathrm{pr}(h)$, also $g \sim_{\mathrm{pr}} h$, da pr ein Gruppenmorphismus ist.

Die spannende Frage ist nun, welche Äquivalenzrelationen auf einer Gruppe G tatsächlich von der Form (2.2.2) sind. Insbesondere stellt sich die Frage, welche Teilmengen $H \subseteq G$ durch den Kern eines Gruppenmorphismus gegeben sind. Wir können (2.2.2) ja als Spezialfall der Relation

$$g \sim_H h \iff g^{-1}h \in H \tag{2.2.3}$$

auffassen, wobei $H \subseteq G$ eine fest gewählte Teilmenge von G ist. Für $H = \ker\mathrm{pr}$ erhalten wir dann wieder (2.2.2). Hier haben wir nun folgende umfassende Antwort:

Proposition 2.12. *Sei G eine Gruppe und $H \subseteq G$ eine Teilmenge.*

i.) Die Relation $g \sim_H h \iff g^{-1}h \in H$ ist genau dann eine Äquivalenzrelation, wenn H eine Untergruppe ist. In diesem Fall schreiben wir auch G/H für den Quotienten $G/\sim_H$.

ii.) Ist H eine Untergruppe, so ist H genau dann normal, wenn H der Kern eines Gruppenmorphismus ist. In diesem Fall ist G/H eine Gruppe, und

$$\mathrm{pr}\colon G \longrightarrow G/H \qquad\qquad (2.2.4)$$

ist ein Gruppenmorphismus mit $\ker \mathrm{pr} = H$.

Beweis. Die Reflexivität von $\sim_H$ erzwingt $g^{-1}g = e \in H$. Damit folgt also $h \in H \iff e^{-1}h = h \in H \iff e \sim_H h$. Ist nun $\sim_H$ symmetrisch, so folgt $h \sim_H e$, also $h^{-1}e = h^{-1} \in H$, womit für jedes $h \in H$ auch $h^{-1} \in H$ gilt. Sei schließlich $\sim_H$ zudem transitiv, dann gilt für $g, h \in H$ also $e \sim_H g$ und $e \sim_H h$ und damit auch $g \sim_H h$, was $g^{-1}h \in H$ bedeutet. Da $g \in H \iff g^{-1} \in H$, folgt letztlich $gh \in H$, womit H eine Untergruppe ist. Ist nun umgekehrt H eine Untergruppe, so gilt $e \in H$ und daher $g \sim_H g$ für alle $g \in G$, was die Reflexivität zeigt. Seien $g, h \in G$, dann gilt

$$g \sim_H h \iff g^{-1}h \in H \iff (g^{-1}h)^{-1} = h^{-1}g \in H \iff h \sim_H g,$$

da H als eine Untergruppe unter Inversenbildung abgeschlossen ist. Also ist $\sim_H$ symmetrisch. Sei schließlich $g, h, k \in G$ mit $g \sim_H h$ und $h \sim_H k$, also $g^{-1}h, h^{-1}k \in H$. Dann gilt aber $g^{-1}k = g^{-1}hh^{-1}k \in H$, da H unter Produktbildung abgeschlossen ist, womit $\sim_H$ auch transitiv ist. Dies zeigt den ersten Teil. Ist nun H der Kern eines Gruppenmorphismus, so ist H bekanntermaßen eine normale Untergruppe. Sei also umgekehrt H eine normale Untergruppe. Wir wollen auf $G/\sim_H$ eine Gruppenmultiplikation definieren. Soll pr ein Gruppenmorphismus sein, so haben wir bei der Definition nach Lemma 2.10, *i.)*, keine Wahl. Wir müssen

$$[g][h] = [gh] \qquad\qquad (2.2.5)$$

setzen. Die interessante Frage ist nun, ob dies wirklich *wohldefiniert* ist: Wir verwenden auf der rechten Seite von (2.2.5) Repräsentanten von $[g]$ und $[h]$, um das Produkt $[gh]$ zu definieren. Seien also $g' \in [g]$ und $h' \in [h]$ andere Repräsentanten. Dann gilt $g' \sim_H g$ und $h' \sim_H h$, was gerade bedeutet, dass es $a, b \in H$ mit $g^{-1}g' = a$ und $h^{-1}h' = b$ gibt. Nun gilt

$$g'h' = gahb = gh \underbrace{h^{-1}ah}_{\in H} b = ghc$$

mit $c = h^{-1}ahb \in H$, da H eine normale Untergruppe ist. Damit ist aber $g'h' \sim_H gh$ oder $[g'h'] = [gh]$. Es folgt, dass (2.2.5) tatsächlich wohldefiniert ist und somit eine Verknüpfung für G/H definiert. In einem zweiten Schritt müssen wir nun zeigen, dass (2.2.5) auch eine Gruppenstruktur liefert. Dies ist aber vergleichsweise einfach, da wir alle relevanten Eigenschaften nun, der Wohldefiniertheit sei Dank, auf Repräsentanten nachprüfen dürfen. Für $g, h, k \in G$ gilt

$$([g][h])[k] = [gh][k] = [(gh)k] = [g(hk)] = [g][hk] = [g]([h][k]),$$

womit die Assoziativität in G die in G/H nach sich zieht. Weiter gilt

$$[e][g] = [eg] = [g] = [ge] = [g][e],$$

was $[e] \in G/H$ als neutrales Element identifiziert. Schließlich zeigt

$$[g][g^{-1}] = [gg^{-1}] = [e] = [g^{-1}g] = [g^{-1}][g],$$

dass jede Klasse $[g]$ bezüglich (2.2.5) invertierbar ist, mit $[g]^{-1} = [g^{-1}]$. Also ist G/H tatsächlich eine Gruppe. Zum Abschluss des Beweises bemerken wir noch, dass (2.2.5) wie in Lemma 2.10 gerade so definiert ist, dass $\mathrm{pr}(g) = [g]$ einen Gruppenmorphismus liefert. Offenbar gilt $H = \ker \mathrm{pr}$. $\qquad \square$

Definition 2.13 (Quotientengruppe). Sei G eine Gruppe und $H \subseteq G$ eine normale Untergruppe. Die durch Proposition 2.12, *ii.)*, eindeutig bestimmte Gruppenstruktur heißt die Quotientengruppe G/H.

Korollar 2.14. *Sei G eine abelsche Gruppe und $H \subseteq G$ eine Untergruppe. Dann ist H normal, und G/H ist wieder abelsch.*

Beweis. Sei $H \subseteq G$ eine Untergruppe und $h \in H$ sowie $g \in G$. Dann gilt $g^{-1}hg = g^{-1}gh = h \in H$, womit H normal ist. Die Gruppenstruktur von G/H erbt die Kommutativität, denn es gilt ja

$$[g][h] = [gh] = [hg] = [h][g].$$

für alle $g, h \in G$. $\qquad \square$

Wir wollen nun auch ein Analogon von Proposition 2.5 für den Fall von Gruppen geben, jetzt natürlich für Gruppenmorphismen:

Proposition 2.15. *Seien G und G' Gruppen, und sei $H \subseteq G$ eine normale Untergruppe. Sei weiter $\Phi \colon G \longrightarrow G'$ ein Gruppenmorphismus. Dann sind äquivalent:*

i.) Es gilt $H \subseteq \ker \Phi$.

ii.) Es existiert ein Gruppenmorphismus $\phi \colon G/H \longrightarrow G'$, sodass

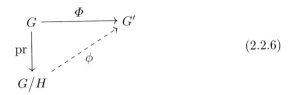

$$(2.2.6)$$

kommutiert.
In diesem Fall ist ϕ eindeutig bestimmt, und es gilt

$$\operatorname{im}\Phi = \operatorname{im}\phi. \qquad (2.2.7)$$

Beweis. Wir zeigen zunächst, dass $H \subseteq \ker\Phi$ genau dann gilt, wenn Φ auf den Äquivalenzklassen konstant ist. Sei also $g, g' \in G$ mit $g \sim_H g'$, was $g^{-1}g' \in H$ bedeutet. Ist nun $H \subseteq \ker\Phi$, so impliziert dies $g^{-1}g' \in \ker\Phi$ und daher

$$e = \Phi(g^{-1}g') = \Phi(g^{-1})\Phi(g') = \Phi(g)^{-1}\Phi(g'),$$

was gerade $\Phi(g) = \Phi(g')$ bedeutet. Also ist Φ konstant auf den Äquivalenzklassen. Sei umgekehrt immer $\Phi(g) = \Phi(g')$ für alle $g, g' \in G$ mit $g^{-1}g' \in H$. Für $h \in H$ gilt dann $e^{-1}h = h \in H$, also gilt nach Voraussetzung $e = \Phi(e) = \Phi(h)$, was $h \in \ker\Phi$ zeigt, womit insgesamt die Behauptung folgt. Nach Proposition 2.5 ist *i.)* daher äquivalent zur Existenz einer (notwendigerweise eindeutigen) Abbildung ϕ mit (2.2.6). Es bleibt zu zeigen, dass ϕ in diesem Fall automatisch ein Gruppenmorphismus ist. Dies kann aber wieder auf Repräsentanten nachgeprüft werden: Für $[g], [g'] \in G/H$ gilt

$$\phi([g][g']) = \phi([gg']) = \phi(\operatorname{pr}(gg')) = \Phi(gg') = \Phi(g)\Phi(g') = \phi([g])\phi([g']),$$

womit ϕ wirklich ein Gruppenmorphismus ist. Schließlich gilt (2.2.7) ganz allgemein nach (2.1.6). $\qquad\square$

Beispiel 2.16. Wir wollen nun nochmals die zyklische Gruppe $\mathbb{Z}_p$ genauer betrachten, die wir ursprünglich in Kap. 3 von Band 1 über die Addition modulo p wenig konzeptionell definiert hatten. Sei also $p \in \mathbb{N}$ fest gewählt. Dann betrachten wir die Untergruppe

$$p\mathbb{Z} = \{n \in \mathbb{Z} \mid \exists k \in \mathbb{Z} \text{ mit } n = kp\} \subseteq \mathbb{Z} \qquad (2.2.8)$$

der ganzzahligen Vielfachen von p. Da $\mathbb{Z}$ abelsch ist, erhalten wir nach Korollar 2.14 eine abelsche Quotientengruppe $\mathbb{Z}/p\mathbb{Z}$. Weiter betrachten wir die Abbildung

$$\mathbb{Z} \ni n \mapsto n \cdot \underline{1} = \underline{1} + \cdots + \underline{1} \in \mathbb{Z}_p \qquad (2.2.9)$$

in die zyklische Gruppe $\mathbb{Z}_p$. Man sieht nun schnell, dass dies ein Gruppenmorphismus ist, welcher zudem surjektiv ist. Es gilt

$$n \cdot \underline{1} = \underline{n \bmod p} \qquad (2.2.10)$$

in $\mathbb{Z}_p$. Damit ist der Kern von (2.2.9) gerade durch $p\mathbb{Z}$ gegeben. Nach Proposition 2.15 erhalten wir also einen induzierten Gruppenmorphismus

$$\mathbb{Z}/p\mathbb{Z} \longrightarrow \mathbb{Z}_p, \qquad (2.2.11)$$

welcher nach wie vor surjektiv ist. Da wir gerade den Kern von (2.2.9) herausgeteilt haben, ist (2.2.11) nun zudem *injektiv*, also insgesamt ein Gruppenisomorphismus. Damit ist also $\mathbb{Z}_p \cong \mathbb{Z}/p\mathbb{Z}$, was eine etwas konzeptionellere Sichtweise darstellt.

Wir können diese Konstruktion noch etwas allgemeiner fassen. Dazu benötigen wir den in der Mathematik allgegenwärtigen Begriff der *exakten Sequenz*. Wir betrachten eine durch natürliche oder ganze Zahlen indizierte endliche oder unendliche Menge von Gruppen G_n sowie Gruppenmorphismen

$$\cdots \longrightarrow G_{n-1} \overset{\phi_{n-1}}{\longrightarrow} G_n \overset{\phi_n}{\longrightarrow} G_{n+1} \longrightarrow \cdots. \qquad (2.2.12)$$

Eine solche Sequenz heißt nun *exakt an der n-ten Stelle* (oder bei G_n), falls

$$\operatorname{im}\phi_{n-1} = \ker \phi_n \qquad (2.2.13)$$

gilt. Sie heißt schlichtweg *exakt*, falls sie an allen Stellen exakt ist.

Die für uns wichtigen Spezialfälle sind nun folgende: Wir bezeichnen mit 1 die (multiplikativ geschriebene) triviale Gruppe. Dann gibt es für eine andere Gruppe G genau einen Gruppenmorphismus

$$G \longrightarrow 1 \qquad (2.2.14)$$

sowie genau einen Gruppenmorphismus

$$1 \longrightarrow G. \qquad (2.2.15)$$

Es gibt ja sowieso nur eine Abbildung $G \longrightarrow 1$, die sich dann leicht als Gruppenmorphismus erweist. In (2.2.15) hat man auch keine Wahl, da für einen Gruppenmorphismus notwendigerweise das Einselement aus 1 auf das Einselement von G abgebildet werden muss, siehe auch Übung 2.4.

Sind nun G und H Gruppen, so bedeutet die Exaktheit von

$$1 \longrightarrow G \overset{\Phi}{\longrightarrow} H \qquad (2.2.16)$$

einfach, dass Φ injektiv ist: Das Bild der trivialen Gruppe ist $\{e_G\}$, und Φ ist genau dann ein injektiver Gruppenmorphismus, wenn $\ker \Phi = \{e_G\}$. Entsprechend bedeutet die Exaktheit von

$$G \overset{\Psi}{\longrightarrow} H \longrightarrow 1, \qquad (2.2.17)$$

dass Ψ surjektiv ist, da der Kern von $H \longrightarrow 1$ die ganze Gruppe H ist. Weiter bedeutet die Exaktheit von

$$1 \longrightarrow G \xrightarrow{\Phi} H \longrightarrow 1, \qquad (2.2.18)$$

dass Φ ein Isomorphismus von Gruppen ist. Dies ist gerade die Kombination von (2.2.16) und (2.2.17).

Interessanter wird es nun, wenn wir drei Gruppen G, H und K und eine Sequenz der Form

$$1 \longrightarrow H \xrightarrow{\Phi} G \xrightarrow{\Psi} K \longrightarrow 1 \qquad (2.2.19)$$

betrachten. Hierzu haben wir nun folgendes Resultat:

Proposition 2.17. *Seien G, H und K Gruppen sowie $\Phi\colon H \longrightarrow G$ und $\Psi\colon G \longrightarrow K$ Gruppenmorphismen. Dann sind äquivalent:*

i.) Die Sequenz (2.2.19) ist exakt.

ii.) Der Gruppenmorphismus Φ ist injektiv, Ψ ist surjektiv und $\Phi(H) \subseteq G$ ist eine normale Untergruppe, sodass

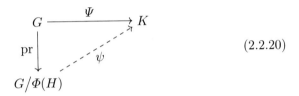

$$(2.2.20)$$

einen wohldefinierten Gruppenisomorphismus ψ induziert.

Beweis. Sei zunächst (2.2.19) exakt. Die Exaktheit bei H ist die Injektivität von Φ, die Exaktheit bei K die Surjektivität von Ψ. Dies haben wir gerade in (2.2.16) beziehungsweise in (2.2.17) diskutiert. Damit ist $\Phi\colon H \longrightarrow \Phi(H)$ aber ein Isomorphismus auf das Bild $\Phi(H)$. Die Exaktheit bei G besagt nun $\Phi(H) = \ker\Psi$. Da ein Kern immer normal ist, ist $\Phi(H)$ also eine normale Untergruppe, womit wir die Quotientengruppe $G/\Phi(H)$ überhaupt erst bilden können. Nach Proposition 2.15 liefert Ψ nun einen wohldefinierten Gruppenmorphismus ψ mit (2.2.20). Da Ψ surjektiv ist, ist ψ immer noch surjektiv. Da wir gerade den Quotienten bezüglich des Kerns von Ψ bilden, ist ψ nach Proposition 2.8 auch injektiv, also insgesamt ein Gruppenisomorphismus. Gilt umgekehrt *ii.)*, so ist (2.2.19) bei H und bei K exakt wie zuvor. Damit wir ψ überhaupt wohldefiniert auf dem Quotienten definieren können, gilt $\Phi(H) \subseteq \ker\Psi$. Sei nun $g \in \ker\Psi$, dann ist also $\Psi(g) = e$. Damit gilt aber $\psi([g]) = (\psi \circ \mathrm{pr})(g) = \Psi(g) = e$. Da ψ als Gruppenisomorphismus insbesondere injektiv sein muss, folgt also $[g] = [e]$ und damit $g \in \Phi(H)$. Dies zeigt $\Phi(H) = \ker\Psi$, also die Exaktheit bei G. $\qquad\square$

Man nennt eine exakte Sequenz der Form (2.2.19) auch eine *kurze exakte Sequenz*. Im Sinne der Proposition 2.17 ist eine kurze exakte Sequenz also immer (bis auf die kanonischen Identifikationen gemäß Proposition 2.17, *ii.)*) von der Form

$$1 \longrightarrow H \longrightarrow G \longrightarrow G/H \longrightarrow 1, \qquad (2.2.21)$$

mit einer normalen Untergruppe $H \subseteq G$. Hier und im Folgenden werden wir für einen injektiven Gruppenmorphismus $H \longrightarrow G$ die Gruppe H immer mit ihrem Bild in G identifizieren. Unser Beispiel 2.16 können wir daher also auch als kurze exakte Sequenz

$$0 \longrightarrow p\mathbb{Z} \longrightarrow \mathbb{Z} \longrightarrow \mathbb{Z}_p = \mathbb{Z}/p\mathbb{Z} \longrightarrow 0 \qquad (2.2.22)$$

interpretieren, wobei wir hier wieder die additive Schreibweise benutzen und entsprechend 0 für die triviale Gruppe schreiben.

Kontrollfragen. Was ist eine normale Untergruppe? Wieso ist die Multiplikation in einer Quotientengruppe wohldefiniert? Wie beschreibt man Gruppenmorphismen auf einer Quotientengruppe? Was sind (kurze) exakte Sequenzen?

2.3 Quotienten von Ringen

Auch wenn dieses Thema in der Algebra nochmals in einem viel größeren Kontext aufgegriffen wird, ist es durchaus nützlich, die grundlegenden Begriffe bereits jetzt vorzustellen, um die Analogie zu den Quotienten von Gruppen zu sehen.

Wir betrachten also einen assoziativen Ring R mit einer Äquivalenzrelation $\sim$ derart, dass auf dem Quotienten $R/\sim$ wieder die Struktur eines Rings vorliegen soll, sodass

$$\mathrm{pr} \colon R \longrightarrow R/\sim \qquad (2.3.1)$$

ein Ringmorphismus ist. Die Motivation für diesen Wunsch ist wie bei den Gruppen auch schon, dass ohne eine derartige Forderung die Ringstruktur auf $R/\sim$ mit der ursprünglichen von R nicht viel zu tun haben müsste.

Da $(R, +)$ insbesondere eine abelsche Gruppe ist und da ein Ringmorphismus insbesondere ein Gruppenmorphismus bezüglich $+$ ist, wissen wir nach Lemma 2.10 und Proposition 2.12, dass die Addition auf $R/\sim$ eindeutig bestimmt ist und dass $\sim$ von der Form $a \sim b \iff a - b \in \ker \mathrm{pr}$ sein muss. Weiter wissen wir, dass $J = \ker \mathrm{pr} \subseteq R$ eine normale Untergruppe bezüglich $+$ ist. Dank der Kommutativität von $+$ ist jede Untergruppe automatisch normal.

Soll der Quotient nun selbst ein Ring und (2.3.1) ein Ringmorphismus sein, so ist für alle Klassen $[a], [b] \in R/J$ das Produkt durch

$$[a][b] = \mathrm{pr}(a)\,\mathrm{pr}(b) = \mathrm{pr}(ab) = [ab] \qquad (2.3.2)$$

festgelegt. Damit liegt also auch die multiplikative Struktur von R/J eindeutig fest. Die Frage ist also erneut, welche Eigenschaften die additive Untergruppe J besitzen muss, damit (2.3.2) wirklich eine wohldefinierte Multiplikation definiert. Hierfür gibt es nun ein einfaches Kriterium:

Lemma 2.18. *Sei* R *ein assoziativer Ring und* J $\subseteq$ R *eine additive Unter-gruppe.*

  i.) Gilt für $a \in$ R *und* $b \in$ J *immer* $ab, ba \in$ J, *so ist* (2.3.2) *eine wohldefi-nierte Multiplikation auf* R$/$J.

  ii.) Ist J *der Kern eines Ringmorphismus, so gilt für* $a \in$ R *und* $b \in$ J *immer* $ab, ba \in$ J.

Beweis. Seien $[a], [b]$ zwei Klassen in R$/$J und seien $a' \in [a]$ sowie $b' \in [b]$ zwei weitere Repräsentanten. Dann ist also $a - a' \in$ J sowie $b - b' \in$ J nach der Definition der Äquivalenzrelation $\sim_J$. Es gilt

$$ab = (a - a' + a')(b - b' + b') = \underbrace{(a - a')(b - b') + (a - a')b' + a'(b - b')}_{=c} + a'b'$$

mit $c \in$ J nach Voraussetzung. Es folgt $ab = a'b' + c$ und daher $[ab] = [a'b']$, was die Wohldefiniertheit der Multiplikation zeigt. Für den zweiten Teil sei J $= \ker\phi$, wobei $\phi \colon$ R $\longrightarrow$ R$'$ ein geeigneter Ringmorphismus ist. Dann gilt für $a \in$ R und $b \in$ J

$$\phi(ab) = \phi(a)\phi(b) = \phi(a) \cdot 0 = 0$$

ebenso wie

$$\phi(ba) = \phi(b)\phi(a) = 0 \cdot \phi(a) = 0.$$

Also folgt $ab, ba \in \ker \phi =$ J. $\square$

  Die nötige Eigenschaft der Untergruppe J ist ein beherrschendes Thema in der Ringkunde [4], siehe auch die entsprechenden Kapitel in [13, 21, 29], und verdient daher wie immer einen eigenen Namen:

Definition 2.19 (Ideal). Sei R ein assoziativer Ring und J $\subseteq$ R eine Unter-gruppe.

  i.) Die Untergruppe J heißt Linksideal, falls für alle $a \in$ R und $b \in$ J immer $ab \in$ J gilt.

  ii.) Die Untergruppe J heißt Rechtsideal, falls für alle $a \in$ R und $b \in$ J immer $ba \in$ J gilt.

  iii.) Die Untergruppe J heißt zweiseitiges Ideal (oder kurz: Ideal), falls J so-wohl ein Linksideal als auch ein Rechtsideal ist.

  Für einen kommutativen Ring fallen alle drei Begriffe natürlich zusammen. Wir sprechen daher im kommutativen Fall einfach von einem Ideal. In der nicht-kommutativen Situation dagegen ist die Unterscheidung wesentlich, wie wir in Beispiel 2.24 noch sehen werden.

  Unsere bisherige Diskussion können wir nun folgendermaßen zusammen-fassen:

Proposition 2.20. *Sei* R *ein assoziativer Ring.*

i.) Ist $\sim$ eine Äquivalenzrelation auf R, sodass $\mathsf{R}/\sim$ die Struktur eines Rings trägt und die Quotientenabbildung $\mathrm{pr}\colon \mathsf{R} \longrightarrow \mathsf{R}/\sim$ ein Ringmorphismus ist, so ist $\sim = \sim_{\mathsf{J}}$ für ein zweiseitiges Ideal $\mathsf{J} \subseteq \mathsf{R}$.

ii.) Ist $\mathsf{J} \subseteq \mathsf{R}$ ein zweiseitiges Ideal, so ist R/J via (2.3.2) ein assoziativer Ring und $\mathrm{pr}\colon \mathsf{R} \longrightarrow \mathsf{R}/\mathsf{J}$ ist ein Ringmorphismus mit $\ker \mathrm{pr} = \mathsf{J}$.

iii.) Eine Teilmenge $\mathsf{J} \subseteq \mathsf{R}$ ist genau dann ein zweiseitiges Ideal, wenn J der Kern eines Ringmorphismus ist.

Beweis. Für den ersten Teil wissen wir, dass $\sim = \sim_{\mathsf{J}}$ für eine additive Untergruppe $\mathsf{J} \subseteq \mathsf{R}$ nach Lemma 2.10 und Proposition 2.12. Weiter gilt $\mathsf{J} = \ker \mathrm{pr}$. Nach Lemma 2.18, *ii.)*, ist J ein zweiseitiges Ideal, womit der erste Teil folgt. Sei umgekehrt $\mathsf{J} \subseteq \mathsf{R}$ ein zweiseitiges Ideal. Dann ist R/J eine additive Gruppe und pr ein Gruppenmorphismus bezüglich $+$ mit $\ker \mathrm{pr} = \mathsf{J}$. Nach Lemma 2.18, *i.)*, ist die Multiplikation (2.3.2) wohldefiniert und $\mathrm{pr}\colon \mathsf{R} \longrightarrow \mathsf{R}/\mathsf{J}$ multiplikativ. Es bleibt zu zeigen, dass R/J mit dieser Multiplikation wirklich ein assoziativer Ring ist. Dies ist aber einfach, da wir die Rechenregeln wie bereits im Gruppenfall auf Repräsentanten nachprüfen können: Für die Assoziativität zeigt man

$$[a] \cdot ([b] \cdot [c]) = [a] \cdot [bc] = [a(bc)] = [(ab)c] = [ab] \cdot [c] = ([a] \cdot [b]) \cdot [c],$$

und die Distributivität im ersten Faktor ist

$$([a] + [b]) \cdot [c] = [a+b] \cdot [c] = [(a+b)c] = [ac+bc] = [ac] + [bc] = [a] \cdot [c] + [b] \cdot [c].$$

Die Distributivität im zweiten Faktor zeigt man analog. Der dritte Teil ist nach dem zweiten Teil und nach Lemma 2.18, *ii.)*, klar. $\qquad\square$

Definition 2.21 (Faktorring). Sei R ein assoziativer Ring und $\mathsf{J} \subseteq \mathsf{R}$ ein zweiseitiges Ideal. Der Ring R/J mit der Ringstruktur aus Proposition 2.20, *ii.)*, heißt Faktorring von R modulo J.

Bemerkung 2.22 (Faktorring). Ebenfalls gebräuchlich ist der Begriff *Quotientenring*, der besser zu unserer allgemeinen Herangehensweise passt. Hat R ein Einselement $\mathbb{1}$, so überlegt man sich schnell, dass $[\mathbb{1}] = \mathrm{pr}(\mathbb{1}) \in \mathsf{R}/\mathsf{J}$ ein Einselement für den Quotientenring ist, indem man die relevanten Eigenschaften auf Repräsentanten nachprüft. Weiter ist leicht zu sehen, dass ein Quotientenring eines kommutativen Rings wieder kommutativ ist.

Wie bereits bei Gruppen haben wir eine universelle Eigenschaft des Quotienten bezüglich Ringmorphismen. Wir formulieren sie folgendermaßen in Analogie zu Proposition 2.15:

Proposition 2.23. *Seien R und R' assoziative Ringe, und sei $\mathsf{J} \subseteq \mathsf{R}$ ein zweiseitiges Ideal. Für einen Ringmorphismus $\Phi\colon \mathsf{R} \longrightarrow \mathsf{R}$ sind äquivalent:*

i.) Es gilt $\mathsf{J} \subseteq \ker \Phi$.

ii.) Es existiert ein Ringmorphismus $\phi\colon \mathsf{R}/\mathsf{J} \longrightarrow \mathsf{R}'$, sodass

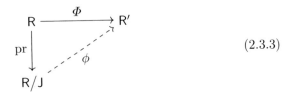

$$(2.3.3)$$

kommutiert.

In diesem Fall ist ϕ eindeutig bestimmt, und es gilt

$$\operatorname{im}\Phi = \operatorname{im}\phi. \tag{2.3.4}$$

Beweis. Da $\mathsf{J} \subseteq \mathsf{R}$ insbesondere eine Untergruppe der abelschen Gruppe $(\mathsf{R}, +)$ ist, wissen wir nach Proposition 2.15, dass *i.)* äquivalent zur Existenz eines (eindeutig bestimmten) Gruppenmorphismus ϕ mit (2.3.3) ist. Wie immer gilt (2.3.4) aufgrund von (2.1.6) ganz allgemein. Es bleibt also zu zeigen, dass dieses ϕ ein Ringmorphismus ist. Dies können wir wieder auf Repräsentanten nachrechnen. Für $+$ ist aufgrund von Proposition 2.15 nichts mehr zu zeigen, für die Multiplikation gilt

$$\phi([a][b]) = \phi([ab]) = \Phi(ab) = \Phi(a)\Phi(b) = \phi([a])\phi([b])$$

für alle $[a], [b] \in \mathsf{R}/\mathsf{J}$, da Φ ein Ringmorphismus ist. $\qquad\square$

Beispiel 2.24 (Linksideal). Sei $v \in V$ ein fest gewählter Vektor eines Vektorraums V über $\Bbbk$. Wir betrachten den Ring $\mathsf{R} = \operatorname{End}(V)$ der Endomorphismen von V und

$$\mathsf{J} = \big\{ A \in \operatorname{End}(V) \;\big|\; Av = 0 \big\}. \tag{2.3.5}$$

Dann ist J unschwer als Linksideal zu erkennen, aber im Allgemeinen ist J *kein* Rechtsideal, siehe auch Übung 2.18. In der nichtkommutativen Situation ist diese Unterscheidung also unbedingt notwendig.

Beispiel 2.25 (Zweiseitiges Ideal). Wir betrachten eine nichtleere Menge M und die reellwertigen Funktionen $\operatorname{Fun}(M) = \operatorname{Abb}(M, \mathbb{R})$ auf M. Wir definieren auf $\operatorname{Fun}(M)$ eine Ringstruktur durch die punktweisen Operationen

$$(f + g)(p) = f(p) + g(p) \tag{2.3.6}$$

und

$$(fg)(p) = f(p)g(p) \tag{2.3.7}$$

für $f, g \in \operatorname{Fun}(M)$ und $p \in M$. Auf diese Weise wird $\operatorname{Fun}(M)$ zu einem assoziativen und kommutativen Ring mit Eins $\mathbb{1}$, wobei das Einselement durch die konstante Funktion $\mathbb{1}(p) = 1$ gegeben ist. Ist nun $A \subseteq M$ eine Teilmenge, so definieren wir das *Verschwindungsideal*

$$J_A = \{f \in \mathrm{Fun}(M) \mid f|_A = 0\} \tag{2.3.8}$$

von A. Für $f \in J_A$ und $g \in \mathrm{Fun}(M)$ gilt für alle $p \in A$

$$(fg)(p) = f(p)g(p) = 0 \cdot g(p) = 0, \tag{2.3.9}$$

womit $fg \in J_A$. Weiter ist klar, dass J_A eine Untergruppe bezüglich $+$ und daher insgesamt ein zweiseitiges Ideal in $\mathrm{Fun}(M)$ ist. Wir behaupten, dass der Quotientenring $\mathrm{Fun}(M)/J_A$ durch die *Einschränkung*

$$\iota^* \colon \mathrm{Fun}(M)/J_A \ni [f] \mapsto \iota^* f = f \circ \iota \in \mathrm{Fun}(A) \tag{2.3.10}$$

mit den Funktionen auf A identifiziert werden kann. Hier bezeichnet $\iota \colon A \longrightarrow M$ die Inklusionsabbildung und $\iota^* f = f \circ \iota$ den *pull-back* der Funktion f zu einer Funktion $\iota^* f$ auf A. Zunächst ist klar, dass die Einschränkung

$$\iota^* \colon \mathrm{Fun}(M) \longrightarrow \mathrm{Fun}(A) \tag{2.3.11}$$

ein Ringmorphismus ist, da die Ringoperationen (2.3.6) und (2.3.7) punktweise erklärt sind. Weiter gilt

$$J_A = \{f \in \mathrm{Fun}(M) \mid \iota^* f = 0\} = \ker \iota^*. \tag{2.3.12}$$

Nach Proposition 2.23 erhalten wir daher einen eindeutig bestimmten Ringmorphismus, den wir weiterhin mit ι^* bezeichnen wollen, sodass

$$\tag{2.3.13}$$

kommutiert. Nach Proposition 2.8, *ii.*), folgt, dass $\iota^* \colon \mathrm{Fun}(M)/J_A \longrightarrow \mathrm{Fun}(A)$ nun injektiv ist, da wir ja die Kernrelation bezüglich ι^* herausgeteilt haben. Um die Surjektivität zu sehen, geben wir eine Funktion $g \in \mathrm{Fun}(A)$ vor. Dann betrachten wir beispielsweise die Funktion $f \in \mathrm{Fun}(M)$ mit

$$f(p) = \begin{cases} g(p) & \text{falls } p \in A \\ 0 & \text{sonst,} \end{cases} \tag{2.3.14}$$

welche nach Konstruktion $\iota^* f = g$ erfüllt. Damit ist bereits $\iota^* \colon \mathrm{Fun}(M) \longrightarrow \mathrm{Fun}(A)$ surjektiv und somit auch (2.3.10), was unsere Behauptung zeigt.

Dieses Beispiel ist nun für viele Bereiche der Mathematik von *fundamentaler Bedeutung*: In der algebraischen Geometrie erhebt man diese Konstruktion zum Prinzip und ersetzt das *geometrische* Objekt A durch ein *algebrai-*

sches, nämlich J_A. Anschließend „vergisst" man, dass es A je gegeben hat
und betrachtet allgemein Ideale in kommutativen Ringen als „geometrische
Verschwindungsideale". Ähnlich argumentiert man in der Topologie und der
Differentialgeometrie. Hier werden dann den Funktionen noch zusätzliche Eigenschaften wie Stetigkeit oder Differenzierbarkeit auferlegt, was die Frage
nach der Surjektivität von (2.3.11) deutlich diffiziler macht: Unsere naive Definition in (2.3.14) der Fortsetzung von g zu f ist im Allgemeinen sicher nicht
verträglich mit Stetigkeit.

Bemerkung 2.26 (Quotienten von Körpern). Es stellt sich nun die Frage, ob
wir analog zur Situation bei Ringen auch für Körper einen guten Begriff des
Quotienten besitzen. Dies ist im Prinzip zwar möglich, aber durchweg langweilig: Die einzigen Ideale in einem Körper $\Bbbk$ sind nämlich $\{0\}$ und $\Bbbk$ selbst.
Um dies zu sehen, betrachten wir ein Ideal $J \subseteq \Bbbk$ mit $J \neq \{0\}$. Dann gibt es
also eine Zahl $a \in J$ mit $a \neq 0$. Für ein beliebiges $b \in \Bbbk$ gilt nun $b = ba^{-1}a \in J$,
da J ein Ideal ist. Also folgt $J = \Bbbk$. Es ist daher nicht sonderlich spannend,
die Theorie der Quotienten auf Körper anzuwenden. Nichts desto trotz kann
es selbstverständlich vorkommen, dass ein Quotientenring R/J ein Körper
ist, auch wenn R kein Körper war: Diese Situation tritt an unzähligen Stellen
in der Algebra und algebraischen Geometrie auf und stellt einen besonderen
und wichtigen Spezialfall unserer allgemeinen Quotientenkonstruktionen dar.

Bemerkung 2.27 (Kurze exakte Sequenzen von Ringen). Auch für Ringe erklärt man exakte Sequenzen

$$R' \xrightarrow{\ \phi\ } R \xrightarrow{\ \psi\ } R'', \tag{2.3.15}$$

wenn im $\phi = \ker \psi$, nur dass man jetzt zusätzlich verlangt, dass alle beteiligten Abbildungen *Ringmorphismen* sind. Bezeichnet man mit 0 den Nullring,
so kann man wieder von kurzen exakten Sequenzen sprechen, wo also

$$0 \longrightarrow J \longrightarrow R \longrightarrow R' \longrightarrow 0 \tag{2.3.16}$$

an jeder Stelle exakt ist. Wie bei Gruppen zeigt man nun, dass dies äquivalent
dazu ist, dass $J \subseteq R$ ein zweiseitiges Ideal ist und R' zu R/J isomorph wird, wobei der Isomorphismus durch (2.3.16) induziert wird, siehe auch Übung 2.15.

Wir wollen nun das Gebiet der Ringe und ihrer Quotienten wieder ver-
lassen und verweisen für ein weitergehendes Studium auf die Literatur. Hier
seien insbesondere Lehrbücher [13, 21, 29] zur Algebra erwähnt.

Kontrollfragen. Was ist ein Ideal? Wozu wird die Eigenschaft eines Ideals
beim Quotientenbilden benötigt? Was ist die universelle Eigenschaft eines
Faktorrings? Was ist ein Verschwindungsideal, und welche geometrische Interpretation besitzt es? Gibt es auch Quotienten von Körpern?

2.4 Quotienten von Vektorräumen

Wir kommen nun zum Kernstück dieses Kapitels, den Quotienten von Vektorräumen. Die vorangegangenen Abschnitte dienten im wesentlichen der Vorbereitung und erleichtern nun das Einordnen dieses Abschnitts in einen größeren Zusammenhang.

Wie bereits für Gruppen und Ringe fragen wir nach Äquivalenzrelationen auf einem Vektorraum V, sodass auf dem mengentheoretischen Quotienten wieder die Struktur eines Vektorraums induziert wird und die kanonische Projektion nun *linear* ist.

Da Vektorräume insbesondere abelsche Gruppen bezüglich + sind und da lineare Abbildungen insbesondere additiv sind, wissen wir nach Lemma 2.10, dass eine solche Äquivalenzrelation notwendigerweise die Kernrelation der Projektion ist und entsprechend zu einer (automatisch normalen) Untergruppe gehört. Die Frage ist also, welche Untergruppen $U \subseteq V$ bezüglich + es *zudem* erlauben, auf V/U die Multiplikation mit Skalaren aus $\Bbbk$ zu definieren, sodass $\mathrm{pr}\colon V \longrightarrow V/U$ *zudem* linear ist. Ist dies erreicht, so gilt für alle $\lambda \in \Bbbk$ und alle Klassen $[v] \in V/U$

$$\lambda \cdot [v] = \lambda \cdot \mathrm{pr}(v) = \mathrm{pr}(\lambda v) = [\lambda v], \qquad (2.4.1)$$

womit $\lambda \cdot [v]$ bereits eindeutig festlegt. Wie immer wollen wir also die Multiplikation mit Skalaren für V/U durch (2.4.1) definieren und müssen daher Bedingungen finden, dass (2.4.1) wirklich wohldefiniert ist.

Lemma 2.28. *Sei V ein Vektorraum über $\Bbbk$ und $U \subseteq V$ eine Untergruppe bezüglich der Addition. Dann sind äquivalent:*

i.) Die Quotientengruppe V/U besitzt eine (notwendigerweise eindeutig bestimmte) Vektorraumstruktur über $\Bbbk$, sodass die Quotientenabbildung

$$\mathrm{pr}\colon V \longrightarrow V/U \qquad (2.4.2)$$

linear ist.

ii.) Die Untergruppe U ist ein Untervektorraum über $\Bbbk$.

Beweis. Wie wir gerade gesehen haben, besitzen wir bei der Definition der Vektorraumstruktur von V/U keine Wahl: Wenn es überhaupt möglich ist, dann durch (2.4.1). Wir nehmen also die Situation *i.)* an. Für $u \in U$ gilt dann $[u] = [0]$ nach den Eigenschaften der Kernrelation. Also gilt für $\lambda \in \Bbbk$

$$[0] = \lambda \cdot [0] = \lambda \cdot [u] \overset{(2.4.1)}{=} [\lambda u].$$

Damit ist aber λu wieder äquivalent zu 0, was $\lambda u \in \ker \mathrm{pr} = U$ bedeutet. Also ist U ein Unterraum. Sei nun umgekehrt U ein Unterraum. Wir zeigen zunächst, dass (2.4.1) wirklich wohldefiniert ist. Dazu betrachten wir $[v] \in$

V/U und $\lambda \in \Bbbk$ sowie einen anderen Repräsentanten $v' \in [v]$. Nach Definition
der Äquivalenzrelation gilt $v' - v \in U$ und daher

$$[\lambda v'] = [\lambda v + \lambda v' - \lambda v] = [\lambda v] + [\lambda(v' - v)] = [\lambda v],$$

da $\lambda(v' - v) \in U$, aufgrund der Unterraumeigenschaft von U. Hier haben wir
bereits verwendet, dass die Quotientenabbildung als Gruppenmorphismus additiv ist. Also ist $\lambda \cdot [v] = [\lambda v]$ unabhängig vom gewählten Repräsentanten. Es
bleibt also zu zeigen, dass diese Multiplikation mit Skalaren aus $\Bbbk$ nicht nur
wohldefiniert ist, sondern auch die Axiome eines Vektorraums erfüllt. Letzteres ist aber leicht, da wir nun wieder mit Repräsentanten rechnen dürfen und
daher alle relevanten Eigenschaften von V erben können. $\square$

Korollar 2.29. *Sei V ein Vektorraum über $\Bbbk$ und $U \subseteq V$ eine Teilmenge.
Dann sind äquivalent:*

i.) Die Teilmenge U ist ein Unterraum.

ii.) Die Teilmenge U ist der Kern einer linearen Abbildung.

Beweis. Die Implikation *ii.)* $\implies$ *i.)* kennen wir bereits, da der Kern einer
linearen Abbildung immer ein Unterraum ist. Ist umgekehrt U ein Unterraum,
so ist der Kern der linearen Quotientenabbildung $\mathrm{pr}\colon V \longrightarrow V/U$ gerade
$U = \ker \mathrm{pr}$. $\square$

Dieses Korollar lässt sich natürlich auch ohne die Verwendung des Quotienten beweisen, der obige Beweis zeigt aber die Analogie zu Proposition 2.12,
ii.), sowie zu Proposition 2.20, *iii.)*, auf, siehe auch Übung 2.23.

Erwartungsgemäß nennen wir auch diese Konstruktion einen Quotienten,
jetzt von Vektorräumen:

Definition 2.30 (Quotientenvektorraum). Sei V ein Vektorraum über
$\Bbbk$ und $U \subseteq V$ ein Unterraum. Der Vektorraum V/U mit der durch Lemma 2.28 eindeutig bestimmten Vektorraumstruktur heißt Quotientenvektorraum (kurz: Quotientenraum).

Für die Äquivalenzklassen in V/U wird in der Literatur gelegentlich auch
$[v] = v \bmod U = v + U$ geschrieben. Wir werden jedoch bei $[v]$ bleiben.

Auch für Quotientenvektorräume haben wir eine universelle Eigenschaft
bezüglich linearer Abbildungen:

Proposition 2.31. *Seien V, V' Vektorräume über $\Bbbk$ und $U \subseteq V$ ein Unterraum. Für eine lineare Abbildung $\Phi\colon V \longrightarrow V'$ sind äquivalent:*

i.) Es gilt $U \subseteq \ker \Phi$.

ii.) Es gibt eine lineare Abbildung $\phi\colon V/U \longrightarrow V'$, sodass

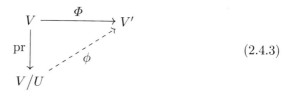

$$(2.4.3)$$

kommutiert.

In diesem Fall ist ϕ eindeutig bestimmt, und es gilt

$$\operatorname{im}\Phi = \operatorname{im}\phi. \qquad (2.4.4)$$

Beweis. Auch wenn sich dieser Beweis wieder sehr ähnlich gestaltet, führen wir die Details abermals aus: Da $U \subseteq V$ insbesondere eine Untergruppe bezüglich $+$ ist, gibt es nach Proposition 2.15 einen eindeutig bestimmten Gruppenmorphismus $\phi \colon V/U \longrightarrow V'$ bezüglich der Additionen mit (2.4.4), sodass (2.4.3) kommutiert. Wir müssen also nur zeigen, dass dieses ϕ sogar linear ist, was wir wie immer auf Repräsentanten nachrechnen dürfen: Sei $\lambda \in \Bbbk$ und $[v] \in V/U$, dann gilt

$$\phi(\lambda \cdot [v]) = \phi([\lambda v]) = (\phi \circ \operatorname{pr})(\lambda v) = \Phi(\lambda v) = \lambda \Phi(v) = \lambda(\phi \circ \operatorname{pr})(v) = \lambda \phi([v]),$$

weil Φ linear ist. Da ϕ bereits additiv ist, ist damit alles gezeigt. $\square$

Wie bereits zuvor nennen wir die durch (2.4.3) bestimmte lineare Abbildung ϕ die durch Φ *induzierte lineare Abbildung*. Wir sagen auch, dass Φ *wohldefiniert* auf dem Quotienten V/U ist.

Korollar 2.32. *Sei $\Phi \colon V \longrightarrow V'$ eine lineare Abbildung zwischen Vektorräumen über $\Bbbk$. Dann ist die induzierte lineare Abbildung*

$$\phi \colon V/\ker\Phi \longrightarrow V' \qquad (2.4.5)$$

injektiv.

Beweis. Da die Äquivalenzrelation für den Quotienten die Kernrelation von Φ ist, können wir Proposition 2.8, *ii.)*, anwenden. $\square$

Man kann dieses Korollar auch so verstehen, dass wir die Injektivität einer linearen Abbildung erzwingen können, wenn wir bereit sind, zum Quotienten überzugehen. Eine weitere Interpretation ist nun folgende Faktorisierungseigenschaft:

Proposition 2.33. *Sei $\Phi \colon V \longrightarrow W$ eine lineare Abbildung zwischen Vektorräumen über $\Bbbk$. Dann existiert ein Vektorraum U über $\Bbbk$ sowie eine surjektive lineare Abbildung $p \colon V \longrightarrow U$ und eine injektive lineare Abbildung $\iota \colon U \longrightarrow W$ mit*

$$\Phi = \iota \circ p. \qquad (2.4.6)$$

Beweis. Man setze $U = V/\ker \Phi$ sowie $p = \mathrm{pr} \colon V \longrightarrow V/\ker \Phi$ und $\iota = \phi \colon V/\ker \Phi \longrightarrow W$. $\qquad\qquad\qquad\qquad\qquad\qquad\qquad\qquad\qquad\qquad\qquad\qquad$ $\square$

Wir wollen nun auch für Vektorräume exakte Sequenzen betrachten: Wie schon zuvor für Gruppen und Ringe nennen wir eine Sequenz von nun linearen Abbildungen

$$U \xrightarrow{\ \Phi\ } V \xrightarrow{\ \Psi\ } W \qquad\qquad (2.4.7)$$

exakt bei V, falls $\mathrm{im}\,\Phi = \ker \Psi$. Entsprechend können wir wieder von kurzen exakten Sequenzen sprechen. Dazu bezeichnen wir den Nullvektorraum kurz mit 0. Für jeden Vektorraum V gibt es dann eine eindeutige lineare Abbildung $0 \longrightarrow V$, die der 0 in 0 die 0 in V zuordnet. Entsprechend ist $V \longrightarrow 0$ die eindeutige lineare Abbildung, die jeden Vektor von V auf 0 in 0 abbildet. Es gilt also insbesondere

$$\mathrm{im}(0 \longrightarrow V) = \{0\} \subseteq V \quad \text{und} \quad \ker(V \longrightarrow 0) = V. \qquad (2.4.8)$$

Die Abbildung $0 \longrightarrow V$ ist also immer injektiv, die Abbildung $V \longrightarrow 0$ immer surjektiv. Ist nun $\Phi \colon U \longrightarrow V$ eine lineare Abbildung, so ist

$$0 \longrightarrow U \xrightarrow{\ \Phi\ } V \qquad\qquad (2.4.9)$$

genau dann exakt, wenn Φ injektiv ist. Wie bei Gruppen ist entsprechend eine lineare Abbildung $\Psi \colon V \longrightarrow W$ genau dann surjektiv, wenn

$$V \xrightarrow{\ \Psi\ } W \longrightarrow 0 \qquad\qquad (2.4.10)$$

exakt ist. Für eine injektive lineare Abbildung $\Phi \colon U \longrightarrow V$ können wir U mit $\Phi(U) \subseteq V$ identifizieren, da die Koeinschränkung $\Phi \colon U \longrightarrow \mathrm{im}\,\Phi = \Phi(U)$ nun surjektiv und nach wie vor injektiv ist, also insgesamt eine lineare Bijektion darstellt. Wir werden also in der Situation einer exakten Sequenz der Form (2.4.9) von U immer als Unterraum von V sprechen. Das Analogon zu Proposition 2.17 ist nun leicht zu formulieren:

Proposition 2.34. *Seien U, V und W Vektorräume über $\Bbbk$, und seien $\Phi \colon U \longrightarrow V$ sowie $\Psi \colon V \longrightarrow W$ lineare Abbildungen. Dann sind äquivalent:*

i.) Die Sequenz

$$0 \longrightarrow U \xrightarrow{\ \Phi\ } V \xrightarrow{\ \Psi\ } W \longrightarrow 0 \qquad\qquad (2.4.11)$$

ist exakt.

ii.) Die Abbildung Φ ist injektiv, die Abbildung Ψ ist surjektiv, und Ψ induziert einen Isomorphismus

$$\psi \colon V/\Phi(U) \xrightarrow{\ \cong\ } W. \qquad\qquad (2.4.12)$$

Beweis. Wir beweisen dies wie bereits im Falle von Gruppen in Proposition 2.17. Wir können insbesondere die Vektorräume und die linearen Abbildungen als (abelsche) Gruppen und Gruppenmorphismen bezüglich $+$ auffassen. Damit folgt *ii.)* $\implies$ *i.)* sofort aus Proposition 2.17. Für *i.)* $\implies$

ii.) wissen wir nach Proposition 2.17 zunächst nur, dass die induzierte Abbildung ψ ein Isomorphismus der abelschen Gruppen $V/\Phi(U)$ und W ist. Da wir aber zudem allgemein wissen, dass die induzierte Abbildung ψ nach Proposition 2.33 linear ist, folgt auch hier *i.)* $\implies$ *ii.)*. $\square$

Die Quotienten von Gruppen, Ringen und nun auch von Vektorräumen stellen uns vor die Schwierigkeit, ein recht unanschauliches Gebilde, nämlich eine geeignete Teilmenge der Potenzmenge, zu betrachten. Oft hätte man gerne ein etwas konkreteres Modell für den Quotienten und die Quotientenabbildung. Proposition 2.34 und analog auch Proposition 2.17 für den Fall von Gruppen sowie eine entsprechende Aussage für Ringe besagt nun, dass bis auf Isomorphie der Quotient auch als kurze exakte Sequenz verstanden werden kann. Wir werden nun sehen, dass dies im Falle von Vektorräumen einen alternativen Zugang zum Konzept des Quotientenraums liefert:

Proposition 2.35. *Sei V ein Vektorraum über $\Bbbk$ und $U \subseteq V$ ein Unterraum.*

i.) Ist W ein weiterer Vektorraum und $\Psi\colon V \longrightarrow W$ eine lineare Abbildung, sodass

$$0 \longrightarrow U \longrightarrow V \overset{\Psi}{\longrightarrow} W \longrightarrow 0 \tag{2.4.13}$$

exakt ist, so gibt es eine lineare Abbildung $\iota\colon W \longrightarrow V$ mit

$$\Psi \circ \iota = \mathrm{id}_W. \tag{2.4.14}$$

In diesem Fall ist ι injektiv, und es gilt

$$V = U \oplus \iota(W). \tag{2.4.15}$$

Die Abbildung Ψ kann dann als Projektion auf den zweiten Summanden interpretiert werden.

ii.) Ist $W \subseteq V$ ein zu U komplementärer Unterraum, so liefert die Projektion auf den zweiten Summanden in $V = U \oplus W$ eine kurze exakte Sequenz

$$0 \longrightarrow U \longrightarrow U \oplus W \longrightarrow W \longrightarrow 0. \tag{2.4.16}$$

Beweis. Sei zuerst (2.4.13) exakt. Da Ψ surjektiv ist, können wir zu einer gewählten Basis $B \subseteq W$ eine lineare Abbildung $\iota\colon W \longrightarrow V$ durch

$$\iota(b) = v_b \quad \text{mit} \quad v_b \in \Psi^{-1}(\{b\})$$

für $b \in B$ festlegen. Hier wählen wir willkürlich ein Urbild v_b zu jedem Basisvektor $b \in B$ aus. Durch diese Wahl erreicht man offenbar (2.4.14). Sei nun $v \in U \cap \iota(W)$. Dann gilt wegen $U = \ker \Psi$ zum einen $\Psi(v) = 0$. Zum anderen gibt es ein $w \in W$ mit $\iota(w) = v$ und daher $\Psi(v) = \Psi(\iota(w)) = w$. Es gilt also $w = 0$ und damit $v = 0$. Dies zeigt, dass $U + \iota(W) = U \oplus \iota(W)$ eine direkte Summe ist. Für $v \in V$ betrachten wir dann $u = v - \iota(\Psi(v)) \in V$. Es gilt

$$\Psi(u) = \Psi(v) - \Psi(\iota(\Psi(v))) = \Psi(v) - \Psi(v) = 0,$$

weshalb $u \in \ker \Psi = U$ folgt. Damit ist aber $v = u + \iota(\Psi(v)) \in U \oplus \iota(W)$, was auch (2.4.15) zeigt. Die Abbildung Ψ ist in dieser Zerlegung einfach durch die Projektion auf den zweiten Summanden $\mathrm{pr}_2(v) = \iota(\Psi(v))$ festgelegt, da ja $\Psi(v) = \Psi(\mathrm{pr}_2(v))$ gilt. Für den zweiten Teil betrachten wir einen zu $U \subseteq V$ komplementären Unterraum $W \subseteq V$, den es ja immer gibt. Die Projektion

$$\mathrm{pr}_2 \colon V = U \oplus W \longrightarrow W$$

ist definitionsgemäß immer surjektiv, und es gilt $\ker \mathrm{pr}_2 = U$, ebenfalls nach Definition. Dies zeigt die Exaktheit von (2.4.16). $\square$

Bemerkung 2.36. Die Existenz einer linearen Abbildung $\iota \colon W \longrightarrow V$ mit (2.4.14) in der Situation von Proposition 2.35 ist durchaus nicht selbstverständlich: Wir mussten bei der Konstruktion von ι eine Basis benutzen. Liegt diese Situation bei einer kurzen exakten Sequenz vor, so sagt man ganz allgemein, dass diese *spaltet*, weil man den Vektorraum in der Mitte als Summe des Unterraums und des Quotienten „aufspalten" kann. Für Vektorräume spaltet also *jede* kurze exakte Sequenz. Man könnte nun meinen, dass dieser zusätzliche Begriff gänzlich überflüssig sei, da ja der Sachverhalt sowieso in jeder kurzen exakten Sequenz vorliegt. Es zeigt sich aber, dass dies eher eine Ausnahme als die Regel ist, sobald man anstelle von Vektorräumen etwa Gruppen oder Ringe betrachtet: Für Gruppen spaltet beileibe nicht jede kurze exakte Sequenz. Als Beispiel betrachten wir erneut die zyklische Gruppe $\mathbb{Z}_p$ für $p \geq 2$ und die zugehörige kurze exakte Sequenz

$$0 \longrightarrow p\mathbb{Z} \longrightarrow \mathbb{Z} \longrightarrow \mathbb{Z}_p \longrightarrow 0 \tag{2.4.17}$$

aus (2.2.22). Diese spaltet nun *nicht*, da wir $\mathbb{Z}_p$ überhaupt nicht als Untergruppe von $\mathbb{Z}$ realisieren können. Das Gruppenelement $[1] \in \mathbb{Z}_p$ erfüllt ja

$$\underbrace{[1] + \cdots + [1]}_{p\text{-mal}} = [p] = [0], \tag{2.4.18}$$

womit $[1]$ unter einem Gruppenmorphismus $\mathbb{Z}_p \longrightarrow \mathbb{Z}$ auf eine ganze Zahl x mit $px = 0$ abgebildet werden muss. Dies ist aber nur für $x = 0$ möglich. Da aber jedes Gruppenelement $[k] \in \mathbb{Z}_p$ als k-fache Addition $[k] = [1] + \cdots + [1]$ geschrieben werden kann, folgt, dass für jeden Gruppenmorphismus $\mathbb{Z}_p \longrightarrow \mathbb{Z}$ jedes Element $[k]$ auf 0 abgebildet wird. Es gibt also nur den trivialen Gruppenmorphismus und sonst keinen. Insbesondere gibt es keinen *injektiven* Gruppenmorphismus, wie er für das Aufspalten von (2.4.17) nötig wäre. Man sieht also, dass Proposition 2.35, *i.)*, eine nichttriviale Eigenschaft von Vektorräumen darstellt.

Korollar 2.37 (Dimensionsformel für Quotienten). *Sei V ein Vektorraum und $U \subseteq V$ ein Unterraum. Dann gilt*

$$\dim U + \dim(V/U) = \dim V. \tag{2.4.19}$$

Beweis. Da der Quotient V/U zu einem Komplementärraum $W \subseteq V$ von U isomorph ist, siehe Proposition 2.34 und Proposition 2.35, *ii.)*, können wir (2.4.19) durch die Wahl einer Basis von U und von W mit $V = U \oplus W$ leicht sehen, da nach den bekannten Eigenschaften einer direkten Summe die Basen der Unterräume zusammen eine Basis von V liefern.   □

Ist V endlich-dimensional, so können wir also die Dimension des Quotienten V/U leicht bestimmen. Es gilt

$$\dim(V/U) = \dim V - \dim U. \tag{2.4.20}$$

Ist dagegen V unendlich-dimensional, so verliert die Gleichung (2.4.20) ihre unmittelbare Bedeutung, insbesondere wenn U ebenfalls unendlich-dimensional ist. Allgemein nennt man die Dimension des Quotienten die Kodimension:

Definition 2.38 (Kodimension). Sei V ein Vektorraum über $\Bbbk$ und $U \subseteq V$ ein Unterraum. Dann heißt

$$\operatorname{codim} U = \dim(V/U) \tag{2.4.21}$$

die Kodimension von U.

Während in endlichen Dimensionen durch (2.4.20) alles gesagt ist, können in unendlichen Dimensionen verschiedene Situationen auftreten, die wir nun durch folgende Beispiele illustrieren wollen:

Beispiel 2.39 (Kodimension). Wir betrachten abermals den Vektorraum der reellen Folgen $\mathbb{R}^{\mathbb{N}} = \mathrm{Abb}(\mathbb{N}, \mathbb{R})$.

i.) Sei $U = \{(a_n)_{n \in \mathbb{N}} \mid a_1 = 0\} \subseteq \mathbb{R}^{\mathbb{N}}$. Dies ist ein unendlich-dimensionaler Unterraum, da beispielsweise die Vektoren $e_m = (\delta_{nm})_{n \in \mathbb{N}}$ für $m \geq 2$ eine darin enthaltene, unendliche und linear unabhängige Teilmenge bilden. Wir behaupten

$$\operatorname{codim} U = 1. \tag{2.4.22}$$

Um dies zu sehen, wählen wir einen Komplementärraum

$$W = \big\{(a_n)_{n \in \mathbb{N}} \mid a_2 = a_3 = \cdots = 0\big\} \tag{2.4.23}$$

zu U. Offenbar lässt sich jede Folge in eine in U und eine in W zerlegen. Weiter gilt $U \cap W = \{0\}$, womit W tatsächlich ein Komplementärraum zu U ist. Also gilt $\mathbb{R}^{\mathbb{N}} = U \oplus W$. Da der Unterraum W eindimensional ist, der Vektor e_1 bildet beispielsweise eine Basis, folgt aus $\dim W = 1$ also (2.4.22). Dies liefert auch einen unabhängigen Beweis für $\dim U = \infty$, da wir ja (2.4.19) erfüllen müssen und $\dim \mathbb{R}^{\mathbb{N}} = \infty$ gilt.

ii.) Seien nun

$$U_{\text{gerade}} = \big\{(a_n)_{n \in \mathbb{N}} \mid a_n = 0 \text{ für } n \text{ ungerade}\big\} \tag{2.4.24}$$

und

$$U_{\text{ungerade}} = \left\{ (a_n)_{n \in \mathbb{N}} \mid a_n = 0 \text{ für } n \text{ gerade} \right\} \qquad (2.4.25)$$

die Unterräume von $\mathbb{R}^{\mathbb{N}}$, deren Folgen nur bei geraden beziehungsweise bei ungeraden Indizes Einträge ungleich Null haben können. Wieder sieht man leicht, dass

$$\dim U_{\text{gerade}} = \infty = \dim U_{\text{ungerade}} \qquad (2.4.26)$$

und

$$U_{\text{gerade}} \oplus U_{\text{ungerade}} = \mathbb{R}^{\mathbb{N}}. \qquad (2.4.27)$$

Durch Streichen der jeweiligen Nulleinträge bei den ungeraden beziehungsweise geraden Positionen erhält man sogar Isomorphismen

$$U_{\text{gerade}} \cong \mathbb{R}^{\mathbb{N}} \cong U_{\text{ungerade}}. \qquad (2.4.28)$$

Es folgt

$$\mathbb{R}^{\mathbb{N}} / U_{\text{gerade}} \cong U_{\text{ungerade}} \quad \text{und} \quad \text{codim}\, U_{\text{gerade}} = \infty. \qquad (2.4.29)$$

iii.) Etwas interessanter ist folgende Situation: Wir betrachten den Teilraum $c \subseteq \mathbb{R}^{\mathbb{N}}$ der konvergenten Folgen und seinen Unterraum $c_{\text{o}} \subseteq c$ der Nullfolgen. Wir behaupten

$$\text{codim}\, c_{\text{o}} = 1 \qquad (2.4.30)$$

für die Kodimension von c_{o} in c. Um dies zu zeigen, wählen wir erneut einen Komplementärraum $W \subseteq c$ von c_{o}, beispielsweise den Unterraum

$$W = \left\{ (a_n)_{n \in \mathbb{N}} \mid a_n = a_1 \text{ für alle } n \in \mathbb{N} \right\} \qquad (2.4.31)$$

der *konstanten* Folgen. Diese sind sicherlich konvergent, $W \subseteq c$, und erfüllen $\dim W = 1$. Da eine konstante Folge genau dann eine Nullfolge ist, wenn alle Folgenglieder null sind, gilt $c_{\text{o}} \cap W = \{0\}$. Ist $(a_n)_{n \in \mathbb{N}} \in c$ eine konvergente Folge, so existiert der Grenzwert $a = \lim_{n \to \infty} a_n$. Die Folge $(a_n - a)_{n \in \mathbb{N}}$ ist dann eine Nullfolge, und $(a)_{n \in \mathbb{N}}$ ist eine konstante Folge, sodass insgesamt

$$(a_n)_{n \in \mathbb{N}} = (a_n - a)_{n \in \mathbb{N}} + (a)_{n \in \mathbb{N}} \qquad (2.4.32)$$

gilt. Damit folgt $c = c_{\text{o}} + W$ und insgesamt $c = c_{\text{o}} \oplus W$ wie behauptet. Dies zeigt nun (2.4.30).

iv.) Wir können auch die beschränkten Folgen ℓ^{∞} und als Unterraum die konvergenten Folgen $c \subseteq \ell^{\infty}$ betrachten. Hier ist es deutlich schwieriger, einen Komplementärraum W zu c in ℓ^{∞} anzugeben: Konstruktiv ist dies nicht möglich. Trotzdem können wir viele Vektoren im Quotienten ℓ^{∞}/c angeben. Sei $p \geq 2$. Dann betrachten wir die Folge

$$\mathrm{f}_p = (0, \ldots, 0, 1, 0, \ldots, 0, 1, 0 \ldots), \qquad (2.4.33)$$

wobei die 1 immer bei den ganzzahligen Vielfachen von p steht. Etwas formaler besitzt f_p also die Einträge

$$f_p = (f_{p,n})_{n \in \mathbb{N}} \quad \text{mit} \quad f_{p,n} = \begin{cases} 1 & n = kp \text{ für ein } k \in \mathbb{N} \\ 0 & \text{sonst.} \end{cases} \quad (2.4.34)$$

Es gilt $f_p \in \ell^\infty$ aber $f_p \notin c$. Seien nun $2 \leq p_1, \ldots, p_k \in \mathbb{N}$ paarweise verschieden und $\lambda_1, \ldots, \lambda_k \in \mathbb{R}$ derart, dass

$$f = \lambda_1 f_{p_1} + \cdots + \lambda_k f_{p_k} \in c. \quad (2.4.35)$$

Zunächst wissen wir, dass die Folge f periodisch ist, wobei die Wiederholungen auf jeden Fall spätestens bei $p = p_1 \cdots p_k$ beginnen. Je nach den genauen Werten von $p_1, \ldots, p_k$ und $\lambda_1, \ldots, \lambda_k$ ist dies eventuell auch bereits früher der Fall. Da $f \in c$ konvergent sein soll, muss f also sogar eine konstante (da periodische) Folge sein. Dies ist aber nur möglich für $f = 0$, da ja der erste Eintrag von f wegen $p_1, \ldots, p_k \geq 2$ immer 0 ist. Also gilt $f = 0$. Dies zeigt, dass

$$W = \operatorname{span}\{f_p\}_{p \geq 2} \subseteq \ell^\infty \quad (2.4.36)$$

mit c einen trivialen Durchschnitt

$$W \cap c = \{0\} \quad (2.4.37)$$

besitzt. Weiter zeigt nun folgende Überlegung, dass für $f = \lambda_1 f_{p_1} + \cdots + \lambda_k f_{p_k} = 0$ alle Koeffizienten $\lambda_1 = \cdots = \lambda_k = 0$ sein müssen. Seien nämlich ohne Einschränkung $p_1 < \cdots < p_k$ der Größe nach geordnet. Dann ist in f der p_1-te Eintrag gerade λ_1, da vorher noch keine anderen beitragen können. Mit $f = 0$ folgt also $\lambda_1 = 0$ und induktiv dann auch $\lambda_2 = \cdots = \lambda_k = 0$. Damit sind die f_p also linear unabhängig. Da wir nun W zu einem Komplement von c ergänzen können, sehen wir, dass dieses Komplement notwendigerweise unendlich-dimensional sein muss, da es ja die linear unabhängigen Vektoren f_p alle enthält. Man beachte jedoch, dass wir noch *keine* Basis vorliegen haben: Eine solche wäre tatsächlich noch viel größer. Der Quotient ℓ^∞ / c ist daher auf jeden Fall unendlich-dimensional, und es gilt

$$\operatorname{codim} c = \dim(\ell^\infty / c) = \infty. \quad (2.4.38)$$

Kontrollfragen. Wieso kann man den Quotientenraum bezüglich eines jeden Unterraums konstruieren, ohne weitere Voraussetzungen an den Unterraum? Wie können Sie eine lineare Abbildung in eine injektive und eine surjektive lineare Abbildung faktorisieren? Was sind kurze exakte Sequenzen von Vektorräumen? Was ist die Kodimension? Wie können Sie die Dimension von Quotientenräumen bestimmen?

2.5 Unterräume, Quotienten und Dualisieren

In diesem letzten Abschnitt wollen wir noch einige allgemeine Konstruktionen zusammentragen, die das Zusammenspiel von Unterräumen, Quotienten und Dualräumen illustrieren.

Zuerst betrachten wir ineinander geschachtelte Teilräume $U \subseteq W \subseteq V$ eines großen Vektorraums V über $\Bbbk$. Wir können daher die Quotienten V/U, V/W und W/U in Verbindung bringen. Um dies zu erreichen, betrachten wir zuerst die Abbildung

$$W \longrightarrow V \stackrel{\mathrm{pr}_{V/U}}{\longrightarrow} V/U, \tag{2.5.1}$$

die W zunächst als Unterraum in V einbettet (die kanonische Inklusionsabbildung) und anschließend nach V/U projiziert. Da die Inklusion $W \longrightarrow V$ injektiv ist, folgt sofort, dass $U \subseteq W$ der Kern von (2.5.1) ist. Nach der universellen Eigenschaft des Quotienten gemäß Proposition 2.31 erhalten wir also eine wohldefinierte lineare Abbildung $\iota\colon W/U \longrightarrow V/U$, sodass

$$
\begin{array}{ccc}
W & \longrightarrow & V/U \\
{\scriptstyle \mathrm{pr}_{W/U}} \downarrow & \nearrow & \\
W/U & {\scriptstyle \iota} &
\end{array}
\tag{2.5.2}
$$

kommutiert. Da U gerade gleich dem Kern von (2.5.1) war, ist ι sogar injektiv. Wir können daher den Quotienten W/U als Unterraum von V/U auffassen, indem wir

$$\iota\colon W/U \stackrel{\cong}{\longrightarrow} \iota(W/U) \subseteq V/U \tag{2.5.3}$$

als Einbettung verwenden. Damit können wir nun einen weiteren Quotienten, nämlich $(V/U)/\iota(W/U)$, bilden.

Da $U \subseteq W$ im Kern der Quotientenabbildung $\mathrm{pr}_{V/W}\colon V \longrightarrow V/W$ liegt, liefert uns Proposition 2.31 auch eine induzierte lineare Abbildung $\Phi\colon V/U \longrightarrow V/W$ zwischen den Quotienten, sodass

$$
\begin{array}{ccc}
V & \stackrel{\mathrm{pr}_{V/W}}{\longrightarrow} & V/W \\
{\scriptstyle \mathrm{pr}_{V/U}} \downarrow & \nearrow & \\
V/U & {\scriptstyle \Phi} &
\end{array}
\tag{2.5.4}
$$

kommutiert. Man beachte, dass der Quotient V/U „größer" ist als der Quotient V/W, da man dort durch den „kleineren" Unterraum U geteilt hat. Damit hat Φ typischerweise keine Chance, injektiv zu sein: Dies ist genau dann der Fall, wenn $U = W$, was ein relativ langweiliger Fall ist. Allgemein können wir den Kern von Φ aber bestimmen:

Lemma 2.40. *Die lineare Abbildung Φ ist surjektiv und*

$$\ker \Phi = \iota\big(W/U\big) \subseteq V/U. \qquad (2.5.5)$$

Beweis. Die Surjektivität folgt ganz allgemein aus der von $\mathrm{pr}_{V/W}$ gemäß Proposition 2.31. Um den Kern zu bestimmen, müssen wir diejenigen $\mathrm{pr}_{V/U}(v) \in V/U$ finden, sodass $\mathrm{pr}_{V/W}(v) = 0$ gilt. Nun gilt $\mathrm{pr}_{V/W}(v) = 0$ genau dann, wenn $v \in W$, womit

$$\ker \Phi = \big\{\, \mathrm{pr}_{V/U}(w) \mid w \in W \,\big\}.$$

Nach (2.5.2) sind die Vektoren $\mathrm{pr}_{V/U}(w)$ für $w \in W$ aber alle von der Form

$$\mathrm{pr}_{V/U}(w) = \iota(\mathrm{pr}_{W/U}(w)).$$

Da $\mathrm{pr}_{W/U} \colon W \longrightarrow W/U$ surjektiv ist, ist das Bild von $\iota \colon W/U \longrightarrow V/U$ gleich dem Bild der Verknüpfung $\iota \circ \mathrm{pr}_{W/U} = \mathrm{pr}_{V/U}\big|_W$. Damit gilt aber $\ker \Phi = \mathrm{im}(\iota \circ \mathrm{pr}_{W/U}) = \iota(W/U)$ wie behauptet. $\qquad \square$

Nach der universellen Eigenschaft des Quotienten können wir aus V/U den Kern von Φ, also $\iota(W/U)$ herausteilen und erhalten eine induzierte Abbildung

$$
\begin{array}{ccc}
V/U & \xrightarrow{\ \ \Phi\ \ } & V/W \\[4pt]
{\scriptstyle\mathrm{pr}}\Big\downarrow & {\nearrow}\!\!\!\phi & \\[4pt]
(V/U)/\iota(W/U) & &
\end{array}
\qquad (2.5.6)
$$

mit der Eigenschaft, dass ϕ nun *injektiv* ist. Wegen der zuvor gezeigten Surjektivität von Φ ist ϕ nach wie vor surjektiv. Insgesamt erhalten wir daher folgendes Resultat:

Proposition 2.41. *Sei V ein Vektorraum über $\Bbbk$, und seien $U \subseteq W \subseteq V$ Unterräume. Die durch die Inklusion induzierte Abbildung*

$$(V/U)/\iota(W/U) \longrightarrow V/W \qquad (2.5.7)$$

ist ein Isomorphismus.

Ignoriert man wie üblich die Einbettungsabbildung ι in der Notation, so kann man (2.5.7) als „Kürzungsregel" für Quotienten

$$\Big(\frac{V}{U}\Big)\Big/\Big(\frac{W}{U}\Big) = \frac{V}{U}\frac{U}{W} = \frac{V}{W} \qquad (2.5.8)$$

heuristisch als Merkregel verstehen. Natürlich bedarf es einer mathematisch sinnvollen Interpretation des „Kürzens" in (2.5.8) in Form von Proposition 2.41.

Bemerkung 2.42. Wir betonen an dieser Stelle, dass der Isomorphismus (2.5.7) kanonisch durch die universellen Eigenschaften der jeweiligen Quotienten gegeben ist: Es mussten unterwegs keine Wahlen getroffen werden. Erlaubt man dagegen solche Wahlen, so erhält man folgendermaßen einen sehr viel schnelleren Beweis: In $U \subseteq W \subseteq V$ wählen wir zunächst ein Komplement $X \subseteq W$ von U, sodass also $W = U \oplus X$ gilt. Anschließend wählen wir noch ein Komplement $Y \subseteq V$ von W, sodass hier nun $V = W \oplus Y$ gilt. Die Existenz solcher Komplemente ist ja (beispielsweise durch Wahl einer geeigneten Basis) gesichert, stellt aber eine willkürliche Wahl dar. Wir wissen nun $W/U \cong X$, $V/U \cong Y \oplus X$ und $V/W \cong Y$ nach Proposition 2.35, *ii.).* Die Inklusion $W/U \longrightarrow V/U$ ist dann die offensichtliche $X \longrightarrow X \oplus Y$, und entsprechend ist $(V/U)/(W/U) \cong (X \oplus Y)/X \cong Y \cong V/W$, was gerade (2.5.7) liefert. Hier hat man allerdings nun das Problem, dass die Wahl von X und Y willkürlich ist und somit auch diese Isomorphismen. Erstaunlicherweise ist deren Verkettung dann nach (2.5.7) kanonisch, ein Sachverhalt, der sich so nicht sehen lässt, sondern die Formulierung wie in Proposition 2.41 benötigt.

Wir wollen nun das Verhalten von Quotienten unter Dualisieren untersuchen. Da der Dualraum $V^* = \mathrm{Hom}(V, \Bbbk)$ durch Bilden von Homomorphismen (mit Werten in $\Bbbk$) entsteht, liegt es nahe, zunächst allgemein Homomorphismen zu betrachten. Weiter wird es am einfachsten sein, Quotienten über kurze exakte Sequenzen zu beschreiben, wie wir dies in Proposition 2.34 getan haben.

Wir betrachten zunächst folgende Situation: Seien U, V sowie X Vektorräume über $\Bbbk$, und sei ein lineare Abbildung

$$U \xrightarrow{\ \Phi\ } V \tag{2.5.9}$$

gegeben. Ist nun $A \in \mathrm{Hom}(V, X)$ eine lineare Abbildung mit Werten in X, so ist

$$\Phi^* A = A \circ \Phi \colon U \longrightarrow X \tag{2.5.10}$$

wieder eine lineare Abbildung mit Werten in X, diesmal aber von U aus. Wir verwenden dasselbe Symbol wie für das Dualisieren aus Kap. 5 in Band 1, das man als Spezialfall für $X = \Bbbk$ zurückerhält.

Definition 2.43 (Pull-back). Sei $\Phi \colon U \longrightarrow V$ eine lineare Abbildung. Dann heißt

$$\Phi^* \colon \mathrm{Hom}(V, X) \ni A \mapsto \Phi^* A \in \mathrm{Hom}(U, X) \tag{2.5.11}$$

der Pull-back mit Φ.

In diesem Sinne ist also die duale Abbildung, die wir in Kap. 5 in Band 1 kennengelernt haben, ein Spezialfall, wo eben $X = \Bbbk$ gewählt wird. Die bereits gesehenen Eigenschaften des Dualisierens gelten wörtlich auch für die allgemeinere Variante des pull-backs. Da der Beweis wörtlich dem entsprechenden aus Kap. 5 in Band 1 folgt, notieren wir hier nur kurz die relevanten Ergebnisse, siehe auch Übung 2.31:

Bemerkung 2.44 (Pull-back). Für den pull-back mit $\Phi\colon U \longrightarrow V$ gelten die folgenden Rechenregeln:

i.) Der pull-back $\Phi^*\colon \mathrm{Hom}(V,X) \longrightarrow \mathrm{Hom}(U,X)$ ist linear, es gilt also

$$\Phi^* \in \mathrm{Hom}(\mathrm{Hom}(V,X), \mathrm{Hom}(U,X)). \tag{2.5.12}$$

ii.) Der pull-back hängt linear von Φ ab, es gilt also

$$(\lambda\Phi + \tilde\lambda\tilde\Phi)^* = \lambda\Phi^* + \tilde\lambda\tilde\Phi^* \tag{2.5.13}$$

für alle $\Phi, \tilde\Phi \in \mathrm{Hom}(U,V)$ und $\lambda, \tilde\lambda \in \Bbbk$. Insbesondere gilt immer $0^* = 0$.

iii.) Es gilt $\mathrm{id}_V^* = \mathrm{id}_{\mathrm{Hom}(V,X)}$.

iv.) Für $\Phi \in \mathrm{Hom}(U,V)$ und $\Psi \in \mathrm{Hom}(V,W)$ gilt

$$(\Psi \circ \Phi)^* = \Phi^* \circ \Psi^*. \tag{2.5.14}$$

Man sollte bei der Bezeichnung jedoch immer im Gedächtnis behalten, dass der pull-back natürlich nach wie vor von der Wahl von X abhängt. Man schreibt dies daher auch etwas umständlicher als

$$\Phi^* = \mathrm{Hom}(\,\cdot\,, X)(\Phi), \tag{2.5.15}$$

wenn man die Abhängigkeit von X betonen möchte.

Wir wollen nun das Verhalten des pull-backs bezüglich exakter Sequenzen studieren. Hier gilt nun folgender fundamentaler Satz:

Satz 2.45 (Exaktheit von $\mathrm{Hom}(\,\cdot\,, X)$). *Seien U, V, W und X Vektorräume über $\Bbbk$, und sei*

$$U \xrightarrow{\;\Phi\;} V \xrightarrow{\;\Psi\;} W \tag{2.5.16}$$

eine exakte Sequenz von linearen Abbildungen. Dann ist auch

$$\mathrm{Hom}(W,X) \xrightarrow{\;\Psi^*\;} \mathrm{Hom}(V,X) \xrightarrow{\;\Phi^*\;} \mathrm{Hom}(U,X) \tag{2.5.17}$$

exakt.

Beweis. Wir haben $\mathrm{im}\,\Phi = \ker\Psi$ als Voraussetzung und müssen $\mathrm{im}\,\Psi^* = \ker\Phi^*$ zeigen. Als Folge der Exaktheit von (2.5.16) wissen wir, dass $\Psi \circ \Phi = 0$ gilt, da dies äquivalent zur Inklusion $\mathrm{im}\,\Phi \subseteq \ker\Psi$ ist. Dank Bemerkung 2.44, *iv.)*, gilt damit auch

$$\Phi^* \circ \Psi^* = (\Psi \circ \Phi)^* = 0^* = 0,$$

womit die Inklusion $\operatorname{im} \Psi^* \subseteq \ker \Phi^*$ gezeigt ist. Schwieriger ist die andere Inklusion. Hierfür müssen wir wieder nicht-kanonische Wahlen treffen und etwa Komplemente wählen: Wir zerlegen W in $\operatorname{im} \Psi$ und einen Komplementärraum $Y \subseteq W$, sodass also $W = \operatorname{im} \Psi \oplus Y$ gilt. Sei nun $A \in \operatorname{Hom}(V, X)$ mit $A \in \ker \Phi^*$ gegeben. Dann gilt also $\Phi^* A = A \circ \Phi = 0$. Ist nun $w \in W$, so zerlegen wir w entsprechend in $w = w_1 + w_2$ bezüglich der direkten Summe $W = \operatorname{im} \Psi \oplus Y$. Es gilt also $w_1 = \Psi(v)$ für ein nicht notwendigerweise eindeutiges $v \in V$. Wir definieren nun $B \colon W \longrightarrow X$ durch

$$B(w) = B(w_1) + B(w_2) = A(v),$$

wobei $v \in V$ ein Urbild von w_1 ist. Wir behaupten, dass dies eine wohldefinierte lineare Abbildung B liefert. Ist nämlich $v' \in V$ ein anderes Urbild von w_1 bezüglich Ψ, so gilt also $\Psi(v) = w_1 = \Psi(v')$ und damit $\Psi(v - v') = 0$. Nach Voraussetzung gibt es deshalb ein $u \in U$ mit $\Phi(u) = v - v' \in \operatorname{im} \Phi = \ker \Psi$. Da nach Voraussetzung $A \circ \Phi = 0$ gilt, folgt $A(v) = A(v')$, was die Unabhängigkeit von $A(v)$ von der speziellen Wahl des Urbilds v von w zeigt. Auf diese Weise erhält man also tatsächlich eine wohldefinierte Abbildung $B \colon W \longrightarrow X$. Eine einfache Verifikation zeigt nun, dass B sogar linear ist. Wir behaupten nun weiter, dass $A = \Psi^* B$. Ist nämlich $v \in V$ vorgegeben, so gilt $\Psi(v) \in \operatorname{im} \Psi$ und daher $(\Psi^* B)(v) = B(\Psi(v)) = A(v)$ nach Konstruktion von B. Dies zeigt schließlich, dass $A \in \operatorname{im} \Psi^*$ für $A \in \ker \Phi^*$, womit insgesamt $\operatorname{im} \Psi^* = \ker \Phi^*$ folgt. $\qquad \square$

Bemerkung 2.46 (Exaktheit von $\operatorname{Hom}(\,\cdot\,, X)$). Der Satz ist deshalb überraschend, da eine analoge Aussage auch für andere Typen von exakten Sequenzen und Morphismen wie etwa bei Gruppen oder Ringen formuliert werden kann, dann aber im Allgemeinen falsch ist. Es ist wieder die Existenz eines Komplementärraums, welche für den Beweis von entscheidender Bedeutung ist. Jenseits von Vektorräumen hängt die Erhaltung der Exaktheit unter $\operatorname{Hom}(\,\cdot\,, X)$ im Allgemeinen stark von den Beteiligten ab, siehe auch Übung 2.28.

Wir können nun verschiedene speziellere Szenarien als Anwendung dieses Satzes betrachten. Insbesondere können wir den Satz dazu verwenden, den Dualraum eines Quotienten besser zu charakterisieren.

Korollar 2.47. *Sei* V *ein Vektorraum über* $\Bbbk$ *und* $U \subseteq V$ *ein Unterraum. Dann ist*

$$0 \longrightarrow (V/U)^* \overset{\mathrm{pr}^*}{\longrightarrow} V^* \overset{\iota^*}{\longrightarrow} U^* \longrightarrow 0 \tag{2.5.18}$$

exakt, wobei $\iota \colon U \longrightarrow V$ *die kanonische Einbettung als Unterraum und* $\mathrm{pr} \colon V \longrightarrow V/U$ *die Quotientenabbildung ist.*

Beweis. Für einen Unterraum $U \subseteq V$ ist die kurze Sequenz

$$0 \longrightarrow U \overset{\iota}{\longrightarrow} V \overset{\mathrm{pr}}{\longrightarrow} V/U \longrightarrow 0$$

exakt. Da das Bilden des Dualraums gerade das Anwenden von $\mathrm{Hom}(\,\cdot\,,\Bbbk)$ ist, liefert Satz 2.45 die Exaktheit von (2.5.18). Man beachte, dass die Reihenfolgen beziehungsweise Richtungen aller Pfeile umgekehrt werden. □

Die Abbildung $\iota^*\colon V^* \longrightarrow U^*$ in (2.5.18) ist definitionsgemäß $\iota^*\alpha = \alpha \circ \iota$. Dies kann man als die *Einschränkung* des linearen Funktionals $\alpha \in V^*$ zu einem linearen Funktional $\iota^*\alpha = \alpha\big|_U$ auf U verstehen. Die Exaktheit von (2.5.18) besagt also insbesondere, dass ι^* surjektiv ist: Jedes lineare Funktional aus U^* lässt sich als Einschränkung eines linearen Funktionals aus V^* schreiben. Dieses Resultat hatten wir zuvor bereits direkt durch die Wahl von geeigneten Basen bewiesen und mehrfach verwendet.

Korollar 2.48. *Sei V ein Vektorraum über $\Bbbk$ und $U \subseteq V$ ein Unterraum. Dann liefert die Einschränkung $\iota^*\colon V^* \longrightarrow U^*$ einen Isomorphismus*

$$\iota^*\colon V^*\big/\mathrm{pr}^*\big(V/U\big)^* \longrightarrow U^*. \tag{2.5.19}$$

Beweis. Nach Korollar 2.47 wissen wir, dass (2.5.18) exakt ist. Ganz allgemein wissen wir, dass in dieser Situation (2.5.19) einen Isomorphismus liefert, siehe Proposition 2.34. □

Wir wollen nun das Bild von pr^* in V^* etwas genauer charakterisieren, da ja V/U und damit $(V/U)^*$ eher weniger direkt zugänglich sind. Hierzu ist der Begriff des Annihilators eines Unterraums nützlich:

Definition 2.49 (Annihilator). Sei V ein Vektorraum über $\Bbbk$ und $U \subseteq V$ ein Unterraum. Dann heißt

$$U^{\mathrm{ann}} = \big\{\alpha \in V^* \;\big|\; \alpha\big|_U = 0\big\} \subseteq V^* \tag{2.5.20}$$

der Annihilator von U.

Mit Hilfe der Einbettungsabbildung $\iota\colon U \longrightarrow V$ können wir den Annihilator offenbar auch als

$$U^{\mathrm{ann}} = \ker(\iota^*) \tag{2.5.21}$$

schreiben. Insbesondere ist damit klar, dass $U^{\mathrm{ann}} \subseteq V^*$ ein Untervektorraum des Dualraums von V ist, da ι^* eine lineare Abbildung ist. Die Exaktheit von (2.5.18) liefert nun folgendes Resultat:

Korollar 2.50. *Sei V ein Vektorraum über $\Bbbk$ und $U \subseteq V$ ein Unterraum. Dann ist*

$$\mathrm{pr}^*\colon \big(V/U\big)^* \longrightarrow U^{\mathrm{ann}} \tag{2.5.22}$$

ein Isomorphismus ebenso wie

$$\iota^*\colon V^*/U^{\mathrm{ann}} \longrightarrow U^*. \tag{2.5.23}$$

Beweis. Die Exaktheit von (2.5.18) bedeutet insbesondere, dass pr^* injektiv ist und damit einen Isomorphismus auf das Bild liefert. Exaktheit bei V^*

besagt aber $\mathrm{im}(\mathrm{pr}^*) = \ker(\iota^*) = U^{\mathrm{ann}}$, was (2.5.22) zeigt. Nach Korollar 2.48 ist damit aber auch (2.5.23) gezeigt.   □

Zum Abschluss betrachten wir Unterräume, die als Bild oder Kern einer linearen Abbildung beschrieben werden können. Wir wollen auch hier die Dualräume und Annihilatoren charakterisieren. Sei also $\Phi\colon V \longrightarrow W$ eine lineare Abbildung zwischen Vektorräumen über $\Bbbk$. Da $\Phi\colon V \longrightarrow \mathrm{im}\,\Phi$ nach Definition des Bildes surjektiv ist, haben wir eine kurze exakte Sequenz

$$0 \longrightarrow \ker \Phi \overset{\iota}{\longrightarrow} V \overset{\Phi}{\longrightarrow} \mathrm{im}\,\Phi \longrightarrow 0, \tag{2.5.24}$$

auf welche wir nun unsere Resultate anwenden wollen. Wir wissen daher, dass Φ einen Isomorphismus

$$\phi\colon V/\ker\Phi \longrightarrow \mathrm{im}\,\Phi \tag{2.5.25}$$

induziert. Dualisieren von (2.5.24) liefert die kurze und nach Satz 2.45 immer noch exakte Sequenz

$$0 \longrightarrow (\mathrm{im}\,\Phi)^* \overset{\Phi^*}{\longrightarrow} V^* \overset{\iota^*}{\longrightarrow} (\ker\Phi)^* \longrightarrow 0. \tag{2.5.26}$$

Nach Korollar 2.50 wissen wir, dass

$$\Phi^*\colon (\mathrm{im}\,\Phi)^* \longrightarrow (\ker\Phi)^{\mathrm{ann}} \tag{2.5.27}$$

ein Isomorphismus ist. Ebenso erhalten wir den Isomorphismus

$$\iota^*\colon V^*/\Phi^*(\mathrm{im}\,\Phi)^* \longrightarrow (\ker\Phi)^*. \tag{2.5.28}$$

Schließlich können wir auch den Annihilator des Bildes $\mathrm{im}\,\Phi$ explizit beschreiben. Es gilt

$$\begin{aligned}
(\mathrm{im}\,\Phi)^{\mathrm{ann}} &= \big\{\alpha \in W^* \mid \alpha\big|_{\mathrm{im}\,\Phi} = 0\big\} \\
&= \big\{\alpha \in W^* \mid \alpha \circ \Phi = 0\big\} \\
&= \big\{\alpha \in W^* \mid \Phi^*\alpha = 0\big\} \\
&= \ker(\Phi^*).
\end{aligned} \tag{2.5.29}$$

Damit haben wir also folgendes Resultat erzielt:

Proposition 2.51. *Sei $\Phi\colon V \longrightarrow W$ eine lineare Abbildung zwischen Vektorräumen über $\Bbbk$.*

i.) Die duale Abbildung $\Phi^*\colon W^* \longrightarrow V^*$ induziert einen Isomorphismus

$$\Phi^*\colon (\mathrm{im}\,\Phi)^* \longrightarrow (\ker\Phi)^{\mathrm{ann}}. \tag{2.5.30}$$

ii.) Die Einschränkung $\iota^*\colon V^* \longrightarrow (\ker\Phi)^*$ induziert einen Isomorphismus

$$\iota^* \colon V^*/(\Phi^*(\operatorname{im}\Phi)^*) \longrightarrow (\ker\Phi)^*. \qquad (2.5.31)$$

iii.) Es gilt $(\operatorname{im}\Phi)^{\mathrm{ann}} = \ker(\Phi^*)$.

Bemerkung 2.52 (Homologische Algebra). Als Ausblick sei hier angemerkt, dass exakte Sequenzen und ihr Verhalten unter verschiedensten Operationen wir etwa $\operatorname{Hom}(\,\cdot\,, X)$ und Dualisieren systematisch und in einer viel größeren Allgemeinheit als nur für Vektorräume in der *homologischen Algebra* studiert werden. Diese Techniken werden dann in vielen Bereichen der modernen Mathematik benötigt, so etwa in der algebraischen Topologie, der algebraischen Geometrie und in verschiedenen Gebieten der mathematischen Physik, um nur ein paar zu nennen. Weiterführende Literatur findet man etwa in [10, 12, 20].

Kontrollfragen. Was ist ein pull-back? Was bedeutet die Exaktheit von $\operatorname{Hom}(\,\cdot\,, X)$, und wie wird diese bewiesen? Wie können Sie den Dualraum eines Quotientenraums beschreiben? Welche Eigenschaften hat ein Annihilator?

2.6 Übungen

Übung 2.1 (Äquivalenzrelationen und Partitionen). Zeigen Sie, dass eine Äquivalenzrelation auf einer Menge einer eindeutig bestimmten Partition dieser Menge entspricht und umgekehrt jede Partition auch von dieser Form ist.

Hinweis: Sie können Resultate aus den Übungen zu Anhang B in Band 1 hierbei verwenden.

Übung 2.2 (Produktrelation). Seien zwei Mengen M_1 und M_2 mit Äquivalenzrelationen $\sim_1$ und $\sim_2$ gegeben.

i.) Zeigen Sie, dass auf $M_1 \times M_2$ eine Äquivalenzrelation $\sim$ definiert werden kann, indem man $(x, y) \sim (x', y')$ falls $x \sim_1 x'$ und $y \sim_2 y'$ setzt, wobei $x, x' \in M_1$ und $y, y' \in M_2$.

ii.) Zeigen Sie, dass die Abbildung

$$(M_1 \times M_2)/\!\sim \; \ni \; [(x,y)] \; \mapsto \; ([x]_1, [y]_2) \in (M_1/\!\sim_1) \times (M_2/\!\sim_2) \qquad (2.6.1)$$

eine wohldefinierte Bijektion liefert.

Übung 2.3 (Wohldefiniertheit). Seien M_1, ..., M_k Mengen jeweils mit Äquivalenzrelationen $\sim_1$, ..., $\sim_k$ versehen. Zeigen Sie, dass eine Abbildung $F \colon M_1 \times \cdots \times M_k \longrightarrow N$ in eine weitere Menge N genau dann auf dem Produkt $(M_1/\!\sim_1) \times \cdots \times (M_k/\!\sim_k)$ eine wohldefinierte Abbildung f mit (2.1.10) induziert, wenn F auf den Äquivalenzklassen konstant ist, also (2.1.11) gilt.

Hinweis: Machen Sie sich nochmals klar, was hier genau zu beweisen ist, indem Sie den Fall $k = 1$ als Vorlage verwenden. Alternativ können Sie auch mit Übung 2.2 argumentieren.

Übung 2.4 (Eine besondere Gruppe). Die Eigenschaften (2.2.14) beziehungsweise (2.2.15) charakterisieren die triviale Gruppe:

i.) Sei G eine Gruppe mit der Eigenschaft, dass es für jede andere Gruppe H genau einen Gruppenmorphismus $H \longrightarrow G$ gibt. Zeigen Sie, dass G zur trivialen Gruppe isomorph ist. Wie erhalten Sie einen Isomorphismus?

ii.) Sei G eine Gruppe mit der Eigenschaft, dass es für jede andere Gruppe H genau einen Gruppenmorphismus $G \longrightarrow H$ gibt. Zeigen Sie, dass G auch in diesem Fall zur trivialen Gruppe isomorph ist. Bestimmen Sie auch in diesem Fall einen Isomorphismus.

Übung 2.5 (Quotienten von $\mathbb{R}^\times$). Betrachten Sie die multiplikative Gruppe $\mathbb{R}^\times$ der von Null verschiedenen reellen Zahlen.

i.) Zeigen Sie, dass $\mathbb{R}^+ = \{x \in \mathbb{R} \mid x > 0\}$ eine normale Untergruppe von $\mathbb{R}^\times$ ist.

ii.) Bestimmen Sie die Gruppenstruktur von $\mathbb{R}^\times / \mathbb{R}^+$ explizit. Wieviele Elemente besitzt diese Quotientengruppe?

iii.) Zeigen Sie nun, dass $\{-1, 1\} \subseteq \mathbb{R}^\times$ eine normale Untergruppe ist, und bestimmen Sie auch hier die Quotientengruppe $\mathbb{R}^\times / \{\pm 1\}$.

Übung 2.6 (Normale Untergruppen). Betrachten Sie eine Gruppe G und normale Untergruppen $H_\alpha \subseteq G$ für $\alpha \in I$.

i.) Rekapitulieren Sie, dass der Schnitt $H = \bigcap_{\alpha \in I} H_\alpha$ wieder eine normale Untergruppe von G ist.

ii.) Betrachten Sie die Quotientengruppen $G_\alpha = G / H_\alpha$ mit den zugehörigen Quotientenabbildungen $\mathrm{pr}_\alpha \colon G \longrightarrow G_\alpha$. Zeigen Sie, dass Produktabbildung

$$p \colon G \ni g \mapsto (\mathrm{pr}_\alpha(g))_{\alpha \in I} \in \prod_{\alpha \in I} G_\alpha \tag{2.6.2}$$

ein Gruppenmorphismus ist, dessen Kern gerade H ist. Folgern Sie, dass G/H als Untergruppe von $\prod_{\alpha \in I} G_\alpha$ aufgefasst werden kann.

iii.) Wenden Sie diese Überlegungen nun auf die beiden Untergruppen von $\mathbb{R}^\times$ in Übung 2.5 an. Zeigen Sie, dass die entsprechende Abbildung p in diesem Fall bijektiv ist, also einen Gruppenisomorphismus darstellt.

Übung 2.7 (Eine kurze exakte Sequenz für exp). Betrachten Sie die Abbildung

$$\phi \colon \mathbb{R} \ni t \mapsto \exp(it) \in \mathbb{C}. \tag{2.6.3}$$

Zeigen Sie, dass ϕ ein Gruppenmorphismus in die multiplikative Gruppe $\mathbb{S}^1$ ist und dass

$$0 \longrightarrow 2\pi\mathbb{Z} \longrightarrow \mathbb{R} \overset{\phi}{\longrightarrow} \mathbb{S}^1 \longrightarrow 0 \tag{2.6.4}$$

eine kurze exakte Sequenz von abelschen Gruppen ist.

Übung 2.8 (Quotienten und Gruppenwirkungen). Betrachten Sie eine Menge M und eine Gruppe G, welche durch $\Phi \colon G \times M \longrightarrow M$ auf M

wirkt. Der Begriff der Gruppenwirkung wurde in den Übungen zu Kap. 3 in Band 1 diskutiert. Dort wurde insbesondere gezeigt, dass die Orbitrelation eine Äquivalenzrelation auf M liefert, sodass wir von einem zugehörigen Quotienten sprechen können. In diesem Fall bezeichnet man den Quotienten bezüglich einer Wirkung von G als pr: $M \longrightarrow M/G$. Es wird also die Gruppe „herausgeteilt". Man nennt M/G auch den *Bahnenraum* oder *Orbitraum* der Wirkung.

i.) Zeigen Sie, dass die Wirkung genau dann transitiv ist, wenn M/G nur ein Element enthält.

ii.) Sei $n \in \mathbb{N}$ und $\mathbb{k}$ ein Körper. Die Menge der eindimensionalen Unterräume von $\mathbb{k}^{n+1}$ bezeichnet man als den *projektiven Raum* $\mathbb{k}\mathbb{P}^n$. Zeigen Sie, dass $\mathbb{k}^\times$ frei auf $\mathbb{k}^{n+1} \setminus \{0\}$ durch Multiplikation wirkt. Zeigen Sie weiter, dass es eine kanonische Bijektion

$$\mathbb{k}\mathbb{P}^n \cong (\mathbb{k}^{n+1} \setminus \{0\})/\mathbb{k}^\times \tag{2.6.5}$$

gibt. Ist die kanonische Wirkung von $\mathbb{k}^\times$ auf $\mathbb{k}^{n+1}$ auch frei?

iii.) Sei nun $\mathbb{k} = \mathbb{R}$. Zeigen Sie, dass $\mathbb{R}\mathbb{P}^n$ auf kanonische Weise in Bijektion zur Menge der Orthogonalprojektoren in $\mathrm{M}_{n+1}(\mathbb{R})$ mit $\mathrm{tr}\,P = 1$ ist. Formulieren und beweisen Sie die analoge Aussage auch für $\mathbb{k} = \mathbb{C}$.

Hinweis: Ein Orthogonalprojektor ist eindeutig durch sein Bild oder wahlweise durch seinen Kern festgelegt.

iv.) Sei $U \subseteq V$ ein Unterraum. Zeigen Sie, dass dieser durch Addition auf V wirkt. Wann ist diese Wirkung transitiv, wann frei? Zeigen Sie, dass der Bahnenraum V/U mit dem Quotientenraum V/U nach geeigneter Identifikation übereinstimmt.

v.) Betrachten Sie $\mathbb{k}^n$, worauf $\mathrm{GL}_n(\mathbb{k})$ auf die übliche Weise durch Matrixmultiplikation wirkt. Bestimmen Sie den Bahnenraum $\mathbb{k}^n/\mathrm{GL}_n(\mathbb{k})$ auch in diesem Beispiel.

vi.) Betrachten Sie die Menge der Vektorzustände auf $\mathrm{M}_{n+1}(\mathbb{C})$, also der linearen Funktionale $\mathrm{E}_v \colon \mathrm{M}_{n+1}(\mathbb{C}) \longrightarrow \mathbb{C}$ mit

$$\mathrm{E}_v(A) = \frac{\langle v, Av \rangle}{\langle v, v \rangle}, \tag{2.6.6}$$

wobei $\langle \cdot, \cdot \rangle$ das kanonische Skalarprodukt auf $\mathbb{C}^{n+1}$ und $v \in \mathbb{C}^{n+1} \setminus \{0\}$ ist. Zeigen Sie, dass die Menge der Vektorzustände kanonisch in Bijektion zum komplex-projektiven Raum $\mathbb{C}\mathbb{P}^n$ steht.

Hinweis: Ordnen Sie E_v zunächst einen eindimensionalen Unterraum von $\mathbb{C}^{n+1}$ zu und vergewissern Sie sich im Detail, wieso diese Zuordnung wohldefiniert ist. Dann können Sie *iii.)* verwenden.

Übung 2.9 (Spurpolynome und Determinante). Sei $\mathbb{k}$ ein Körper.

i.) Zeigen Sie, dass die Abbildung

$$\mathrm{GL}_n(\Bbbk) \times \mathrm{M}_n(\Bbbk) \ni (U, A) \mapsto UAU^{-1} \in \mathrm{M}_n(\Bbbk) \qquad (2.6.7)$$

eine Gruppenwirkung von $\mathrm{GL}_n(\Bbbk)$ auf $\mathrm{M}_n(\Bbbk)$ liefert. Welche bekannte Äquivalenzrelation erhalten Sie aus der Orbitrelation dieser Wirkung?

ii.) Zeigen Sie, dass weder die Addition noch die Multiplikation $\mathrm{M}_n(\Bbbk) \times \mathrm{M}_n(\Bbbk) \longrightarrow \mathrm{M}_n(\Bbbk)$ auf dem Quotienten $\mathrm{M}_n(\Bbbk) / \mathrm{GL}_n(\Bbbk)$ wohldefiniert ist.

iii.) Zeigen Sie, dass für alle $k \in \mathbb{N}$ die Abbildung

$$\mathrm{M}_n(\Bbbk) / \mathrm{GL}_n(\Bbbk) \ni [A] \mapsto \mathrm{tr}(A^k) \in \Bbbk \qquad (2.6.8)$$

wohldefiniert ist.

iv.) Zeigen Sie, dass die Abbildung

$$\mathrm{M}_n(\Bbbk) / \mathrm{GL}_n(\Bbbk) \ni [A] \mapsto \det(A) \in \Bbbk \qquad (2.6.9)$$

ebenfalls wohldefiniert ist.

Übung 2.10 (Die Grothendieck-Gruppe). Sei S eine abelsche Halbgruppe, die wir additiv schreiben.

i.) Besitzt S kein neutrales Element, so nimmt man ein neutrales Element hinzu, $\tilde{S} = S \cup \{0\}$, und erweitert die Verknüpfung durch die Definition $s + 0 = s = 0 + s$ für alle $s \in S$, sowie $0 + 0 = 0$. Zeigen Sie, dass $\tilde{S}$ damit zu einem abelschen Monoid wird.

ii.) Sei nun S sogar ein abelsches Monoid. Auf $S \times S$ betrachtet man die Relation $(s, t) \sim (s', t')$, falls es ein $u \in S$ mit $s + t' + u = s' + t + u$ gibt. Zeigen Sie, dass $\sim$ eine Äquivalenzrelation ist.

Hinweis: Die Idee ist, das Paar (s, t) als Differenz $s - t$ anzusehen, auch wenn das Element t kein Inverses $-t$ in S besitzen muss.

iii.) Zeigen Sie, dass auf der Menge der Äquivalenzklassen $G(S) = (S \times S)/\sim$ durch $[(s, t)] + [(s', t')] = [(s + s', t + t')]$ eine Gruppenstruktur definiert wird. Was ist das neutrale Element von $G(S)$? Die Gruppe $G(S)$ heißt auch die *Grothendieck-Gruppe* von S.

iv.) Zeigen Sie, dass $S \ni s \mapsto [(s, 0)] \in G(S)$ ein Monoidmorphismus ist.

v.) Ein abelsches Monoid heißt *kürzbar*, falls aus $s + t = s' + t$ für $s, s', t \in S$ immer $s = s'$ folgt. Zeigen Sie, dass für ein kürzbares Monoid S der Monoidmorphismus $S \longrightarrow G(S)$ injektiv ist.

vi.) Finden Sie ein Beispiel für ein abelsches Monoid, welches nicht kürzbar ist. Bestimmen Sie in diesem Fall $G(S)$.

Hinweis: Betrachten Sie ein geeignetes Monoid mit zwei Elementen. Von diesen gibt es ja nicht sehr viele.

vii.) Sei nun S' ein weiteres abelsches Monoid und $\phi \colon S \longrightarrow S'$ ein Monoidmorphismus. Zeigen Sie, dass es einen eindeutig bestimmten Gruppenmorphismus $G(\phi)$ gibt, sodass

$$S \xrightarrow{\quad \phi \quad} S'$$

$$\Big\downarrow \qquad\qquad\qquad \Big\downarrow \qquad\qquad\qquad (2.6.10)$$

$$G(S) \xrightarrow[\;G(\phi)\;]{} G(S')$$

kommutiert. Zeigen Sie weiter, dass $G(\mathrm{id}_S) = \mathrm{id}_{G(S)}$ sowie $G(\psi \circ \phi) = G(\psi) \circ G(\phi)$ für einen weiteren Monoidmorphismus $\psi \colon S' \longrightarrow S''$.

viii.) Zeigen Sie, dass die additive Gruppe der ganzen Zahlen $\mathbb{Z}$ aus den natürlichen Zahlen $\mathbb{N}$ erst durch Hinzufügen der Null und anschließender Grothendieck-Konstruktion erhalten werden. Zeigen Sie insbesondere, dass $\mathbb{N}$ kürzbar und damit injektiv in $\mathbb{Z}$ eingebettet ist.

ix.) Definieren Sie nun eine Multiplikation $\cdot \colon \mathbb{Z} \times \mathbb{Z} \longrightarrow \mathbb{Z}$ durch

$$[(n,m)] \cdot [(n',m')] = [(nn' + mm', nm' + n'm)] \qquad (2.6.11)$$

für $[(n,m)], [(n',m')] \in \mathbb{Z}$. Zeigen Sie, dass diese wohldefiniert ist und $\mathbb{Z}$ zu einem kommutativen Ring mit Eins macht. Zeigen Sie, dass die Einbettung der natürlichen Zahlen in $\mathbb{Z}$ mit der Multiplikation verträglich ist. Damit haben Sie nun den Ring $\mathbb{Z}$ aus $\mathbb{N}$ konstruiert.

Übung 2.11 (Von $\mathbb{Z}$ nach $\mathbb{Q}$). Ziel dieser Übung ist es, die rationalen Zahlen mathematisch seriös aus den ganzen Zahlen zu konstruieren: Dies ist insbesondere im Hinblick auf die Herangehensweise in der Schule interessant, wo typischerweise nur eine sehr heuristische Definition gegeben wird (werden kann). Wir starten mit dem Ring $\mathbb{Z}$ der ganzen Zahlen aus Übung 2.10. Betrachten Sie die Menge $\mathcal{Q} = \mathbb{Z} \times (\mathbb{Z} \setminus \{0\})$. Definieren Sie die beiden Verknüpfungen $+$ und $\cdot$ für $\mathcal{Q}$ durch

$$(n,m) + (n',m') = (m'n + mn', mm') \qquad (2.6.12)$$

und

$$(n,m) \cdot (n',m') = (nn', mm'). \qquad (2.6.13)$$

Weiter definiert man auf $\mathcal{Q}$ eine Relation $\sim$ durch $(n,m) \sim (n',m')$ wenn $nm' = n'm$.

i.) Zeigen Sie, dass $\sim$ eine Äquivalenzrelation ist.

ii.) Zeigen Sie, dass die Abbildung

$$\mathbb{Z} \ni n \mapsto [(n,1)] \in \mathcal{Q}/\!\sim \qquad (2.6.14)$$

injektiv ist.

Wir setzen nun $\mathbb{Q} = \mathcal{Q}/\!\sim$. Die Idee ist, die Äquivalenzklasse $[(n,m)]$ als Bruch $\frac{n}{m}$ zu interpretieren.

iii.) Zeigen Sie, dass die Verknüpfungen + und · auf dem Quotienten $\mathbb{Q}$ wohldefiniert sind.

iv.) Zeigen Sie nun, dass $\mathbb{Q}$ mit den induzierten Verknüpfungen + und · zu einem Körper wird. Was ist das Einselement, was das Nullelement?

> Hinweis: Zunächst ist es illustrativ, sich zu überlegen, wieso $\mathbb{Q}$ *kein* Körper ist. Viele der Körpereigenschaften lassen sich direkt für + und · auf $\mathbb{Q}$ nachprüfen, aber eben nicht alle.

v.) Zeigen Sie schließlich, dass die Einbettung (2.6.14) ein Ringmorphismus ist, womit $\mathbb{Z}$ also als Unterring des Körpers $\mathbb{Q}$ aufgefasst werden kann.

Übung 2.12 (Quotientenkörper). Sei R ein assoziativer kommutativer Ring mit Eins $1 \neq 0$. Wie bereits an verschiedenen Stelle in Band 1 benutzt, heißt $a \in \mathsf{R} \setminus \{0\}$ ein *Nullteiler*, wenn es $b \in \mathsf{R} \setminus \{0\}$ mit $ab = 0$ gibt. In diesem Fall ist b auch ein Nullteiler.

i.) Finden Sie Beispiele für kommutative Ringe mit Nullteilern.

Sei nun R zudem nullteilerfrei. In diesem Fall kann man einen Körper aus R konstruieren, den *Quotientenkörper* von R. Betrachten Sie $\mathfrak{R} = \mathsf{R} \times (\mathsf{R} \setminus \{0\})$ mit den beiden Verknüpfungen

$$(a, b) + (a', b') = (ab' + a'b, bb') \tag{2.6.15}$$

und

$$(a, b) \cdot (a', b') = (aa', bb'). \tag{2.6.16}$$

Betrachten Sie weiter die Relation $\sim$ auf $\mathfrak{R}$ mit $(a, b) \sim (a', b')$ wenn es ein $u \in \mathsf{R} \setminus \{0\}$ mit $uab' = ua'b$ gibt.

ii.) Zeigen Sie, dass $\sim$ eine Äquivalenzrelation ist.

iii.) Zeigen Sie, dass $(a, b) \sim (a', b')$ genau dann gilt, wenn $ab' = a'b$ gilt. Folgern Sie, dass

$$\mathsf{R} \ni a \mapsto [(a, 1)] \in \mathfrak{R}/\!\sim \tag{2.6.17}$$

injektiv ist.

iv.) Verfahren Sie nun analog zu Übung 2.11, um zu zeigen, dass $\mathfrak{R}/\!\sim$ ein Körper wird, der Quotientenkörper von R.

v.) Zeigen Sie umgekehrt, dass ein Unterring $\mathsf{R} \subseteq \Bbbk$ eines Körpers notwendigerweise nullteilerfrei ist. Damit ist die obige Voraussetzung für die Konstruktion des Quotientenkörpers also nicht unnötig gewesen.

Übung 2.13 (Der Ring $\mathbb{Z}_p$). Bislang haben wir die zyklische Gruppe $\mathbb{Z}_p$ der Ordnung $p \in \mathbb{N}$ nur als abelsche Gruppe betrachtet. Es wird nun Zeit, auch die Ringstruktur von $\mathbb{Z}_p$ genauer in Augenschein zu nehmen.

i.) Zeigen Sie, dass die Vielfachen $p\mathbb{Z}$ von p ein Ideal in $\mathbb{Z}$ bilden. Gibt es andere Ideale ungleich dem Nullideal als die $p\mathbb{Z}$ von $\mathbb{Z}$?

> Hinweis: Sei $\mathsf{J} \subseteq \mathbb{Z}$ ein Ideal ungleich $\{0\}$ mit J. Überlegen Sie sich, dass es dann ein kleinstes positives Element $p \in \mathsf{J}$ gibt. Teilen Sie dann ein beliebiges Element $q \in \mathsf{J}$ mit Rest durch p. Was erreichen Sie so?

ii.) Bestimmen Sie alle Gruppenmorphismen und alle (einserhaltenden) Ringmorphismen $\phi\colon \mathbb{Z} \longrightarrow \mathbb{Z}$. Betrachten Sie hierzu den Wert $\phi(1)$.

iii.) Zeigen Sie, dass die zyklische Gruppe $\mathbb{Z}_p = \mathbb{Z}/p\mathbb{Z}$ die Struktur eines kommutativen Rings mit Eins von $\mathbb{Z}$ erbt.

iv.) Zeigen Sie, dass die kurze exakte Sequenz (2.2.22) von Gruppen sogar eine kurze exakte Sequenz von Ringen ist.

v.) Sei nun p eine Primzahl. Zeigen Sie, dass dann $\mathbb{Z}_p$ sogar ein Körper ist, und bestimmen Sie dessen Charakteristik $\mathrm{char}(\mathbb{Z}_p)$.

Hinweis: Sie müssen nur noch zeigen, dass es zu $[k] \in \mathbb{Z}_p$ mit $[k] \neq 0$ ein multiplikatives Inverses gibt. Betrachten Sie hierzu die Primfaktorzerlegung.

Übung 2.14 (Eigenschaften von Idealen). Sei R ein Ring.

i.) Zeigen Sie, dass ein Linksideal (oder Rechtsideal) $\mathsf{J} \subseteq \mathsf{R}$ immer ein Unterring ist.

ii.) Sei R nun ein Ring mit Eins, und sei $\mathsf{R}^\times \subseteq \mathsf{R}$ das Monoid der invertierbaren Elemente (bezüglich der Multiplikation) von R. Zeigen Sie, dass für ein Linksideal (oder Rechtsideal) $\mathsf{J} \subseteq \mathsf{R}$ genau dann $\mathsf{J} = \mathsf{R}$ gilt, wenn $\mathsf{J} \cap \mathsf{R}^\times \neq \emptyset$. Enthält ein Ideal also invertierbare Elemente, so stimmt es bereits mit dem ganzen Ring überein.

iii.) Seien $\mathsf{J}_\alpha \subseteq \mathsf{R}$ für $\alpha \in I$ Teilmengen. Zeigen Sie, dass der Schnitt $\mathsf{J} = \bigcap_{\alpha \in I} \mathsf{J}_\alpha$ ein Linksideal (Rechtsideal, zweiseitiges Ideal) von R ist, wenn alle J_α Linksideale (Rechtsideale, zweiseitige Ideale) sind.

Übung 2.15 (Kurze exakte Sequenzen von Ringen). Formulieren und beweisen Sie die analoge Aussage zu Proposition 2.17 auch für Sequenzen von Ringen.

Hinweis: Sie können dem Beweis von Proposition 2.17 nahezu wörtlich folgen, wenn Sie sorgfältig aufpassen, das alle Abbildungen zudem Ringmorphismen sind.

Übung 2.16 (Ideale von $\mathrm{End}(V)$). Sei V ein $\Bbbk$-Vektorraum. Wir betrachten diejenigen Endomorphismen

$$\mathrm{End}_f(V) = \left\{ A \in \mathrm{End}(V) \mid \dim(\mathrm{im}\, A) < \infty \right\} \tag{2.6.18}$$

von V, welche ein endlich-dimensionales Bild besitzen.

i.) Zeigen Sie, dass $\mathrm{End}_f(V)$ ein Unterraum von $\mathrm{End}(V)$ ist.

ii.) Zeigen Sie, dass $\mathrm{End}_f(V)$ ein zweiseitiges Ideal in $\mathrm{End}(V)$ ist, welches genau dann echt ist, wenn $\dim V$ unendlich-dimensional ist.

iii.) Zeigen Sie, dass für einen endlich-dimensionalen Vektorraum V der Ring $\mathrm{End}(V)$ keine nichttrivialen Ideale (also außer $\{0\}$ und $\mathrm{End}(V)$) besitzt.

Hinweis: Es genügt natürlich, $V = \Bbbk^n$ zu betrachten und mit Matrizen zu rechnen. Nehmen Sie an, dass $\mathsf{J} \subseteq \mathrm{M}_n(\Bbbk)$ ein Ideal ungleich $\{0\}$ ist. Betrachten Sie dann $A \in \mathsf{J}$ mit $A \neq 0$. Zeigen Sie, dass die Smith-Normalform von A ebenfalls in J liegt. Folgern Sie, auch die Elementarmatrizen E_{ii} für alle $i = 1, \ldots, n$ in J liegen müssen.

Übung 2.17 (Halbnormen). Sei V ein Vektorraum über $\mathbb{K}$. Eine *Halbnorm* p auf V ist eine Abbildung p: $V \longrightarrow [0, \infty)$ mit $p(v + w) \leq p(v) + p(w)$ für alle $v, w \in V$ und $p(\lambda v) = |\lambda| p(v)$ für alle $\lambda \in \mathbb{K}$ und $v \in V$.

i.) Sei $\varphi \in V^*$. Zeigen Sie, dass $p_\varphi \colon V \ni \mapsto |\varphi(v)| \in \mathbb{R}$ eine Halbnorm auf V ist.

ii.) Sei p eine Halbnorm. Zeigen Sie, dass

$$\ker p = \left\{ v \in V \mid p(v) = 0 \right\} \tag{2.6.19}$$

ein Unterraum von V ist.

iii.) Zeigen Sie, dass für eine Halbnorm p auf V durch

$$\| [v] \|_p = p(v) \tag{2.6.20}$$

eine Norm auf $V / \ker p$ definiert wird.

Übung 2.18 (Gel'fand-Konstruktion). Sei V ein Vektorraum über $\mathbb{k}$ und $v \in V$ ungleich null. Betrachten Sie dann diejenigen Endomorphismen

$$\mathsf{J}_v = \left\{ A \in \mathrm{End}(V) \mid Av = 0 \right\}, \tag{2.6.21}$$

welche v annihilieren.

i.) Zeigen Sie, dass J_v sowohl ein Linksideal als auch ein Untervektorraum in $\mathrm{End}(V)$ ist.

ii.) Finden Sie ein explizites Beispiel, welches zeigt, dass im Allgemeinen J_v kein Rechtsideal ist.

Hinweis: Hier finden Sie bereits Gegenbeispiele für $\dim V = 2$.

iii.) Zeigen Sie, dass der Quotient $\mathrm{End}(V) / \mathsf{J}_v$ als Vektorraum zu V isomorph ist.

Hinweis: Betrachten Sie die Abbildung $\mathrm{End}(V) / \mathsf{J}_v \ni [A] \mapsto Av \in V$ und zeigen Sie, dass diese wohldefiniert und ein linearer Isomorphismus ist.

iv.) Zeigen Sie, dass die Abbildung

$$\mathrm{End}(V) \times (\mathrm{End}(V) / \mathsf{J}_v) \ni (A, [B]) \mapsto A \cdot [B] = [AB] \in \mathrm{End}(V) / \mathsf{J}_v \tag{2.6.22}$$

wohldefiniert und bilinear ist. Bestimmen Sie $A \cdot (B \cdot [C])$ sowie $\mathbb{1} \cdot [B]$ explizit. Bestimmen Sie weiter das Bild von $A \cdot [B]$ unter dem Isomorphismus aus *iii.)*.

v.) Sei nun $\dim V = n < \infty$. Bestimmen Sie $\dim \mathsf{J}_v$.

Übung 2.19 (Linearkombinationen von linearen Funktionalen). Sei V ein Vektorraum über $\mathbb{k}$ mit linearen Funktionalen $\varphi, \varphi_1, \ldots, \varphi_n \in V^*$. Zeigen Sie, dass genau dann

$$\varphi \in \mathrm{span}\{\varphi_1, \ldots, \varphi_n\} \tag{2.6.23}$$

gilt, wenn

$$\bigcap_{i=1}^{n} \ker \varphi_i \subseteq \ker \varphi. \tag{2.6.24}$$

Hinweis: Die eine Richtung ist trivial. Für die andere, betrachten Sie die Abbildung

$$\Phi \colon V \ni v \mapsto (\varphi_i(v))_{i=1,\dots,n} \in \Bbbk^n.$$

Zeigen Sie, dass Φ linear ist und bestimmen Sie $\ker \Phi$. Quotienten kommen nun ins Spiel, da φ auf $V/\ker \Phi$ nach Voraussetzung (2.6.24) wohldefiniert ist und damit eine lineare Abbildung $\varphi \colon V/\ker \Phi \longrightarrow \Bbbk$ induiert. Wieso können Sie ohne Einschränkung nun annehmen, dass Φ bereits surjektiv ist? Zeigen Sie, dass dann φ mit einem linearen Funktional auf $\Bbbk^n$ identifiziert werden kann. Wieso ist das die Lösung des Problems?

Übung 2.20 (Konstruktion von Skalarprodukten). Sei V ein reeller oder komplexer Vektorraum mit einer symmetrischen positiv semidefiniten Bilinearform (beziehungsweise positiv semidefiniten Sesquilinearform) $\langle \cdot , \cdot \rangle_V$.

i.) Zeigen Sie, dass diejenigen Vektoren $v \in V$ mit $\langle v, v \rangle_V = 0$ einen Unterraum $V_0 \subseteq V$ bilden.

    Hinweis: Cauchy-Schwarz-Ungleichung.

ii.) Zeigen Sie, dass auf V/V_0 durch

$$\langle [v], [w] \rangle_{V/V_0} = \langle v, w \rangle_V \tag{2.6.25}$$

für $v, w \in V$ ein positiv definites Skalarprodukt gegeben ist.

    Hinweis: Wieso ist dies überhaupt wohldefiniert?

Übung 2.21 (Orientierung). Sei V ein n-dimensionaler reeller Vektorraum mit $n \in \mathbb{N}$. Wir wollen an dieser Stelle nun den Begriff der Orientierung nachtragen, welcher auf einer Quotientenkonstruktion beruht. Wir betrachten zwei geordnete Basen $e_1, \dots, e_n \in V$ und $f_1, \dots, f_n \in V$. Wir nennen diese beiden Basen *gleich orientiert*, wenn für die Matrix $A \in \mathrm{GL}_n(\mathbb{R})$ mit $f_i = \sum_{j=1}^{n} A_{ij} e_j$

$$\det(A) > 0 \tag{2.6.26}$$

gilt.

i.) Wieso ist diese Begriffsbildung nur für *geordnete* Basen sinnvoll?

ii.) Zeigen Sie, dass „gleich orientiert" eine Äquivalenzrelation auf der Menge der geordneten Basen definiert.

    Hinweis: Welche wichtige Eigenschaft der reellen Zahlen benötigen Sie hierfür?

iii.) Zeigen Sie, dass es bezüglich der Äquivalenzrelation „gleich orientiert" genau zwei Äquivalenzklassen von geordneten Basen von V gibt.

iv.) Sei $\sigma \in S_n$. Zeigen Sie, dass $e_1, \dots, e_n$ und $e_{\sigma(1)}, \dots, e_{\sigma(n)}$ genau dann gleich orientiert sind, wenn $\mathrm{sign}(\sigma) = 1$ gilt.

Eine *Orientierung* o von V ist die Wahl einer der beiden Äquivalenzklassen von gleich orientierten Basen von V. Ein *orientierter Vektorraum* ist dann

ein Paar (V, o) eines reellen endlich-dimensionalen Vektorraums mit einer gewählten Orientierung o. Eine geordnete Basis in der Äquivalenzklasse o heißt
positiv orientiert, die aus der anderen Äquivalenzklasse heißen entsprechend
negativ orientiert. Für den Vektorraum $\mathbb{R}^n$ heißt diejenige Orientierung, für
welche die kanonische Basis $e_1, \ldots, e_n$ positiv orientiert ist, die *kanonische
Orientierung* von $\mathbb{R}^n$.

iv.) Sei nun W ebenfalls ein n-dimensionaler reeller Vektorraum. Zeigen Sie,
dass für eine invertierbare lineare Abbildung $\Phi\colon V \longrightarrow W$ gleich orientierte Basen von V auf gleich orientierte Basen von W abgebildet werden.

Mit dieser Beobachtung können wir für orientierte Vektorräume (V, o_V) und
(W, o_W) gleicher Dimension eine invertierbare lineare Abbildung $\Phi\colon V \longrightarrow W$
orientierungstreu nennen, wenn sie positiv orientierte Basen von V auf positiv
orientierte Basen von W abbildet.

v.) Zeigen Sie, dass eine invertierbare lineare Abbildung zwischen orientierten
Vektorräumen entweder orientierungstreu oder orientierungsumkehrend
ist.

vi.) Seien nun $e_1, \ldots, e_n \in V$ und $f_1, \ldots, f_n \in W$ positiv orientierte Basen der
orientierten Vektorräume (V, o_V) und (W, o_W). Zeigen Sie, dass eine invertierbare lineare Abbildung $\Phi\colon V \longrightarrow W$ genau dann orientierungstreu
ist, wenn die darstellende Matrix von Φ bezüglich der beiden Basen eine
positive Determinante besitzt.

vii.) Zeigen Sie, dass die Abbildung, die einem orientierungstreuen Automorphismus $+1$ und einem orientierungsumkehrenden Automorphismus -1
zuordnet, einen Gruppenmorphismus

$$o\colon \mathrm{GL}(V) \longrightarrow \mathbb{Z}_2 = \{-1, 1\} \tag{2.6.27}$$

liefert, wobei $\mathbb{Z}_2$ multiplikativ geschrieben sei. Wie können Sie diese Eigenschaften auf invertierbare Abbildungen zwischen verschiedenen orientierten Vektorräumen übertragen?

Hinweis: Übung 2.5.

viii.) Zeigen Sie, dass für zwei linear unabhängige Vektoren $\vec{a}, \vec{b} \in \mathbb{R}^3$ die Basis
$\vec{a}, \vec{b}, \vec{a} \times \vec{b}$ bezüglich der kanonischen Orientierung von $\mathbb{R}^3$ positiv orientiert
ist.

Übung 2.22 (Kanonische Orientierung von $V \oplus V^*$). Sei V ein endlich-
dimensionaler Vektorraum über $\Bbbk$.

i.) Zeigen Sie, dass die Abbildung

$$\mathrm{GL}(V) \ni A \; \mapsto \; \begin{pmatrix} A & 0 \\ 0 & (A^*)^{-1} \end{pmatrix} \in \mathrm{GL}(V \oplus V^*) \tag{2.6.28}$$

ein injektiver Gruppenmorphismus ist.

ii.) Zeigen Sie, dass das Bild von (2.6.28) sogar in $\mathrm{SL}(V \oplus V^*)$ liegt.

Sei nun sogar $\Bbbk = \mathbb{R}$. Sei weiter $e_1, \ldots, e_n \in V$ eine Basis mit dualer Basis $e_1^*, \ldots, e_n^* \in V^*$.

iii.) Zeigen Sie, dass $e_1, \ldots, e_n, e_1^*, \ldots, e_n^*$ eine geordnete Basis von $V \oplus V^*$ ist, deren Orientierungsklasse nicht von der gewählten Basis $e_1, \ldots, e_n$ abhängt: für je zwei Basen von V sind die so konstruierten zugehörigen geordneten Basen von $V \oplus V^*$ gleich orientiert.

Auf diese Weise erhält $V \oplus V^*$ also eine kanonische Orientierung, indem man die Basen der Form $e_1, \ldots, e_n, e_1^*, \ldots, e_n^*$ als positiv orientiert definiert. Man beachte, dass man für V selbst keine Orientierung voraussetzen muss.

Übung 2.23 (Alternativer Beweis von Korollar 2.29). Verwenden Sie geschickt gewählte Basen, um einen alternativen Beweis von Korollar 2.29 zu erbringen, der dann auf das Konzept des Quotientenraums verzichtet.

Übung 2.24 (Kern von linearen Abbildungen). Sei V ein Vektorraum über $\Bbbk$.

i.) Bringen Sie die Dimensionen und Kodimensionen von $\operatorname{im}\Phi$, $\ker\Phi$, $(\operatorname{im}\Phi)^*$ und $(\ker\Phi)^*$ sowie $(\operatorname{im}\Phi)^{\mathrm{ann}}$ und $(\ker\Phi)^{\mathrm{ann}}$ für eine lineare Abbildung $\Phi\colon V \longrightarrow W$ in einen weiteren $\Bbbk$-Vektorraum W in Verbindung.

ii.) Seien nun lineare Funktionale $\varphi_\alpha\colon V \longrightarrow \Bbbk$ für $\alpha \in I$ gegeben. Bestimmen Sie die Kodimension von $\ker\varphi_\alpha$. Bestimmen Sie auch die Kodimension des Durchschnitts

$$U = \bigcap_{\alpha \in I} \ker\varphi_\alpha, \tag{2.6.29}$$

indem Sie die lineare Abbildung $\Phi\colon V \longrightarrow \Bbbk^I$ mit α-ter Komponente $(\Phi(v))_\alpha = \varphi_\alpha(v)$ für $v \in V$ betrachten.

iii.) Diskutieren Sie insbesondere den Fall von endlich vielen linear unabhängigen linearen Funktionalen $\varphi_1, \ldots, \varphi_N$.

Mit dieser Übung erhalten Sie ein gut zu handhabendes Werkzeug, Kodimensionen und damit auch Dimensionen von Unterräumen zu bestimmen. Vergleichen Sie dies insbesondere mit den entsprechenden Übungen zu Kap. 5 aus Band 1.

Übung 2.25 (Unterräume des Folgenraums). Betrachten Sie folgende Teilmengen

$$U_1 = \big\{(a_n)_{n\in\mathbb{N}} \mid a_{3n} = 0 \text{ für alle } n \in \mathbb{N}\big\}, \tag{2.6.30}$$

$$U_2 = \big\{(a_n)_{n\in\mathbb{N}} \mid \text{es sind höchstes endlich viele } a_n \ne 0\big\}, \tag{2.6.31}$$

$$U_3 = \Big\{(a_n)_{n\in\mathbb{N}} \,\Big|\, \sum_{n=1}^{\infty} |a_n| < \infty \text{ und } \sum_{n=1}^{\infty} a_n = 0\Big\}, \tag{2.6.32}$$

$$U_4 = \big\{(a_n)_{n\in\mathbb{N}} \mid a_4 + 2a_2 - a_1 = a_7\big\} \tag{2.6.33}$$

und

$$U_5 = \big\{(a_n)_{n\in\mathbb{N}} \mid a_{n+2} = a_n + 2a_{n+1} \text{ für alle } n \in \mathbb{N}\big\} \tag{2.6.34}$$

des Folgenraum $\mathbb{R}^{\mathbb{N}}$.

i.) Weisen Sie zunächst nach, dass es sich bei allen Teilmengen um Unterräume des Folgenraums handelt.

ii.) Bestimmen Sie die Dimensionen und Kodimensionen dieser Unterräume.

> Hinweis: Manchmal ist es nicht möglich, eine explizite Basis anzugeben. In diesem Fall genügt es oftmals, hinreichend viele linear unabhängige Vektoren zu finden, um die Dimension oder die Kodimension als unendlich zu identifizieren.

Übung 2.26 (Was ist ein pull-back?). Finden Sie möglichst viele Stellen in der linearen Algebra, wo der Begriff des pull-backs verwendet wird und versuchen Sie, die jeweiligen Gemeinsamkeiten sowie die Unterschiede aufzuzeigen.

Übung 2.27 (Der Kokern einer linearen Abbildung). Sei $\phi\colon V \longrightarrow W$ eine lineare Abbildung zwischen Vektorräumen über $\Bbbk$. Ein Vektorraum $\mathrm{coker}(\phi)$ zusammen mit einer linearen Abbildung $p\colon W \longrightarrow \mathrm{coker}(\phi)$ mit $p \circ \phi = 0$ heißt *Kokern*, wenn es für jeden Vektorraum U und jede lineare Abbildung $\psi\colon W \longrightarrow U$ mit $\psi \circ \phi = 0$ eine eindeutige lineare Abbildung $\Psi\colon \mathrm{coker}(\phi) \longrightarrow U$ mit $\Psi \circ p = \psi$ gibt.

i.) Zeigen Sie, dass der Kokern von ϕ eindeutig bis auf einen eindeutigen Isomorphismus ist: Ist $\widetilde{\mathrm{coker}}(\phi)$ mit $\widetilde{p}$ ein weiterer Kokern von ϕ, so gibt es einen eindeutigen linearen Isomorphismus $I\colon \mathrm{coker}(\phi) \longrightarrow \widetilde{\mathrm{coker}}(\phi)$ mit $I \circ p = \widetilde{p}$.

> Hinweis: Hier genügt es, mit der definierenden Eigenschaft zu argumentieren und die Rollen von $\mathrm{coker}(\phi)$ und $\widetilde{\mathrm{coker}}(\phi)$ geschickt zu vertauschen, um das Inverse von I zu erhalten.

ii.) Zeigen Sie, dass der Quotient $W/\mathrm{im}(\phi)$ mit der Quotientenabbildung $\mathrm{pr}\colon W \longrightarrow W/\mathrm{im}(\phi)$ ein Kokern ist.

iii.) Welche Bedeutung hat $\mathrm{coker}(\phi)$ im Vergleich zum Kern von ϕ?

Übung 2.28 (Nicht-Exaktheit von $\mathrm{Hom}(\,\cdot\,,\mathbb{Z})$). Betrachten Sie exakte Sequenzen von abelschen Gruppen. Für eine abelsche Gruppe G betrachtet man dann die Gruppenmorphismen nach $\mathbb{Z}$, also $\mathrm{Hom}(G,\mathbb{Z})$.

i.) Zeigen Sie, dass $\mathrm{Hom}(G,\mathbb{Z})$ bezüglich der punktweise definierten Operationen wieder eine abelsche Gruppe ist, und bestimmen Sie das Inverse von $\phi \in \mathrm{Hom}(G,\mathbb{Z})$ und das neutrale Element von $\mathrm{Hom}(G,\mathbb{Z})$.

> Hinweis: Hier ist ein bisschen Vorsicht angebracht: Das Inverse von ϕ ist bezüglich der Gruppenstruktur von $\mathrm{Hom}(G,\mathbb{Z})$ zu bestimmen. Dazu muss ϕ als Gruppenmorphismus keineswegs invertierbar sein.

ii.) Sei $\Phi\colon G \longrightarrow H$ ein Gruppenmorphismus von abelschen Gruppen. Zeigen Sie, dass dann $\Phi^*\colon \mathrm{Hom}(H,\mathbb{Z}) \longrightarrow \mathrm{Hom}(G,\mathbb{Z})$, definiert als $\Phi^*(A) = A \circ \Phi$, alle relevanten Rechenregeln eines pull-backs erfüllt.

iii.) Zeigen Sie, dass $\mathrm{Hom}(\,\cdot\,,\mathbb{Z})$ nicht exakt ist.

Hinweis: Hier bietet sich an, die kurze exakte Sequenz (2.2.22) zu betrachten. Hier können Sie beispielsweise zeigen, dass die Einschränkung $\mathrm{Hom}(\mathbb{Z}, \mathbb{Z}) \longrightarrow \mathrm{Hom}(p\mathbb{Z}, \mathbb{Z})$ nicht surjektiv ist. Bestimmen Sie dazu alle Gruppenendomorphismen von $\mathbb{Z}$ explizit, und verwenden Sie, dass $p\mathbb{Z}$ als abelsche Gruppe zu $\mathbb{Z}$ isomorph ist. Konstruieren Sie dann einen Gruppenmorphismus $A \colon p\mathbb{Z} \longrightarrow \mathbb{Z}$ mit $A(p) = 1$.

Dieses einfache Beispiel rückt also die Bedeutung von Satz 2.45 in das richtige Licht: Es ist tatsächlich etwas Besonderes, dass wir für Vektorräume eine solche einfache Aussage vorliegen haben.

Übung 2.29 (Affine Unterräume und Quotienten). Sei $U \subseteq V$ ein Unterraum eines Vektorraums V über $\Bbbk$. Zeigen Sie, dass der Quotientenraum V/U auf kanonische Weise zur Menge der affinen Unterräume von V, welche über U modelliert werden, in Bijektion ist.

Hinweis: Sei $[v] \in V/U$. Zeigen Sie, dass es dann genau einen affinen Unterraum $W \subseteq V$ über U mit $v \in W$ gibt. Wieso gibt dies eine wohldefinierte Identifikation?

Übung 2.30 (Erstellen von Übungen III). Es soll eine Übung zu Quotientenvektorräumen erstellt werden, bei der eine explizite Basis des Quotientenraums ausgerechnet werden soll: Finden Sie in $\mathbb{R}^5$ einen dreidimensionalen Unterraum $U \subseteq \mathbb{R}^5$, sodass die Studierenden einfache Repräsentanten $v_1, v_2 \in \mathbb{R}^5$ angeben können, deren Äquivalenzklassen $[v_1], [v_2] \in \mathbb{R}^5/U$ eine Basis bilden. Finden Sie explizite, nicht zu komplizierte Zahlenbeispiele.

Hinweis: Eine Möglichkeit ist, lineare Funktionale φ_1, φ_2 auf $\mathbb{R}^5$ anzugeben, sodass $U = \ker \varphi_1 \cap \ker \varphi_2$. Dann bestimme man v_1, v_2 durch die Bedingungen $\varphi_\alpha(v_\beta) = \delta_{\alpha\beta}$. Wie kann man dies einfach erreichen? Wieso führt dies auch in höheren Dimensionen mit vertretbarem Aufwand zum Ziel?

Übung 2.31 (Eigenschaften des pull-backs). Verifizieren Sie die Eigenschaften des pull-backs aus Bemerkung 2.44, indem Sie die entsprechenden Beweise für das Dualisieren aus Kap. 4 in Band 1 verallgemeinern.

Übung 2.32 (Beweisen oder widerlegen). Beweisen oder widerlegen Sie folgende Aussagen. Finden Sie gegebenenfalls zusätzliche Bedingungen, unter denen falsche Aussagen richtig werden.

i.) Ist $H \subseteq G$ eine von G verschiedene normale Untergruppe und G nicht abelsch, so ist auch G/H nicht abelsch.

ii.) Ein Quotientenraum V/U ist immer endlich-dimensional.

iii.) Ist R ein kommutativer Ring, so ist jeder Unterring von R ein Ideal.

iv.) Sei $\mathsf{J} \subseteq \mathsf{R}$ ein Linksideal (Rechtsideal) mit einem Element $a \in \mathsf{J}$, welches linksinvertierbar (rechtsinvertierbar) ist. Dann gilt $\mathsf{J} = \mathsf{R}$.

v.) Sei $n \in \mathbb{N}$. Dann existiert ein kommutativer Ring R mit Eins und mit einem Element $x \in \mathsf{R}$ mit $x^{n-1} \neq 0$ aber $x^n = 0$.

vi.) Gilt $\dim(V/U) = \dim V$, so folgt $U = \{0\}$.

vii.) Es gilt immer $\dim(V/U) < \dim V$.

viii.) Es gilt immer $\mathrm{codim}\, U \leq \dim V$ für jeden Unterraum $U \subseteq V$.

ix.) Für einen Unterraum $U \subseteq V$ gilt codim $U = \dim U^{\mathrm{ann}}$ (in endlichen Dimensionen).

x.) Für einen Unterraum $U \subseteq V$ gilt $\dim U^* = \operatorname{codim} U^{\mathrm{ann}}$.

xi.) Für Unterräume $W \subseteq U \subseteq V$ gilt $U^{\mathrm{ann}} \subseteq W^{\mathrm{ann}}$.

xii.) Für einen Unterraum $U \subseteq V$ gilt $U \subseteq (U^{\mathrm{ann}})^{\mathrm{ann}}$ (nach geeigneter Identifikation).

xiii.) Für jeden Unterraum $U \subseteq V$ und jede Basis $B \subseteq V$ ist $\operatorname{pr}(B) \subseteq V/U$ eine Basis.

xiv.) Für jeden Unterraum $U \subseteq V$ und jedes Erzeugendensystem $B \subseteq V$ ist $\operatorname{pr}(B) \subseteq V/U$ ein Erzeugendensystem.

xv.) Für jede Basis $B \subseteq W$ eines Komplements W zu einem Unterraum $U \subseteq V$ ist $\operatorname{pr}(B) \subseteq V/U$ eine Basis.

Kapitel 3
Multilineare Abbildungen und Tensorprodukte

In diesem Kapitel wollen wir multilineare Abbildungen systematischer studieren, als wir dies bisher in den verschiedenen Beispielen getan haben: Bilinearformen und insbesondere innere Produkte, aber auch die Determinantenformen auf einem endlich-dimensionalen Vektorraum waren Beispiele für bilineare beziehungsweise dim V-lineare Abbildungen, deren Wichtigkeit und Bedeutung kaum überschätzt werden kann. Wir wollen nun also den allgemeinen Fall betrachten und multilineare Abbildungen von vielfältiger Natur genauer studieren.

Es zeigt sich, dass es eine universelle k-lineare Abbildung gibt, wobei universell heißen soll, dass ihre Kenntnis die aller anderen nach sich zieht. Diese universelle multilineare Abbildung ist das Tensorprodukt. Ein großer Teil der Theorie multilinearer Abbildungen besteht daher im Studium von Tensorprodukten und Tensoren. Der Begriff Tensor kommt aus der Elastizitätstheorie, wo er ursprünglich verwendet wurde, um die Spannungskräfte eines deformierten Festkörpers, wie etwa eines Kristalls, in linearer Näherung zu kodieren. Wir werden jedoch Anwendungen des Begriffs Tensor weit jenseits dieser Ursprünge kennenlernen.

Zu Beginn stellt der Begriff des Tensorprodukts erfahrungsgemäß eine recht hohe Hürde in Sachen Abstraktion dar. Der Grund dafür liegt vermutlich in der Natur der Dinge, da es sich um ein wirklich neues Konzept verglichen mit den bisherigen Definitionen handelt: Bislang hatten wir mathematische Objekte als eine Menge mit einer Struktur, also mit einer oder mehreren Verknüpfungen angesehen, wie beispielsweise Gruppen, Ringe, oder Vektorräume, und dann die Eigenschaften der Verknüpfungen studiert. Die Sichtweise war aber meist die, dass das mathematische Objekt für sich genommen definiert wurde und auch für sich genommen interessant war. In einem zweiten Schritt hatten wir dann immer strukturerhaltende Abbildungen zwischen gleichartigen mathematischen Objekten diskutiert, also etwa Gruppenmorphismen zwischen Gruppen oder lineare Abbildungen zwischen Vektorräumen. Für das Tensorprodukt ist die Sichtweise nun qualitativ eine andere: Wir charakterisieren und definieren das Tensorprodukt nun dadurch,

S. Waldmann, *Lineare Algebra 2*, https://doi.org/10.1007/978-3-662-63639-8_3

dass wir vorschreiben, wie es sich *relativ* zu vielen anderen mathematischen
Objekten, nämlich den multilinearen Abbildungen zwischen Vektorräumen,
verhalten soll. Es rückt also die *universelle Eigenschaft* des Tensorprodukts
in das Zentrum der Betrachtungen, sogar so sehr, dass sie letztlich die Definition des Tensorprodukts darstellt. Mit dieser Sichtweise wird die Frage
nach Existenz und Eindeutigkeit des Tensorprodukts aufgeworfen, die dann
positiv beantwortet werden muss. Man mache sich hierbei sorgfältig klar,
dass dies ein völlig neues Konzept der Definition darstellt. Wir hätten auch
bereits an verschiedenen anderen Stellen mathematische Objekte durch universelle Eigenschaften definieren können. Als einfachstes Beispiel kann man
sich überlegen, dass die triviale Gruppe diejenige Gruppe 1 ist, für die es
zu jeder anderen Gruppe G genau einen Gruppenmorphismus $1 \longrightarrow G$ gibt.
Durch diese Charakterisierung wird die triviale Gruppe bis auf einen eindeutig bestimmten Isomorphismus festgelegt, siehe auch Übung 2.4. Ebenfalls in
diesem Sinne kann auch Übung 2.27 gesehen werden.

3.1 Multilineare Abbildungen

In Kap. 6 von Band 1 hatten wir bereits multilineare Abbildungen allgemein
als Abbildungen der Form

$$\Phi\colon V_1 \times \cdots \times V_k \longrightarrow W \tag{3.1.1}$$

für Vektorräume $V_1, \ldots, V_k$ und W über einem fest gewählten Körper $\Bbbk$ kennengelernt, welche eben in jedem der k Argumente linear sind, wenn man die
anderen Argumente festhält. Für $v_1 \in V_1, \ldots, v_i, v_i' \in V_i, \ldots, v_k \in V_k$ und
$\lambda, \lambda' \in \Bbbk$ soll also

$$\Phi(v_1, \ldots, \lambda v_i + \lambda' v_i', \ldots, v_k) = \lambda \Phi(v_1, \ldots, v_i, \ldots, v_k) + \lambda' \Phi(v_1, \ldots, v_i', \ldots, v_k) \tag{3.1.2}$$

gelten, wobei $1 \leq i \leq k$. Erste Beispiele für multilineare Abbildungen waren
das Kreuzprodukt und das Spatprodukt im $\mathbb{R}^3$, das k-fache Matrixprodukt,
sowie die Verkettung von Endomorphismen. Wir wollen nun einige weitere
hinzufügen:

Beispiel 3.1. Sei $\Bbbk$ ein Körper.

i.) Ist V ein Vektorraum über $\Bbbk$ und h eine Bilinearform auf V, so ist h eine
bilineare Abbildung

$$h\colon V \times V \longrightarrow \Bbbk. \tag{3.1.3}$$

Insbesondere sind innere Produkte und im reellen Fall auch die Skalarprodukte bilineare Abbildungen.

ii.) Sei $n \in \mathbb{N}$ und V ein n-dimensionaler Vektorraum über $\Bbbk$. Dann ist eine
Determinantenform

$$\Delta\colon \underbrace{V \times \cdots \times V}_{n\text{-mal}} \longrightarrow \Bbbk \qquad (3.1.4)$$

eine n-lineare Abbildung, welche zusätzlich noch alternierend ist. Insbesondere ist die Determinante

$$\det\colon \underbrace{\Bbbk^n \times \cdots \times \Bbbk^n}_{n\text{-mal}} \longrightarrow \Bbbk \qquad (3.1.5)$$

eine n-lineare Abbildung.

iii.) Sei V ein Vektorraum über $\Bbbk$ und V^* sein Dualraum. Dann ist die natürliche Paarung

$$\mathrm{ev}\colon V^* \times V \ni (\alpha, v) \mapsto \alpha(v) \in \Bbbk \qquad (3.1.6)$$

bilinear. Ist nämlich α festgehalten, so ist $v \mapsto \alpha(v)$ linear, da ja $\alpha \in V^*$. Ist umgekehrt v festgehalten, so ist $\alpha \mapsto \alpha(v) = (\iota(v))(\alpha)$ ebenfalls linear, da $\iota(v) \in V^{**}$ als Element des Doppeldualraums eine Linearform auf V^* darstellt. Der Grund ist hier die punktweise Definition der Vektorraumstruktur von V^*: Diese ist gerade so gewählt worden, dass $\alpha \mapsto \alpha(v)$ in α linear ist.

iv.) Etwas allgemeiner betrachten wir zwei Vektorräume V und W über $\Bbbk$ und die Auswertung von linearen Abbildungen, also

$$\mathrm{Hom}(V, W) \times V \ni (\Phi, v) \mapsto \Phi(v) \in W. \qquad (3.1.7)$$

Für festes Φ ist dies wegen $\Phi \in \mathrm{Hom}(V, W)$ linear im Argument v. Aber auch für festes $v \in V$ ist die Abbildung $\Phi \mapsto \Phi(v)$ linear, da wir die Vektorraumstruktur von $\mathrm{Hom}(V, W)$ gerade punktweise definiert hatten. Es gilt ja

$$(\lambda\Phi + \mu\Psi)(v) = \lambda\Phi(v) + \mu\Psi(v) \qquad (3.1.8)$$

für alle $\lambda, \mu \in \Bbbk$ und $\Phi, \Psi \in \mathrm{Hom}(V, W)$, was die gewünschte Linearität von (3.1.7) im ersten Argument zeigt.

v.) Wir hatten bereits gesehen, dass das k-fache Matrixprodukt k-linear ist. Durch eine analoge Argumentation erhält man, dass der Kommutator

$$[\cdot, \cdot]\colon \mathrm{End}(V) \times \mathrm{End}(V) \ni (\Phi, \Psi) \mapsto [\Phi, \Psi] \in \mathrm{End}(V) \qquad (3.1.9)$$

von Endomorphismen eines Vektorraums V über $\Bbbk$ eine bilineare Abbildung ist, welche zudem antisymmetrisch ist. Insbesondere ist

$$[\cdot, \cdot]\colon \mathrm{M}_n(\Bbbk) \times \mathrm{M}_n(\Bbbk) \ni (A, B) \mapsto [A, B] \in \mathrm{M}_n(\Bbbk) \qquad (3.1.10)$$

bilinear.

Die bereits diskutierten sowie die jetzt neu hinzugekommenen Beispiele belegen die omnipräsente Bedeutung der multilinearen Abbildungen in der linearen Algebra und weit darüber hinaus. Wir wollen nun einige elementa-

re Eigenschaften von multilinearen Abbildungen diskutieren. Aus Kap. 6 in
Band 1 wissen wir bereits, dass die alternierenden multilinearen Abbildungen
selbst wieder einen Vektorraum bilden. Der dortige Beweis lässt sich unmittelbar auf die folgende geringfügig allgemeinere Situation übertragen, indem
man nicht nur alternierende multilineare Abbildungen betrachtet:

Proposition 3.2. *Seien* $V_1, \ldots, V_k$ *und* W *Vektorräume über* $\Bbbk$. *Dann bilden
die* k-*linearen Abbildungen*

$$\mathrm{Hom}_{\Bbbk}(V_1, \ldots, V_k; W) = \left\{ \Phi \in \mathrm{Abb}(V_1 \times \cdots \times V_k, W) \mid \Phi \text{ ist } k\text{-linear} \right\}$$
$$(3.1.11)$$

einen Untervektorraum aller Abbildungen $\mathrm{Abb}(V_1 \times \cdots \times V_k, W)$.

Man beachte, dass die Bezeichnung für die multilinearen Abbildungen von
$V_1, \ldots, V_k$ mit Werten in W keineswegs einheitlich in der Literatur ist. Den
Spezialfall $k = 2$ mit $V = V_1 = V_2$ und $W = \Bbbk$ der Bilinearformen hatten wir
auch als

$$\mathrm{Bil}(V) = \mathrm{Hom}_{\Bbbk}(V, V; \Bbbk) \qquad\qquad (3.1.12)$$

bezeichnet.

Eine gute grafische Darstellung für k-lineare Abbildungen erhält man, indem man Φ wie in (3.1.1) als eine „Maschine" mit k Eingängen und einem
Ausgang symbolisiert. Die Ein- und Ausgänge müssen dabei natürlich mit
den jeweiligen Vektorräumen gekennzeichnet werden, siehe Abb. 3.1.

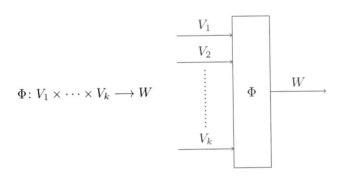

Abb. 3.1 Grafische Darstellung einer k-linearen Abbildung

Lineare Abbildungen können wir hintereinander ausführen, sofern die Bild-
und Definitionsbereiche zusammenpassen. Damit erhalten wir erneut eine
lineare Abbildung. Für multilineare Abbildungen ist dies ebenfalls möglich,
wobei wir hier entsprechend auf die richtigen Argumente achten müssen.

Die folgende Formulierung ist etwas aufwendig, was die Buchhaltung an-
geht. Es verbirgt sich aber letztlich eine einfache Rechnung dahinter:

Proposition 3.3 (Multiverkettung). *Seien* $V_1^{(1)}, \ldots, V_{k_1}^{(1)}, \ldots, V_1^{(\ell)}, \ldots, V_{k_\ell}^{(\ell)}$,
sowie $W_1, \ldots, W_\ell$ *und* U *Vektorräume über* $\Bbbk$, *und seien*

$$\Phi_1 \in \mathrm{Hom}\left(V_1^{(1)}, \ldots, V_{k_1}^{(1)}; W_1\right), \ldots, \Phi_\ell \in \mathrm{Hom}\left(V_1^{(\ell)}, \ldots, V_{k_\ell}^{(\ell)}; W_\ell\right) \quad (3.1.13)$$

sowie

$$\Psi \in \mathrm{Hom}(W_1, \ldots, W_\ell; U) \tag{3.1.14}$$

multilineare Abbildungen. Dann ist die Verkettung

$$\Psi \circ (\Phi_1, \ldots, \Phi_\ell) \colon V_1^{(1)} \times \cdots \times V_{k_1}^{(1)} \times \cdots \times V_1^{(\ell)} \times \cdots \times V_{k_\ell}^{(\ell)} \longrightarrow U \quad (3.1.15)$$

mit

$$
\begin{aligned}
&(\Psi \circ (\Phi_1, \ldots, \Phi_\ell))\left(v_1^{(1)}, \ldots, v_{k_1}^{(1)}, \ldots, v_1^{(\ell)}, \ldots, v_{k_\ell}^{(\ell)}\right) \\
&= \Psi\left(\Phi_1\left(v_1^{(1)}, \ldots, v_{k_1}^{(1)}\right), \ldots, \Phi_\ell\left(v_1^{(\ell)}, \ldots, v_{k_\ell}^{(\ell)}\right)\right)
\end{aligned}
\tag{3.1.16}
$$

wiederum eine multilineare Abbildung.

Beweis. Der Nachweis der Multilinearität ist letztlich sehr einfach. Die Schwierigkeit besteht vielmehr darin, sich die Bedeutung der „Verkettung" klar zu machen. Hier hilft wieder eine grafische Darstellung wie schon in Abb. 3.1. Wir betrachten die ℓ multilinearen Abbildungen $\Phi_1, \ldots, \Phi_\ell$ deren Ausgänge wir an die richtigen Eingänge von Ψ „anschließen". Dies liefert dann in Abb. 3.2 die grafische Darstellung für $\Psi \circ (\Phi_1, \ldots, \Phi_\ell)$. Um nun die Multilinearität von $\Psi \circ (\Phi_1, \ldots, \Phi_\ell)$ zu zeigen, nehmen wir eines der Argumente und halten alle anderen Argumente fest, wie etwa exemplarisch als gepunkteter Weg in Abb. 3.2 aufgezeigt: Dies liefert dann eine Verkettung zweier linearer Abbildungen und ist als solche selbst wieder linear. Da wir so für jeden Eingang argumentieren können, folgt die Multilinearität von $\Psi \circ (\Phi_1, \ldots, \Phi_\ell)$. Es ist sicherlich eine gute Übung, dies formal aufzuschreiben und den buchhalterischen Aspekt des Beweises korrekt zu formulieren. siehe Übung 3.1. $\qquad \square$

Ein weitere wichtige Konstruktion ist das Einsetzen eines festen Vektors in eine multilineare Abbildung:

Proposition 3.4. *Seien $V_1, \ldots, V_k$ und W Vektorräume über $\Bbbk$, und sei $\Phi \in \mathrm{Hom}(V_1, \ldots, V_k; W)$. Für $v_\ell \in V_\ell$ mit $1 \le \ell \le k$ ist die Abbildung*

$$\mathrm{i}_\ell(v_\ell)\Phi \colon V_1 \times \cdots \overset{\ell}{\wedge} \cdots \times V_k \longrightarrow W \tag{3.1.17}$$

mit

$$(v_1, \ldots, \overset{\ell}{\wedge}, \ldots, v_k) \mapsto (\mathrm{i}_\ell(v_\ell)\Phi)(v_1, \ldots, \overset{\ell}{\wedge}, \ldots, v_k) = \Phi(v_1, \ldots, v_\ell, \ldots, v_k) \tag{3.1.18}$$

wieder eine multilineare Abbildung $\mathrm{i}_\ell(v_\ell)\Phi \in \mathrm{Hom}(V_1, \ldots, \overset{\ell}{\wedge}, \ldots, V_k; W)$ der übrigen $k-1$ Argumente mit Werten in W.

Aus naheliegenden Gründen nennt man $\Phi \mapsto \mathrm{i}_\ell(v_\ell)\Phi$ die *Einsetzung* von v_ℓ an die ℓ-te Stelle von Φ. Der Beweis ist aufgrund der Definition der Mul-

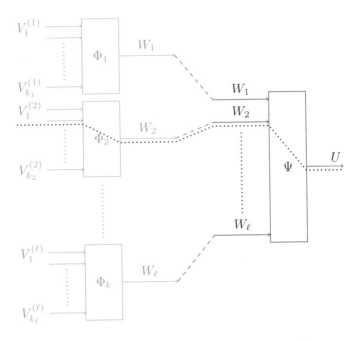

Abb. 3.2 Grafische Darstellung der Multiverkettung $\Psi \circ (\Phi_1, \ldots, \Phi_\ell)$

tilinearität unmittelbar klar. Wir haben auch hierfür wieder eine grafische Darstellung: Der ℓ-te Eingang von Φ wird mit v_ℓ „verstopft" und es bleiben entsprechend $k-1$ freie Eingänge übrig, siehe Abb. 3.3. Diese Notation ist mit

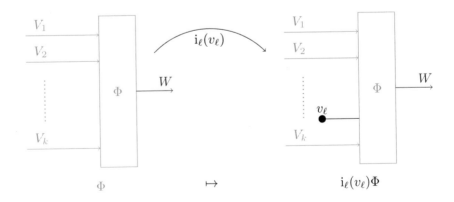

Abb. 3.3 Die Einsetzung von $v_\ell \in V_\ell$ an der ℓ-ten Stelle von Φ

unserer vorherigen Schreibweise für die kanonische Inklusion $\iota \colon V \longrightarrow V^{**}$

konsistent: Eine Linearform $\alpha \in V^*$ ist eine lineare Abbildung $\alpha\colon V \longrightarrow \Bbbk$, in die wir einen Vektor $v \in V$ einsetzen können: Wir schreiben $\mathrm{i} = \mathrm{i}_1$ und damit $\mathrm{i}(v)\alpha = \iota(v)\alpha = \alpha(v)$. In diesem Fall hat die „multilineare Abbildung" $\mathrm{i}(v)\alpha$ keine Eingänge mehr frei, es ist nur noch ein Skalar in $\Bbbk$ übrig.

Bemerkung 3.5. Die Einsetzung können wir auch als eine Abbildung

$$\mathrm{i}_\ell(v_\ell)\colon \operatorname{Hom}(V_1, \ldots, V_k; W) \longrightarrow \operatorname{Hom}(V_1, \ldots V_{\ell-1}, V_{\ell+1}, \ldots, V_k; W) \tag{3.1.19}$$

mit

$$\Phi \mapsto \mathrm{i}_\ell(v_\ell)\Phi \tag{3.1.20}$$

auffassen, die eben jeder k-linearen Abbildung Φ die $(k-1)$-lineare Abbildung $\mathrm{i}_\ell(v_\ell)\Phi$ zuordnet. Es ist nun leicht zu sehen, dass (3.1.19) eine lineare Abbildung bezüglich der kanonischen Vektorraumstrukturen der multilinearen Abbildungen $\operatorname{Hom}(V_1, \ldots, V_k; W)$ und $\operatorname{Hom}(V_1, \ldots, \overset{\ell}{\wedge}, \ldots, V_k; W)$ ist. Weitere Eigenschaften der Einsetzung sind in Übung 3.1 zu finden.

Die folgende Konstruktion ist ein Spezialfall von Proposition 3.3, der sehr oft Anwendung finden wird, siehe auch Übung 3.1:

Korollar 3.6. *Seien $V_1, \ldots, V_k$ und $W_1, \ldots, W_\ell$ sowie U Vektorräume über $\Bbbk$ und $\Phi \in \operatorname{Hom}(V_1, \ldots, V_k; W_r)$ und $\Psi \in \operatorname{Hom}(W_1, \ldots, W_\ell; U)$ für ein $r \in \{1, \ldots, \ell\}$. Dann ist die Verkettung an r-ter Stelle*

$$\Psi \circ_r \Phi\colon W_1 \times \cdots \times W_{r-1} \times V_1 \times \cdots \times V_k \times W_{r+1} \times \cdots \times W_\ell \longrightarrow U \tag{3.1.21}$$

mit

$$
\begin{aligned}
(\Psi \circ_r \Phi)&(w_1, \ldots, w_{r-1}, v_1, \ldots, v_k, w_{r+1}, \ldots, w_\ell) \\
&= \Psi(w_1, \ldots, w_{r-1}, \Phi(v_1, \ldots, v_k), w_{r+1}, \ldots, w_\ell)
\end{aligned}
\tag{3.1.22}
$$

eine $(k + \ell - 1)$-lineare Abbildung.

Beweis. Es gilt

$$\Psi \circ_r \Phi = \Psi \circ \big(\mathrm{id}_{W_1}, \ldots, \mathrm{id}_{W_{r-1}}, \Phi, \mathrm{id}_{W_{r+1}}, \ldots, \mathrm{id}_{W_\ell}\big),$$

womit die Multilinearität nach Proposition 3.3 folgt. Auch hier können wir dies wieder grafisch darstellen, siehe Abb. 3.4. □

Für Bilinearformen haben wir in Kap. 7 in Band 1 gesehen, dass sie durch ihre Werte auf einer Basis eindeutig bestimmt sind und umgekehrt diese Werte beliebig vorgegeben werden können. Für lineare Abbildungen haben wir ebenfalls ein derartiges Resultat. Wir wollen dies nun für beliebige multilineare Abbildungen formulieren und beweisen. Auf diese Weise erhalten wir zum einen eine effektive und rechentechnisch zugängliche Beschreibung von multilinearen Abbildungen. Zu anderen liefert uns folgende Proposition eine große Reichhaltigkeit der multilinearen Abbildungen:

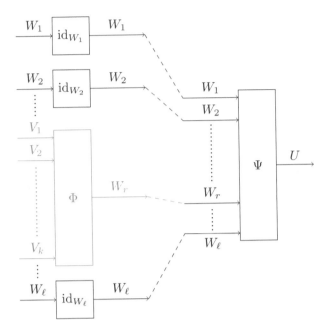

Abb. 3.4 Verkettung $\Psi \circ_r \Phi$ von Ψ mit Φ an der r-ten Stelle

Proposition 3.7. *Seien $V_1, \ldots, V_k$ und W Vektorräume über $\Bbbk$ mit Basen $A_1 \subseteq V_1, \ldots, A_k \subseteq V_k$ und $B \subseteq W$.*

i.) *Eine multilineare Abbildung $\Phi \in \mathrm{Hom}(V_1, \ldots, V_k; W)$ ist durch ihre Werte auf den Basen $A_1, \ldots, A_k$ eindeutig bestimmt. Insbesondere ist sie durch die Matrix*

$$_B[\Phi]_{A_1,\ldots,A_k} = \big(\Phi(a_1,\ldots,a_k)_b\big)_{\substack{b \in B \\ a_1 \in A_1,\ldots,a_k \in A_k}} \in \Bbbk^{(B) \times A_1 \times \cdots \times A_k} \tag{3.1.23}$$

eindeutig festgelegt.

ii.) *Zu jeder Wahl von Vektoren $\{w_{a_1\ldots a_k}\}_{a_1 \in A_1,\ldots,a_k \in A_k}$ in W gibt es (genau) eine multilineare Abbildung $\Phi \in \mathrm{Hom}(V_1, \ldots, V_k; W)$ mit*

$$\Phi(a_1,\ldots,a_k) = w_{a_1\ldots a_k} \tag{3.1.24}$$

für alle $a_1 \in A_1, \ldots, a_k \in A_k$.

iii.) *Zu jeder Matrix $M \in \Bbbk^{(B) \times A_1 \times \cdots \times A_k}$ gibt es (genau) eine multilineare Abbildung $\Phi \in \mathrm{Hom}(V_1, \ldots, V_k; W)$ mit*

$$_B[\Phi]_{A_1,\ldots,A_k} = M. \tag{3.1.25}$$

iv.) *Die Abbildung*

$$\mathrm{Hom}(V_1, \ldots, V_k; W) \ni \Phi \; \mapsto \; {}_B[\Phi]_{A_1, \ldots, A_k} \in \Bbbk^{(B) \times A_1 \times \cdots \times A_k} \quad (3.1.26)$$

ist eine lineare Bijektion.

Beweis. Der Beweis ist konzeptuell nicht weiter schwierig und wird analog zu Fall von Bilinearformen und linearen Abbildungen geführt. Lediglich der buchhalterische Aufwand ist etwas größer. Für den ersten Teil betrachten wir die Basisentwicklungen

$$v_1 = \sum_{a_1 \in A_1} (v_1)_{a_1} \cdot a_1, \quad \ldots, \quad v_k = \sum_{a_k \in A_k} (v_k)_{a_k} \cdot a_k. \quad (3.1.27)$$

von Vektoren $v_1 \in V_1, \ldots, v_k \in V_k$. Dann gilt für eine k-lineare Abbildung $\Phi \in \mathrm{Hom}(V_1, \ldots, V_k; W)$

$$
\begin{aligned}
\Phi(v_1, \ldots, v_k) &= \Phi\left(\sum_{a_1 \in A_1} (v_1)_{a_1} \cdot a_1, \ldots, \sum_{a_k \in A_k} (v_k)_{a_k} \cdot a_k \right) \\
&= \sum_{a_1 \in A_1} (v_1)_{a_1} \Phi\left(a_1, \sum_{a_2 \in A_2} (v_2)_{a_2} \cdot a_2, \ldots, \sum_{a_k \in A_k} (v_k)_{a_k} \cdot a_k \right) \\
&\;\;\vdots \\
&= \sum_{a_1 \in A_1} \cdots \sum_{a_k \in A_k} (v_1)_{a_1} \cdots (v_k)_{a_k} \Phi(a_1, \ldots, a_k), \quad (3.1.28)
\end{aligned}
$$

wobei wir nacheinander die Linearität in jedem Argument verwendet haben. Daher ist $\Phi(v_1, \ldots, v_k)$ bestimmt, sobald wir die Vektoren $w_{a_1 \ldots a_k} = \Phi(a_1, \ldots, a_k) \in W$ für alle $a_1 \in A, \ldots, a_k \in A_k$ kennen. Diese Vektoren sind nun ihrerseits wie immer durch ihre Basisentwicklung bezüglich B eindeutig bestimmt, also durch die Koeffizienten $(w_{a_1 \ldots a_k})_{b \in B} = {}_B[w_{a_1 \ldots a_k}] \in \Bbbk^{(B)}$, wobei

$$w_{a_1 \ldots a_k} = \sum_{b \in B} (w_{a_1 \ldots a_k})_b \cdot b.$$

Wir wissen nun, dass $w_{a_1 \ldots a_k}$ für jede Wahl von $a_1 \in A_1, \ldots, a_k \in A_k$ nur endlich viele von null verschiedene Koeffizienten $(w_{a_1 \ldots a_k})_b$ ungleich null hat. Damit ist die Matrix ${}_B[\Phi]_{A_1, \ldots, A_k}$ tatsächlich in $\Bbbk^{(B) \times A_1 \times \cdots \times A_k}$, was den Beweis des ersten Teils abschließt. Für den zweiten Teil geben wir nun Vektoren $w_{a_1 \ldots a_k} \in W$ für alle $a_1 \in A_1, \ldots, a_k \in A_k$ vor. Die Rechnung in (3.1.28) legt nun nahe, wie wir ein passendes Φ erhalten: Wir erheben (3.1.28) zur Definition und setzen

$$\Phi(v_1, \ldots, v_k) = \sum_{a_1 \in A_1} \cdots \sum_{a_k \in A_k} (v_1)_{a_1} \cdots (v_k)_{a_k} \cdot w_{a_1 \ldots a_k} \quad (3.1.29)$$

Da für einen Vektor $v_i \in V_i$ nur endlich viele Koeffizienten $(v_i)_{a_i}$ in der Basisentwicklung (3.1.27) ungleich null sind, ist diese (zunächst ja recht große) Summe wohldefiniert, da sie nur endlich viele von null verschiedene Terme enthält. Da die Basisentwicklung

$$a_i = \sum_{a_i' \in A_i} \delta_{a_i a_i'} a_i',$$

eines Basisvektors $a_i \in A_i$ nur Kronecker-Symbole enthält, finden wir

$$\Phi(a_1, \ldots, a_k) = \sum_{a_1' \in A_1} \cdots \sum_{a_k' \in A_k} (a_1)_{a_1'} \cdots (a_k)_{a_k'} \cdot w_{a_1' \ldots a_k'} = w_{a_1 \ldots a_k},$$

womit Φ auf den Basisvektoren die gewünschten Werte (3.1.24) annimmt. Es bleibt zu zeigen, dass Φ tatsächlich k-linear ist. Hier können wir aber ebenso wie bei der Konstruktion linearer Abbildungen argumentieren. Wir halten alle Argumente von Φ bis auf das i-te fest. Um dann die Linearität im i-ten Argument zu zeigen, beachten wir zuerst, dass für jedes $a_i \in A_i$ die Koordinatenabbildung

$$v_i \mapsto (v_i)_{a_i}$$

linear ist. Das anschließende Aufsummieren und Bilden der Linearkombination der $w_{a_1 \ldots a_k}$ in (3.1.29) erhält diese Linearität. Damit ist der zweite Teil also gezeigt. Der dritte Teil ist nun eine einfache Konsequenz von $i.)$ und $ii.)$. Für den vierten Teil müssen wir lediglich zeigen, dass (3.1.26) linear ist, die Bijektivität wurde ja bereits gezeigt. Auch wenn wir hier wieder analog zum Fall linearer oder bilinearer Abbildungen argumentieren können, wiederholen wir dieses Argument nochmals. Seien also $\Phi, \Psi \in \mathrm{Hom}(V_1, \ldots, V_k; W)$ und $\lambda, \mu \in \Bbbk$. Dann gilt

$$\begin{aligned}
{}_B[\lambda \Phi + \mu \Psi]_{A_1, \ldots, A_k} &= \left(((\lambda \Phi + \mu \Psi)(a_1, \ldots, a_k))_b \right)^{b \in B}_{a_1 \in A_1, \ldots, a_k \in A_k} \\
&\overset{(a)}{=} \left((\lambda \Phi(a_1, \ldots, a_k) + \mu \Psi(a_1, \ldots, a_k))_b \right)^{b \in B}_{a_1 \in A_1, \ldots, a_k \in A_k} \\
&\overset{(b)}{=} \left(\lambda (\Phi(a_1, \ldots, a_k))_b + \mu (\Psi(a_1, \ldots, a_k))_b \right)^{b \in B}_{a_1 \in A_1, \ldots, a_k \in A_k} \\
&\overset{(c)}{=} \lambda\, {}_B[\Phi]_{A_1, \ldots, A_k} + \mu\, {}_B[\Psi]_{A_1, \ldots, A_k},
\end{aligned}$$

wobei wir in (a) verwenden, dass die Vektorraumstruktur der multilinearen Abbildungen $\mathrm{Hom}(V_1, \ldots, V_k; W)$ punktweise erklärt ist, in (b) verwenden wir erneut die Linearität der Basisentwicklungskoeffizienten bezüglich der Basis B, und in (c) wird schließlich die komponentenweise definierte Vektorraumstruktur von $\Bbbk^{(B) \times A_1 \times \cdots \times A_k}$ zum Einsatz gebracht. $\qquad \square$

Im endlich-dimensionalen Fall sind die multilinearen Abbildungen selbst ein endlich-dimensionaler Unterraum aller Abbildungen $\mathrm{Abb}(V_1 \times \cdots \times V_k; W)$:

Korollar 3.8. *Seien* $V_1, \ldots, V_k$ *und* W *endlich-dimensionale Vektorräume über* $\Bbbk$. *Dann ist auch* $\mathrm{Hom}(V_1, \ldots, V_k; W)$ *endlich-dimensional. Es gilt*

$$\dim \mathrm{Hom}(V_1, \ldots, V_k; W) = \dim V_1 \cdots \dim V_k \cdot \dim W. \tag{3.1.30}$$

Beweis. Seien $\dim V_i = n_i$ und $\dim W = m$. Dann hat das kartesische Produkt $B \times A_1 \times \cdots \times A_k$ von Basen $A_1 \subseteq V_1, \ldots, A_k \subseteq V_k, B \subseteq W$ gerade $m \cdot n_1 \cdots n_k$ Elemente. Da für endliches B

$$\Bbbk^{(B) \times A_1 \times \cdots \times A_k} = \Bbbk^{B \times A_1 \times \cdots \times A_k}$$

gilt, folgt die Behauptung aus dem Isomorphismus (3.1.26) in Proposition 3.7, *iv.*). $\qquad\square$

Auf diese Weise erhalten wir also eine Verallgemeinerung der Dimensionsformel

$$\dim \mathrm{Hom}(V, W) = \dim V \cdot \dim W \tag{3.1.31}$$

für endlich-dimensionale Vektorräume V und W.

Kontrollfragen. Welche Beispiele für multilineare Abbildungen kennen Sie? Wieso bilden die multilinearen Abbildungen einen Vektorraum? Auf welche Weise können Sie multilineare Abbildungen verketten? Wie erhält man die Basisdarstellung von multilinearen Abbildungen?

3.2 Das Tensorprodukt

Als einen Spezialfall der Verkettung von multilinearen Abbildungen erhalten wir folgendes Beispiel: Seien $V_1, \ldots, V_k$ Vektorräume über $\Bbbk$ ebenso wie W und U. Ist dann $\Phi \colon V_1 \times \cdots \times V_k \longrightarrow W$ eine k-lineare Abbildung und $\Psi \colon W \longrightarrow U$ linear, so ist auch $\Psi \circ \Phi \colon V_1 \times \cdots \times V_k \longrightarrow U$ wieder k-linear, siehe Abb. 3.5. Da wir nun für das Studium linearer Abbildungen erhebli-

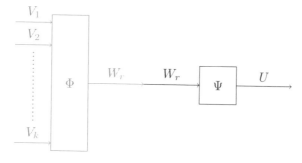

Abb. 3.5 Eine lineare Abbildung nach einer k-linearen Abbildung ist k-linear.

chen Aufwand getrieben haben und weitreichende Techniken und Aussagen kennen, ist es nicht zuletzt ein Gebot der Ökonomie, zu untersuchen, ob man nicht alle k-linearen Abbildungen aus *einer* speziellen k-linearen Abbildung und einer geschickt gewählten nachfolgenden linearen Abbildung erzeugen kann. Dass dies möglich ist und wie dies genau zu formulieren ist, soll nun Gegenstand dieses Abschnitts sein: Wir suchen also nun eine *universelle k-lineare Abbildung*, ein Konzept, welches wir folgendermaßen konkretisieren wollen:

Definition 3.9 (Tensorprodukt). Seien $V_1, \ldots, V_k$ Vektorräume über $\Bbbk$. Ein Vektorraum W über $\Bbbk$ zusammen mit einer k-linearen Abbildung $\Phi \in \mathrm{Hom}(V_1, \ldots, V_k; W)$ heißt Tensorprodukt von $V_1, \ldots, V_k$, falls für jeden Vektorraum U und jede k-lineare Abbildung $\Psi \in \mathrm{Hom}(V_1, \ldots, V_k; U)$ genau eine lineare Abbildung $\psi \in \mathrm{Hom}(W, U)$ existiert, sodass

$$\Psi = \psi \circ \Phi. \tag{3.2.1}$$

Mit anderen Worten, für jedes vorgegebene U und Ψ gibt es ein eindeutiges lineares ψ, sodass das Diagramm

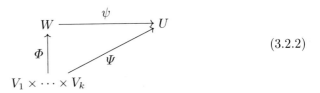

$$\tag{3.2.2}$$

kommutiert.

Wir wollen nun zeigen, dass es ein solches Tensorprodukt gibt. Die Strategie dabei ist es, zuerst zu zeigen, dass die Definition das Tensorprodukt von $V_1, \ldots, V_k$ im Wesentlichen eindeutig charakterisiert: Wir können natürlich nicht erwarten, dass das Tensorprodukt eindeutig ist, denn wäre (W, Φ) ein solches Tensorprodukt, so könnten wir etwa die Bezeichnung wechseln und $\tilde{W}$ anstelle von W und $\tilde{\Phi}$ anstelle von Φ schreiben. Damit wäre formal natürlich $(\tilde{W}, \tilde{\Phi}) \neq (W, \Phi)$, ohne dass sich jedoch inhaltlich viel geändert hätte. Das folgende Lemma zeigt nun, wie wir die Eindeutigkeit des Tensorprodukts zu verstehen haben:

Lemma 3.10. *Seien $V_1, \ldots, V_k$ Vektorräume über $\Bbbk$. Dann ist das Tensorprodukt von $V_1, \ldots, V_k$ eindeutig bis auf einen eindeutigen Isomorphismus in folgendem Sinne: Sind (W, Φ) sowie $(\tilde{W}, \tilde{\Phi})$ Tensorprodukte von $V_1, \ldots, V_k$, so gibt es einen eindeutig bestimmten linearen Isomorphismus $I \colon W \longrightarrow \tilde{W}$, sodass*

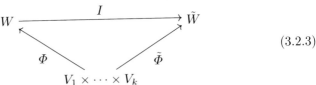

$$\tag{3.2.3}$$

kommutiert.

Beweis. Da $(\tilde{W}, \tilde{\Phi})$ ein Tensorprodukt ist, ist $\tilde{\Phi}$ insbesondere eine k-lineare Abbildung. Da nun (W, Φ) ein Tensorprodukt ist, gibt es definitionsgemäß eine eindeutig bestimmte lineare Abbildung $I\colon W \longrightarrow \tilde{W}$, sodass

$$\tilde{\Phi} = I \circ \Phi.$$

Wir zeigen, dass I eine Bijektion ist: Dazu vertauschen wir die Rollen von (W, Φ) und $(\tilde{W}, \tilde{\Phi})$ und erhalten mit dem gleichen Argument wie eben eine eindeutige lineare Abbildung $\tilde{I}\colon \tilde{W} \longrightarrow W$ mit

$$\Phi = \tilde{I} \circ \tilde{\Phi}.$$

Wir haben also ein kommutatives Diagramm

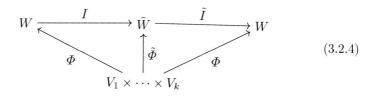

$$(3.2.4)$$

für diese beiden Abbildungen I und $\tilde{I}$. Nun können wir aber die definierende Eigenschaft des Tensorprodukts (W, Φ) auf die k-lineare Abbildung $\Phi\colon V_1 \times \cdots \times V_k \longrightarrow W$ selbst anwenden. Es gibt daher eine eindeutige Lineare Abbildung $\phi\colon W \longrightarrow W$, sodass

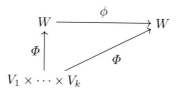

kommutiert. Nun ist $\phi = \mathrm{id}_W$ aber sicherlich eine solche Abbildung und daher die einzige mit dieser Eigenschaft. Nach (3.2.4) haben wir aber auch

$$\Phi = \tilde{I} \circ I \circ \Phi,$$

womit zusammen also $\tilde{I} \circ I = \mathrm{id}_W$ folgt. Da wir schließlich die Rollen von (W, Φ) und $(\tilde{W}, \tilde{\Phi})$ abermals vertauschen können, erhalten wir $I \circ \tilde{I} = \mathrm{id}_{\tilde{W}}$, was die Bijektivität von I und $\tilde{I}$ zeigt: Es gilt $I^{-1} = \tilde{I}$. $\qquad\square$

Bemerkung 3.11 (Tensorprodukt). Obwohl das Tensorprodukt nicht eindeutig, sondern eben nur eindeutig bis auf eindeutige Isomorphie ist, werden wir zukünftig von *dem* Tensorprodukt sprechen. Als Bezeichnung für den Vektorraum W des Tensorprodukts verwendet man $V_1 \otimes \cdots \otimes V_k$, die zugehörige

k-lineare Abbildung Φ bezeichnet man dann mit

$$\otimes : V_1 \times \cdots \times V_k \longrightarrow V_1 \otimes \cdots \otimes V_k. \tag{3.2.5}$$

Anstelle von $\otimes(v_1, \ldots, v_k)$ werden wir im Folgenden auch

$$v_1 \otimes \cdots \otimes v_k = \otimes(v_1, \ldots, v_k) \tag{3.2.6}$$

schreiben und $v_1 \otimes \cdots \otimes v_k$ das *Tensorprodukt* der Vektoren $v_1 \in V_1, \ldots, v_k \in V_k$ nennen. Allgemein nennen wir Vektoren in $V_1 \otimes \cdots \otimes V_k$ *Tensoren*, diejenigen von der speziellen Form (3.2.6) heißen *elementare* oder *faktorisierende Tensoren*. Mit einem gewissen Bezeichnungsmissbrauch werden wir von $V_1 \otimes \cdots \otimes V_k$ als dem Tensorprodukt der Vektorräume sprechen und die zugehörige Abbildung $\otimes$ unterschlagen. Die Produktschreibweise in (3.2.6) ist nun insofern sehr suggestiv, da die k-Linearität ja gerade Rechenregeln der Form

$$v_1 \otimes \cdots \otimes (\lambda v_i + \lambda' v_i') \otimes \cdots \otimes v_k = \lambda v_1 \otimes \cdots \otimes v_i \otimes \cdots \otimes v_k + \lambda' v_1 \otimes \cdots \otimes v_i' \otimes \cdots \otimes v_k \tag{3.2.7}$$

für alle $i = 1, \ldots, k$ und $v_i, v_i' \in V_i$ sowie $\lambda, \lambda' \in \Bbbk$ liefert. In diesem Sinne bedeutet die k-Linearität des Tensorprodukts $\otimes$ also, dass wir in jedem Argument ein *Distributivgesetz* vorliegen haben, wie dies von einem Produkt auch zu erwarten ist.

Momentan sind wir natürlich in der Situation, ein Bärenfell verkaufen zu wollen, ohne auch nur die kleinste Spur des Bären zu sehen: Die Frage nach der Existenz des Tensorprodukts ist noch offen und muss natürlich zunächst erst beantwortet werden. Wir stellen hier zwei Konstruktionen vor, die zwar von der Herangehensweise sehr unterschiedlich sind, aber aufgrund von Lemma 3.10 letztlich dasselbe Resultat liefern.

Wir beginnen mit einer recht pragmatischen Konstruktion, die eine Basis der beteiligten Vektorräume benutzt:

Lemma 3.12. *Seien* $V_1, \ldots, V_k$ *Vektorräume über* $\Bbbk$ *mit Basen* $A_1 \subseteq V_1, \ldots,$ $A_k \subseteq V_k$. *Dann ist* $\Bbbk^{(A_1 \times \cdots \times A_k)}$ *mit der Abbildung*

$$\otimes : V_1 \times \cdots \times V_k \longrightarrow \Bbbk^{(A_1 \times \cdots \times A_k)}, \tag{3.2.8}$$

welche durch

$$(v_1, \ldots, v_k) \mapsto v_1 \otimes \cdots \otimes v_n = \sum_{a_1 \in A_1} \cdots \sum_{a_k \in A_k} (v_1)_{a_1} \cdots (v_k)_{a_k} e_{a_1 \ldots a_k} \tag{3.2.9}$$

definiert sei, ein Tensorprodukt von $V_1, \ldots, V_k$, *wobei* $\{e_{a_1 \ldots a_k}\}_{a_1 \in A_1, \ldots, a_k \in A_k}$ *die kanonische Basis von* $\Bbbk^{(A_1 \times \cdots \times A_k)}$ *ist.*

Beweis. Wir zeigen zunächst, dass (3.2.8) linear in jedem Argument und damit k-linear ist. Sei also $i \in \{1, \ldots k\}$ und $v_i, v_i' \in V_i$ sowie $\lambda, \lambda' \in \Bbbk$. In den anderen Argumenten fixieren wir Vektoren $v_1 \in V_1, \ldots \overset{i}{\wedge} \ldots, v_k \in V_k$. Dann gilt

$$
\begin{aligned}
v_1 &\otimes \cdots \otimes (\lambda v_i + \lambda' v_i') \otimes \cdots \otimes v_k \\
&= \sum_{a_1 \in A_1} \cdots \sum_{a_k \in A_k} (v_1)_{a_1} \cdots (\lambda v_i + \lambda' v_i')_{a_i} \cdots (v_k)_{a_k} e_{a_1 \ldots a_k} \\
&= \lambda \sum_{a_1 \in A_1} \cdots \sum_{a_k \in A_k} (v_1)_{a_1} \cdots (v_i)_{a_i} \cdots (v_k)_{a_k} e_{a_1 \ldots a_k} \\
&\quad + \lambda' \sum_{a_1 \in A_1} \cdots \sum_{a_k \in A_k} (v_1)_{a_1} \cdots (v_i')_{a_i} \cdots (v_k)_{a_k} e_{a_1 \ldots a_k} \\
&= \lambda (v_1 \otimes \cdots \otimes v_i \otimes \cdots \otimes v_k) + \lambda' (v_1 \otimes \cdots \otimes v_i' \otimes \cdots \otimes v_k)
\end{aligned}
$$

für alle $a_i \in A_i$, da die a_i-te Koordinate $(\lambda v_i + \lambda' v_i')_{a_i}$ linear von ihrem Argument abhängt. Damit haben wir also die Linearität im i-ten Argument gezeigt. Da i beliebig war, folgt die k-Linearität von (3.2.8). Wir müssen nun also die universelle Eigenschaft (3.2.1) von (3.2.8) nachweisen. Sei dazu

$$
\Psi \colon V_1 \times \cdots \times V_k \longrightarrow U
$$

eine k-lineare Abbildung. Wir berechnen $\Psi(v_1, \ldots, v_k)$ bezüglich der Basisentwicklung von $v_1, \ldots, v_k$, wie wir dies bereits in Proposition 3.7 getan haben, um einen Kandidaten für die lineare Abbildung ψ zu erhalten, die wir für die universelle Eigenschaft benötigen. Es gilt

$$
\begin{aligned}
\Psi(v_1, \ldots, v_k) &= \Psi\left(\sum_{a_1 \in A_1} (v_1)_{a_1} \cdot a_1, \ldots, \sum_{a_k \in A_k} (v_k)_{a_k} \cdot a_k \right) \\
&= \sum_{a_1 \in A_1} \cdots \sum_{a_k \in A_k} (v_1)_{a_1} \cdots (v_k)_{a_k} \Psi(a_1, \ldots, a_k), \qquad (3.2.10)
\end{aligned}
$$

wobei wir die k-Linearität von Ψ benutzt haben. Wir definieren nun eine lineare Abbildung $\psi \colon \Bbbk^{(A_1 \times \cdots \times A_k)} \longrightarrow U$ durch Festlegung auf den Basisvektoren $e_{a_1 \ldots a_k}$ als

$$
\psi(e_{a_1 \ldots a_k}) = \Psi(a_1, \ldots, a_k).
$$

Der entscheidende Punkt hierbei ist, dass wir die Werte einer linearen Abbildung auf einer Basis beliebig festlegen können. Dann gilt nach (3.2.10)

$$
\begin{aligned}
\Psi(v_1, \ldots, v_k) &= \sum_{a_1 \in A_1} \cdots \sum_{a_k \in A_k} (v_1)_{a_1} \cdots (v_k)_{a_k} \psi(e_{a_1 \ldots a_k}) \\
&= \psi\left(\sum_{a_1 \in A_1} \cdots \sum_{a_k \in A_k} (v_1)_{a_1} \cdots (v_k)_{a_k} e_{a_1 \ldots a_k} \right) \\
&= \psi(v_1 \otimes \cdots \otimes v_k),
\end{aligned}
$$

womit die lineare Abbildung ψ die universelle Eigenschaft

$$\Psi = \psi \circ \otimes \qquad (3.2.11)$$

erfüllt. Da für die Basisvektoren

$$a_1 \otimes \cdots \otimes a_k = e_{a_1 \ldots a_k}$$

nach Konstruktion der Abbildung (3.2.8) gilt, und eine lineare Abbildung ψ durch ihre Werte auf der Basis $\{e_{a_1 \ldots a_k}\}_{a_1 \in A_1, \ldots, a_k \in A_k}$ eindeutig festgelegt ist, ist ψ auch die einzige lineare Abbildung, welche (3.2.11) erfüllt. Damit sind alle Eigenschaften eines Tensorprodukts gezeigt. $\qquad\square$

Die zweite Konstruktion des Tensorprodukts benutzt eine Quotientenprozedur und kann dadurch auf die unmotivierte und willkürliche Wahl der Basen verzichten. Wir betrachten dazu folgenden sehr großen Vektorraum

$$\mathcal{V} = \Bbbk^{(V_1 \times \cdots \times V_k)}. \qquad (3.2.12)$$

Man beachte, dass dieser Vektorraum wirklich riesig ist, da ja jedes k-Tupel $(v_1, \ldots, v_k) \in V_1 \times \cdots \times V_k$ einen Vektor $e_{v_1, \ldots, v_k} \in \mathcal{V}$ liefert und alle diese eine Basis von $\mathcal{V}$ bilden. Es sind also beispielsweise die Vektoren $e_{v_1, \ldots, v_k}$ und $e_{\lambda v_1, v_2, \ldots, v_k}$ linear unabhängig, sobald $v_1 \neq \lambda v_1$. Die Vektorraumstruktur der einzelnen $V_1, \ldots, V_k$ wird also vollständig vergessen. Wir betrachten nun die kanonische Inklusionsabbildung

$$\iota \colon V_1 \times \cdots \times V_k \ni (v_1, \ldots, v_k) \mapsto e_{v_1, \ldots, v_k} \in \Bbbk^{(V_1 \times \cdots \times V_k)}, \qquad (3.2.13)$$

welche einem k-Tupel von Vektoren in $V_1 \times \cdots \times V_k$ den zugehörigen Basisvektor $e_{v_1, \ldots, v_k}$ der Standardbasis von $\Bbbk^{(V_1 \times \cdots \times V_k)}$ zuordnet. Ist nun

$$\Psi \colon V_1 \times \cdots \times V_k \longrightarrow U \qquad (3.2.14)$$

eine beliebige, nicht notwendigerweise k-lineare Abbildung, so gibt es genau eine lineare Abbildung

$$\tilde{\Psi} \colon \Bbbk^{(V_1 \times \cdots \times V_k)} \longrightarrow U, \qquad (3.2.15)$$

sodass

$$
\begin{array}{ccc}
\Bbbk^{(V_1 \times \cdots \times V_k)} & \xrightarrow{\;\tilde{\Psi}\;} & U \\[2mm]
{\scriptstyle \iota}\big\uparrow & \nearrow{\scriptstyle \Psi} & \\[2mm]
V_1 \times \cdots \times V_k & &
\end{array}
\qquad (3.2.16)
$$

kommutiert, da wir die Werte einer *linearen* Abbildung auf einer Basis beliebig vorgeben können und diese Werte umgekehrt die lineare Abbildung bereits eindeutig charakterisieren.

Wir wollen nun untersuchen, welche Auswirkungen die k-Linearität von Ψ hat. Dazu betrachten wir folgenden Untervektorraum

$$\mathcal{V}_0 = \mathrm{span}_{\Bbbk}\Big\{ \mathrm{e}_{v_1,\dots,\lambda v_i + \lambda' v_i',\dots,v_k} - \lambda \mathrm{e}_{v_1,\dots,v_i,\dots,v_k} - \lambda' \mathrm{e}_{v_1,\dots,v_i',\dots,v_k} \ \Big|$$
$$i \in \{1,\dots,k\}, \lambda, \lambda' \in \Bbbk, v_1 \in V_1,\dots,v_i,v_i' \in V_i,\dots,v_k \in V_k \Big\} \tag{3.2.17}$$

von $\mathcal{V}$. Wir betonen an dieser Stelle nochmals, dass die Linearkombinationen $\mathrm{e}_{v_1,\dots,\lambda v_i + \lambda' v_i',\dots,v_k} - \lambda \mathrm{e}_{v_1,\dots,v_i,\dots,v_k} - \lambda' \mathrm{e}_{v_1,\dots,v_i',\dots,v_k}$ im Allgemeinen nicht null sind, da die Abbildung ι aus (3.2.13) ja *nicht* k-linear ist.

Lemma 3.13. *Ist* $\Psi \colon V_1 \times \cdots \times V_k \longrightarrow U$ *eine k-lineare Abbildung, so gilt*

$$\mathcal{V}_0 \subseteq \ker \tilde{\Psi}. \tag{3.2.18}$$

Beweis. Wir betrachten zunächst einen Vektor $v \in \mathcal{V}_0$ der Form

$$v = \mathrm{e}_{v_1,\dots,\lambda v_i + \lambda' v_i',\dots,v_k} - \lambda \mathrm{e}_{v_1,\dots,v_i,\dots,v_k} - \lambda' \mathrm{e}_{v_1,\dots,v_i',\dots,v_k}. \tag{3.2.19}$$

Nach Definition von $\tilde{\Psi}$ gilt dann

$$\begin{aligned}
\tilde{\Psi}(v) &= \tilde{\Psi}\big(\mathrm{e}_{v_1,\dots,\lambda v_i + \lambda' v_i',\dots,v_k} - \lambda \mathrm{e}_{v_1,\dots,v_i,\dots,v_k} - \lambda' \mathrm{e}_{v_1,\dots,v_i',\dots,v_k} \big) \\
&= \tilde{\Psi}\big(\mathrm{e}_{v_1,\dots,\lambda v_i + \lambda' v_i',\dots,v_k} \big) - \lambda \tilde{\Psi}\big(\mathrm{e}_{v_1,\dots,v_i,\dots,v_k} \big) - \lambda' \tilde{\Psi}\big(\mathrm{e}_{v_1,\dots,v_i',\dots,v_k} \big) \\
&= \Psi(v_1,\dots,\lambda v_i + \lambda' v_i',\dots,v_k) \\
&\quad - \lambda \Psi(v_1,\dots,v_i,\dots,v_k) - \lambda' \Psi(v_1,\dots,v_i',\dots,v_k) \\
&= 0,
\end{aligned}$$

da Ψ linear im i-ten Argument ist. Dies zeigt $v \in \ker \tilde{\Psi}$. Da $\ker \tilde{\Psi}$ ein Unterraum von $\mathcal{V}$ ist, gilt auch $\mathcal{V}_0 \subseteq \ker \tilde{\Psi}$, weil $\mathcal{V}_0$ der Spann aller Vektoren der Form v wie in (3.2.19) ist. $\qquad \square$

Wir finden also zu jeder k-linearen Abbildung Ψ zunächst eine eindeutig bestimmte lineare Abbildung $\tilde{\Psi}$ und dann nach der universellen Eigenschaft des Quotientenraumes gemäß Proposition 2.31 eine eindeutig bestimmte lineare Abbildung $\psi \colon \mathcal{V}/\mathcal{V}_0 \longrightarrow U$, sodass

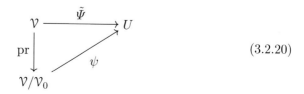

$$\tag{3.2.20}$$

kommutiert. Setzen wir die beiden Diagramme (3.2.16) und (3.2.20) zusammen, so erhalten wir

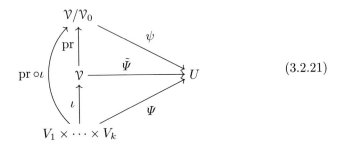

$$(3.2.21)$$

für jede k-lineare Abbildung Ψ.

Lemma 3.14. *Die Abbildung*

$$\mathrm{pr} \circ \iota \colon V_1 \times \cdots \times V_k \longrightarrow \mathcal{V}/\mathcal{V}_0 \qquad (3.2.22)$$

ist k-linear. Weiter ist $(\mathcal{V}/\mathcal{V}_0, \mathrm{pr} \circ \iota)$ ein Tensorprodukt von $V_1, \ldots, V_k$.

Beweis. Wir betonen nochmals, dass ι keinerlei schöne algebraische Eigenschaften besitzt: Erst die Quotientenabbildung sorgt für die k-Linearität. Sei also $i \in \{1, \ldots, k\}$ sowie $v_1 \in V_1, \ldots, v_i, v_i' \in V_i, \ldots, v_k \in V_k$ und $\lambda, \lambda' \in \Bbbk$. Dann gilt

$$
\begin{aligned}
(\mathrm{pr} \circ \iota)&(v_1, \ldots, \lambda v_i + \lambda' v_i', \ldots, v_k) \\
&= \mathrm{pr}(e_{v_1, \ldots, \lambda v_i + \lambda' v_i', \ldots, v_k}) \\
&= \mathrm{pr}(\lambda e_{v_1, \ldots, v_i, \ldots, v_k} + \lambda' e_{v_1, \ldots, v_i', \ldots, v_k}) \\
&\quad + \mathrm{pr}\Big(\underbrace{e_{v_1, \ldots, \lambda v_i + \lambda' v_i', \ldots, v_k} - \lambda e_{v_1, \ldots, v_i, \ldots, v_k} - \lambda' e_{v_1, \ldots, v_i', \ldots, v_k}}_{\in \mathcal{V}_0} \Big) \\
&\overset{(a)}{=} \lambda \, \mathrm{pr}(e_{v_1, \ldots, v_i, \ldots, v_k}) + \lambda' \, \mathrm{pr}(e_{v_1, \ldots, v_i', \ldots, v_k}) \\
&= \lambda (\mathrm{pr} \circ \iota)(v_1, \ldots, v_i, \ldots, v_k) + \lambda' (\mathrm{pr} \circ \iota)(v_1, \ldots, v_i', \ldots, v_k),
\end{aligned}
$$

da der zweite Beitrag ja definitionsgemäß in $\mathcal{V}_0$ liegt und daher von der Quotientenabbildung pr in (a) auf die Null abgebildet wird. Damit ist $\mathrm{pr} \circ \iota$ also linear im i-ten Argument für alle $i = 1, \ldots, k$ und somit k-linear. Also finden wir zu jeder k-linearen Abbildung Ψ eine lineare Abbildung ψ mit (3.2.21). Diese ist nun auch notwendigerweise eindeutig, denn nach Konstruktion ist der Spann des Bildes der multilinearen Abbildung $\mathrm{pr} \circ \iota$ bereits der gesamte Quotient $\mathcal{V}/\mathcal{V}_0$. Daher ist die linearen Abbildung ψ durch die Werte auf dem Bild von $\mathrm{pr} \circ \iota$ eindeutig bestimmt: Diese Werte werden gerade durch $\psi \circ (\mathrm{pr} \circ \iota) = \Psi$ festgelegt. Man beachte, dass die zuvor gezeigte Eindeutigkeit von ψ mit (3.2.20) sich auf eine geringfügig andere universelle Eigenschaft bezieht und daher nicht direkt die Eindeutigkeit von ψ im Sinne eines Tensorprodukts liefert. □

Wir haben also eine zweite, von der ersten Konstruktion unabhängige Weise gefunden, ein Tensorprodukt zu erhalten. Wir fassen unsere bisherigen Resultate nun in folgendem Satz zusammen:

Satz 3.15 (Tensorprodukt). *Seien $V_1, \ldots, V_k$ Vektorräume über $\Bbbk$.*

i.) Es existiert ein Tensorprodukt $(V_1 \otimes \cdots \otimes V_k, \otimes)$ von $V_1, \ldots, V_k$.

ii.) Das Tensorprodukt der $V_1, \ldots, V_k$ ist bis auf einen eindeutig bestimmten Isomorphismus eindeutig bestimmt.

iii.) Sind $A_1 \subseteq V_1, \ldots, A_k \subseteq V_k$ Basen, so bilden die Vektoren

$$\{a_1 \otimes \cdots \otimes a_k \mid a_1 \in A_1, \ldots, a_k \in A_k\} \subseteq V_1 \otimes \cdots \otimes V_k \qquad (3.2.23)$$

eine Basis des Tensorprodukts.

Beweis. Der erste Teil kann sowohl mit Lemma 3.12 als auch mit Lemma 3.14 erzielt werden. Der zweite Teil ist gerade die Aussage von Lemma 3.10. Der dritte Teil ist implizit in Lemma 3.12 enthalten, da $\Bbbk^{(A_1 \times \cdots \times A_k)}$ die Standardbasis $\{e_{a_1 \ldots a_k} \mid a_1 \in A_1, \ldots, a_k \in A_k\}$ besitzt und $a_1 \otimes \cdots \otimes a_k = e_{a_1 \ldots a_k}$ im Modell des Tensorprodukts aus Lemma 3.12 gilt. □

Korollar 3.16. *Sind $V_1, \ldots, V_k$ endlich-dimensionale Vektorräume über $\Bbbk$, so ist $V_1 \otimes \cdots \otimes V_k$ ebenfalls endlich-dimensional. Es gilt*

$$\dim(V_1 \otimes \cdots \otimes V_k) = \dim V_1 \cdots \dim V_k. \qquad (3.2.24)$$

Bemerkung 3.17. Es stellt sich die berechtigte Frage, wieso man sich nicht mit der doch viel einfacheren Konstruktion aus Lemma 3.12 zufrieden geben sollte und auf die Quotientenkonstruktion wie in Lemma 3.14 verzichtet. Solange man nur an *Vektorräumen* über *Körpern* interessiert ist, ist es vielleicht lediglich ein ästhetischer Gesichtspunkt, der den Quotienten der Wahl einer Basis vorzieht. Dies ändert sich aber drastisch in der Theorie der Moduln über allgemeinen Ringen: Hier ersetzt man, grob gesprochen, den Körper der Skalare durch einen beliebigen, vielleicht sogar nichtkommutativen Ring und definiert einen Modul über einem solchen Ring analog zu einem Vektorraum über einem Körper. Dann zeigt sich, dass Moduln typischerweise keine Basen mehr besitzen. Trotzdem lässt sich ein Tensorprodukt konstruieren, indem man eben die zweite Variante verwendet. Diese Überlegungen sollen uns aber hier nicht weiter belasten, siehe dazu die weiterführende Literatur zur Algebra von Ringen und Moduln wie etwa [16, 21, 27, 29].

Kontrollfragen. Was ist ein Tensorprodukt? Wieso existiert ein Tensorprodukt und in welchem Sinne ist es eindeutig? Wie erhält man eine Basis des Tensorprodukts aus Basen der einzelnen Faktoren? Welche Dimension hat ein Tensorprodukt von endlich-dimensionalen Vektorräumen?

3.3 Eigenschaften des Tensorprodukts

In diesem Abschnitt wollen wir einige erste Eigenschaften des Tensorprodukts vorstellen. Wir werden weitgehend basisunabhängig argumentieren, sodass sich die folgenden, allein auf der universellen Eigenschaft des Tensorprodukts beruhenden, Aussagen und Beweise später auch auf allgemeinere Situationen in der Algebra der Moduln über Ringen übertragen lassen.

Aus der Konstruktion des Tensorprodukts gemäß Lemma 3.14 beziehungsweise aus Satz 3.15, *iii.*), erhalten wir folgendes Resultat, welches in der Praxis oftmals sehr nützlich sein wird:

Proposition 3.18. *Seien $V_1, \ldots, V_k$ Vektorräume über $\Bbbk$. Die Tensoren der Form $v_1 \otimes \cdots \otimes v_k$ mit $v_1 \in V_1, \ldots, v_k \in V_k$ spannen das Tensorprodukt $V_1 \otimes \cdots \otimes V_k$ auf.*

Beweis. Dies ist einerseits klar nach Satz 3.15, *iii.*). Aber auch mit Lemma 3.14 erhalten wir dieses Ergebnis, da $\mathcal{V} = \Bbbk^{(V_1 \times \cdots \times V_k)}$ definitionsgemäß von der Basis $\{e_{v_1, \ldots, v_k}\}_{v_1 \in V_1, \ldots, v_k \in V_k}$ aufgespannt wird. Daher wird der Quotient $\mathcal{V}/\mathcal{V}_0$ von den (nun nicht länger linear unabhängigen) Vektoren $\mathrm{pr}(e_{v_1, \ldots, v_k}) = v_1 \otimes \cdots \otimes v_k$ aufgespannt.   □

Im Allgemeinen bilden die Tensoren der Form $v_1 \otimes \cdots \otimes v_k$ nur ein Erzeugendensystem, jedoch nicht eine Basis: Hierfür müssen wir auf Satz 3.15, *iii.*), zurückgreifen. Trotzdem ist dieses spezielle Erzeugendensystem sehr nützlich, da etwa lineare Abbildungen durch ihre Werte auf ihm bereits eindeutig festgelegt sind. Hier ist jedoch im Gegensatz zu einer Basis zu beachten, dass wir die Werte auf einem Erzeugendensystem nicht länger beliebig vorgeben dürfen. Dies könnte die angestrebte Linearität der Abbildung natürlich zerstören. Im Falle des Tensorprodukts gibt es jedoch dank der universellen Eigenschaft ein leichtes Kriterium: Die universelle Eigenschaft des Tensorprodukts besagt ja gerade, dass es zu einer Abbildung

$$\Psi \colon V_1 \times \cdots \times V_k \ni (v_1, \ldots, v_k) \mapsto \Psi(v_1, \ldots, v_k) \in U \qquad (3.3.1)$$

genau eine lineare Abbildung

$$\psi \colon V_1 \otimes \cdots \otimes V_k \longrightarrow U \qquad (3.3.2)$$

mit

$$\psi(v_1 \otimes \cdots \otimes v_k) = \Psi(v_1, \ldots, v_k) \qquad (3.3.3)$$

für alle $v_1 \in V_1, \ldots, v_k \in V_k$ gibt, *wenn* Ψ eben k-linear ist. Wir werden oft lineare Abbildungen ψ auf dem Tensorprodukt definieren wollen und müssen daher lediglich diese k-Linearität der zugehörigen Abbildung Ψ prüfen. Es ist zudem üblich, die lineare Abbildung auf dem Tensorprodukt und die k-lineare Abbildung auf dem kartesischen Produkt mit demselben Symbol zu bezeichnen und den dadurch entstehenden Notationsmissbrauch stillschweigend hinzunehmen.

Eine erste Anwendung dieser Überlegungen erhalten wir in folgender Aussage zur Assoziativität des Tensorprodukts. Zur Motivation betrachten wir drei Vektorräume V, W und U über $\Bbbk$. Dann können wir die Tensorprodukte

$$V \otimes (W \otimes U), \quad (V \otimes W) \otimes U \quad \text{und} \quad V \otimes W \otimes U \tag{3.3.4}$$

bilden, die zunächst alle verschieden sind. Wir zeigen nun, dass die universelle Eigenschaft des Tensorprodukts einen kanonischen Isomorphismus zwischen diesen drei Vektorräumen liefert, der mit den Tensorproduktabbildungen verträglich ist. Etwas allgemeiner zeigen wir folgenden Satz zur Assoziativität von $\otimes$.

Satz 3.19 (Assoziativität von $\otimes$). *Seien $V_1^{(1)}, \ldots, V_{k_1}^{(1)}, \ldots, V_1^{(\ell)}, \ldots, V_{k_\ell}^{(\ell)}$ Vektorräume über $\Bbbk$ für $\ell \in \mathbb{N}$ und $k_1, \ldots, k_\ell \in \mathbb{N}$. Dann gibt es einen eindeutig bestimmten linearen Isomorphismus*

$$
\begin{aligned}
a\colon V_1^{(1)} &\otimes \cdots \otimes V_{k_1}^{(1)} \otimes \cdots \otimes V_1^{(\ell)} \otimes \cdots \otimes V_{k_\ell}^{(\ell)} \\
&\longrightarrow \left(V_1^{(1)} \otimes \cdots \otimes V_{k_1}^{(1)}\right) \otimes \cdots \otimes \left(V_1^{(\ell)} \otimes \cdots \otimes V_{k_\ell}^{(\ell)}\right)
\end{aligned} \tag{3.3.5}
$$

derart, dass das Diagramm

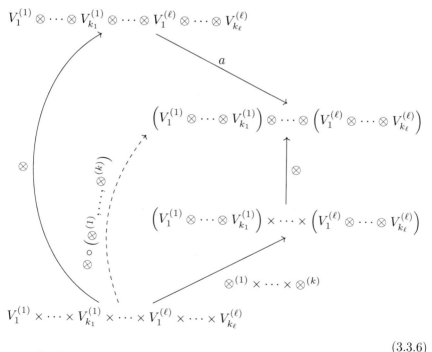

$$\tag{3.3.6}$$

kommutiert.

Beweis. Wir wissen, dass für $i = 1, \ldots, \ell$ das Tensorprodukt

$$\otimes^{(i)}\colon V_1^{(i)} \times \cdots \times V_{k_i}^{(i)} \longrightarrow V_1^{(i)} \otimes \cdots \otimes V_{k_i}^{(i)}$$

eine k_i-lineare Abbildung ist. Ebenso ist das Tensorprodukt

$$\otimes\colon \left(V_1^{(1)} \otimes \cdots \otimes V_{k_1}^{(1)}\right) \times \cdots \times \left(V_1^{(\ell)} \otimes \cdots \otimes V_{k_\ell}^{(\ell)}\right)$$
$$\longrightarrow \quad \left(V_1^{(1)} \otimes \cdots \otimes V_{k_1}^{(1)}\right) \otimes \cdots \otimes \left(V_1^{(\ell)} \otimes \cdots \otimes V_{k_\ell}^{(\ell)}\right)$$

eine ℓ-lineare Abbildung. Nach Proposition 3.3 ist deren Verknüpfung $\otimes \circ$ $(\otimes^{(1)}, \ldots, \otimes^{(\ell)})$ wieder eine multilineare Abbildung, nun mit $k_1 + \cdots + k_\ell$ Argumenten. Nach der universellen Eigenschaft des Tensorprodukts gibt es daher genau eine lineare Abbildung a, sodass (3.3.6) kommutiert. Es bleibt also zu zeigen, dass a ein Isomorphismus ist. Hier können wir einfach mit dem Satz 3.15, $iii.$), argumentieren, dass a eine Basis auf eine Basis abbildet: Sind nämlich $A_1^{(1)} \subseteq V_1^{(1)}, \ldots A_{k_\ell}^{(\ell)} \subseteq V_{k_\ell}^{(\ell)}$ Basen, so ist zunächst

$$A = \left\{ a_1^{(1)} \otimes \cdots \otimes a_{k_\ell}^{(\ell)} \;\middle|\; a_1^{(1)} \in A_1^{(1)}, \ldots, a_{k_\ell}^{(\ell)} \in A_{k_\ell}^{(\ell)} \right\}$$

eine Basis des Tensorprodukts auf der linken Seite von (3.3.5). Weiter ist

$$A^{(i)} = \left\{ a_1^{(i)} \otimes \cdots \otimes a_{k_i}^{(i)} \;\middle|\; a_1^{(i)} \in A_1^{(i)}, \ldots, a_{k_i}^{(i)} \in A_{k_i}^{(i)} \right\}$$

für alle $i = 1, \ldots, \ell$ eine Basis von $V_1^{(i)} \otimes \cdots \otimes V_{k_i}^{(i)}$. Nochmalige Anwendung von Satz 3.15, $iii.$), liefert dann, dass

$$\tilde{A} = \left\{ \left(a_1^{(1)} \otimes \cdots \otimes a_{k_1}^{(1)}\right) \otimes \cdots \otimes \left(a_1^{(\ell)} \otimes \cdots \otimes a_{k_\ell}^{(\ell)}\right) \;\middle|\; a_i^{(j)} \in A_i^{(j)} \right\}$$

eine Basis der rechten Seite von (3.3.5) ist. Die Kommutativität von (3.3.5) besagt nun

$$a\left(a_1^{(1)} \otimes \cdots \otimes a_{k_\ell}^{(\ell)}\right) = \left(a_1^{(1)} \otimes \cdots \otimes a_{k_1}^{(1)}\right) \otimes \cdots \otimes \left(a_1^{(\ell)} \otimes \cdots \otimes a_{k_\ell}^{(\ell)}\right),$$

womit a die Basis A bijektiv auf die Basis $\tilde{A}$ abbildet. Damit ist a ein Isomorphismus. Alternativ kann man auch direkt mit der universellen Eigenschaft argumentieren. Für feste Vektoren $v_1^{(2)}, \ldots, v_{k_\ell}^{(\ell)}$ ist die Abbildung

$$\alpha_1\colon V_1^{(1)} \times \cdots \times V_{k_1}^{(1)} \longrightarrow V_1^{(1)} \otimes \cdots \otimes V_{k_1}^{(1)} \otimes \cdots \otimes V_{k_\ell}^{(\ell)}$$

mit

$$\alpha_1\colon \left(v_1^{(1)}, \ldots, v_{k_1}^{(1)}\right) \mapsto v_1^{(1)} \otimes \cdots \otimes v_{k_1}^{(1)} \otimes v_1^{(2)} \otimes \cdots \otimes v_{k_\ell}^{(\ell)}$$

k_1-linear. Deshalb gibt es eine eindeutig bestimmte lineare Abbildung $\tilde{\alpha}_1$, sodass

$$V_1^{(1)} \otimes \cdots \otimes V_{k_1}^{(1)} \xrightarrow{\quad \tilde{\alpha}_1 \quad} V_1^{(1)} \otimes \cdots \otimes V_{k_1}^{(1)} \otimes \cdots \otimes V_{k_\ell}^{(\ell)}$$

$$\otimes^{(1)} \uparrow \qquad \qquad \qquad \nearrow \alpha_1$$

$$V_1^{(1)} \times \cdots \times V_{k_1}^{(1)}$$

kommutiert. Analog können wir auch für die übrigen Argumente verfahren, sodass wir insgesamt eine wohldefinierte ℓ-lineare Abbildung

$$\alpha \colon \left(V_1^{(1)} \otimes \cdots \otimes V_{k_1}^{(1)} \right) \times \cdots \times \left(V_1^{(\ell)} \otimes \cdots \otimes V_{k_\ell}^{(\ell)} \right) \longrightarrow V_1^{(1)} \otimes \cdots \otimes V_{k_\ell}^{(\ell)}$$

erhalten, für die

$$V_1^{(1)} \otimes \cdots \otimes V_{k_1}^{(1)} \otimes \cdots \otimes V_1^{(\ell)} \otimes \cdots \otimes V_{k_\ell}^{(\ell)}$$

$$\uparrow \qquad \nwarrow \qquad \alpha$$

$$\otimes \; \Big| \qquad \left(V_1^{(1)} \otimes \cdots \otimes V_{k_1}^{(1)} \right) \times \cdots \times \left(V_1^{(\ell)} \otimes \cdots \otimes V_{k_\ell}^{(\ell)} \right)$$

$$\nearrow$$

$$\otimes^{(1)} \times \cdots \times \otimes^{(\ell)}$$

$$V_1^{(1)} \times \cdots \times V_{k_1}^{(1)} \times \cdots \times V_1^{(\ell)} \times \cdots \times V_{k_\ell}^{(\ell)}$$

kommutiert. Ausgeschrieben liefert dies also

$$\alpha\Big(\big(v_1^{(1)} \otimes \cdots \otimes v_{k_1}^{(1)} \big), \ldots, \big(v_1^{(\ell)} \otimes \cdots \otimes v_{k_\ell}^{(\ell)} \big) \Big)$$
$$= v_1^{(1)} \otimes \cdots \otimes v_{k_1}^{(1)} \otimes \cdots \otimes v_1^{(\ell)} \otimes \cdots \otimes v_{k_\ell}^{(\ell)}$$

für alle $v_1^{(1)} \in V_1^{(1)}, \ldots, v_{k_\ell}^{(\ell)} \in V_{k_\ell}^{(\ell)}$. Der wichtige Punkt hierbei ist, dass α überhaupt wohldefiniert ist. Dazu benötigen wir die universelle Eigenschaft der Tensorprodukte $V_1^{(i)} \otimes \cdots \otimes V_{k_i}^{(i)}$ für $i = 1, \ldots, \ell$. Jetzt benutzt man ein weiteres Mal die universelle Eigenschaft des Tensorprodukts, nun eben die desjenigen auf der rechten Seite von (3.3.5). Dies erlaubt es, die ℓ-lineare Abbildung α zu einer linearen Abbildung $\tilde{\alpha}$ in die umgekehrte Richtung von a in (3.3.5) zu heben. Auf den elementaren Tensoren sieht man dann, dass $\tilde{\alpha} = a^{-1}$ gilt. Da dies aber ein Erzeugendensystem ist, gilt $\tilde{\alpha} = a^{-1}$ überhaupt.

$\square$

Bemerkung 3.20. Der Satz erlaubt es uns also, mit kleinem Notationsmissbrauch, das Tensorprodukt als *assoziativ* anzusehen: Wir werden den Isomorphismus a gänzlich unterdrücken und die Vektorräume $V \otimes (U \otimes W)$, $(V \otimes U) \otimes W$ und $V \otimes U \otimes W$ stillschweigend identifizieren, wobei auf elementaren Tensoren die Identifikation a gerade

$$v \otimes (u \otimes w) = (w \otimes u) \otimes w = v \otimes u \otimes w \qquad (3.3.7)$$

bewirkt. Entsprechend dürfen wir nach Satz 3.19 auch in höheren Tensorprodukten alle Klammerungen identifizieren.

Als nächstes wollen wir eine Kommutativität des Tensorprodukts zeigen. Für zwei Vektorräume V und W sind die Tensorprodukte $V \otimes W$ und $W \otimes V$ zunächst ja verschieden, da das erste die universelle Eigenschaft für bilineare Abbildungen auf $V \times W$, das zweite die für bilineare Abbildungen auf $W \times V$ besitzt. Nun lassen sich bilineare Abbildungen

$$\Phi \colon V \times W \longrightarrow U \qquad (3.3.8)$$

und

$$\Psi \colon W \times V \longrightarrow U \qquad (3.3.9)$$

aber leicht identifizieren, indem man einfach die Argumente vertauscht. Dies geschieht durch den „Flip"

$$\tau \colon V \times W \ni (v, w) \mapsto (w, v) \in W \times V. \qquad (3.3.10)$$

Folgende Proposition ist damit nicht weiter verwunderlich:

Proposition 3.21. *Seien U, W und V Vektorräume über $\Bbbk$.*

i.) Eine Abbildung $\Phi \colon V \times W \longrightarrow U$ ist genau dann bilinear, wenn $\Phi \circ \tau \colon W \times V \longrightarrow U$ bilinear ist.

ii.) Die Abbildung

$$\tau^* \colon \mathrm{Hom}(V, W; U) \longrightarrow \mathrm{Hom}(W, V; U) \qquad (3.3.11)$$

ist ein linearer Isomorphismus.

iii.) Es existiert ein eindeutig bestimmter linearer Isomorphismus $\tau \colon V \otimes W \longrightarrow W \otimes V$, sodass

$$
\begin{array}{ccc}
V \otimes W & \xrightarrow{\ \ \tau\ \ } & W \otimes V \\
{\scriptstyle \otimes}\big\uparrow & & \big\uparrow{\scriptstyle \otimes} \\
V \times W & \xrightarrow{\ \ \tau\ \ } & W \times V
\end{array}
\qquad (3.3.12)
$$

kommutiert.

Beweis. Der erste Teil ist klar. Damit ist aber τ^* eine Abbildung wie in (3.3.11) behauptet. Da pull-backs prinzipiell linear sind, ist auch τ^* linear. Die

Bijektivität ist ebenfalls klar, da wir einfach wieder zurücktauschen können. Für den letzten Teil betrachten wir die Abbildung

$$V \times W \ni (v, w) \mapsto (\otimes \circ \tau)(v, w) = w \otimes v \in W \otimes V,$$

welche offenbar bilinear ist, wie man durch *i.)* angewandt auf $\otimes \colon W \times V \longrightarrow W \otimes V$ sieht. Nach der universellen Eigenschaft des Tensorprodukt $V \otimes W$ gibt es daher eine lineare Abbildung, die wir immer noch τ nennen, sodass (3.3.12) kommutiert. Auf elementaren Tensoren bedeutet dies gerade

$$\tau(v \otimes w) = w \otimes v.$$

Vertauscht man die Rollen von V und W, so erhält man $\tau \colon W \otimes V \ni w \otimes v \mapsto v \otimes w \in V \otimes W$, was offenbar das Inverse zu $\tau \colon V \otimes W \longrightarrow W \otimes V$ darstellt. Damit ist alles gezeigt. $\qquad\square$

Bemerkung 3.22. Wir können die Abbildung τ auch für k-lineare Abbildungen mit $k > 2$ benutzen. Dann müssen wir jedoch hinzusagen, welche Argumente vertauscht werden sollen. Daher ist es manchmal sinnvoll, $\tau_{V,W}$ anstelle von (3.3.10) zu schreiben. Die inverse Abbildung ist dann $\tau_{W,V}$, also

$$\tau_{V,W} \circ \tau_{W,V} = \mathrm{id}_{W \times V} \quad \text{und} \quad \tau_{W,V} \circ \tau_{V,W} = \mathrm{id}_{V \times W} . \tag{3.3.13}$$

Für mehrere Tensorfaktoren erhalten wir dann kanonische Isomorphismen

$$V_1 \otimes \cdots \otimes V_k \longrightarrow V_{\sigma(1)} \otimes \cdots \otimes V_{\sigma(k)} \tag{3.3.14}$$

für jede Permutation $\sigma \in S_k$. Auch für multilineare Abbildungen können wir die Eingänge permutieren. Dies führt dann zu multilinearen Abbildungen, welche die Argumente aus den permutierten Vektorräumen beziehen. Grafisch können wir dies einfach durch Kreuzungen bei den Eingängen von multilinearen Abbildungen schreiben, siehe Abb. 3.6.

Eine nächste wichtige Eigenschaft des Tensorprodukts betrifft die Kompatibilität mit der (äußeren) direkten Summe von Vektorräumen. Da wir mit Hilfe der Assoziativität höhere Tensorprodukte immer auf Tensorprodukte von zwei Vektorräumen zurückführen können, etwa durch

$$V_1 \otimes \cdots \otimes V_k \cong V_1 \otimes (V_2 \otimes \cdots (V_{k-1} \otimes V_k) \cdots), \tag{3.3.15}$$

werden wir nur den Spezialfall für *zwei Faktoren* betrachten, um den buchhalterischen Aufwand in Grenzen zu halten. Die allgemeineren Situationen erhält man daraus dann leicht mit Hilfe von (3.3.15) beziehungsweise Satz 3.19.

Proposition 3.23. *Sei I eine nichtleere Indexmenge, $\{V_i\}_{i \in I}$ eine Familie von Vektorräumen über $\Bbbk$ sowie W ein weiterer Vektorraum über $\Bbbk$. Dann liefert*

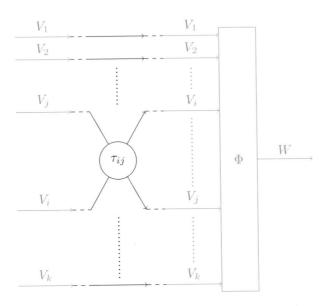

Abb. 3.6 Die k-lineare Abbildung $\tau_{ij}^* \Phi = \Phi \circ \tau_{ij} \in \mathrm{Hom}(V_1, \ldots, V_j, \ldots, V_i, \ldots, V_k; W)$ für $\Phi \in \mathrm{Hom}(V_1, \ldots, V_i, \ldots, V_j, \ldots, V_k; W)$

$$\left(\bigoplus_{i \in I} V_i \right) \otimes W \ni \left(\sum_{i \in I} v_i \right) \otimes w \mapsto \sum_{i \in I} (v_i \otimes w) \in \bigoplus_{i \in I} (V_i \otimes W) \quad (3.3.16)$$

einen linearen Isomorphismus.

Beweis. Da elementare Tensoren das Tensorprodukt auf der linken Seite aufspannen, kann es höchstens eine lineare Abbildung mit diesen Werten auf den elementaren Tensoren geben. Die Abbildung

$$\left(\bigoplus_{i \in I} V_i \right) \times W \ni \left(\sum_{i \in I} v_i, w \right) \mapsto \sum_{i \in I} (v_i \otimes w) \in \bigoplus_{i \in I} (V_i \otimes W) \quad (3.3.17)$$

ist wegen der Bilinearität des Tensorprodukts eine bilineare Abbildung. Die gesuchte lineare Abbildung in (3.3.16) ist dann diejenige, welche wir aus (3.3.17) und der universellen Eigenschaft des Tensorprodukts auf der linken Seite von (3.3.16) erhalten. Um zu sehen, dass (3.3.16) ein Isomorphismus ist, können wir am schnellsten mithilfe von Basen argumentieren: Seien dazu $A_i \subseteq V_i$ und $B \subseteq W$ Basen. Für die direkte Summe identifizieren wir V_i wie gewöhnlich als Teilraum von $\bigoplus_{j \in I} V_j$ und erhalten dann die disjunkte Vereinigung $A = \bigcup_{j \in I} A_j$ als Basis von der direkten Summe. Die Abbildung (3.3.16) bildet nun den Basisvektor $a_i \otimes b \in \left(\bigoplus_{j \in I} V_j \right) \otimes W$ auf den Basisvektor $a_i \otimes b \in V_i \otimes W \subseteq \bigoplus_{j \in I} (V_j \otimes W)$ ab. Somit erhalten wir eine Bijektion der jeweiligen Basen und damit insgesamt einen Isomorphismus. Etwas eleganter ist die Argumentation mittels der universellen Eigenschaft, die auf die Wahl einer Basis verzichtet, siehe auch Übung 3.7.   □

Wir wollen nun diese Proposition benutzen, um ein abstraktes Tensorprodukt etwas konkreter zu verstehen:

Beispiel 3.24. Sei M eine nichtleere Menge und $\mathrm{Abb}(M, \Bbbk)$ der Vektorraum der $\Bbbk$-wertigen Funktionen auf M. Wie immer bezeichnen wir mit $\mathrm{Abb}_0(M, \Bbbk)$ den Unterraum derjenigen Funktionen mit endlichem Träger. Sei W ein weiterer Vektorraum, dann wollen wir $\mathrm{Abb}_0(M, \Bbbk) \otimes W$ betrachten. Ist nun $f \in \mathrm{Abb}_0(M, \Bbbk)$ und $w \in W$, so erhalten wir durch

$$(f, w) \colon M \ni p \mapsto f(p) \cdot w \in W \tag{3.3.18}$$

eine W-wertige Abbildung $(f, w) \in \mathrm{Abb}(M, W)$. Da $f(p) = 0$ für alle $p \in M$ bis auf endlich viele $p \in M$, gilt $(f, w) \in \mathrm{Abb}_0(M, W)$. Wir erhalten daher eine Abbildung

$$\iota \colon \mathrm{Abb}_0(M, \Bbbk) \times W \longrightarrow \mathrm{Abb}_0(M, W). \tag{3.3.19}$$

Wir behaupten, dass ι bilinear ist: Sind nämlich $f, g \in \mathrm{Abb}_0(M, \Bbbk)$, $w, w' \in W$ und $\alpha, \beta \in \Bbbk$, so gilt

$$
\begin{aligned}
(\alpha f + \beta g, w)(p) &= (\alpha f + \beta g)(p) \cdot w \\
&= \alpha f(p) \cdot w + \beta g(p) \cdot w \\
&= \alpha(f, w)(p) + \beta(g, w)(p) \\
&= (\alpha(f, w) + \beta(g, w))(p)
\end{aligned}
$$

ebenso wie

$$
\begin{aligned}
(f, \alpha w + \beta w')(p) &= f(p)(\alpha w + \beta w') \\
&= \alpha f(p) \cdot w + \beta f(p) \cdot w' \\
&= \alpha(f, w)(p) + \beta(f, w')(p) \\
&= (\alpha(f, w) + \beta(f, w'))(p),
\end{aligned}
$$

jeweils für alle $p \in M$. Dies zeigt die Linearität von (3.3.19) in beiden Argumenten. Die universelle Eigenschaft des Tensorprodukts liefert uns also eine lineare Abbildung

$$\iota \colon \mathrm{Abb}_0(M, \Bbbk) \otimes W \longrightarrow \mathrm{Abb}_0(M, W), \tag{3.3.20}$$

welche durch (3.3.19) induziert wird. Es gilt also gerade

$$\iota\left(\sum_{i=1}^n f_i \otimes w_i\right) = \left(p \mapsto \sum_{i=1}^n f_i(p) \cdot w_i\right). \tag{3.3.21}$$

Wir behaupten, dass (3.3.21) ein Isomorphismus ist. Der schnellste Beweis geschieht mittels einer Basis. Wir wissen aus Kap. 4 in Band 1, dass die Vektoren $\{e_p\}_{p \in M}$ mit $e_p(q) = \delta_{pq}$ für $p, q \in M$ eine Basis von $\mathrm{Abb}_0(M, \Bbbk)$ bilden. Sei weiter $B \subseteq W$ eine Basis von W. Dann wissen wir nach Satz 3.15, *iii.)*, dass die Vektoren $\{e_p \otimes b\}_{p \in M, b \in B}$ eine Basis des Tensorprodukts $\mathrm{Abb}_0(M, \Bbbk) \otimes W$ bilden. Diese Basisvektoren werden durch die Abbildung (3.3.20) auf die Vektoren $(e_p, b) \in \mathrm{Abb}_0(M, W)$ abgebildet. Nun überlegt man sich schnell, dass

$$\{(e_p, b) \mid p \in M, b \in B\} \subseteq \mathrm{Abb}_0(M, W) \tag{3.3.22}$$

eine Basis ist: Für $F \in \mathrm{Abb}_0(M, W)$ gibt es ja endlich viele, eindeutig bestimmte paarweise verschiedene Punkte $p_1, \ldots, p_n \in M$ mit $n \in \mathbb{N}_0$, sodass

$$F(p) = \begin{cases} 0 & p \notin \{p_1, \ldots, p_n\} \\ F(p) & p \in \{p_1, \ldots, p_n\}. \end{cases} \tag{3.3.23}$$

Wir bezeichnen die Funktionswerte von F bei diesen Punkten mit $w_i = F(p_i)$, dann gilt

$$F = (e_{p_1}, w_1) + \cdots + (e_{p_n}, w_n). \tag{3.3.24}$$

Zum Abschluss stellen wir noch jedes w_i als eindeutige Linearkombination der Basisvektoren $b \in B$ dar. Dies liefert dann eine eindeutige Darstellung von F als Linearkombination der Vektoren aus (3.3.22), womit wir tatsächlich eine Basis vorliegen haben. Nun bildet ι also die Basis $\{e_p \otimes b\}_{p \in M, b \in B}$ bijektiv auf die Basis (3.3.22) ab und ist daher ein Isomorphismus. Insgesamt erhalten wir also das Resultat

$$\mathrm{Abb}_0(M, \Bbbk) \otimes W \cong \mathrm{Abb}_0(M, W), \tag{3.3.25}$$

wobei der Isomorphismus ι gemäß (3.3.20) kanonisch, also basisunabhängig, gegeben ist. Man beachte jedoch, dass (3.3.25) nur für die Abbildungen mit *endlichem* Träger richtig ist. Im Allgemeinen hat man zwar eine Inklusion

$$\iota \colon \mathrm{Abb}(M, \Bbbk) \otimes W \longrightarrow \mathrm{Abb}(M, W), \tag{3.3.26}$$

die man analog erhält, welche aber im Allgemeinen nur injektiv, aber *nicht surjektiv* ist, siehe auch Übung 3.10. Abschließend zusammengefasst erhalten wir also im Beispiel der beiden Vektorräume $\mathrm{Abb}_0(M, \Bbbk)$ und W eine konkretere Realisierung deren Tensorprodukts als $\mathrm{Abb}_0(M, W)$.

Neben der Assoziativität und der Kommutativität im Sinne von Satz 3.19 beziehungsweise Proposition 3.21 besitzt das Tensorprodukt eine weitere wichtige Eigenschaft: Da $\Bbbk$ selbst immer als $\Bbbk$-Vektorraum aufgefasst werden kann, wollen wir nun das Tensorprodukt mit $\Bbbk$ bestimmen. Weiter ist der Nullraum $\{0\}$ ebenfalls ein ausgezeichneter Vektorraum mit dem man tensorieren kann.

Proposition 3.25. *Sei V ein Vektorraum über $\Bbbk$.*

i.) Es gilt $\{0\} \otimes V \cong \{0\} \cong V \otimes \{0\}$.

ii.) Die eindeutig bestimmte lineare Abbildung mit

$$\Bbbk \otimes V \ni z \otimes v \mapsto z \cdot v \in V \tag{3.3.27}$$

ist ein Isomorphismus.

Beweis. Für den ersten Teil bemerken wir, dass eine bilineare Abbildung $\Phi \colon \{0\} \times V \longrightarrow U$ in einen beliebigen Vektorraum U notwendigerweise die Nullabbildung ist. Damit ist aber $\{0\}$ mit

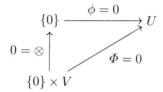

ein und damit das Tensorprodukt, welches wir suchen. Ebenso gilt $V \otimes \{0\} \cong \{0\}$ mit der analogen Argumentation oder mit Proposition 3.21, *iii.*). Für den zweiten Teil betrachten wir die Abbildung

$$\Bbbk \times V \ni (z, v) \mapsto z \cdot v \in V,$$

welche unschwer als bilinear zu erkennen ist. Die universelle Eigenschaft des Tensorprodukts ergibt daher eine eindeutige lineare Abbildung $\Bbbk \otimes V \longrightarrow V$ mit (3.3.27) auf elementaren Tensoren. Um zu sehen, dass (3.3.27) ein Isomorphismus ist, betrachten wir die lineare Abbildung

$$V \ni v \mapsto 1 \otimes v \in \Bbbk \otimes V. \tag{3.3.28}$$

Dies ist wegen der Bilinearität von $\otimes$ in der Tat eine lineare Abbildung, siehe auch Proposition 3.4. Nun ist klar, dass (3.3.28) das Inverse zu (3.3.27) ist, denn

$$v \mapsto 1 \otimes v \mapsto 1 \cdot v = v,$$

sowie für elementare Tensoren

$$z \otimes v \mapsto z \cdot v \mapsto 1 \otimes (z \cdot v) = z(1 \otimes v) = (z \cdot 1) \otimes v = z \otimes v.$$

Da letztere aber ganz $\Bbbk \otimes V$ aufspannen, haben wir tatsächlich das Inverse gefunden. $\square$

Korollar 3.26. *Sei $n \in \mathbb{N}$, und sei V ein Vektorraum über $\Bbbk$. Dann ist die eindeutige lineare Abbildung mit*

$$\mathbb{k}^n \otimes V \ni \mathrm{e}_i \otimes v \mapsto \begin{pmatrix} 0 \\ \vdots \\ v \\ \vdots \\ 0 \end{pmatrix} \in V^n, \qquad (3.3.29)$$

mit v an der i-ten Stelle für i ∈ {1, . . . , n}, ein Isomorphismus.

Beweis. Dies ist nun eine Kombination von Proposition 3.23 und Proposition 3.25. □

Bemerkung 3.27 (Arithmetik von ⊗ und ⊕). Zusammenfassend können wir also sagen, dass für das Tensorprodukt und die (äußere) direkte Summe von Vektorräumen die üblichen Gesetze der Arithmetik gelten. Insbesondere besagt (3.3.29) also

$$\underbrace{V \oplus \cdots \oplus V}_{n\text{-mal}} \cong \mathbb{k}^n \otimes V. \qquad (3.3.30)$$

Man beachte jedoch, dass es sich hierbei um Vektorräume (und nicht etwa Elemente eines Rings) handelt und auch immer die Isomorphismen zur Identifikation benutzt werden müssen: Es sind streng genommen keine Gleichheiten in (3.3.30) etc., sondern eben nur Isomorphien.

Kontrollfragen. In welchem Sinne ist das Tensorprodukt assoziativ? Was ist die Flip-Abbildung? Was ist das Tensorprodukt mit dem Nullraum und mit dem Körper? Welche Kompatibilität gibt es zwischen der direkten Summe und dem Tensorprodukt?

3.4 Tensorprodukte von Abbildungen

In einem nächsten Schritt wollen wir nun das Verhalten des Tensorprodukts in Bezug auf Abbildungen untersuchen. Das führt auf die Konstruktion des Tensorprodukts von linearen Abbildungen.

Wir betrachten Vektorräume $V_1, \ldots, V_k$ und $W_1, \ldots, W_k$ über $\mathbb{k}$ sowie lineare Abbildungen

$$\phi_1 \colon V_1 \longrightarrow W_1, \quad \ldots, \quad \phi_k \colon V_k \longrightarrow W_k. \qquad (3.4.1)$$

Bilden wir das Tensorprodukt der Zielräume, so erhalten wir eine k-lineare Abbildung

$$\otimes \circ (\phi_1, \ldots, \phi_k) \colon V_1 \times \cdots \times V_k \longrightarrow W_1 \otimes \cdots \otimes W_k \qquad (3.4.2)$$

nach unserer allgemeinen Konstruktion des Ineinandersteckens gemäß Proposition 3.3. Ausgeschrieben bedeutet (3.4.2) einfach

$$\otimes \circ (\phi_1, \ldots, \phi_k) \colon (v_1, \ldots, v_k) \mapsto \phi_1(v_1) \otimes \cdots \otimes \phi_k(v_k) \qquad (3.4.3)$$

für alle $v_1 \in V_1, \ldots, v_k \in V_k$. Die universelle Eigenschaft des Tensorprodukts liefert uns daher eine lineare Abbildung, welche wir mit $\phi_1 \otimes \cdots \otimes \phi_k$ bezeichnen, sodass

$$
\begin{array}{ccc}
V_1 \otimes \cdots \otimes V_k & \xrightarrow{\ \phi_1 \otimes \cdots \otimes \phi_k\ } & W_1 \otimes \cdots \otimes W_k \\
\otimes \Big\uparrow & \nearrow & \\
V_1 \times \cdots \times V_k & \otimes \circ (\phi_1, \ldots, \phi_k) &
\end{array}
\qquad (3.4.4)
$$

kommutiert. Ausgeschrieben auf elementaren Tensoren ist $\phi_1 \otimes \cdots \otimes \phi_k \colon V_1 \otimes \cdots \otimes V_k \longrightarrow W_1 \otimes \cdots \otimes W_k$ also diejenige eindeutig bestimmte lineare Abbildung mit

$$(\phi_1 \otimes \cdots \otimes \phi_k)(v_1 \otimes \cdots \otimes v_k) = \phi_1(v_1) \otimes \cdots \otimes \phi_k(v_k) \qquad (3.4.5)$$

für alle $v_1 \in V_1, \ldots, v_k \in V_k$.

Definition 3.28 (Tensorprodukt von Abbildungen). Seien $\phi_1 \colon V_1 \longrightarrow W_1, \ldots, \phi_k \colon V_k \longrightarrow W_k$ lineare Abbildungen zwischen Vektorräumen über $\Bbbk$. Dann heißt die eindeutig bestimmte lineare Abbildung

$$\phi_1 \otimes \cdots \otimes \phi_k \colon V_1 \otimes \cdots \otimes V_k \longrightarrow W_1 \otimes \cdots \otimes W_k, \qquad (3.4.6)$$

sodass (3.4.4) kommutiert, das Tensorprodukt der $\phi_1, \ldots, \phi_k$.

Bemerkung 3.29. Hier begeht man selbstverständlich einen gewissen Notationsmissbrauch, da $\phi_1 \in \mathrm{Hom}(V_1, W_1), \ldots, \phi_k \in \mathrm{Hom}(V_k, W_k)$ ja ebenfalls Elemente von Vektorräumen sind, deren Tensorprodukt wir ja bereits als ein Element $\phi_1 \otimes \cdots \otimes \phi_k \in \mathrm{Hom}(V_1, W_1) \otimes \cdots \otimes \mathrm{Hom}(V_k, W_k)$ erklärt haben. Die obige Definition hingegen liefert $\phi_1 \otimes \cdots \otimes \phi_k \in \mathrm{Hom}(V_1 \otimes \cdots \otimes V_k, W_1 \otimes \cdots \otimes W_k)$, was zunächst ein völlig anderer Vektorraum ist. Wir werden diese Diskrepanz noch zu diskutieren haben und später auch auflösen.

Wir wollen nun einige erste Eigenschaften des Tensorprodukts von Abbildungen aufführen:

Proposition 3.30. *Seien V_1, V_2, V_3 und W_1, W_2, W_3 Vektorräume über $\Bbbk$ und $\phi_1 \colon V_1 \longrightarrow W_1$, $\phi_2 \colon V_2 \longrightarrow W_2$ und $\phi_3 \colon V_3 \longrightarrow W_3$ lineare Abbildungen. Seien weiter*

$$a \colon V_1 \otimes (V_2 \otimes V_3) \longrightarrow (V_1 \otimes V_2) \otimes V_3 \qquad (3.4.7)$$

und

$$\tilde{a} \colon W_1 \otimes (W_2 \otimes W_3) \longrightarrow (W_1 \otimes W_2) \otimes W_3 \qquad (3.4.8)$$

die aus Satz 3.19 resultierenden Assoziativitätsisomorphismen. Dann kommutiert das Diagramm

$$
\begin{array}{ccc}
V_1 \otimes (V_2 \otimes V_3) & \xrightarrow{\ a\ } & (V_1 \otimes V_2) \otimes V_3 \\[2pt]
\phi_1 \otimes (\phi_2 \otimes \phi_3) \downarrow & & \downarrow (\phi_1 \otimes \phi_2) \otimes \phi_3 \qquad (3.4.9)\\[2pt]
W_1 \otimes (W_2 \otimes W_3) & \xrightarrow[\ \tilde{a}\ ]{} & (W_1 \otimes W_2) \otimes W_3.
\end{array}
$$

Beweis. Da wir eine Gleichheit von linearen Abbildungen zeigen wollen, genügt es, diese auf einem Erzeugendensystem zu zeigen: Dies ist bei Tensorprodukten und Abbildungen ein ganz allgemeines Vorgehen, man benutzt das Erzeugendensystem der elementaren Tensoren. Sei also $v_1 \in V_1$, $v_2 \in V_2$ und $v_3 \in V_3$. Dann rechnen wir nach

$$
\begin{aligned}
(\tilde{a} \circ (\phi_1 \otimes (\phi_2 \otimes \phi_3)))(v_1 \otimes (v_2 \otimes v_3)) &= \tilde{a}(\phi_1(v_1) \otimes ((\phi_2 \otimes \phi_3)(v_2 \otimes v_3))) \\
&= \tilde{a}(\phi_1(v_1) \otimes (\phi_2(v_2) \otimes \phi_3(v_3))) \\
&= (\phi_1(v_1) \otimes \phi_2(v_2)) \otimes \phi_3(v_3).
\end{aligned}
$$

Für die andere Richtung erhalten wir

$$
\begin{aligned}
(((\phi_1 \otimes \phi_2) \otimes \phi_3) \circ a)(v_1 \otimes (v_2 \otimes v_3)) &= ((\phi_1 \otimes \phi_2) \otimes \phi_3)((v_1 \otimes v_2) \otimes v_3) \\
&= ((\phi_1 \otimes \phi_2)(v_1 \otimes v_2)) \otimes \phi_3(v_3) \\
&= (\phi_1(v_1) \otimes \phi_2(v_2)) \otimes \phi_3(v_3),
\end{aligned}
$$

womit (3.4.9) gezeigt ist. $\square$

Bemerkung 3.31. Wir haben in dieser Proposition nochmals explizit die Isomorphien von Satz 3.19 ausgeschrieben. Identifizieren wir nun $V_1 \otimes (V_2 \otimes V_3)$ mit $(V_1 \otimes V_2) \otimes V_3$ gemäß unserer Konvention aus Bemerkung 3.20, so besagt Proposition 3.30 einfach, dass auch das Tensorprodukt von linearen Abbildungen gemäß Definition 3.28 *assoziativ* ist. Es ist klar, dass man entsprechende Identifikationen und Assoziativitätseigenschaften auch für die höheren Produkte mit mehr Faktoren zeigen kann. Wir werden daher im Folgenden einfach

$$
\phi_1 \otimes (\phi_2 \otimes \phi_3) = \phi_1 \otimes \phi_2 \otimes \phi_3 = (\phi_1 \otimes \phi_2) \otimes \phi_3 \qquad (3.4.10)
$$

identifizieren.

Als nächstes wollen wir nachprüfen, dass das Tensorprodukt von Abbildungen selbst wieder bilinear ist: Wir betrachten der Einfachheit wegen wieder nur zwei Tensorfaktoren.

Proposition 3.32. *Seien $\phi_1, \phi_1' \colon V_1 \longrightarrow W_1$ und $\phi_2, \phi_2' \colon V_2 \longrightarrow W_2$ lineare Abbildungen, und seien $\lambda, \lambda' \in \Bbbk$. Dann gilt*

$$
(\lambda\phi_1 + \lambda\phi_1') \otimes \phi_2 = \lambda(\phi_1' \otimes \phi_2) + \lambda'(\phi_1' \otimes \phi_2) \qquad (3.4.11)
$$

und

$$\phi_1 \otimes (\lambda\phi_2 + \lambda'\phi_2') = \lambda(\phi_1 \otimes \phi_2) + \lambda'(\phi_1 \otimes \phi_2'). \qquad (3.4.12)$$

Beweis. Wir können die behauptete Gleichheit der linearen Abbildungen wieder auf dem Erzeugendensystem der elementaren Tensoren nachprüfen. Dann zeigt die einfache Rechnung

$$\begin{aligned}
((\lambda\phi_1 + \lambda'\phi_1') \otimes \phi_2)(v_1 \otimes v_2) &= ((\lambda\phi_1 + \lambda'\phi_1')(v_1)) \otimes \phi_2(v_2) \\
&= (\lambda\phi_1(v_1) + \lambda'\phi_1'(v_1)) \otimes \phi_2(v_2) \\
&= \lambda(\phi_1(v_1) \otimes \phi_2(v_2)) + \lambda'(\phi_1'(v_1) \otimes \phi_2(v_2))
\end{aligned}$$

die erste Gleichung, da ja das Tensorprodukt von Vektoren in W_1 und W_2 bilinear ist. Die zweite Gleichung erhält man analog. □

Wir wollen als nächstes untersuchen, wie sich das Tensorprodukt von Abbildungen mit der Verknüpfung derselben verträgt. Wir betrachten dazu wieder den Fall von zwei Faktoren, da die höheren Tensorprodukte sich dann wieder mit Hilfe der Assoziativität des Tensorprodukts darauf zurückführen lassen.

Proposition 3.33. *Seien $\phi_i\colon V_i \longrightarrow W_i$ sowie $\psi_i\colon W_i \longrightarrow U_i$ für $i = 1, 2$ lineare Abbildungen zwischen Vektorräumen über $\Bbbk$. Dann gilt*

$$(\psi_1 \otimes \psi_2) \circ (\phi_1 \otimes \phi_2) = (\psi_1 \circ \phi_1) \otimes (\psi_2 \circ \phi_2). \qquad (3.4.13)$$

Beweis. Seien $v_1 \in V_1$ und $v_2 \in V_2$. Dann gilt

$$\begin{aligned}
((\psi_1 \otimes \psi_2) \circ (\phi_1 \otimes \phi_2))(v_1 \otimes v_2) &= (\psi_1 \otimes \psi_2)((\phi_1 \otimes \phi_2)(v_1 \otimes v_2)) \\
&= (\psi_1 \otimes \psi_2)(\phi_1(v_1) \otimes \phi_2(v_2)) \\
&= \psi_1(\phi_1(v_1)) \otimes \psi_2(\phi_2(v_2))
\end{aligned}$$

nach Definition von $\phi_1 \otimes \phi_2$ beziehungsweise $\psi_1 \otimes \psi_2$. Also stimmen die beiden Abbildungen in (3.4.13) auf elementaren Tensoren $v_1 \otimes v_2 \in V_1 \otimes V_2$ überein. Da aber $V_1 \otimes V_2$ durch solche elementaren Tensoren aufgespannt wird, folgt (3.4.13) überall, weil eine lineare Abbildung durch ihre Werte auf einem Erzeugendensystem eindeutig festgelegt ist. □

Korollar 3.34. *Seien $\phi_1\colon V_1 \longrightarrow W_1$ und $\phi_2\colon V_2 \longrightarrow W_2$ linear.*
i.) Es gilt $\mathrm{id}_{V_1} \otimes \mathrm{id}_{V_2} = \mathrm{id}_{V_1 \otimes V_2}$.
ii.) Es gilt

$$(\mathrm{id}_{W_1} \otimes\phi_2) \circ (\phi_1 \otimes \mathrm{id}_{V_2}) = \phi_1 \otimes \phi_2 = (\phi_1 \otimes \mathrm{id}_{W_2}) \circ (\mathrm{id}_{V_1} \otimes\phi_2). \quad (3.4.14)$$

Beweis. Aufgrund der Definition (3.4.5) des Tensorprodukts linearer Abbildungen ist *i.)* klar. Für (3.4.14) können wir (3.4.13) benutzen oder auch direkt auf elementaren Tensoren auswerten. □

Kontrollfragen. Was ist das Tensorprodukt von linearen Abbildungen? In welchem Sinne ist dies assoziativ und mit der Verkettung von linearen Abbildungen verträglich?

3.5 Kanonische Isomorphismen

In diesem Abschnitt werden wir verschiedene Wege aufzeigen, wie Tensorprodukte, Homomorphismenräume und Dualräume in Beziehung stehen. Es wird sich zeigen, dass es hier einige natürlich definierte Abbildungen zur Identifikation gibt, welche typischerweise injektiv sind, aber in unendlichen Dimensionen nicht zu Surjektionen führen. In endlichen Dimensionen hingegen werden wir tatsächlich Isomorphien vorliegen haben, womit sich die Tensorrechnung dann erheblich vereinfachen wird.

Zum Prüfen von Injektivität erweist sich folgendes Lemma oftmals als hilfreich:

Lemma 3.35. *Seien $V_1, \ldots, V_k$ und W Vektorräume über $\Bbbk$, und sei $\Phi \colon V_1 \times \cdots \times V_k \longrightarrow W$ eine k-lineare Abbildung mit zugehöriger linearer Abbildung $\phi \colon V_1 \otimes \cdots \otimes V_k \longrightarrow W$. Dann sind äquivalent:*

i.) Die Abbildung ϕ ist injektiv.

ii.) Für alle Basen $B_1 \subseteq V_1, \ldots, B_k \subseteq V_k$ ist $\{\Phi(b_1, \ldots, b_k)\}_{b_1 \in B_1, \ldots, b_k \in B_k}$ eine linear unabhängige Teilmenge von W.

iii.) Es gibt Basen $B_1 \subseteq V_1, \ldots, B_k \subseteq V_k$ mit der Eigenschaft, dass die Menge $\{\Phi(b_1, \ldots, b_k)\}_{b_1 \in B_1, \ldots, b_k \in B_k}$ eine linear unabhängige Teilmenge von W ist.

Beweis. Sei ϕ injektiv und seien $B_1 \subseteq V_1, \ldots, B_k \subseteq V_k$ beliebige Basen. Dann bilden die Vektoren

$$\left\{ b_1 \otimes \cdots \otimes b_k \mid b_1 \in B_1, \ldots, b_k \in B_k \right\} \subseteq V_1 \otimes \cdots \otimes V_k \qquad (3.5.1)$$

eine Basis des Tensorprodukts nach Satz 3.15, *iii.*). Da ϕ injektiv ist, bildet ϕ eine Basis auf linear unabhängige Vektoren ab. Mit der definierenden Eigenschaft $\phi(b_1 \otimes \cdots \otimes b_k) = \Phi(b_1, \ldots, b_k)$ folgt dann *ii.*). Dies zeigt *i.*) $\implies$ *ii.*). Die Implikation *ii.*) $\implies$ *iii.*) ist trivial. Sei schließlich *iii.*) erfüllt, und sei $v \in V_1 \otimes \cdots \otimes V_k$ ein beliebiger Tensor. Da die Vektoren (3.5.1) eine Basis bilden, können wir

$$v = \sum_{b_1 \in B_1, \ldots, b_k \in B_k} v_{b_1 \ldots b_k} b_1 \otimes \cdots \otimes b_k$$

mit eindeutig bestimmten Koeffizienten $v_{b_1 \ldots b_k} \in \Bbbk$ schreiben, von denen alle bis auf endlich viele verschwinden. Dann gilt mit der universellen Eigenschaft des Tensorprodukts und der Linearität von ϕ aber

$$\phi(v) = \phi\left(\sum_{b_1 \in B_1, \ldots, b_k \in B_k} v_{b_1 \ldots b_k} b_1 \otimes \cdots \otimes b_k\right)$$

$$= \sum_{b_1 \in B_1, \ldots, b_k \in B_k} v_{b_1 \ldots b_k} \phi(b_1 \otimes \cdots \otimes b_k)$$

$$= \sum_{b_1 \in B_1, \ldots, b_k \in B_k} v_{b_1 \ldots b_k} \Phi(b_1, \ldots, b_k).$$

Ist also nun $v \in \ker \phi$, so folgt aus der linearen Unabhängigkeit der Vektoren $\Phi(b_1, \ldots, b_k)$ sofort $v_{b_1 \ldots b_k} = 0$ für alle $b_1 \in B_1, \ldots, b_k \in B_k$. Dies bedeutet $v = 0$. Also gilt $\ker \phi = \{0\}$, womit ϕ injektiv ist. $\square$

Als erste Anwendung wollen wir nun das Tensorprodukt von linearen Abbildungen erneut aufgreifen. Hier deutete sich in Bemerkung 3.29 ein gewisser Notationskonflikt an, da wir das Symbol $\phi_1 \otimes \cdots \otimes \phi_k$ für $\phi_1 \in \mathrm{Hom}(V_1, W_1), \ldots, \phi_k \in \mathrm{Hom}(V_k, W_k)$ ja auf zwei unterschiedliche Weisen interpretieren können: als Tensorprodukt der Vektoren $\phi_1 \in \mathrm{Hom}(V_1, W_1), \ldots, \phi_k \in \mathrm{Hom}(V_k, W_k)$ in $\mathrm{Hom}(V_1, W_1) \otimes \cdots \otimes \mathrm{Hom}(V_k, W_k)$ oder eben gemäß Definition 3.28 als lineare Abbildung $\phi_1 \otimes \cdots \otimes \phi_k \in \mathrm{Hom}(V_1 \otimes \cdots \otimes V_k, W_1 \otimes \cdots \otimes W_k)$. Wir wollen diese Schwierigkeit nun schrittweise als nicht vorhanden entlarven. Dazu bemerken wir zunächst folgende Eigenschaft:

Lemma 3.36. *Seien $V_1, \ldots, V_k$ und $W_1, \ldots, W_k$ Vektorräume über $\Bbbk$. Dann ist die Abbildung*

$$\mathrm{Hom}(V_1, W_1) \times \cdots \times \mathrm{Hom}(V_k, W_k) \longrightarrow \mathrm{Hom}(V_1 \otimes \cdots \otimes V_k, W_1 \otimes \cdots \otimes W_k),$$
(3.5.2)

definiert durch

$$(\phi_1, \ldots, \phi_k) \mapsto \phi_1 \otimes \cdots \otimes \phi_k,$$
(3.5.3)

k-linear, wobei $\phi_1 \otimes \cdots \otimes \phi_k$ gemäß Definition 3.28 zu verstehen ist.

Beweis. Dies ist gerade die Aussage von Proposition 3.32, ausgedehnt auf k Faktoren anstelle von zwei. Der Beweis kann wörtlich übernommen werden.

$\square$

Nach der universellen Eigenschaft des Tensorprodukts gibt es also eine lineare Abbildung ι derart, dass

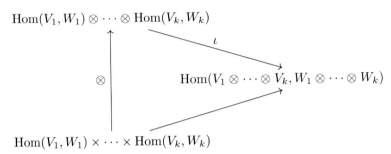

$$(3.5.4)$$

kommutiert. Der in Bemerkung 3.29 aufgezeigte Notationsmissbrauch besteht also konkret darin, sowohl für die linke, als auch für die rechte Seite das Symbol $\phi_1 \otimes \cdots \otimes \phi_k$ zu verwenden, *ohne* die Abbildung ι zu benutzen. Gerechtfertigt wird dies nun dadurch, dass ι *injektiv* ist, womit die linke Seite der oberen Zeile von (3.5.4) via ι als *Unterraum* der rechten Seite angesehen werden kann:

Proposition 3.37. *Seien* $V_1, \ldots, V_k$ *und* $W_1, \ldots, W_k$ *Vektorräume über* $\Bbbk$.

i.) Die Abbildung ι *in* (3.5.4) *ist injektiv.*

ii.) Sind alle Vektorräume endlich-dimensional, so ist ι *bijektiv.*

Beweis. Die wesentliche Schwierigkeit dieses Beweises besteht vielleicht darin, sich klar zu machen, welche der folgenden Gleichungen sich auf welchen Vektorraum bezieht. Wir wollen das Kriterium aus Lemma 3.35 zum Einsatz bringen. Seien also $C_i \subseteq \mathrm{Hom}(V_i, W_i)$ Basen für $i = 1, \ldots, k$. Man beachte, dass es im Allgemeinen nicht möglich ist, eine Basis von $\mathrm{Hom}(V, W)$ aus Basen von V und W zu konstruieren, außer V und W sind endlich-dimensional. Weiter wählen wir Basen $A_i \subseteq V_i$ und $B_i \subseteq W_i$ für alle $i = 1, \ldots, k$. Wir wollen nun also zeigen, dass die Bilder von $(\Phi_1, \ldots, \Phi_k)$ für $\Phi_1 \in C_1, \ldots, \Phi_k \in C_k$ linear unabhängig in $\mathrm{Hom}(V_1 \otimes \cdots \otimes V_k, W_1 \otimes \cdots \otimes W_k)$ sind. Seien dazu $\lambda_{\Phi_1 \ldots \Phi_k} \in \Bbbk$ Zahlen mit

$$\sum_{\Phi_1 \in C_1, \ldots, \Phi_k \in C_k} \lambda_{\Phi_1 \ldots \Phi_k} \Phi_1 \otimes \cdots \otimes \Phi_k = 0 \qquad (3.5.5)$$

in $\mathrm{Hom}(V_1 \otimes \cdots \otimes V_k, W_1 \otimes \cdots \otimes W_k)$, wobei wie immer nur endlich viele $\lambda_{\Phi_1 \ldots \Phi_k}$ ungleich null sind. Wir wollen zeigen, dass dann notwendigerweise alle $\lambda_{\Phi_1 \ldots \Phi_k}$ verschwinden müssen. Wir werten nun (3.5.5) auf den Basen $A_i \subseteq V_i$ und $B_i \subseteq W_i$ aus und erhalten zunächst für alle $a_i \in A_i$

$$\sum_{\Phi_1 \in C_1, \ldots, \Phi_k \in C_k} \lambda_{\Phi_1 \ldots \Phi_k} \Phi_1(a_1) \otimes \cdots \otimes \Phi_k(a_k) = 0. \qquad (3.5.6)$$

Jeden Vektor $\Phi_i(a_i)$ schreiben wir nun bezüglich der Basis B_i als eindeutige Linearkombination

$$\Phi_i(a_i) = \sum_{b_i \in B_i} (\Phi_i(a_i))_{b_i} b_i$$

mit den üblichen Koeffizienten $(\Phi_i(a_i))_{b_i} \in \Bbbk$, deren Gesamtheit Φ_i charakterisiert. Einsetzen in (3.5.6) liefert also die Gleichung

$$\sum_{b_1 \in B_1,\ldots,b_k \in B_k} \sum_{\Phi_1 \in C_1,\ldots,\Phi_k \in C_k} \lambda_{\Phi_1\ldots\Phi_k} (\Phi_1(a_1))_{b_1} \cdots (\Phi_k(a_k))_{b_k} b_1 \otimes \cdots \otimes b_k = 0.$$

Da nun die $b_1 \otimes \cdots \otimes b_k$ eine Basis von $W_1 \otimes \cdots \otimes W_k$ bilden, folgt also für alle $a_1 \in A_1,\ldots,a_k \in a_k$ und alle $b_1 \in B_1,\ldots,b_k \in B_k$ die skalare Gleichung

$$\sum_{\Phi_1 \in C_1,\ldots,\Phi_k \in C_k} \lambda_{\Phi_1\ldots\Phi_k} (\Phi_1(a_1))_{b_1} \cdots (\Phi_k(a_k))_{b_k} = 0. \tag{3.5.7}$$

Wir setzen nun

$$\mu_{\Phi_k}^{a_1,\ldots,a_{k-1},b_1,\ldots,b_{k-1}}$$

$$= \sum_{\Phi_1 \in C_1,\ldots,\Phi_{k-1} \in C_{k-1}} \lambda_{\Phi_1\ldots\Phi_k} (\Phi_1(a_1))_{b_1} \cdots (\Phi_{k-1}(a_{k-1}))_{b_{k-1}},$$

und erhalten damit aus (3.5.7) für alle $a_k \in A_k$ und $b_k \in B_k$

$$\sum_{\Phi_k \in C_k} \mu_{\Phi_k}^{a_1,\ldots,a_{k-1},b_1,\ldots,b_{k-1}} \Phi_k(a_k)_{b_k} = 0. \tag{3.5.8}$$

Da Φ_k durch die Werte auf der Basis A_k eindeutig festgelegt ist und diese Werte durch ihre Koeffizienten bezüglich der Basis B_k festgelegt sind, ist (3.5.8) gleichbedeutend mit

$$\sum_{\Phi_k \in C_k} \mu_{\Phi_k}^{a_1,\ldots,a_{k-1},b_1,\ldots,b_{k-1}} \Phi_k = 0.$$

Da nun die Φ_k eine Basis von $\operatorname{Hom}(V_k, W_k)$ durchlaufen, kann dies nur für triviale Koeffizienten

$$0 = \mu_{\Phi_k}^{a_1,\ldots,a_{k-1},b_1,\ldots,b_{k-1}} = \sum_{\Phi_1 \in C_1,\ldots,\Phi_{k-1} \in C_{k-1}} \lambda_{\Phi_1\ldots\Phi_k} \tag{3.5.9}$$

richtig sein. Damit haben wir also erreicht, dass eine Summe in (3.5.7) eliminiert werden konnte und die verbleibende Gleichung (3.5.9) nun für alle Φ_k gültig ist. Dieses Vorgehen wiederholen wir nun induktiv. Nach insgesamt k Schritten erreicht man dann die Gleichung

$$\lambda_{\Phi_1\ldots\Phi_k} = 0$$

für alle $\Phi_1 \in C_1, \ldots, \Phi_k \in C_k$. Damit haben wir aber die lineare Unabhängigkeit der Abbildungen $\Phi_1 \otimes \cdots \otimes \Phi_k \in \mathrm{Hom}(V_1 \otimes \cdots \otimes V_k, W_1 \otimes \cdots \otimes W_k)$ gezeigt und können nun Lemma 3.35 anwenden. Dies liefert den ersten Teil. Der zweite ist nun vergleichsweise trivial, da im endlich-dimensionalen Fall

$$\dim(\mathrm{Hom}(V_i, W_i)) = \dim V_i \dim W_i$$

impliziert, dass

$$\dim\big(\mathrm{Hom}(V_1, W_1) \otimes \cdots \otimes \mathrm{Hom}(V_k, W_k)\big)$$
$$= \dim V_1 \dim W_1 \cdots \dim V_k \dim W_k$$
$$= \dim\big(\mathrm{Hom}(V_1 \otimes \cdots \otimes V_k, W_1 \otimes \cdots \otimes W_k)\big).$$

Damit haben die beiden Vektorräume also dieselbe endliche Dimension, und die injektive lineare Abbildung ι zwischen ihnen ist demnach sogar bijektiv. $\qquad\square$

Korollar 3.38. *Seien $V_1, \ldots, V_k$ Vektorräume über $\Bbbk$. Dann ist die kanonische lineare Abbildung*

$$V_1^* \otimes \cdots \otimes V_k^* \longrightarrow (V_1 \otimes \cdots \otimes V_k)^* \tag{3.5.10}$$

injektiv und sogar bijektiv, wenn alle Vektorräume endlich-dimensional sind.

Beweis. Dies ist der Spezialfall $W_1 = \ldots = W_k = \Bbbk$ von Proposition 3.37. $\quad\square$

Ausgeschrieben bedeutet die Abbildung (3.5.10) wieder, dass wir für $\varphi_1 \in V_1^*, \ldots, \varphi_k \in V_k^*$ und deren Tensorprodukt $\varphi_1 \otimes \cdots \otimes \varphi_k \in V_1^* \otimes \cdots \otimes V_k^*$ die lineare Abbildung

$$\varphi_1 \otimes \cdots \otimes \varphi_k \colon V_1 \otimes \cdots \otimes V_k \longrightarrow \Bbbk \otimes \cdots \otimes \Bbbk = \Bbbk \tag{3.5.11}$$

durch

$$(\varphi_1 \otimes \cdots \otimes \varphi_k)(v_1 \otimes \cdots \otimes v_k) = \varphi_1(v_1) \cdots \varphi_k(v_k) \tag{3.5.12}$$

definieren und linear auf ganz $V_1 \otimes \cdots \otimes V_k$ fortsetzen. Man beachte, dass wir hier die kanonische Isomorphie $\Bbbk \otimes \cdots \otimes \Bbbk = \Bbbk$ stillschweigend verwenden, siehe Proposition 3.25, *ii.)*.

Bemerkung 3.39. In unendlichen Dimensionen ist diese injektive Abbildung im Allgemeinen wirklich nicht surjektiv. Es gibt zwar Spezialfälle, wo Surjektivität immer noch gewährleistet ist, etwa wenn genügend viele der beteiligten Vektorräume noch endlich-dimensional sind, aber allgemein erhält man über (3.5.4) beziehungsweise (3.5.10) einen echten Unterraum der jeweiligen rechten Seite.

Wir kommen nun zu einer weiteren kanonischen Identifizierung. Wir betrachten zwei Vektorräume V und W sowie deren Dualräume. Für $\varphi \in V^*$

und $w \in W$ betrachten wir dann die Abbildung

$$\Theta_{w,\varphi}\colon V \ni v \mapsto \varphi(v)w \in W, \tag{3.5.13}$$

welche sicherlich im Argument v linear ist, also ein Element von $\mathrm{Hom}(V,W)$ darstellt.

Proposition 3.40. *Seien V,W Vektorräume über $\Bbbk$.*

i.) Die Abbildung

$$\Theta\colon W \times V^* \ni (w,\varphi) \mapsto \Theta_{w,\varphi} \in \mathrm{Hom}(V,W) \tag{3.5.14}$$

ist bilinear.

ii.) Die durch Θ induzierte lineare Abbildung

$$\Theta\colon W \otimes V^* \longrightarrow \mathrm{Hom}(V,W) \tag{3.5.15}$$

ist injektiv.

iii.) Das Bild von (3.5.15) besteht aus denjenigen Homomorphismen

$$\mathrm{Hom}_{\mathsf{f}}(V,W) = \big\{ A \in \mathrm{Hom}(V,W) \mid \dim(\mathrm{im}\,A) < \infty \big\} \tag{3.5.16}$$

mit endlich-dimensionalem Bild.

iv.) Ist mindestens einer der beiden Vektorräume V oder W endlich-dimensional, so ist (3.5.15) ein Isomorphismus.

Beweis. Seien $\varphi, \varphi' \in V^*$ und $w, w' \in W$ sowie $\lambda, \lambda' \in \Bbbk$ und $v \in V$. Dann gilt

$$\begin{aligned}
\Theta_{\lambda w + \lambda' w', \varphi}(v) &= \varphi(v)(\lambda w + \lambda' w') \\
&= \lambda \varphi(v)w + \lambda' \varphi(v)w' \\
&= \lambda \Theta_{w,\varphi}(v) + \lambda' \Theta_{w',\varphi}(v),
\end{aligned}$$

was $\Theta_{\lambda w + \lambda' w', \varphi} = \lambda \Theta_{w,\varphi} + \lambda' \Theta_{w',\varphi}$ zeigt. Ebenso rechnen wir nach, dass

$$\begin{aligned}
\Theta_{w, \lambda \varphi + \lambda' \varphi'}(v) &= (\lambda \varphi + \lambda' \varphi')(v)w \\
&= (\lambda \varphi(v) + \lambda' \varphi'(v))w \\
&= \lambda \varphi(v)w + \lambda' \varphi'(v)w \\
&= \lambda \Theta_{w,\varphi}(v) + \lambda' \Theta_{w,\varphi'}(v),
\end{aligned}$$

womit auch die Linearität im zweiten Argument von Θ folgt. Damit ist *i.)* gezeigt, und wir erhalten eine induzierte lineare Abbildung (3.5.15) aus der universellen Eigenschaft des Tensorprodukts. Wir wollen nun also die Injektivität zeigen. Wir wählen dazu eine Basis $B \subseteq W$ des Zielraums. Dann können wir jeden Tensor α in $W \otimes V^*$ als

$$\alpha = \sum_{b \in B} b \otimes \varphi_b$$

mit eindeutigen $\varphi_b \in V^*$ schreiben, wobei nur endlich viele φ_b von null verschieden sind, siehe auch Übung 3.5. Sei also α im Kern von (3.5.15) und somit für jedes $v \in V$

$$0 = \Theta_\alpha(v) = \sum_{b \in B} \varphi_b(v) \cdot b.$$

Da die Vektoren $b \in B$ linear unabhängig sind, folgt $\varphi_b(v) = 0$ für alle $b \in B$. Da $v \in V$ aber beliebig war, folgt $\varphi_b = 0$ und damit $\alpha = 0$. Also ist der Kern von Θ trivial und (3.5.15) somit injektiv. Für den dritten Teil betrachten wir $A \in \mathrm{Hom}_f(V, W)$. Dann wählen wir eine endliche Basis $w_1, \ldots, w_n \in \mathrm{im}\, A$ des Bildes. Jeder Vektor $A(v) \in \mathrm{im}\, A$ hat daher eine eindeutige Basisdarstellung

$$A(v) = \sum_{i=1}^{n} A(v)_i w_i. \tag{3.5.17}$$

Die Koeffizientenfunktionale $A(v)_i$ hängen dabei wie immer linear vom Vektor $A(v)$ ab. Da aber A selbst auch linear ist, folgt, dass

$$\varphi_i \colon V \ni v \mapsto A(v)_i \in \Bbbk$$

ein lineares Funktional auf V ist. Damit wird (3.5.17) also zu

$$A(v) = \sum_{i=1}^{n} \varphi_i(v) w_i = \Theta_{\sum_{i=1}^{n} w_i \otimes \varphi_i}(v),$$

was die Surjektivität von Θ auf $\mathrm{Hom}_f(V, W)$ zeigt. Ist umgekehrt $\alpha \in W \otimes V^*$ gegeben, so gibt es endlich viele $\varphi_1, \ldots, \varphi_n \in V^*$ und $w_1, \ldots, w_n \in W$ mit

$$\alpha = \sum_{i=1}^{n} w_i \otimes \varphi_i.$$

Für das zugehörige Θ_α gilt dann sicherlich

$$\mathrm{im}\, \Theta_\alpha \subseteq \mathrm{span}\{w_1, \ldots, w_n\},$$

womit $\dim(\mathrm{im}\, \Theta_\alpha) \leq n < \infty$ folgt. Damit haben wir aber *iii.)* gezeigt. Sei nun zunächst V endlich-dimensional und $b_1, \ldots, b_n \in V$ eine Basis. Ist $A \in \mathrm{Hom}(V, W)$, so gilt für $v \in V$ mit Basisdarstellung $v = \sum_{i=1}^{n} v_i \cdot b_i$

$$A(v) = A\left(\sum_{i=1}^{n} v_i \cdot b_i \right) = \sum_{i=1}^{n} v_i A(b_i) \in \mathrm{span}_{\Bbbk}\{A(b_1), \ldots, A(b_n)\},$$

was $A \in \mathrm{Hom}_f(V,W)$ zeigt. Also gilt $\mathrm{Hom}(V,W) = \mathrm{Hom}_f(V,W)$, und (3.5.15) ist wegen *iii.)* ein Isomorphismus. Ist umgekehrt W endlich-dimensional, so gilt trivialerweise $\mathrm{Hom}_f(V,W) = \mathrm{Hom}(V,W)$, womit der Beweis von *iv.)* abgeschlossen ist.   □

Bemerkung 3.41. Sind beide Vektorräume endlich-dimensional, so zeigt

$$\dim(W \otimes V^*) = \dim W \dim V^* = \dim W \dim V = \dim(\mathrm{Hom}(V,W)) \tag{3.5.18}$$

auf triviale Weise, dass die injektive Abbildung (3.5.15) auch surjektiv sein muss. Der vierte Teil ist also insbesondere deshalb interessant, da einer der beiden Vektorräume noch unendlich-dimensional sein darf.

Mit Hilfe der kanonischen Flip-Abbildung $\tau \colon V^* \otimes W \longrightarrow W \otimes V^*$ erhalten wir entsprechend auch einen Isomorphismus

$$V^* \otimes W \longrightarrow \mathrm{Hom}_f(V,W). \tag{3.5.19}$$

Die kanonische Inklusionsabbildung Θ ist mit den bisher gefundenen kanonischen Abbildungen bestens verträglich. Wir illustrieren dies in folgender Proposition:

Proposition 3.42. *Seien V und W Vektorräume über $\Bbbk$. Dann kommutiert das Diagramm*

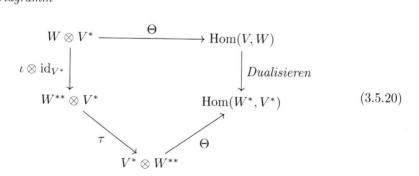

$$\tag{3.5.20}$$

wobei $\iota \colon W \longrightarrow W^{**}$ die kanonische Inklusion ist.

Beweis. Die Schwierigkeit des Beweises besteht im Wesentlichen darin, sich die Eigenschaften der jeweiligen Abbildungen vor Augen zu führen. Wir starten mit $w \otimes \varphi \in W \otimes V^*$. Zuerst müssen wir die duale Abbildung $\Theta^*_{w \otimes \varphi}$ von $\Theta_{w \otimes \varphi}$ bestimmen. Dazu benötigen wir $\psi \in W^*$ und $v \in V$. Nach Definition der dualen Abbildung gilt dann

$$\Theta^*_{w \otimes \varphi}(\psi) = \psi \circ \Theta_{w \otimes \varphi} \in V^*,$$

was ausgewertet auf $v \in V$

$$\left(\Theta^*_{w \otimes \varphi}(\psi) \right)(v) = \psi(\Theta_{w \otimes \varphi}(v))$$

$$= \psi(\varphi(v)w)$$
$$= \varphi(v)\psi(w)$$

liefert. Nun gilt $\psi(w) = \iota(w)(\psi)$ nach Definition der kanonischen Inklusion $\iota\colon W \longrightarrow W^{**}$. Damit folgt also

$$\varphi(v)\psi(w) = (\iota(w)(\psi))\varphi(v)$$
$$= (\iota(w)(\psi)\varphi)(v)$$
$$= (\Theta_{\varphi \otimes \iota(w)}\psi)(v)$$
$$= (\Theta_{\tau(\iota(w) \otimes \varphi)}\psi)(v)$$
$$= (\Theta_{(\tau \circ (\iota \otimes \mathrm{id}))(w \otimes \varphi)}\psi)(v)$$

für alle $\psi \in W^*$ und alle $v \in V$. Insgesamt gilt also

$$\Theta^*_{w \otimes \varphi} = \Theta_{(\tau \circ (\iota \otimes \mathrm{id}))(w \otimes \varphi)}.$$

Dies ist gerade die Kommutativität des Diagramms auf dem speziellen Vektor $w \otimes \varphi \in W \otimes V^*$. Da diese elementaren Tensoren aber ein Erzeugendensystem bilden und (3.5.20) nur lineare Abbildungen enthält, genügt es, die Kommutativität von (3.5.20) auf diesem Erzeugendensystem nachzuprüfen. □

Im Folgenden werden wir das Symbol Θ wieder unterdrücken und einfach $w \otimes \varphi \in \mathrm{Hom}(V, W)$ anstelle von $\Theta_{w \otimes \varphi}$ schreiben.

Bemerkung 3.43 (Alle Diagramme kommutieren). Es gibt nun noch viele weitere Kompatibilitäten der jeweiligen kanonisch definierten Abbildungen. Wir wollen hier keine umfassende Liste aufstellen, aber anmerken, dass ein Diagramm, welches lediglich aus kanonisch gegebenen Abbildungen besteht, eine gute Chance hat, auch zu kommutieren. In der Tat gibt es hierfür eine präzise Definition, was „kanonisch gegebene Abbildungen" sind und dann wird aus der guten Chance ein handfester mathematischer Satz.

Zum Abschluss betrachten wir noch folgende spezielle Situation. Das Tensorprodukt $V \otimes V^*$ können wir mit den Endomorphismen mit endlich-dimensionalem Bild $\mathrm{End}_f(V) \subseteq \mathrm{End}(V)$ dank Proposition 3.40 auf kanonische Weise identifizieren. Es gibt jedoch noch eine weitere Möglichkeit, Elemente von V und V^* bilinear miteinander zu verbinden: Wir können $\varphi \in V^*$ auf $v \in V$ auswerten. Dies ist die bilineare Auswertungsabbildung (*Evaluation*)

$$\mathrm{ev}\colon V \times V^* \ni (v, \varphi) \mapsto \varphi(v) \in \Bbbk \tag{3.5.21}$$

aus (3.1.6). Wie immer erhalten wir aus der universellen Eigenschaft des Tensorprodukts eine lineare Abbildung

$$\mathrm{ev}\colon V \otimes V^* \longrightarrow \Bbbk, \tag{3.5.22}$$

für welche wir dasselbe Symbol verwenden, sodass auf elementaren Tensoren also

$$\mathrm{ev}(v \otimes \varphi) = \varphi(v) \tag{3.5.23}$$

gilt. Wir wollen nun zeigen, dass es sich für einen endlich-dimensionalen Vektorraum V hierbei um einen alten Bekannten handelt:

Proposition 3.44. *Sei V ein endlich-dimensionaler Vektorraum über $\Bbbk$ und $B = (b_1, \dots, b_k)$ eine geordnete Basis von V mit dualer Basis $B^* = (b_1^*, \dots, b_n^*)$.*

i.) Für $i, j = 1, \dots, n$ gilt für $b_i \otimes b_j^*$ die Basisdarstellung

$$_B[b_i \otimes b_j^*]_B = E_{ij}. \tag{3.5.24}$$

ii.) Die Endomorphismen $\{b_i \otimes b_j^*\}_{i,j=1,\dots,n}$ bilden eine Basis von $\mathrm{End}(V)$.
iii.) Das Diagramm

$$
\begin{array}{ccc}
V \otimes V^* & \xrightarrow{\ \cong\ } & \mathrm{End}(V) \\
& \searrow_{\mathrm{ev}} \quad \swarrow_{\mathrm{tr}} & \\
& \Bbbk &
\end{array}
\tag{3.5.25}
$$

kommutiert.

Beweis. Interpretieren wir $b_i \otimes b_j^*$ als Endomorphismus gemäß Proposition 3.40, *ii.)*, so gilt für die Werte auf der Basis B

$$(b_i \otimes b_j^*)(b_k) = b_i \cdot \big(b_j^*(b_k)\big) = b_i \cdot \delta_{jk}.$$

Damit ist aber die zugehörige Matrix von $b_i \otimes b_j^*$ in der Basis B durch die Matrix

$$_B[b_i \otimes b_j^*]_B = E_{ij}$$

gegeben, wobei $E_{ij} \in \mathrm{M}_n(\Bbbk)$ die übliche Elementarmatrix mit einer 1 an der j-ten Stelle der i-ten Zeile ist und Nulleinträgen sonst. Dies zeigt den ersten Teil. Da die Elementarmatrizen aber eine Basis von $\mathrm{M}_n(\Bbbk)$ bilden, folgt auch der zweite Teil. Für den dritten Teil erinnern wir uns an die Definition der Spur aus Kap. 6 aus Band 1. Insbesondere wissen wir, dass sich mittels einer Basisdarstellung die Spur auch für einen Endomorphismus eines endlich-dimensionalen Vektorraums definieren lässt und dann *nicht* von der gewählten Basis abhängt. Wir berechnen nun die Spur eines beliebigen Endomorphismus. Für $A \in V \otimes V^*$ finden wir eindeutig bestimmte Koeffizienten $A_{ij} \in \Bbbk$ mit

$$A = \sum_{i,j=1}^{n} A_{ij} b_i \otimes b_j^*,$$

da die elementaren Tensoren nach Satz 3.15, *iii.)*, ja eine Basis des Tensorprodukts $V \otimes V^*$ bilden. Nun gilt einerseits

$$\mathrm{ev}(A) = \sum_{i,j=1}^{n} A_{ij} \, \mathrm{ev}(b_i \otimes b_j^*) = \sum_{i,j=1}^{n} A_{ij} b_j^*(b_i) = \sum_{i,j=1}^{n} A_{ij}\delta_{ij} = \sum_{i=1}^{n} A_{ii},$$

da die $(b_1^*, \ldots, b_n^*)$ die zu $(b_1, \ldots, b_n)$ duale Basis sind. Andererseits gilt nach *i.)*

$$\mathrm{tr}\left({}_B[A]_B \right) = \mathrm{tr}\left(\sum_{i,j=1}^{n} A_{ij} E_{ij} \right) = \sum_{i,j=1}^{n} A_{ij} \, \mathrm{tr}(E_{ij}) = \sum_{i,j=1}^{n} A_{ij}\delta_{ij} = \sum_{i=1}^{n} A_{ii},$$

da offenbar $\mathrm{tr}(E_{ij}) = \delta_{ij}$. Wir haben damit insbesondere einen erneuten Beweis der Basisunabhängigkeit der Spur erbracht, da ja ev ebenso wie der Isomorphismus $V \otimes V^* \cong \mathrm{End}(V)$ kanonisch waren. $\qquad \Box$

Bemerkung 3.45 (Partielle Spurbildung). Die Konstruktion der Evaluation ev führt also letztlich auf die Spur und zeigt für diese nun eine weitere Interpretation auf. Wir können ev aber generell definieren, ob V nun endlichdimensional ist oder nicht. Weiter können wir auch bei mehreren Tensorfaktoren eine Evaluation definieren, sofern ein Paar V und V^* unter den Faktoren ist. Dies liefert dann lineare Abbildungen der Form

$$\mathrm{ev}_{V,V^*} \colon V_1 \otimes \cdots \otimes V \otimes \cdots \otimes V^* \otimes \cdots \otimes V_k \longrightarrow V_1 \otimes \cdots \otimes V_k, \quad (3.5.26)$$

welche dann entsprechend *partielle Spur* oder auch *Verjüngung* der Tensoren genannt wird. Treten die Faktoren V beziehungsweise V^* mehrfach auf, so muss man spezifizieren, zwischen welchen beiden man die Verjüngung bilden möchte. So sind also etwa

$$\mathrm{ev}_{13} \colon V \otimes V \otimes V^* \longrightarrow V \qquad\qquad (3.5.27)$$

und

$$\mathrm{ev}_{23} \colon V \otimes V \otimes V^* \longrightarrow V \qquad\qquad (3.5.28)$$

zwei verschiedene Abbildungen. Die Bezeichnungsweise sollte dem Rechnung tragen, wird aber in der Literatur nicht einheitlich vorgenommen.

Kontrollfragen. Welche zwei Interpretationen des Tensorprodukts von linearen Abbildungen gibt es, und wie kann man diesen Notationskonflikt auflösen? Was sind Homomorphismen mit endlich-dimensionalem Bild? Welche kanonischen Isomorphismen kennen Sie? Wie können Sie die Spur mittels Tensorprodukten schreiben? Was ist Verjüngung?

3.6 Indexkalkül

In diesem Abschnitt betrachten wir ausschließlich endlich-dimensionale Vektorräume. Auch wenn letztlich mit Satz 3.15, *iii.)*, alles zur Darstellung von Tensoren bezüglich Basen gesagt ist, wollen wir in diesem Abschnitt einen sehr effektiven Kalkül vorstellen, wie man Basisdarstellungen von Tensoren handhaben kann. Dieser Indexkalkül findet weite Anwendung beispielsweise in der Differentialgeometrie und in der mathematischen Physik.

Sei nun also V ein n-dimensionaler Vektorraum über $\Bbbk$. Wir wählen eine geordnete Basis, welche wir in Anlehnung an die Standardbasis von $\Bbbk^n$ mit $B = (\mathrm{e}_1, \ldots, \mathrm{e}_n)$ bezeichnen wollen. Die Basisdarstellung eines Vektors $v \in V$ wollen wir nun folgendermaßen schreiben: Zunächst setzen wir die Indizes der Komponenten von v nicht länger unten, sondern oben an das Symbol des Vektors: Wir schreiben daher $v^i \in \Bbbk$ anstelle wie bisher $v_i \in \Bbbk$ für den i-ten Koeffizienten von v bezüglich der Basis B. Da wir bei Basisdarstellungen immer über die gesamten zur Verfügung stehenden Indizes summieren müssen, können wir zu Abkürzung auch die Summationssymbole weglassen: Wir schreiben also

$$v = v^i \mathrm{e}_i \quad \text{anstelle von} \quad v = \sum_{i=1}^n v^i \mathrm{e}_i \qquad (3.6.1)$$

für die Basisdarstellung von v.

Bemerkung 3.46 (Einsteinsche Summenkonvention). Die Schreibweise (3.6.1) nennt man auch die *Einsteinsche Summenkonvention*: Bei zwei gleichen Koordinatenindizes, von denen einer oben und einer unten steht, ist jeweils die Summe über den ganzen erlaubten Bereich der Indizes zu bilden. Die Abkürzung (3.6.1) ist hierfür ein erstes Beispiel.

Wir werden nun sehen, dass dies tatsächlich eine erhebliche Vereinfachung darstellt. Wichtig ist jedoch, die Stellung der Indizes (oben/unten) genau zu beachten, da diese Information sehr gut zu einer automatischen Fehlerkorrektur dient. Der Grund liegt im unterschiedlichen Transformationsverhalten der Koeffizienten v^i und der Basisvektoren e_i unter Basiswechsel. Wir erinnern uns hierzu an folgende Tatsache:

Bemerkung 3.47 (Transformationsverhalten). Sei $(\tilde{\mathrm{e}}_1, \ldots, \tilde{\mathrm{e}}_n)$ nun eine weitere Basis von V. Dann gibt es eine invertierbare Matrix $A \in \mathrm{GL}_n(\Bbbk)$ mit

$$\tilde{\mathrm{e}}_i = A_i{}^j \mathrm{e}_j. \qquad (3.6.2)$$

Hier verwenden wir erneut die Summenkonvention. Damit wir diese auch anwenden dürfen, müssen wir für einen oberen Index sorgen. Wir schreiben daher für Matrizen $A = (A_i{}^j)_{i,j=1,\ldots,n}$, womit (3.6.2) also die Kurzform für

$$\tilde{e}_i = \sum_{j=1}^{n} A_i{}^j e_j \qquad (3.6.3)$$

ist. Es ist jedoch auch weiterhin wichtig, in der Notation zu kennzeichnen, welches der vordere (Zeilen-) Index und welches der hintere (Spalten-) Index der Matrix ist. Für die Koeffizienten $\tilde{v}^i$ bezüglich der neuen Basis erhalten wir dann

$$\tilde{v}^i \tilde{e}_i = \tilde{v}^i A_i{}^j e_j = v = v^j e_j,$$

womit also

$$v^j = \tilde{v}^i A_i{}^j \qquad (3.6.4)$$

gilt. Sei nun $A^{-1} = \left((A^{-1})_k{}^\ell \right)$ die zu A inverse Matrix, wobei also

$$(A^{-1})_k{}^\ell A_\ell{}^j = \delta_k{}^j = A_k{}^\ell (A^{-1})_\ell{}^j \qquad (3.6.5)$$

gilt. Auch hier schreiben wir das Matrixprodukt mit Hilfe der Summenkonvention. Damit erhalten wir aus (3.6.4) also

$$\tilde{v}^i = \tilde{v}^\ell \underbrace{A_\ell{}^j (A^{-1})_j{}^i}_{\delta_\ell{}^i} = v^j (A^{-1})_j{}^i, \qquad (3.6.6)$$

womit wir also das Transformationsverhalten

$$\tilde{e}_i = A_i{}^j e_j \quad \text{und} \quad \tilde{v}^i = v^j (A^{-1})_j{}^i \qquad (3.6.7)$$

gefunden haben. Diese Rechenregeln decken sich natürlich mit unseren allgemeinen Ergebnissen zu Basiswechseln aus Kap. 5 in Band 1. Hier wollen wir nur nochmals darauf hinweisen, dass das Transformationsverhalten *unterschiedlich* ist: Während für die Basisvektoren die Matrix des Basiswechsels A von *links* multipliziert wird, transformieren sich die zugehörigen Koeffizienten mit A^{-1} von *rechts*. Dies entspricht also gerade einem zusätzlichen Transponieren der Inversen, wobei wir allgemein

$$(A^{\mathrm{T}})^k{}_\ell = A_\ell{}^k \qquad (3.6.8)$$

setzen: wie zuvor soll die relative Stellung der Indizes andeuten, welches der vordere und welches der hintere Index ist. Das Transformationsverhalten der Koeffizienten v^i nennt man auch *kontravariant*, während das Transformationsverhalten der Basisvektoren *kovariant* genannt wird. Entsprechend nennen wir von nun an einen oberen Index einen *kontravarianten Index* und einen unteren Index einen *kovarianten Index*. Interessant wird die Summenkonvention nun, wenn wir auch den Dualraum V^* in unsere Überlegungen mit einbeziehen. Wir wissen bereits, dass die Koeffizienten v^i eines Vektors $v \in V$ bezüglich einer Basis $(e_1, \ldots, e_n)$ gerade durch Auswerten des Vektors in den linearen Funktionalen der dualen Basis $(e_1^*, \ldots, e_n^*)$ von V^* erhalten werden. Es gilt

$$v^i = \mathrm{e}_i^*(v) \tag{3.6.9}$$

für $i = 1, \ldots, n$. Hier sehen wir, dass mit der Stellung der Indizes irgendetwas schief gegangen ist. Wir prüfen daher explizit nochmals nach, wie sich die duale Basis unter Basiswechsel verhält: Nach Definition ist die duale Basis durch $\mathrm{e}_i^*(\mathrm{e}_j) = \delta_{ij}$ festgelegt. Für die duale Basis $\tilde{\mathrm{e}}_i^*$ gilt entsprechend

$$\delta_{ij} = \tilde{\mathrm{e}}_i^*(\tilde{\mathrm{e}}_j) = \tilde{\mathrm{e}}_i^*(A_j{}^k \mathrm{e}_k) = B_i{}^r A_j{}^k \mathrm{e}_r^*(\mathrm{e}_k) = B_i{}^r A_j{}^r, \tag{3.6.10}$$

was entsprechend $B = (A^{-1})^{\mathrm{T}}$ liefert. Also transformieren sich die Indizes der dualen Basis tatsächlich kontravariant, wie dies natürlich von (3.6.9) her zu erwarten war. Entsprechend ist (3.6.10) gemäß unserer Konvention *inkonsistent*, da der Summationsindex r beide Male oben steht. Wir schreiben daher zukünftig für die duale Basis

$$B^* = (\mathrm{e}^1, \ldots, \mathrm{e}^n) \tag{3.6.11}$$

mit oberen, also kontravarianten Indizes. Dann wird (3.6.9) also zur konsistenten Notation

$$v^i = \mathrm{e}^i(v) \tag{3.6.12}$$

mit entsprechender Basisdarstellung

$$v = \mathrm{e}^i(v)\mathrm{e}_i. \tag{3.6.13}$$

Spätestens mit (3.6.11) ist klar, dass die Stellung der Indizes essentiell ist.

In einem nächsten Schritt betrachten wir nun Tensoren, die aus Tensorpotenzen von V und V^* kommen:

Definition 3.48 (Tensorpotenzen). Sei V ein Vektorraum über $\Bbbk$ und $k \in \mathbb{N}$. Dann ist die k-te Potenz von V das k-fache Tensorprodukt von V mit sich. Wir setzen

$$V^{\otimes k} = \underbrace{V \otimes \cdots \otimes V}_{k\text{-mal}} \tag{3.6.14}$$

sowie

$$V^{\otimes 0} = \Bbbk. \tag{3.6.15}$$

Elemente in $V^{\otimes k}$ heißen k-fach kontravariante Tensoren. Ebenfalls üblich ist die Bezeichnung

$$\mathrm{T}^k(V) = V^{\otimes k} \tag{3.6.16}$$

für die k-te Tensorpotenz.

Proposition 3.49. *Sei V ein endlich-dimensionaler Vektorraum über $\Bbbk$ mit geordneter Basis $\mathrm{e}_1, \ldots, \mathrm{e}_n$.*

i.) Für $X \in V^{\otimes k}$ gibt es eindeutig bestimmte Zahlen $X^{i_1 \ldots i_k} \in \Bbbk$ für $i_1, \ldots, i_k = 1, \ldots, n$ mit

$$X = X^{i_1 \cdots i_k} \mathrm{e}_{i_1} \otimes \cdots \otimes \mathrm{e}_{i_k}. \tag{3.6.17}$$

ii.) Unter Basiswechsel transformieren sich alle Indizes in $X^{i_1 \cdots i_k}$ kontravariant: Ist $\tilde{\mathrm{e}}_1, \ldots, \tilde{\mathrm{e}}_n$ eine andere Basis mit $\tilde{\mathrm{e}}_i = A_i{}^j \mathrm{e}_j$ für $A \in \mathrm{GL}_n(\Bbbk)$, so gilt

$$\tilde{X}^{i_1 \cdots i_k} = X^{j_1 \cdots j_k} (A^{-1})_{j_1}{}^{i_1} \cdots (A^{-1})_{j_k}{}^{i_k} \tag{3.6.18}$$

für alle $i_1, \ldots, i_k = 1, \ldots, n$.

Beweis. In (3.6.17) und (3.6.18) verwenden wir ebenfalls die Summenkonvention: Über gleiche Indizes wird automatisch summiert, wenn einer oben und einer unten steht. Der erste Teil ist klar, da die elementaren Tensoren $\{\mathrm{e}_{i_1} \otimes \cdots \otimes \mathrm{e}_{i_k}\}_{i_1, \ldots, i_k = 1, \ldots, n}$ nach Satz 3.15, *iii.)*, eine Basis von $V^{\otimes k}$ bilden. Damit ist *i.)* einfach die eindeutige Darstellung eines Vektors bezüglich einer Basis. Interessanter ist nun der zweite Teil, welcher die Bezeichnung k-fach kontravariant rechtfertigt. Um (3.6.18) zu zeigen, schreiben wir X auch bezüglich der neuen Basis $\{\tilde{\mathrm{e}}_{i_1} \otimes \cdots \otimes \tilde{\mathrm{e}}_{i_k}\}_{i_1, \ldots, i_k = 1, \ldots, n}$ als

$$\begin{aligned}
X &= \tilde{X}^{i_1 \cdots i_k} \tilde{\mathrm{e}}_{i_1} \otimes \cdots \otimes \tilde{\mathrm{e}}_{i_k} \\
&= \tilde{X}^{i_1 \cdots i_k} (A_{i_1}{}^{j_1} \mathrm{e}_{j_1}) \otimes \cdots \otimes (A_{i_k}{}^{j_k} \mathrm{e}_{j_k}) \\
&= \underbrace{\tilde{X}^{i_1 \cdots i_k} A_{i_1}{}^{j_1} \cdots A_{i_k}{}^{j_k}}_{X^{j_1 \cdots j_k}} \mathrm{e}_{j_1} \otimes \cdots \otimes \mathrm{e}_{j_k},
\end{aligned}$$

wobei wir die Multilinearität des Tensorprodukts verwendet haben. Ein Koeffizientenvergleich zeigt nun

$$X^{j_1 \cdots j_k} = \tilde{X}^{i_1 \cdots i_k} A_{i_1}{}^{j_1} \cdots A_{i_k}{}^{j_k},$$

was zu (3.6.18) äquivalent ist, da A invertierbar ist. $\qquad\square$

Wir wollen nun erneut den Dualraum mit einbeziehen. Im endlich-dimensionalen Fall schreiben wir nun auch

$$\mathrm{T}_\ell(V) = (V^*)^{\otimes \ell} = \underbrace{V^* \otimes \cdots \otimes V^*}_{\ell\text{-mal}} \tag{3.6.19}$$

für die ℓ-te Tensorpotenz des Dualraums. Elemente von $\mathrm{T}_\ell(V)$ heißen *ℓ-fach kovariante* Tensoren. Zusammen schreiben wir

$$\mathrm{T}_\ell^k(V) = \underbrace{V \otimes \cdots \otimes V}_{k\text{-mal}} \otimes \underbrace{V^* \otimes \cdots \otimes V^*}_{\ell\text{-mal}}, \tag{3.6.20}$$

und nennen Tensoren in $\mathrm{T}_\ell^k(V)$ entsprechend *k-fach kontravariant* und *ℓ-fach kovariant*. Ebenfalls gebräuchlich ist die Bezeichnung *Tensoren vom Typ* $\binom{k}{\ell}$, wobei hier $\binom{k}{\ell}$ natürlich nicht als Binomialkoeffizient gelesen werden soll. Die Bezeichnung ℓ-fach kovariant rechtfertigt sich nun wieder durch folgendes Transformationsverhalten unter Basiswechsel:

Proposition 3.50. *Sei V ein endlich-dimensionaler Vektorraum über $\Bbbk$ mit geordneter Basis $e_1, \ldots, e_n$. Sei weiter $e^1, \ldots, e^n$ die duale Basis von V^*.*

i.) Bezüglich des kanonischen Isomorphismus (3.5.10) aus Korollar 3.38 bilden die Vektoren $\{e^{i_1} \otimes \cdots \otimes e^{i_\ell}\}_{i_1,\ldots,i_\ell=1,\ldots,n}$ die duale Basis von $V^* \otimes \cdots \otimes V^*$ zur Basis $\{e_{i_1} \otimes \cdots \otimes e_{i_\ell}\}_{i_1,\ldots,i_\ell=1,\ldots,n}$ von $V \otimes \cdots \otimes V$.

ii.) Für $\alpha \in \mathrm{T}_\ell(V) = (V^*)^{\otimes \ell}$ gibt es eindeutig bestimmte Zahlen $\alpha_{i_1 \ldots i_\ell} \in \Bbbk$ für $i_1, \ldots, i_\ell = 1, \ldots, n$ mit

$$\alpha = \alpha_{i_1 \ldots i_\ell} e^{i_1} \otimes \cdots \otimes e^{i_\ell}. \tag{3.6.21}$$

iii.) Unter Basiswechsel transformieren sich alle Indizes in $\alpha_{i_1 \ldots i_\ell}$ kovariant: Ist $\tilde{e}_1, \ldots, \tilde{e}_n$ eine andere Basis von V mit $\tilde{e}_i = A_i{}^j e_j$ für $A \in \mathrm{GL}_n(\Bbbk)$, so gilt

$$\tilde{\alpha}_{i_1 \ldots i_\ell} = A_{i_1}{}^{j_1} \cdots A_{i_\ell}{}^{j_\ell} \alpha_{j_1 \ldots j_\ell}. \tag{3.6.22}$$

Beweis. Der Isomorphismus (3.5.10) aus Korollar 3.38 besagt, dass die elementaren Tensoren $e^{i_1} \otimes \cdots \otimes e^{i_\ell} \in V^* \otimes \cdots \otimes V^*$ als lineare Funktionale auf $V \otimes \cdots \otimes V$ fungieren, wobei Auswerten auf dortigen elementaren Tensoren $e_{j_1} \otimes \cdots \otimes e_{j_\ell} \in V \otimes \cdots \otimes V$ durch

$$(e^{i_1} \otimes \cdots \otimes e^{i_\ell})(e_{j_1} \otimes \cdots \otimes e_{j_\ell}) = e^{i_1}(e_{j_1}) \cdots e^{i_\ell}(e_{j_\ell}) = \delta^{i_1}_{j_1} \cdots \delta^{i_\ell}_{j_\ell} \tag{3.6.23}$$

geschieht, siehe auch (3.5.12). Die Gleichung (3.6.23) besagt aber gerade, dass die $e^{i_1} \otimes \cdots \otimes e^{i_\ell}$ nur dann ein von null verschiedenes Resultat auf $e_{j_1} \otimes \cdots \otimes e_{j_\ell}$ liefern, nämlich 1, wenn alle Indizes paarweise übereinstimmen. Dies kennzeichnet aber gerade die duale Basis. Der zweite Teil ist wieder die eindeutige Basisdarstellung von α bezüglich der Basis $\{e^{i_1} \otimes \cdots \otimes e^{i_\ell}\}_{i_1,\ldots,i_\ell=1,\ldots,n}$ von $\mathrm{T}_\ell(V)$. Für das Transformationsverhalten wissen wir zunächst, dass

$$\tilde{e}^i = e^j (A^{-1})_j{}^i$$

gilt. Damit erhalten wir

$$\alpha = \tilde{\alpha}_{i_1 \ldots i_\ell} \tilde{e}^{i_1} \otimes \cdots \otimes \tilde{e}^{i_\ell} = \underbrace{\tilde{\alpha}_{i_1 \ldots i_\ell} (A^{-1})_{j_1}{}^{i_1} \cdots (A^{-1})_{j_\ell}{}^{i_\ell}}_{\alpha_{j_1 \ldots j_\ell}} e^{i_1} \otimes \cdots \otimes e^{i_\ell}$$

und durch Koeffizientenvergleich nach erneutem Invertieren

$$\tilde{\alpha}_{i_1 \ldots i_\ell} = A_{i_1}{}^{j_1} \cdots A_{i_\ell}{}^{j_\ell} \alpha_{j_1 \ldots j_\ell},$$

was (3.6.22) zeigt. □

In einem nächsten Schritt wollen wir die algebraischen Eigenschaften von Tensoren in Koordinaten ausdrücken. Die folgende Proposition leistet genau das:

Proposition 3.51. *Sei V ein endlich-dimensionaler Vektorraum über $\Bbbk$ mit geordneter Basis $e_1, \ldots, e_n$.*

i.) Für $T, \tilde{T} \in \mathrm{T}^k_\ell(V)$ und $z, w \in \Bbbk$ sind die Komponenten von $zT + w\tilde{T}$ durch

$$(zT + w\tilde{T})^{i_1 \ldots i_k}_{j_1 \ldots j_\ell} = zT^{i_1 \ldots i_k}_{j_1 \ldots j_\ell} + w\tilde{T}^{i_1 \ldots i_k}_{j_1 \ldots j_\ell} \qquad (3.6.24)$$

gegeben.

ii.) Für $T \in \mathrm{T}^k_\ell(V)$ und $S \in \mathrm{T}^r_s(V)$ sind die Komponenten des Tensorprodukts $T \otimes S \in \mathrm{T}^{k+r}_{\ell+s}(V)$ durch

$$(T \otimes S)^{i_1 \ldots i_k i_{k+1} \ldots i_{k+r}}_{j_1 \ldots j_\ell j_{\ell+1} \ldots j_{\ell+s}} = T^{i_1 \ldots i_k}_{j_1 \ldots j_\ell} S^{i_{k+1} \ldots i_{k+r}}_{j_{\ell+1} \ldots j_{\ell+s}} \qquad (3.6.25)$$

gegeben.

iii.) Für $T \in \mathrm{T}^k_\ell(V)$ sind die Komponenten der partiellen Spur $\mathrm{ev}_{r,s} T$ bezüglich der r-ten kontravarianten und s-ten kovarianten Stelle von T durch

$$(\mathrm{ev}_{r,s} T)^{i_1 \ldots \overset{i_r}{\wedge} \ldots i_k}_{j_1 \ldots \underset{j_s}{\wedge} \ldots j_\ell} = T^{i_1 \ldots i_{r-1} i i_{r+1} \ldots i_k}_{j_1 \ldots j_{s-1} i j_{s+1} \ldots j_\ell} \qquad (3.6.26)$$

gegeben.

Beweis. Der erste Teil ist klar, da die Koeffizienten eines Vektors bezüglich einer Basis linear vom Vektor abhängen. Für den zweiten Teil vergleichen wir die Koeffizienten in

$$T \otimes S = (T \otimes S)^{i_1 \ldots i_{k+r}}_{j_1 \ldots j_{\ell+s}} \mathrm{e}_{i_1} \otimes \cdots \otimes \mathrm{e}_{i_{k+r}} \otimes \mathrm{e}^{j_1} \otimes \cdots \otimes \mathrm{e}^{j_{\ell+s}} \qquad (3.6.27)$$

mit

$$\begin{aligned}
T \otimes S &= \left(T^{i_1 \ldots i_k}_{j_1 \ldots j_\ell} \mathrm{e}_{i_1} \otimes \cdots \otimes \mathrm{e}_{i_k} \otimes \mathrm{e}^{j_1} \otimes \cdots \otimes \mathrm{e}^{j_\ell} \right) \\
&\quad \otimes \left(S^{i_{k+1} \ldots i_{k+r}}_{j_{\ell+1} \ldots j_{\ell+s}} \mathrm{e}_{i_{k+1}} \otimes \cdots \otimes \mathrm{e}_{i_{k+r}} \otimes \mathrm{e}^{j_{\ell+1}} \otimes \cdots \otimes \mathrm{e}^{j_{\ell+s}} \right) \\
&= T^{i_1 \ldots i_k}_{j_1 \ldots j_\ell} S^{i_{k+1} \ldots i_{k+r}}_{j_{\ell+1} \ldots j_{\ell+s}} \mathrm{e}_{i_1} \otimes \cdots \otimes \mathrm{e}_{i_{k+r}} \otimes \mathrm{e}^{j_1} \otimes \cdots \otimes \mathrm{e}^{j_{\ell+s}}, \qquad (3.6.28)
\end{aligned}$$

wobei wir in $\mathrm{T}^k_\ell(V) \otimes \mathrm{T}^r_s(V) \cong \mathrm{T}^{k+r}_{\ell+s}(V)$ alle V^*-Potenzen nach hinten geschrieben haben, aber die Reihenfolge der V-Faktoren und der V^*-Faktoren untereinander beibehalten. Ein Vergleich von (3.6.27) mit (3.6.28) zeigt nun *ii.)*. Für den letzten Teil betrachten wir zunächst die Spur $\mathrm{ev} \colon V \otimes V^* \longrightarrow \Bbbk$. In Koordinaten schreiben wir für $A \in V \otimes V^*$

$$A = A^i_j \mathrm{e}_i \otimes \mathrm{e}^j$$

und erhalten nach Definition in (3.5.23) mit derselben Rechnung wie im Beweis von Proposition 3.44, *iii.),*

$$\mathrm{ev}(A) = A^i_i,$$

natürlich wie immer mit Summenkonvention. Dies zeigt *iii.)* für den Fall $k = 1 = \ell$ und die damit einzige Möglichkeit $r = 1 = s$ für die partielle Spurbildung. Der allgemeine Fall ist damit aber auch klar. $\qquad\square$

Diese Proposition und insbesondere der dritte Teil lässt bereits erahnen, dass der Indexkalkül durchaus sehr leistungsfähig ist und selbst bei allgemeineren Aussagen eine probate Beweistechnik darstellen kann. Insbesondere sieht man hier, dass die beiden möglichen Identifikationen $V \otimes V^* \cong \mathrm{End}(V) \cong \mathrm{End}(V^*)$ sehr robust sind. Wir müssen in $A = A_i^j \mathrm{e}_i \otimes \mathrm{e}^j$ nicht zwischen vorderen und hinteren Indizes unterscheiden, das Transponieren wechselt deren Bedeutung automatisch, je nach dem, ob wir A als Element von $\mathrm{End}(V)$ oder von $\mathrm{End}(V^*)$ identifizieren wollen.

In Korollar 3.38 haben wir bereits gesehen, dass wir das k-fache Tensorprodukt von V^* mit sich als Dualraum von $V^{\otimes k}$ auffassen können, sofern V endlich-dimensional ist. In endlichen Dimensionen ist zudem der Doppeldualraum V^{**} zu V auf kanonische Weise isomorph, sodass wir Korollar 3.38 auch auf $V = V^{**}$ anwenden können. Schließlich besagt die universelle Eigenschaft des Tensorprodukts, dass jeder k-linearen Abbildung $\phi\colon V \times \cdots \times V \longrightarrow \Bbbk$ genau eine lineare Abbildung $\Phi\colon V \otimes \cdots \otimes V \longrightarrow \Bbbk$ entspricht. Daher gilt ganz allgemein

$$\mathrm{Hom}(V, \ldots, V; \Bbbk) = (V \otimes \cdots \otimes V)^*, \tag{3.6.29}$$

womit also der Dualraum der Tensorpotenzen gerade die entsprechenden *Multilinearformen* sind.

Proposition 3.52. *Sei V ein endlich-dimensionaler Vektorraum über $\Bbbk$.*

i.) Die kanonische Abbildung

$$\underbrace{V \otimes \cdots \otimes V}_{k\text{-}mal} \otimes \underbrace{V^* \otimes \cdots \otimes V^*}_{\ell\text{-}mal} \longrightarrow \left(\underbrace{V^* \otimes \cdots \otimes V^*}_{k\text{-}mal} \otimes \underbrace{V \otimes \cdots \otimes V}_{\ell\text{-}mal} \right)^* \tag{3.6.30}$$

aus (3.5.4) ist eine lineare Bijektion $\mathrm{T}_\ell^k(V) \longrightarrow \mathrm{T}_k^\ell(V^*)^*$. Weiter gilt

$$\mathrm{Hom}\left(\underbrace{V^*, \ldots, V^*}_{k\text{-}mal}, \underbrace{V, \ldots, V}_{\ell\text{-}mal}; \Bbbk \right) \cong \left(\underbrace{V^* \otimes \cdots \otimes V^*}_{k\text{-}mal} \otimes \underbrace{V \otimes \cdots \otimes V}_{\ell\text{-}mal} \right)^*. \tag{3.6.31}$$

ii.) Ist $\mathrm{e}_1, \ldots, \mathrm{e}_n$ eine geordnete Basis und $T \in \mathrm{T}_\ell^k(V)$, so ist die gemäß (3.6.30) und (3.6.31) zugeordnete Multilinearform

$$T \in \mathrm{Hom}(\underbrace{V^*, \ldots, V^*}_{k\text{-}mal}, \underbrace{V, \ldots, V}_{\ell\text{-}mal}; \Bbbk) \tag{3.6.32}$$

durch

$$T\left(\alpha^{(1)}, \ldots, \alpha^{(k)}, v_1, \ldots, v_\ell \right) = T_{j_1 \ldots j_\ell}^{i_1 \ldots i_k} \alpha_{i_1}^{(1)} \cdots \alpha_{i_k}^{(k)} v_{(1)}^{j_1} \cdots v_{(\ell)}^{j_\ell} \tag{3.6.33}$$

gegeben, wobei $T^{i_1 \dots i_k}_{j_1 \dots j_\ell}$ die Koeffizienten von T bezüglich der gewählten Basis sind und $\alpha^{(1)}, \dots, \alpha^{(k)} \in V^*$ und $v_{(1)}, \dots, v_{(\ell)} \in V$.

Beweis. Für den ersten Teil bemühen wir den kanonischen Isomorphismus aus Proposition 3.37 für

$$\mathrm{Hom}(V^*, \Bbbk) \otimes \cdots \otimes \mathrm{Hom}(V^*, \Bbbk) \otimes \mathrm{Hom}(V, \Bbbk) \otimes \cdots \otimes \mathrm{Hom}(V, \Bbbk)$$

$$\cong$$

$$\mathrm{Hom}\left(\underbrace{V^* \otimes \cdots \otimes V^*}_{k\text{-mal}} \otimes \underbrace{V \otimes \cdots \otimes V}_{\ell\text{-mal}}; \Bbbk \right),$$

$$\otimes$$

$$\underbrace{\mathrm{Hom}(V^*, \Bbbk) \times \cdots \times \mathrm{Hom}(V^*, \Bbbk)}_{k\text{-mal}} \times \underbrace{\mathrm{Hom}(V, \Bbbk) \times \cdots \times \mathrm{Hom}(V, \Bbbk)}_{\ell\text{-mal}}$$

sowie den kanonischen Isomorphismus

$$V \cong V^{**} = \mathrm{Hom}(V^*, \Bbbk),$$

da V endlich-dimensional ist. Einsetzen liefert dann gerade (3.6.30). Der zweite Isomorphismus (3.6.31) ist die universelle Eigenschaft des Tensorprodukts. Es gilt also nun, (3.6.30) und (3.6.31) explizit auszuwerten. Dazu betrachten wir zunächst elementare Tensoren der Form

$$\mathrm{e}_{i_1} \otimes \cdots \otimes \mathrm{e}_{i_k} \otimes \mathrm{e}^{j_1} \otimes \cdots \otimes \mathrm{e}^{j_\ell} \in \mathrm{T}^k_\ell(V).$$

Die Abbildung (3.6.30) besagt dann, dass auf elementaren Tensoren $\alpha^{(1)} \otimes \cdots \otimes \alpha^{(k)} \otimes v_{(1)} \otimes \cdots \otimes v_{(\ell)}$

$$\left(\mathrm{e}_{i_1} \otimes \cdots \otimes \mathrm{e}_{i_k} \otimes \mathrm{e}^{j_1} \otimes \cdots \mathrm{e}^{j_\ell} \right) \left(\alpha^{(1)} \otimes \cdots \otimes \alpha^{(k)} \otimes v_{(1)} \otimes \cdots \otimes v_{(\ell)} \right)$$

$$= \mathrm{e}_{i_1}(\alpha^{(1)}) \cdots \mathrm{e}_{i_k}(\alpha^{(k)}) \mathrm{e}^{j_1}(v_{(1)}) \cdots \mathrm{e}^{j_\ell}(v_{(\ell)})$$

$$= \alpha^{(1)}_{i_1} \cdots \alpha^{(k)}_{i_k} v^{j_1}_{(1)} \cdots v^{j_\ell}_{(\ell)}$$

gilt. Der zweite Isomorphismus (3.6.31) bedeutet nun, dass die lineare Abbildung

$$\mathrm{e}_{i_1} \otimes \cdots \otimes \mathrm{e}_{i_k} \otimes \mathrm{e}^{j_1} \otimes \cdots \otimes \mathrm{e}^{j_\ell} \in (V^* \otimes \cdots \otimes V^* \otimes V \otimes \cdots \otimes V)^*$$

als multilineare Abbildung

$$\left(\alpha^{(1)}, \ldots, \alpha^{(k)}, v_{(1)}, \ldots, v_{(\ell)} \right)$$

$$\mapsto \left(e_{i_1} \otimes \cdots \otimes e_{i_k} \otimes e^{j_1} \otimes \cdots \otimes e^{j_\ell} \right) \left(\alpha^{(1)} \otimes \cdots \otimes \alpha^{(k)} \otimes v_{(1)} \otimes \cdots \otimes v_{(\ell)} \right)$$

fungiert. Zusammengenommen bedeuten beide Isomorphismen also, dass wir den faktorisierenden Tensor $e_{i_1} \otimes \cdots \otimes e_{i_k} \otimes e^{j_1} \otimes \cdots \otimes e^{j_\ell}$ als multilineare Abbildung mit

$$\left(e_{i_1} \otimes \cdots \otimes e_{i_k} \otimes e^{j_1} \otimes \cdots \otimes e^{j_\ell} \right) \left(\alpha^{(1)}, \ldots, \alpha^{(n)}, v_{(1)}, \ldots, v_{(\ell)} \right)$$
$$= \alpha_{i_1}^{(1)} \cdots \alpha_{i_k}^{(k)} v_{(1)}^{j_1} \cdots v_{(\ell)}^{j_\ell}$$

auffassen. Die Linearität der beiden Abbildungen (3.6.30) und (3.6.31) liefert dann aber für ein beliebiges $T \in \mathrm{T}_\ell^k(V)$ die zugehörige Multilinearform

$$T\left(\alpha^{(1)}, \ldots, \alpha^{(k)}, v_{(1)}, \ldots, v_{(\ell)} \right)$$
$$= \left(T_{j_1 \ldots j_\ell}^{i_1 \ldots i_k} e_{i_1} \otimes \cdots \otimes e_{i_k} \otimes e^{j_1} \otimes \cdots \otimes e^{j_\ell} \right) \left(\alpha^{(1)}, \ldots, \alpha^{(k)}, v_{(1)}, \ldots, v_{(\ell)} \right)$$
$$= T_{j_1 \ldots j_\ell}^{i_1 \ldots i_k} \left(e_{i_1} \otimes \cdots \otimes e_{i_k} \otimes e^{j_1} \otimes \cdots \otimes e^{j_\ell} \right) \left(\alpha^{(1)}, \ldots, \alpha^{(k)}, v_{(1)}, \ldots, v_{(\ell)} \right)$$
$$= T_{j_1 \ldots j_\ell}^{i_1 \ldots i_k} \alpha_{i_1}^{(1)} \cdots \alpha_{i_k}^{(k)} v_{(1)}^{j_1} \cdots v_{(\ell)}^{j_\ell}$$

wie behauptet. $\square$

Als Fazit halten wir fest, dass es insbesondere für Tensorprodukte von endlich-dimensionalen Vektorräumen durchaus vorteilhaft sein kann, kanonische, also basisunabhängige, Aussagen auf basisabhängige Weise zu beweisen.

Bemerkung 3.53. Wir haben damit in *endlichen* Dimensionen eine dritte Konstruktion des Tensorprodukts gefunden. Die obige Konstruktion lässt sich nämlich leicht auf verschiedene Tensorfaktoren $V_1, \ldots, V_k$ übertragen und liefert, sofern alle Vektorräume endlich-dimensional sind, den Isomorphismus

$$V_1 \otimes \cdots \otimes V_k = \mathrm{Hom}(V_1^*, \ldots, V_k^*; \Bbbk) \qquad (3.6.34)$$

des Tensorprodukts mit den k-Linearformen auf den jeweiligen Dualräumen. Es ist eine gute Übung, sich explizit klar zu machen, dass $\mathrm{Hom}(V_1^*, \ldots, V_k^*; \Bbbk)$ zusammen mit der Abbildung

$$\otimes \colon V_1 \times \cdots \times V_k \ni (v_1, \ldots, v_k) \mapsto v_1 \otimes \cdots \otimes v_k \in \mathrm{Hom}(V_1^*, \ldots, V_k^*; \Bbbk),$$
$$\qquad (3.6.35)$$

definiert durch

$$(v_1 \otimes \cdots \otimes v_k)(\alpha_1, \ldots, \alpha_k) = \alpha_1(v_1) \cdots \alpha_k(v_k), \qquad (3.6.36)$$

die universelle Eigenschaft eines Tensorprodukts besitzt und damit wirklich „das" Tensorprodukt ist, sofern alle $V_1, \ldots, V_k$ *endlich-dimensional* sind. Wir werden also in Zukunft diese Identifikation in endlichen Dimensionen stets vornehmen und Tensoren als Multilinearformen interpretieren, siehe auch Übung 3.9.

Korollar 3.54. *Sei V ein endlich-dimensionaler Vektorraum über $\Bbbk$ mit einer geordneten Basis $e_1, \ldots, e_n$. Für die Koeffizienten $T^{i_1 \ldots i_k}_{j_1 \ldots j_\ell} \in \Bbbk$ eines Tensors $T \in \mathrm{T}^k_\ell(V)$ gilt*

$$T^{i_1 \ldots i_k}_{j_1 \ldots j_\ell} = T\left(e^{i_1}, \ldots, e^{i_k}, e_{j_1}, \ldots, e_{j_\ell}\right). \tag{3.6.37}$$

Beweis. Man beachte, dass dies für $k = 1$ und $\ell = 0$ gerade (3.6.12) ist. Allgemein gilt für die Koeffizienten der Basisvektoren

$$(e^i)_j = \delta^i_j \quad \text{und} \quad (e_i)^j = \delta^j_i,$$

da ja

$$e^i = (e^i)_j e^j \quad \text{und} \quad e_i = (e_i)^j e_j$$

gelten muss. Damit erhalten wir aus (3.6.33)

$$\begin{aligned}
T\left(e^{i_1}, \ldots, e^{i_k}, e_{j_1}, \ldots, e_{j_\ell}\right) &= T^{r_1 \ldots r_k}_{s_1 \ldots s_\ell}(e^{i_1})_{r_1} \cdots (e^{i_k})_{r_k}(e_{j_1})^{s_1} \cdots (e_{j_\ell})^{s_\ell} \\
&= T^{r_1 \ldots r_k}_{s_1 \ldots s_\ell} \delta^{i_1}_{r_1} \cdots \delta^{i_k}_{r_k} \delta^{s_1}_{j_1} \cdots \delta^{s_\ell}_{j_\ell} \\
&= T^{i_1 \ldots i_k}_{j_1 \ldots j_\ell},
\end{aligned}$$

womit der Beweis erbracht ist. $\square$

Beispiel 3.55 (Kronecker-Tensor). Für ein endlich-dimensionales V wissen wir $V \otimes V^* \cong \mathrm{End}(V)$. In $\mathrm{End}(V)$ gibt es nun ein ausgezeichnetes Element, nämlich $\mathrm{id}_V \in \mathrm{End}(V)$. Ist nun $e_1, \ldots, e_n$ eine geordnete Basis, so betrachten wir zunächst abhängig von der Wahl der Basis den *Kronecker-Tensor*

$$\delta = e_i \otimes e^i \in V \otimes V^*. \tag{3.6.38}$$

Die Identifikation $V \otimes V^* \cong \mathrm{End}(V)$ besagt nun, dass für $v \in V$

$$\delta(v) = e_i e^i(v) = v^i e_i = v \tag{3.6.39}$$

gilt, womit δ gerade zu $\mathrm{id}_V \in \mathrm{End}(V)$ wird. Damit ist also der Tensor $\delta \in V \otimes V^*$ unabhängig von der Wahl der Basis, siehe auch Übung 3.11.

Beispiel 3.56 (Levi-Civita-Tensor). Wir betrachten erneut $\mathbb{R}^3$ mit dem Kreuzprodukt $\times\colon \mathbb{R}^3 \times \mathbb{R}^3 \longrightarrow \mathbb{R}^3$. Da $\times$ bilinear ist, können wir $\times$ auch als trilineare Abbildung

$$\varepsilon\colon \mathbb{R}^3 \times \mathbb{R}^3 \times (\mathbb{R}^3)^* \ni (\vec{a}, \vec{b}, \gamma) \mapsto \gamma(\vec{a} \times \vec{b}) \in \mathbb{R} \tag{3.6.40}$$

auffassen. Diese Identifikation ist kanonisch, da wir durch eine geeignete Kombination unserer bisherigen kanonischen Isomorphismen ganz allgemein

$$\mathrm{Hom}(V, V; V) \cong \mathrm{Hom}(V, V, V^*; \Bbbk) \cong V^* \otimes V^* \otimes V \qquad (3.6.41)$$

für einen endlich-dimensionalen Vektorraum V haben. Sei nun $\mathrm{e}_1, \mathrm{e}_2, \mathrm{e}_3$ die kanonische Basis von $\mathbb{R}^3$, dann wollen wir die Koeffizienten des Tensors ε bestimmen. Es gilt $\varepsilon \in \mathrm{T}_2^1(\mathbb{R}^3)$ und

$$\varepsilon_{jk}^i = \varepsilon(\mathrm{e}^i, \mathrm{e}_j, \mathrm{e}_k) = \mathrm{e}^i(\mathrm{e}_j \times \mathrm{e}_k) = \mathrm{sign}\begin{pmatrix} 1 & 2 & 3 \\ i & j & k \end{pmatrix}, \qquad (3.6.42)$$

da $\mathrm{e}_j \times \mathrm{e}_k = \mathrm{sign}\left(\begin{smallmatrix} 1 & 2 & 3 \\ i & j & k \end{smallmatrix}\right) \mathrm{e}_i$ für alle $i, j, k = 1, 2, 3$. Man nennt diesen Tensor entsprechend auch den *Levi-Civita-Tensor*, da seine Komponenten gerade die Levi-Civita-Symbole sind.

Kontrollfragen. Was besagt die Einsteinsche Summenkonvention? Was ist der Unterschied von oberen und unteren Indizes? Wie können Sie in endlichen Dimensionen noch eine weitere Konstruktion des Tensorprodukts erhalten? Wie können Sie Tensoren als multilineare Abbildungen auffassen? Wie erhalten Sie die Komponenten eines Tensors?

3.7 Symmetrische und antisymmetrische Tensoren

In diesem Abschnitt wollen wir Elemente der Tensorpotenzen auf ihre Symmetrieeigenschaften hin untersuchen. Da wir eine sinnvolle Unterscheidung zwischen symmetrisch und antisymmetrisch anstreben, wollen wir -1 von 1 unterscheiden können. Daher sei in diesem Abschnitt die Charakteristik des zugrunde liegenden Körpers $\Bbbk$ von 2 verschieden. Es wird stellenweise sogar vorteilhaft sein,

$$\mathrm{char}(\Bbbk) = 0 \qquad (3.7.1)$$

anzunehmen. Wir wollen hier jedoch zumindest den Fall $\mathrm{char}(\Bbbk) = 2$ nicht weiter verfolgen.

Definition 3.57 (Permutationswirkung auf Tensoren). Sei V ein Vektorraum über $\Bbbk$ und $n \in \mathbb{N}$. Für $\sigma \in S_k$ definieren wir die lineare Abbildung

$$\sigma \triangleright : V^{\otimes k} \longrightarrow V^{\otimes k}, \qquad (3.7.2)$$

gelesen als „σ wirkt auf", mithilfe der universellen Eigenschaft des Tensorprodukts durch

$$\sigma \triangleright (v_1 \otimes \cdots \otimes v_k) = v_{\sigma^{-1}(1)} \otimes \cdots \otimes v_{\sigma^{-1}(k)} \qquad (3.7.3)$$

für $v_1, \ldots, v_k \in V$.

Dies liefert tatsächlich eine wohldefinierte lineare Abbildung wie in (3.7.2) gefordert, da wir abermals die universelle Eigenschaft des Tensorprodukts auf die k-lineare Abbildung

$$V \times \cdots \times V \ni (v_1, \ldots, v_k) \mapsto v_{\sigma^{-1}(1)} \otimes \cdots \otimes v_{\sigma^{-1}(k)} \in V \otimes \cdots \otimes V \quad (3.7.4)$$

anwenden können. Dass (3.7.4) tatsächlich k-linear ist, liegt an der k-Linearität des Tensorprodukts selbst. In unserem graphischen Kalkül stellt $\sigma \triangleright$ also die Verallgemeinerung des kanonischen Flips τ für kompliziertere Permutationen dar, siehe auch Abb. 3.7. Diese Definition ist verträglich mit den natürli-

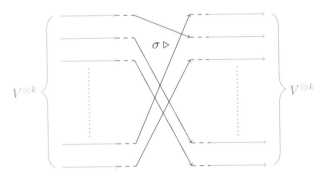

Abb. 3.7 Die Wirkung einer Permutation auf $V^{\otimes k}$

chen Paarungen von $v \in V^{\otimes k}$ mit k linearen Funktionalen aus V^*, siehe Übung 3.21. Der Grund, warum wir in (3.7.3) die inverse Permutation verwenden, liegt in folgender einfachen Rechenregel für die Wirkung von σ:

Proposition 3.58. *Sei V ein Vektorraum über $\Bbbk$ und $k \in \mathbb{N}$.*

i.) Für $\mathrm{id} \in S_k$ gilt für alle $v \in V^{\otimes k}$

$$\mathrm{id} \triangleright v = v. \quad (3.7.5)$$

ii.) Für $\sigma, \tau \in S_k$ gilt

$$\sigma \triangleright (\tau \triangleright v) = (\sigma\tau) \triangleright v. \quad (3.7.6)$$

Beweis. Dass das neutrale Element $\mathrm{id} \in S_k$ als Identität auf $V^{\otimes k}$ wirkt, ist wegen $\mathrm{id}^{-1} = \mathrm{id}$ anhand der expliziten Formel (3.7.3) für elementare Tensoren klar. Da letztere aber $V^{\otimes k}$ aufspannen, folgt $\mathrm{id} \triangleright v = v$ für beliebige Tensoren $v \in V^{\otimes k}$. Für den zweiten Teil betrachten wir zunächst einen elementaren Tensor $v_1 \otimes \cdots \otimes v_k \in V^{\otimes k}$. Dann schreiben wir zunächst

$$\tau \triangleright (v_1 \otimes \cdots \otimes v_k) = v_{\tau^{-1}(1)} \otimes \cdots \otimes v_{\tau^{-1}(k)} = \tilde{v}_1 \otimes \cdots \otimes \tilde{v}_k$$

mit $\tilde{v}_i = v_{\tau^{-1}(i)}$. Nun wirkt σ als

$$\sigma \triangleright (\tilde{v}_1 \otimes \cdots \otimes \tilde{v}_k) = \tilde{v}_{\sigma^{-1}(1)} \otimes \cdots \otimes \tilde{v}_{\sigma^{-1}(k)}$$
$$= v_{\tau^{-1}(\sigma^{-1}(1))} \otimes \cdots \otimes v_{\tau^{-1}(\sigma^{-1}(k))}$$
$$= v_{(\sigma\tau)^{-1}(1)} \otimes \cdots \otimes v_{(\sigma\tau)^{-1}(k)},$$

womit insgesamt (3.7.6) für elementare Tensoren gezeigt ist. Damit folgt per Linearität die Gleichung (3.7.6) aber allgemein, da wieder die elementaren Tensoren $V^{\otimes k}$ aufspannen.   □

Bemerkung 3.59 (Gruppendarstellung). Eine Abbildung, die jedem Gruppenelement $g \in G$ einer Gruppe einen Endomorphismus $U_g \in \mathrm{End}(V)$ eines Vektorraums V zuordnet, sodass $e \in G$ auf id_V abgebildet wird und für $g, h \in G$ die Beziehung

$$U_{gh} = U_g U_h \tag{3.7.7}$$

gilt, nennt man eine *Darstellung* der Gruppe G auf dem Vektorraum V. Mit anderen Worten ist eine Gruppendarstellung also eine Gruppenwirkung, bei der die Abbildungen U_g für jedes $g \in G$ zudem linear sind. Eine alternative Definition einer Darstellung ist schlichtweg ein Gruppenmorphismus von G nach $\mathrm{GL}(V)$. Die obige Proposition besagt also, dass wir mittels

$$S_k \ni \sigma \mapsto \sigma \triangleright \in \mathrm{End}(V^{\otimes k}) \tag{3.7.8}$$

eine Darstellung der symmetrischen Gruppe auf $V^{\otimes k}$ gefunden haben. Wir wollen dieses weite und spannende Gebiet der Gruppendarstellungen aber hier nicht weiter vertiefen, sondern verweisen auf Lehrbücher zur Algebra [21, 29] sowie auf [35] für weiterführende Anwendungen in der Physik. Erste Eindrücke vermittelt Übung 3.15.

Wir können die Wirkung von Permutationen auf den Tensoren in $V^{\otimes k}$ nun dazu benutzen, den Symmetrietyp eines Tensors zu charakterisieren:

Definition 3.60 (Symmetrie von Tensoren). Sei V ein Vektorraum über $\Bbbk$, und sei $k \in \mathbb{N}$.

i.) Ein Tensor $v \in V^{\otimes k}$ heißt symmetrisch, falls

$$\sigma \triangleright v = v \tag{3.7.9}$$

für alle $\sigma \in S_k$. Die Menge der symmetrischen Tensoren bezeichnen wir mit $\mathrm{S}^k(V) \subseteq V^{\otimes k}$.

ii.) Ein Tensor $v \in V^{\otimes k}$ heißt antisymmetrisch, falls

$$\sigma \triangleright v = \mathrm{sign}(\sigma) v \tag{3.7.10}$$

für alle $\sigma \in S_k$. Die Menge der antisymmetrischen Tensoren bezeichnen wir mit $\Lambda^k(V) \subseteq V^{\otimes k}$.

Mit anderen Worten, ein Tensor in $V^{\otimes k}$ ist genau dann symmetrisch, wenn er ein Eigenvektor zum Eigenwert 1 von allen Abbildungen $\sigma \triangleright$ ist. Entsprechend ist ein Tensor genau dann antisymmetrisch, wenn er Eigenvektor zum Eigenwert $\text{sign}(\sigma)$ der Abbildungen $\sigma \triangleright$ für alle $\sigma \in S_k$ ist. Insbesondere folgt sofort, dass $S^k(V)$ und $\Lambda^k(V)$ *Unterräume* von $V^{\otimes k}$ sind.

Beispiel 3.61. Wir betrachten $k = 2$. Für $v, w \in V$ ist der Tensor $v \otimes w + w \otimes v$ offenbar symmetrisch, da für die einzige nichttriviale Permutation $\tau = \left(\begin{smallmatrix} 1 & 2 \\ 2 & 1 \end{smallmatrix}\right) \in S_2$

$$\tau \triangleright (v \otimes w + w \otimes v) = w \otimes v + v \otimes w \tag{3.7.11}$$

gilt. Entsprechend ist $v \otimes w - w \otimes v$ antisymmetrisch, denn

$$\tau \triangleright (v \otimes w - w \otimes v) = w \otimes v - v \otimes w = -(v \otimes w - w \otimes v) \tag{3.7.12}$$

und $\text{sign}(\tau) = -1$. Ist nun $2 \in \Bbbk$ invertierbar, also $\text{char}(\Bbbk) \neq 2$, so können wir den elementaren Tensor $v \otimes w$ als

$$v \otimes w = \frac{1}{2}(v \otimes w + w \otimes v) + \frac{1}{2}(v \otimes w - w \otimes v) \tag{3.7.13}$$

schreiben, und daher in einen symmetrischen und einen antisymmetrischen Tensor zerlegen. Ist nun $X \in V^{\otimes 2}$ ein beliebiger Tensor, den wir als $X = \sum_{i=1}^n v_i \otimes w_i$ mit geeigneten $v_i, w_i \in V$ schreiben können, so liefert auch

$$X = \frac{1}{2}\sum_{i=1}^n (v_i \otimes w_i + w_i \otimes v_i) + \frac{1}{2}\sum_{i=1}^n (v_i \otimes w_i - w_i \otimes v_i) = X_{\text{sym}} + X_{\text{anti}} \tag{3.7.14}$$

eine Zerlegung in einen symmetrischen und einen antisymmetrischen Tensor. Wir können den (anti-)symmetrischen Teil nun wie folgt schreiben. Es gilt

$$X_{\text{sym}} = \frac{1}{2}\sum_{i=1}^n (v_i \otimes w_i + w_i \otimes v_i) = \frac{1}{2}(X + \tau \triangleright X) \tag{3.7.15}$$

und

$$X_{\text{anti}} = \frac{1}{2}\sum_{i=1}^n (v_i \otimes w_i - w_i \otimes v_i) = \frac{1}{2}(X - \tau \triangleright X). \tag{3.7.16}$$

In diesem Fall erhalten wir somit eine kanonische Zerlegung der zweiten Tensorpotenz

$$V^{\otimes 2} = S^2(V) \oplus \Lambda^2(V) \tag{3.7.17}$$

in die symmetrischen und die antisymmetrischen Tensoren.

Wir wollen dieses Beispiel nun auch für größere $k \in \mathbb{N}$ verallgemeinern, um zu jedem Tensor einen symmetrischen und einen antisymmetrischen Teil zu definieren. Ganz problemlos ist dies nicht, da wir ja bereits in der Zerlegung (3.7.14) die zusätzliche Voraussetzung $\text{char}(\Bbbk) \neq 2$ machen mussten. Für höhere k muss $k! \in \Bbbk$ invertierbar sein, da wir letztlich durch die Anzahl der Elemente von S_k teilen wollen. Es ist daher am einfachsten, direkt $\text{char}(\Bbbk) = 0$

zu fordern. In anderer Charakteristik verläuft die Theorie entlang gänzlich anderer Argumentationslinien, die wir hier nicht weiter verfolgen wollen.

Definition 3.62 ((Anti-)Symmetrisator). Sei V ein Vektorraum über $\Bbbk$ mit $\mathrm{char}(\Bbbk) = 0$, und sei $k \in \mathbb{N}$.

i.) Der Symmetrisator $\mathrm{Sym}_k \colon V^{\otimes k} \longrightarrow V^{\otimes k}$ ist die lineare Abbildung

$$\mathrm{Sym}_k(X) = \frac{1}{k!} \sum_{\sigma \in S_k} \sigma \rhd X. \tag{3.7.18}$$

ii.) Der Antisymmetrisator $\mathrm{Alt}_k \colon V^{\otimes k} \longrightarrow V^{\otimes k}$ ist die lineare Abbildung

$$\mathrm{Alt}_k(X) = \frac{1}{k!} \sum_{\sigma \in S_k} \mathrm{sign}(\sigma)\sigma \rhd X. \tag{3.7.19}$$

In Primzahlcharakteristik können wir alternativ den Symmetrisator und den Antisymmetrisator entsprechend ohne den Vorfaktor $\frac{1}{k!}$ definieren. Die folgenden guten und einfachen Eigenschaften sind dann allerdings nicht länger uneingeschränkt gültig:

Proposition 3.63. *Sei V ein Vektorraum über $\Bbbk$ mit $\mathrm{char}(\Bbbk) = 0$, und sei $k \in \mathbb{N}$.*

i.) Für alle $\sigma \in S_k$ gilt

$$(\sigma \rhd \cdot) \circ \mathrm{Sym}_k = \mathrm{Sym}_k = \mathrm{Sym}_k \circ (\sigma \rhd \cdot) \tag{3.7.20}$$

sowie

$$(\sigma \rhd \cdot) \circ \mathrm{Alt}_k = \mathrm{sign}(\sigma)\,\mathrm{Alt}_k = \mathrm{Alt}_k \circ (\sigma \rhd \cdot). \tag{3.7.21}$$

ii.) Es gilt $\mathrm{Sym}_1 = \mathrm{id}_V = \mathrm{Alt}_1$. Für $k \geq 2$ gilt

$$\mathrm{Sym}_k \circ \mathrm{Sym}_k = \mathrm{Sym}_k, \tag{3.7.22}$$

$$\mathrm{Sym}_k \circ \mathrm{Alt}_k = 0 = \mathrm{Alt}_k \circ \mathrm{Sym}_k \tag{3.7.23}$$

und

$$\mathrm{Alt}_k \circ \mathrm{Alt}_k = \mathrm{Alt}_k. \tag{3.7.24}$$

iii.) Ein Tensor $X \in V^{\otimes k}$ ist genau dann symmetrisch, wenn

$$X = \mathrm{Sym}_k(X). \tag{3.7.25}$$

iv.) Ein Tensor $X \in V^{\otimes k}$ ist genau dann antisymmetrisch, wenn

$$X = \mathrm{Alt}_k(X). \tag{3.7.26}$$

v.) Es gilt

$$\mathrm{S}^k(V) = \mathrm{im\,Sym}_k \quad und \quad \Lambda^k(V) = \mathrm{im\,Alt}_k \,. \tag{3.7.27}$$

Beweis. Den ersten Teil erbringen wir durch schlichtes Nachrechnen mithilfe von Proposition 3.58. Es gilt für $X \in V^{\otimes k}$

$$
\begin{aligned}
\sigma \triangleright (\mathrm{Alt}_k(X)) &= \sigma \triangleright \frac{1}{k!} \sum_{\tau \in S_k} \mathrm{sign}(\tau)\tau \triangleright X \\
&= \frac{1}{k!} \sum_{\tau \in S_k} \mathrm{sign}(\tau)(\sigma\tau) \triangleright X \\
&= \mathrm{sign}(\sigma)\frac{1}{k!} \sum_{\tau \in S_k} \mathrm{sign}(\sigma\tau)(\sigma\tau) \triangleright X \\
&= \mathrm{sign}(\sigma)\frac{1}{k!} \sum_{\tau' \in S_k} \mathrm{sign}(\tau')\tau' \triangleright X \\
&= \mathrm{sign}(\sigma)\, \mathrm{Alt}_k(X),
\end{aligned}
$$

wobei wir verwendet haben, dass $\mathrm{sign}(\sigma\tau) = \mathrm{sign}(\sigma)\,\mathrm{sign}(\tau)$ und dass mit τ auch $\sigma\tau$ alle Gruppenelemente in S_k genau einmal durchläuft. Genauso zeigt man

$$
\begin{aligned}
\mathrm{Alt}_k(\sigma \triangleright X) &= \frac{1}{k!} \sum_{\tau \in S_k} \mathrm{sign}(\tau)\tau \triangleright (\sigma \triangleright X) \\
&= \mathrm{sign}(\sigma)\frac{1}{k!} \sum_{\tau \in S_k} \mathrm{sign}(\tau\sigma)(\tau\sigma) \triangleright X \\
&= \mathrm{sign}(\sigma)\frac{1}{k!} \sum_{\tau' \in S_k} \mathrm{sign}(\tau')\tau' \triangleright X \\
&= \mathrm{sign}(\sigma)\, \mathrm{Alt}_k(X).
\end{aligned}
$$

Den symmetrischen Fall erhält man analog durch Weglassen des Signums, was den ersten Teil zeigt. Für den zweiten Teil ist zunächst $\mathrm{Sym}_1 = \mathrm{id}_V = \mathrm{Alt}_1$ klar. Für $k \geq 2$ rechnen wir für $X \in \mathrm{T}^k(V)$ mit (3.7.21) nach, dass

$$
\begin{aligned}
(\mathrm{Alt}_k \circ \mathrm{Alt}_k)(X) &= \frac{1}{k!} \sum_{\sigma \in S_k} \mathrm{sign}(\sigma)\sigma \triangleright (\mathrm{Alt}_k(X)) \\
&= \frac{1}{k!} \sum_{\sigma \in S_k} \mathrm{sign}(\sigma)^2\, \mathrm{Alt}_k(X) \\
&= \mathrm{Alt}_k(X),
\end{aligned}
$$

da die symmetrische Gruppe S_k gerade $k!$ Elemente besitzt und $\mathrm{sign}(\sigma)^2 = 1$ gilt. Wieder erhält man den symmetrischen Fall analog. Schließlich gilt für $X \in \mathrm{T}^k(V)$

$$\mathrm{Sym}_k(\mathrm{Alt}_k(X)) = \frac{1}{k!} \sum_{\sigma \in S_k} \sigma \triangleright \mathrm{Alt}_k(X) = \frac{1}{k!} \sum_{\sigma \in S_k} \mathrm{sign}(\sigma)\,\mathrm{Alt}_k(X) = 0,$$

da $\sum_{\sigma \in S_k} \mathrm{sign}(\sigma) = 0$, sobald $k \geq 2$ gilt, siehe auch Übung 3.20. Für die andere Reihenfolge argumentiert man genauso. Für den dritten Teil betrachten wir zuerst einen symmetrischen Tensor X, sodass also $\sigma \triangleright X = X$ für alle $\sigma \in S_k$ gilt. Dann folgt aber sofort

$$\mathrm{Sym}_k(X) = \frac{1}{k!} \sum_{\sigma \in S_k} \sigma \triangleright X = \frac{1}{k!} \sum_{\sigma \in S_k} X = X.$$

Sei umgekehrt X ein Tensor mit $\mathrm{Sym}_k(X) = X$. Dann gilt $\sigma \triangleright \mathrm{Sym}_k(X) = \mathrm{Sym}(X) = X$ für alle $\sigma \in S_k$ nach (3.7.20). Ist X dagegen antisymmetrisch, so gilt also $\sigma \triangleright X = \mathrm{sign}(\sigma)X$ für alle σ. Es folgt

$$\mathrm{Alt}_k(X) = \frac{1}{k!} \sum_{\sigma \in S_k} \mathrm{sign}(\sigma)\sigma \triangleright X = \frac{1}{k!} \sum_{\sigma \in S_k} \mathrm{sign}(\sigma)^2 X = X.$$

Gilt umgekehrt $\mathrm{Alt}_k(X) = X$, so folgt

$$\sigma \triangleright X = \sigma \triangleright (\mathrm{Alt}_k(X)) = \mathrm{sign}(\sigma)\,\mathrm{Alt}_k(X) = \mathrm{sign}(\sigma)X$$

nach (3.7.21). Teil *v.)* ist dann nur eine Reformulierung von *iii.)* beziehungsweise *iv.)*.   □

In einem nächsten Schritt wollen wir zumindest in endlichen Dimensionen eine Basis für $\mathrm{S}^k(V)$ und $\Lambda^k(V)$ angeben.

Proposition 3.64. *Sei V ein endlich-dimensionaler Vektorraum über $\Bbbk$ mit* $\mathrm{char}(\Bbbk) = 0$, *und sei $k \in \mathbb{N}$.*

i.) Ist $e_1, \ldots, e_n \in V$ eine geordnete Basis von V, so bilden die Vektoren

$$\{\mathrm{Sym}_k(e_{i_1} \otimes \cdots \otimes e_{i_k}) \mid i_1 \leq i_2 \leq \cdots \leq i_k\} \tag{3.7.28}$$

eine Basis von $\mathrm{S}^k(V)$.

ii.) Es gilt

$$\dim \mathrm{S}^k(V) = \binom{n+k-1}{k}. \tag{3.7.29}$$

Beweis. Wir wissen, dass die Vektoren $\{e_{i_1} \otimes \cdots \otimes e_{i_k}\}_{i_1,\ldots,i_k=1,\ldots,n}$ eine Basis von $V^{\otimes k}$ bilden. Da für $X \in \mathrm{S}^k(V)$

$$X = X^{i_1 \cdots i_k} e_{i_1} \otimes \cdots \otimes e_{i_k} = \mathrm{Sym}_k(X) = X^{i_1 \cdots i_k} \mathrm{Sym}_k(e_{i_1} \otimes \cdots \otimes e_{i_k})$$

gilt, folgt, dass die Vektoren $\mathrm{Sym}_k(e_{i_1} \otimes \cdots \otimes e_{i_k})$ für $i_1, \ldots, i_k = 1, \ldots, n$ ein Erzeugendensystem bilden. Sind nun $(i_1, \ldots, i_k)$ und $(j_1, \ldots, j_k)$ zwei k-Tupel von Zahlen in $\{1, \ldots, n\}$, welche durch eine Permutation auseinander hervorgehen, so gilt aufgrund der Symmetrie der Tensoren

$$\mathrm{Sym}_k(e_{i_1} \otimes \cdots \otimes e_{i_k}) = \mathrm{Sym}_k(e_{j_1} \otimes \cdots \otimes e_{j_k}).$$

Daher liefern solche k-Tupel denselben symmetrischen Tensor in $S^k(V)$. Wir können also die Indizes in $\mathrm{Sym}_k(e_{i_1} \otimes \cdots \otimes e_{i_k})$ umsortieren, ohne den Vektor zu verändern. Ohne Einschränkung können wir daher $i_1 \leq i_2 \leq \cdots \leq i_k$ annehmen und erhalten somit immer noch ein Erzeugendensystem von $S^k(V)$. Wir behaupten, dass dieses bereits linear unabhängig ist. Als Zwischenergebnis bestimmen wir zunächst die Koeffizienten des symmetrischen Tensors $\mathrm{Sym}_k(e_{i_1} \otimes \cdots \otimes e_{i_k})$ bezüglich der Basis $\{e_{j_1} \otimes \cdots \otimes e_{j_k}\}_{j_1,\ldots,j_k=1,\ldots,n}$ aller Tensoren in $V^{\otimes k}$. Nach Korollar 3.54 erhalten wir die Koeffizienten von $\mathrm{Sym}_k(e_{i_1} \otimes \cdots \otimes e_{i_k})$ durch Auswerten auf der dualen Basis, also

$$\begin{aligned}
\mathrm{Sym}_k(e_{i_1} \otimes \cdots \otimes e_{i_k})^{j_1 \cdots j_k} &= \mathrm{Sym}_k(e_{i_1} \otimes \cdots \otimes e_{i_k})(e^{j_1}, \ldots, e^{j_k}) \\
&= \frac{1}{k!} \sum_{\sigma \in S_k} (\sigma \rhd (e_{i_1} \otimes \cdots \otimes e_{i_k}))(e^{j_1}, \ldots, e^{j_k}) \\
&= \frac{1}{k!} \sum_{\sigma \in S_k} \left(e_{i_{\sigma^{-1}(1)}} \otimes \cdots \otimes e_{i_{\sigma^{-1}(k)}} \right)(e^{j_1}, \ldots, e^{j_k}) \\
&= \frac{1}{k!} \sum_{\sigma \in S_k} e_{i_{\sigma^{-1}(1)}}(e^{j_1}) \cdots e_{i_{\sigma^{-1}(k)}}(e^{j_k}) \\
&= \frac{1}{k!} \sum_{\sigma \in S_k} \delta^{j_1}_{i_{\sigma^{-1}(1)}} \cdots \delta^{j_k}_{i_{\sigma^{-1}(k)}}.
\end{aligned}$$

Der Beitrag $\delta^{j_1}_{i_{\sigma^{-1}(1)}} \cdots \delta^{j_k}_{i_{\sigma^{-1}(k)}}$ ist also nur dann ungleich null, nämlich eins, wenn die $(j_1, \ldots, j_k)$ eine Permutation der $(i_1, \ldots, i_k)$ darstellen. Dann liefert die Summe als Wert

$$\frac{1}{k!} \sum_{\sigma \in S_k} \delta^{j_1}_{i_{\sigma^{-1}(1)}} \cdots \delta^{j_k}_{i_{\sigma^{-1}(k)}} = \frac{\#(I \to J)}{k!},$$

wobei $\#(I \to J)$ gerade die Anzahl der Permutationen ist, die $(i_1, \ldots, i_k)$ in $(j_1, \ldots, j_k)$ überführen. Da Indizes ja mehrfach auftreten dürfen, kann es mehrere solche Permutationen geben. Ist nun also eine Linearkombination der $\mathrm{Sym}(e_{i_1} \otimes \cdots \otimes e_{i_k})$ gegeben, welche verschwindet, so gilt

$$0 = \sum_{i_1 \leq \cdots \leq i_k} X^{i_1 \cdots i_k} \, \mathrm{Sym}_k(e_{i_1} \otimes \cdots \otimes e_{i_k}).$$

Wir werten dies nun auf $e^{j_1}, \ldots, e^{j_k}$ mit $j_1 \leq \cdots \leq j_k$ aus. Den einzigen nichttrivialen Beitrag liefert dann diejenige Kombination $i_1 \leq \cdots \leq i_k$, für welche $j_1 \leq \cdots \leq j_k$ eine Permutation der $i_1 \leq \cdots \leq i_k$ ist: Dies ist aber nur für $i_1 = j_1, \ldots, i_k = j_k$ der Fall. Man beachte, dass es bei Wiederholung der

Indizes $i_1, \ldots, i_k$ trotzdem mehrere Permutationen geben kann, die $i_1 \leq \cdots \leq i_k$ in $j_1 \leq \cdots \leq j_k$ überführen. Wieviele solche Permutationen es tatsächlich gibt, hängt natürlich davon ab, wieviele der Indizes gleich sind. Insgesamt gilt

$$0 = \left(\sum_{i_1 \leq \cdots \leq i_k} X^{i_1 \ldots i_k} \operatorname{Sym}(e_{i_1} \otimes \cdots \otimes e_{i_k}) \right) (e^{j_1}, \ldots, e^{j_k}) = X^{j_1 \ldots j_k} \frac{\#(I \to J)}{k!}.$$

Da dann aber $\#(I \to J) > 0$ gilt, folgt $X^{j_1 \ldots j_k} = 0$. Da $j_1 \leq \cdots \leq j_k$ beliebig gewählt waren, haben wir die lineare Unabhängigkeit von (3.7.28) gezeigt. Der zweite Teil ist damit eine elementare kombinatorische Überlegung: Wir dürfen aus n Zahlen k auswählen mit Zurücklegen. $\square$

Für die antisymmetrischen Tensoren erhalten wir ein analoges Resultat, wobei nun die Basisvektoren nicht länger wiederholt werden dürfen:

Proposition 3.65. *Sei V ein endlich-dimensionaler Vektorraum über $\Bbbk$ mit* $\operatorname{char}(\Bbbk) = 0$, *und sei $k \in \mathbb{N}$.*

i.) Ist $e_1, \ldots, e_n \in V$ eine geordnete Basis von V, so bilden die Vektoren

$$\left\{ \operatorname{Alt}_k(e_{i_1} \otimes \cdots \otimes e_{i_k}) \mid i_1 < i_2 < \cdots < i_k \right\} \tag{3.7.30}$$

eine Basis von $\Lambda^k(V)$.

ii.) Es gilt

$$\dim \Lambda^k(V) = \binom{n}{k}. \tag{3.7.31}$$

Beweis. Wir zuvor zeigt man, dass alle Vektoren der Form $\operatorname{Alt}_k(e_{i_1} \otimes \cdots \otimes e_{i_k})$ mit $i_1, \ldots, i_k = 1, \ldots, n$ ein Erzeugendensystem von $\Lambda^k(V)$ bilden. Da $\operatorname{Alt}_k(e_{i_1} \otimes \cdots \otimes e_{i_k})$ total antisymmetrisch ist, gilt

$$\operatorname{Alt}_k(e_{i_{\sigma(1)}} \otimes \cdots \otimes e_{i_{\sigma(k)}}) = \operatorname{sign}(\sigma) \operatorname{Alt}_k(e_{i_1} \otimes \cdots \otimes e_{i_k}) \tag{3.7.32}$$

für alle Permutationen $\sigma \in S_k$. Weiter gilt

$$\operatorname{Alt}_k(e_{i_1} \otimes \cdots \otimes e_{i_k}) = 0$$

sofern zwei Indizes gleich sind: Dies folgt aus (3.7.32) und $2 \neq 0$. Wir können daher unser Erzeugendensystem dahingehend verkürzen, dass wir $i_1 < i_2 < \cdots < i_k$ fordern: (3.7.30) spannt immer noch $\Lambda^k(V)$ auf. Wir behaupten, dass (3.7.30) dann auch linear unabhängig ist. Wie im symmetrischen Fall berechnen wir dazu die Komponenten des Tensors $\operatorname{Alt}_k(e_{i_1} \otimes \cdots \otimes e_{i_k})$ explizit und erhalten

$$\operatorname{Alt}_k(e_{i_1} \otimes \cdots \otimes e_{i_k})^{j_1 \ldots j_k}$$
$$= (\operatorname{Alt}_k(e_{i_1} \otimes \cdots \otimes e_{i_k}))(e^{j_1}, \ldots, e^{j_k})$$

$$= \frac{1}{k!} \sum_{\sigma \in S_k} \mathrm{sign}(\sigma)(e_{i_{\sigma^{-1}(1)}} \otimes \cdots \otimes e_{i_{\sigma^{-1}(k)}})(e^{j_1}, \ldots, e^{j_k})$$

$$= \frac{1}{k!} \sum_{\sigma \in S_k} \mathrm{sign}(\sigma)\delta^{j_1}_{i_{\sigma^{-1}(1)}} \cdots \delta^{j_k}_{i_{\sigma^{-1}(k)}}.$$

Da notwendigerweise die Indizes $i_1, \ldots, i_k$ alle verschieden sind, erhalten wir nur dann einen nicht verschwindenden Beitrag, wenn die $j_1, \ldots, j_k$ eine Permutation der $i_1 < \cdots < i_k$ sind. Diese Permutation σ ist aber eindeutig bestimmt. Es gibt also den einzigen Beitrag $\frac{\mathrm{sign}(\sigma)}{k!}$, falls $j_1, \ldots, j_k$ eine (und damit eine eindeutige) Permutation der $i_1, \ldots, i_k$ ist und 0 sonst. Man beachte, dass dies der entscheidende Unterschied zum symmetrischen Fall ist, wo wir abhängig von den tatsächlichen Indizes eventuell mehrere Permutationen finden konnten. Ist nun $X^{i_1 \ldots i_k} \in \Bbbk$ mit

$$0 = \sum_{i_1 < i_2 < \cdots < i_k} X^{i_1 \ldots i_k} \, \mathrm{Alt}_k(e_{i_1} \otimes \cdots \otimes e_{i_k})$$

gegeben, so liefert die Auswertung auf $e^{j_1}, \ldots, e^{j_k}$ mit $j_1 < \cdots < j_k$ genau den einen Term $\frac{X^{j_1 \ldots j_k}}{k!}$. Also folgt $X^{j_1 \ldots j_k} = 0$, und damit sind die Vektoren $\mathrm{Alt}_k(e_{i_1} \otimes \cdots \otimes e_{i_k})$ linear unabhängig. Der zweite Teil erfolgt wieder durch Abzählen.   □

Bemerkung 3.66. Sei $\mathrm{char}(\Bbbk) = 0$, und sei V ein Vektorraum über $\Bbbk$.

i.) Für $k = 2$ können wir $V^{\otimes 2}$ immer in symmetrische und antisymmetrische Tensoren zerlegen, denn nach Beispiel 3.61 folgt

$$V^{\otimes 2} = \mathrm{S}^2(V) \oplus \Lambda^2(V) = \mathrm{im}\,\mathrm{Sym}_2 \oplus \mathrm{im}\,\mathrm{Alt}_2. \tag{3.7.33}$$

Mit anderen Worten, die beiden Projektoren Sym_2 und Alt_2 bilden eine Zerlegung der Eins

$$\mathrm{Sym}_2 + \mathrm{Alt}_2 = \mathrm{id}_{V^{\otimes 2}} \tag{3.7.34}$$

für $V^{\otimes 2}$.

ii.) Für $k \geq 3$ ist die Zerlegung (3.7.34) so nicht mehr richtig. Zwar bilden Sym_k und Alt_k immer noch Projektoren, die auf transversale Unterräume projizieren, aber $\mathrm{Sym}_k + \mathrm{Alt}_k$ ist nicht länger $\mathrm{id}_{V^{\otimes k}}$. Vielmehr ist

$$P_k = \mathrm{id}_{V^{\otimes k}} - \mathrm{Sym}_k - \mathrm{Alt}_k \tag{3.7.35}$$

selbst ein (nichttrivialer) Projektor: Es gibt also für $k \geq 3$ noch gänzlich andere Symmetrietypen. Diesen durch P_k beschriebenen „Rest" kann man nun eventuell wieder zerlegen, was weiter in die Darstellungstheorie von S_k führt, als wir hier gehen wollen. Weiterführende Literatur hierzu findet man beispielsweise in [29, Chap. XVIII], siehe auch Übung 3.22.

iii.) In endlichen Dimensionen können wir die Nichttrivialität des Projektors P_k leicht einsehen, da

$$\dim \Lambda^k(V) + \dim S^k(V) = \binom{n}{k} + \binom{n+k-1}{k} < n^k = \dim V^{\otimes k}$$

$$(3.7.36)$$

für $k \geq 3$.

iv.) Für $\dim V = n < \infty$ gilt insbesondere

$$\dim \Lambda^k(V) = 0 \qquad (3.7.37)$$

für $k \geq n+1$ und

$$\dim \Lambda^n(V) = 1. \qquad (3.7.38)$$

Dieser Spezialfall wird also besondere Aufmerksamkeit erfordern. Für die symmetrischen Tensoren ist dies nicht so. Im Gegenteil, es gilt

$$\dim S^k(V) = \binom{n+k-1}{k} \longrightarrow \infty \qquad (3.7.39)$$

für $k \longrightarrow \infty$, falls $n \geq 2$. Für $n = 1$ gilt dagegen immer

$$\dim S^k(V) = 1. \qquad (3.7.40)$$

Wir wollen nun ein paar Spezialfälle und Beispiele betrachten. Symmetrische Tensoren treten beispielsweise in der Analysis bei der Taylor-Entwicklung auf:

Beispiel 3.67 (Taylor-Koeffizienten). Sei $f \colon \mathbb{R}^n \longrightarrow \mathbb{R}$ eine $\mathscr{C}^\infty$-Funktion. Ihre formale Taylor-Reihe um $x = 0$ lautet dann

$$\tau(f)(x) = \sum_{k=0}^{\infty} \frac{1}{k!} \frac{\partial^k f}{\partial x^{i_1} \cdots \partial x^{i_k}}(0) x^{i_1} \cdots x^{i_k}, \qquad (3.7.41)$$

wobei wir an dieser Stelle keine Aussage zur Konvergenz von $\tau(f)(x)$ machen wollen; dies würde mehr Detailwissen über f erfordern als nur die Glattheit. Da die partiellen Ableitungen alle miteinander vertauschen, ist

$$\tau_k(f) = \frac{\partial^k f}{\partial x^{i_1} \cdots \partial x^{i_k}}(0) \mathrm{e}^{i_1} \otimes \cdots \otimes \mathrm{e}^{i_k} \in ((\mathbb{R}^n)^*)^{\otimes k} \qquad (3.7.42)$$

ein symmetrischer Tensor in der k-ten Tensorpotenz des Dualraums von $\mathbb{R}^n$. Man beachte, dass wir tatsächlich einen *kovarianten* Tensor erhalten, da in $x = x^i \mathrm{e}_i \in \mathbb{R}^n$ die Koordinatenfunktionen sich wie die Basisvektoren e^i der dualen Basis zur Standardbasis transformieren, während sich die partiellen Ableitungen $\frac{\partial}{\partial x^i}$ sich nach der Kettenregel kontravariant transformieren. Damit wird die Definition von $\tau_k(f)$ also unabhängig von den zunächst ja willkürlich gewählten linearen Koordinaten, siehe auch Übung 3.26. Mit (3.7.42) gilt also

$$\tau_k(f) \in S^k((\mathbb{R}^n)^*), \qquad (3.7.43)$$

und (3.7.41) wird zu

$$\tau(f)(x) = \sum_{k=0}^{\infty} \frac{1}{k!} \tau_k(f)(x, \ldots, x). \tag{3.7.44}$$

Da man bei einer formalen Taylor-Reihe nichts über die Konvergenz aussagen kann (will), sollte man also nicht auf einem Punkt $x \in \mathbb{R}^n$ auswerten. Statt dessen kann man $\tau(f)$ direkt als Element im kartesischen Produkt aller symmetrischen Tensorpotenzen interpretieren. Auf diese Weise erhält man

$$\tau(f) = \sum_{k=0}^{\infty} \frac{1}{k!} \tau_k(f) \in \prod_{k=0}^{\infty} \mathrm{S}^k((\mathbb{R}^n)^*). \tag{3.7.45}$$

Man beachte, dass die direkte Summe anstelle des kartesischen Produkts hier nicht ausreichend ist, da im Allgemeinen ja alle Taylor-Koeffizienten ungleich null sein können.

Im Falle antisymmetrischer Tensoren ist vor allem der Fall $k = \dim V$ interessant. Hier finden wir alte Bekannte wieder:

Proposition 3.68 (Determinantenformen). *Sei V ein Vektorraum der Dimension $\dim V = n < \infty$ über $\Bbbk$ mit $\mathrm{char}(\Bbbk) = 0$. Dann ist $\Lambda^n(V^*)$ der Vektorraum der Determinantenformen über V.*

Beweis. Wir können $(V^*)^{\otimes n}$ mit dem Vektorraum der n-Linearformen auf V identifizieren: Dies ist gerade ein Spezialfall von Proposition 3.52, *i.)*. Ist nun $\alpha \in \Lambda^n(V^*) \subseteq (V^*)^{\otimes n}$ sogar antisymmetrisch, so liefert die Identifikation mit $\alpha \in \mathrm{Hom}(V, \ldots, V; \Bbbk)$ eine antisymmetrische n-Linearform, welche sogar alternierend ist, da wir ja $2 \neq 0$ voraussetzen wollen. Damit ist α eine Determinantenform. Wir wissen, dass der Vektorraum $\Lambda^n(V^*)$ und der Vektorraum der Determinantenformen beide eindimensional sind. Es bleibt also zu zeigen, dass die Identifikation beispielsweise injektiv ist. Dies ist aber klar, da ja sogar

$$(V^*)^{\otimes n} \longrightarrow \mathrm{Hom}(V, \ldots, V; \Bbbk)$$

bijektiv ist und $\Lambda^n(V^*)$ beziehungsweise die Determinantenformen Unterräume hiervon sind. $\qquad\square$

Eine Determinante $\det$ erhält man also, wenn man zudem eine Basis $e_1, \ldots, e_n$ auszeichnet (im Fall $\Bbbk^n$ hatten wir die Standardbasis verwendet) und dann die Normierung $\det(e_1, \ldots, e_n) = 1$ fordert.

Kontrollfragen. Wie wirkt die symmetrische Gruppe auf Tensorpotenzen? Was sind symmetrische und antisymmetrische Tensoren? Was ist der (Anti-) Symmetrisator, und wieso spielt die Charakteristik des Körpers hierbei eine Rolle? Welche Beispiele für symmetrische und antisymmetrische Tensoren kennen Sie?

3.8 Die Tensoralgebra

In diesem Abschnitt wollen wir mit einem kleinen Ausblick unser erstes Kennenlernen von Tensorprodukten abschließen: Der nächste Schritt ist, die multilinearen Abbildungen eben als Beispiele für *nichtlineare* Problemstellungen zu sehen. Hier ist der Begriff der *Algebra* einer der wichtigsten, um dies zu bewerkstelligen.

Wir haben im Laufe der letzten Kapitel schon viele Beispiele für assoziative Algebren gesehen, ohne diesen Begriff konsequent zu verwenden. Die Motivation fällt uns daher recht leicht: Wann immer man einen (wie immer assoziativen) Ring $\mathscr{A}$ vorliegen hat, der zudem die Struktur eines Vektorraums über einem Körper $\Bbbk$ besitzt, sodass die Ringstruktur mit der Vektorraumstruktur verträglich ist, spricht man von einer assoziativen Algebra. Die genaue Definition ist dabei folgende:

Definition 3.69 (Algebra und Algebramorphismen). Sei $\mathscr{A}$ ein Vektorraum über einem Körper $\Bbbk$, der zudem mit einem assoziativen Produkt $\cdot$ versehen ist. Ist dieses Produkt dann eine bilineare Abbildung

$$\cdot : \mathscr{A} \times \mathscr{A} \longrightarrow \mathscr{A} \tag{3.8.1}$$

bezüglich der Vektorraumstruktur, so heißt $\mathscr{A}$ eine Algebra über $\Bbbk$. Ein $\Bbbk$-linearer Ringmorphismus zwischen Algebren über $\Bbbk$ heißt Algebramorphismus. Hat der zugrunde liegende Ring $\mathscr{A}$ ein Einselement, so heißt $\mathscr{A}$ Algebra mit Eins. Wir sprechen von einserhaltenden Algebramorphismen, wenn der zugrunde liegende Ringmorphismus einserhaltend ist. Ein Unterring $\mathscr{B} \subseteq \mathscr{A}$, der gleichzeitig ein Unterraum ist, heißt Unteralgebra der Algebra $\mathscr{A}$.

Wie für Produkte üblich, schreiben wir auch bei einer Algebra $ab = a \cdot b$, wenn wir die Strukturabbildung $\cdot$ nicht extra betonen wollen. Des weiteren verwenden wir auch bei einer Algebra die übliche Konvention von „Punkt vor Strich", um die Zahl der nötigen Klammern auf ein Mindestmaß zu reduzieren.

Eine Algebra $\mathscr{A}$ über $\Bbbk$ wird durch das bilineare Produkt und die Addition der Vektorraumstruktur offenbar zu einem Ring: Die Bilinearität bedeutet ja gerade

$$(\lambda a + \mu b) \cdot c = \lambda(a \cdot c) + \mu(b \cdot c) \tag{3.8.2}$$

und

$$a \cdot (\lambda b + \mu c) = \lambda(a \cdot b) + \mu(a \cdot c) \tag{3.8.3}$$

für alle $\lambda, \mu \in \Bbbk$ und $a, b, c \in \mathscr{A}$. Setzt man $\lambda = 1 = \mu$, so erhält man die Distributivgesetze eines Rings. Alternativ kann man die Kompatibilität von Produkt und Vektorraumstruktur auch so verstehen, dass $\mathscr{A}$ ein Ring ist, bei dem die Ringaddition mit der Vektorraumaddition übereinstimmt und bei dem das Produkt zusätzlich

$$(\lambda a) \cdot b = \lambda(a \cdot b) = a \cdot (\lambda b) \tag{3.8.4}$$

für alle $\lambda \in \Bbbk$ und $a, b \in \mathscr{A}$ erfüllt.

Bemerkung 3.70 (Nichtassoziative Algebren). Auch wenn wir im Folgenden ausschließlich assoziative Algebren betrachten wollen und daher schlicht von „Algebren" sprechen werden, soll dies nicht darüber hinwegtäuschen, dass es jenseits der Assoziativität auch weitere Typen von Algebren gibt: Hier sind insbesondere die *Lie-Algebren* zu nennen, bei denen das „Produkt" die Eigenschaften eines Kommutators besitzt, also die Antisymmetrie und die Jacobi-Identität erfüllt. Auch hier haben wir bereits viele Beispiele kennengelernt, angefangen mit den Matrizen und $[\,\cdot\,,\,\cdot\,]$, siehe auch die Übungen 1.9, 1.10, 1.11 sowie 1.12. Weiter sind auch *Jordan-Algebren* zu nennen, die insbesondere in Anwendungen in der Quantenmechanik, aber auch darüber hinaus, wichtig werden.

Die Assoziativität von $\cdot$ erlaubt es wie immer, in Produkten gänzlich auf Klammern zu verzichten. Die Reihenfolge ist dabei aber, ebenso wie bei allgemeinen Ringen, wichtig, da wir nicht unbedingt voraussetzen wollen, dass $\cdot$ kommutativ ist. Die Rechenregeln (3.8.4) können nun ebenfalls als Assoziativität verstanden werden, wobei nun ein Faktor ein Element in $\Bbbk$ ist: Es liegt daher nahe, die Körperelemente als Elemente von $\mathscr{A}$ aufzufassen. Dies ist in folgenden Sinne möglich, sobald $\mathscr{A}$ eine Eins besitzt:

Proposition 3.71. *Sei $\mathscr{A}$ eine Algebra mit Eins $\mathbb{1}$ über $\Bbbk$. Dann ist die Abbildung*

$$\eta \colon \Bbbk \ni \lambda \;\mapsto\; \lambda \mathbb{1} \in \mathscr{A} \tag{3.8.5}$$

ein injektiver Ringmorphismus.

Beweis. Dies ist eine elementare Verifikation, siehe Übung 3.30. $\square$

Wir können nun viele alte Bekannte im neuen Lichte dieser Begriffsbildung einordnen:

Beispiel 3.72 (Algebren). Sei $\Bbbk$ ein fest gewählter Körper.

i.) Der Körper $\Bbbk$ ist immer auch eine $\Bbbk$-Algebra mit Eins $1 \in \Bbbk$.

ii.) Für $n \in \mathbb{N}$ sind die $n \times n$-Matrizen $\mathrm{M}_n(\Bbbk)$ eine Algebra über $\Bbbk$ mit Eins $\mathbb{1} \in \mathrm{M}_n(\Bbbk)$. Die nötigen Bilinearitätseigenschaften des Matrixprodukts sind einfach zu sehen und wurden in Kap. 5 in Band 1 gezeigt. Mittlerweile verwenden wir diese Eigenschaften selbstverständlich und ohne ihre Natur lange zu reflektieren. Etwas allgemeiner sind auch die $I \times I$-Matrizen $\Bbbk^{(I) \times I}$ mit einer beliebigen Indexmenge I bezüglich des Matrixprodukts eine Algebra über $\Bbbk$.

iii.) Ist V ein $\Bbbk$-Vektorraum, so bilden die Endomorphismen $\mathrm{End}(V)$ zum einen einen Vektorraum über $\Bbbk$, zum anderen einen Ring mit Eins bezüglich der Addition und Hintereinanderausführung. Zusammen sind diese Operationen im Sinne der Definition einer Algebra verträglich, sodass wir eine $\Bbbk$-Algebra $\mathrm{End}(V)$ erhalten. Ist $B \subseteq V$ eine Basis, so ist die Basisdarstellung

$$_B[\,\cdot\,]_B \colon \operatorname{End}(V) \longrightarrow \Bbbk^{(B)\times B} \tag{3.8.6}$$

ein einserhaltender Algebraisomorphismus. Auch diese Aussagen sind einfach eine Reinterpretation der Ergebnisse zu linearen Abbildungen aus Kap. 5 in Band 1.

iv.) Die Polynome $\Bbbk[x]$ sind nicht nur ein Ring und nicht nur ein Vektorraum über $\Bbbk$, sondern eben auch eine Algebra über $\Bbbk$. Die erforderliche Bilinearität der Multiplikation ist anhand der Definition des Produkts von Polynomen offensichtlich.

v.) Ist M eine nichtleere Menge, so bilden die Abbildungen $\operatorname{Abb}(M,\Bbbk)$ eine $\Bbbk$-Algebra: Wir wissen bereits, dass $\operatorname{Abb}(M,\Bbbk)$ bezüglich der punktweise definierten Addition und Multiplikation mit Skalaren ein Vektorraum über $\Bbbk$ wird. Genauso können wir zwei Funktionen $f, g \in \operatorname{Abb}(M,\Bbbk)$ punktweise multiplizieren,

$$(f \cdot g)(p) = f(p)g(p) \quad \text{für} \quad p \in M, \tag{3.8.7}$$

und erhalten eine offensichtlich assoziative Multiplikation. Die Verträglichkeit mit der Vektorraumstruktur ist klar. Die Algebra $\operatorname{Abb}(M,\Bbbk)$ besitzt ein Einselement, nämlich die konstante Funktion $\mathbb{1}\colon p \mapsto 1$, und ist *kommutativ*.

vi.) Sei wieder M eine Menge. Dann ist $\operatorname{Abb}_0(M,\Bbbk) \subseteq \operatorname{Abb}(M,\Bbbk)$ eine Unteralgebra. Diese ist genau dann echt, wenn M unendlich ist.

vii.) Als kleine Variation des letzten Beispiels können wir verschiedene Funktionenalgebren betrachten, wie etwa die stetigen Funktionen $\mathscr{C}(\mathbb{R}, \mathbb{R})$, die k-mal stetig differenzierbaren Funktionen $\mathscr{C}^k(\mathbb{R}, \mathbb{R})$ oder auch die glatten Funktionen $\mathscr{C}^\infty(\mathbb{R}, \mathbb{R})$. Wichtig ist hier immer, dass das punktweise Produkt von solchen Funktionen wieder in derselben Funktionenklasse liegt. Wir erhalten auf diese Weise viele Unteralgebren von $\operatorname{Abb}(\mathbb{R}, \mathbb{R})$. Es sind aber auch hier weitere Variationen möglich: Wir können andere Definitionsbereiche verwenden oder komplexwertige Funktionen anstelle der reellen betrachten. Letzteres liefert dann $\mathbb{C}$-Algebren anstelle von $\mathbb{R}$-Algebren.

viii.) Ist M eine nichtleere Menge und $\mathscr{A}$ eine $\Bbbk$-Algebra, so bildet $\operatorname{Abb}(M,\mathscr{A})$ bezüglich der punktweise definierten Operationen eine $\Bbbk$-Algebra. Hat $\mathscr{A}$ eine Eins, so hat auch $\operatorname{Abb}(M,\mathscr{A})$ eine Eins.

Bemerkung 3.73 (Observablenalgebren). Eine weitreichende physikalische Interpretation der bisherigen Beispiele ist folgende: Die kommutativen Algebren der Form $\operatorname{Abb}(M,\Bbbk)$, also die Funktionen auf einer Menge, erlauben die Interpretation einer klassischen Observablenalgebra: Physikalisch ist man an einer Menge M, dem Phasenraum, interessiert, die die möglichen Zustände eines klassischen physikalischen Systems beschreibt. Die Funktionen auf der Menge der Zustände sind dann die klassischen Observablen. Hier ist man vor allem an $\Bbbk = \mathbb{R}$ interessiert, sowie an Mengen M mit zusätzlicher geometrischer Struktur, wie etwa offenen Teilmengen von $\mathbb{R}^n$ oder differenzierbaren Mannigfaltigkeiten. Dann verwendet man auch nicht beliebige Abbildungen, sondern solche mit interessanten analytischen Eigenschaften wie beispielsweise Differenzierbarkeit etc. Die nichtkommutativen Algebren der Form $\mathrm{End}(V)$ sind dagegen der Prototyp einer Observablenalgebra in der Quantentheorie: Hier ist man an einem Hilbert-Raum V interessiert, der wieder für die Beschreibung der Zustände verantwortlich ist. Die Abbildungen auf dem Hilbert-Raum sind dann die quantenmechanischen Observablen. Auch hier ist noch verschiedenen funktionalanalytischen Erfordernissen Rechnung zu tragen, was wir hier nicht ausführen wollen. Insgesamt lässt sich aber sagen, dass die kommutativen Algebren in der Physik den klassischen Observablen entsprechen, die nichtkommutativen Algebren den Observablen von Quantensystemen.

Wie schon bei Ringen, können wir auch bei einer Algebra von einem Ideal sprechen:

Definition 3.74 (Ideal). Sei $\mathcal{A}$ eine Algebra über $\Bbbk$ und $\mathcal{J} \subseteq \mathcal{A}$ ein Unterraum, der bezüglich der Ringstruktur von $\mathcal{A}$ ein Ideal (Linksideal, Rechtsideal) ist. Dann heißt $\mathcal{J}$ Ideal (Linksideal, Rechtsideal) der Algebra $\mathcal{A}$.

Neu ist hier also nur, dass wir von einem Ideal auch fordern, ein Unterraum zu sein. Ohne große Schwierigkeiten zeigt man nun folgendes Resultat zu Quotienten von Algebren:

Proposition 3.75. *Sei $\mathcal{A}$ eine $\Bbbk$-Algebra und $\mathcal{J} \subseteq \mathcal{A}$ ein Ideal.*

i.) Der Kern eines Algebramorphismus ist ein Ideal.

ii.) Der Quotientenring $\mathcal{A}/\mathcal{J}$ ist bezüglich der kanonischen Vektorraumstruktur eine $\Bbbk$-Algebra. Diese Algebrastruktur ist die Eindeutige mit der Eigenschaft, dass die Quotientenabbildung

$$\mathrm{pr}\colon \mathcal{A} \longrightarrow \mathcal{A}/\mathcal{J} \tag{3.8.8}$$

ein Algebramorphismus ist.

iii.) Ist $\Phi\colon \mathcal{A} \longrightarrow \mathcal{B}$ ein Algebramorphismus in eine weitere $\Bbbk$-Algebra $\mathcal{B}$, so gilt genau dann $\mathcal{J} \subseteq \ker \Phi$, wenn es einen Algebramorphismus $\phi\colon \mathcal{A}/\mathcal{J} \longrightarrow \mathcal{B}$ gibt, sodass

$$\tag{3.8.9}$$

kommutiert. In diesem Fall ist ϕ eindeutig bestimmt und erfüllt $\operatorname{im}\phi = \operatorname{im}\Phi$.

Beweis. Der erste Teil ist eine Kombination des Resultats, dass der Kern eines Ringmorphismus ein Ideal im ringtheoretischen Sinne ist, und dass der Kern einer linearen Abbildung ein Unterraum ist. Entsprechend erhält man den zweiten Teil aus der Kombination der ringtheoretischen Situation in Proposition 2.20 sowie der analogen Aussage zu Quotienten von Vektorräumen. Es bleibt lediglich zu zeigen, dass im Quotienten das Produkt bilinear ist, was man wie immer leicht auf Repräsentanten nachprüfen kann. Auch der dritte Teil ist eine Kombination von Proposition 2.23 und Proposition 2.31.   □

Beispiel 3.76 (Quotientenalgebra). Die Konstruktion aus Beispiel 2.25 können wir nun als eine Quotientenalgebra verstehen: Das *Verschwindungsideal* $\mathscr{J}_A$ einer Teilmenge $A \subseteq M$ in $\mathrm{Abb}(M, \mathbb{R})$ ist eben auch ein Unterraum und damit ein Ideal im Sinne von Definition 3.74. Entsprechend ist der Quotientenring sogar eine Quotientenalgebra und die Quotientenabbildung ein Algebramorphismus.

Als nächstes konstruieren wir das in gewisser Hinsicht wichtigste Beispiel einer Algebra über $\mathbb{k}$: die Tensoralgebra eines Vektorraums. Dazu betrachten wir einen Vektorraum V über $\mathbb{k}$ sowie seine Tensorpotenzen $\mathrm{T}^k(V) = V^{\otimes k}$. Wie bereits zuvor setzen wir $\mathrm{T}^0(V) = \mathbb{k}$. Das Tensorprodukt in Verbindung mit seiner Assoziativität liefert uns dann eine bilineare Abbildung

$$\otimes \colon \mathrm{T}^k(V) \times \mathrm{T}^\ell(V) \longrightarrow \mathrm{T}^{k+\ell}(V) \tag{3.8.10}$$

für alle $k, \ell \in \mathbb{N}_0$, wobei für k oder $\ell = 0$ das Tensorprodukt mit Elementen aus $\mathbb{k}$ gemäß Proposition 3.25 einfach die Multiplikation mit Skalaren ist. Nehmen wir nun alle Tensorpotenzen zusammen, erhalten wir die Tensoralgebra:

Definition 3.77 (Tensoralgebra). Sei V ein Vektorraum über $\mathbb{k}$. Dann heißt

$$\mathrm{T}^\bullet(V) = \bigoplus_{k=0}^{\infty} \mathrm{T}^k(V), \tag{3.8.11}$$

versehen mit dem bilinear fortgesetzten Tensorprodukt

$$\otimes \colon \mathrm{T}^\bullet(V) \times \mathrm{T}^\bullet(V) \longrightarrow \mathrm{T}^\bullet(V), \tag{3.8.12}$$

die Tensoralgebra von V. Gilt $X \in \mathrm{T}^k(V) \subseteq \mathrm{T}^\bullet(V)$, so heißt X homogen vom Grad $k \in \mathbb{N}_0$.

Elemente in $\mathrm{T}^\bullet(V)$ sind Summen $X = \sum_{k=0}^{\infty} X_k, Y = \sum_{\ell=0}^{\infty} Y_\ell$ von Elementen $X_k \in \mathrm{T}^k(V)$ und $Y_\ell \in \mathrm{T}^\ell(V)$, wobei nach Definition der direkten Summe nur endlich viele Komponenten X_k beziehungsweise Y_ℓ von null verschieden sind. Das Produkt (3.8.12) bedeutet dann

$$X \otimes Y = \left(\sum_{k=0}^{\infty} X_k \right) \otimes \left(\sum_{\ell=0}^{\infty} Y_\ell \right) = \sum_{r=0}^{\infty} \sum_{k+\ell=r} X_k \otimes Y_\ell, \tag{3.8.13}$$

wobei also $X_k \otimes Y_\ell \in \mathrm{T}^{k+\ell}(V)$. Wichtig ist hier, dass wir die Vektorräume $\mathrm{T}^k(V) \otimes \mathrm{T}^\ell(V)$ und $\mathrm{T}^{k+\ell}(V)$ gemäß der Assoziativität des Tensorprodukts aus Satz 3.19 identifizieren können. Dann ist (3.8.13) die übliche Fortsetzung von bilinearen Abbildungen auf direkte Summen, welche einer „blockdiagonalen" Fortsetzung linearer Abbildungen entspricht. Die Bezeichnung Tensoralgebra rechtfertigt sich nun durch folgenden Satz:

Satz 3.78 (Tensoralgebra). *Sei V ein Vektorraum über $\Bbbk$.*

i.) Die Tensoralgebra $\mathrm{T}^\bullet(V)$ über V ist eine assoziative Algebra mit Eins $1 \in \Bbbk = \mathrm{T}^0(V)$.

ii.) Ist $\mathscr{A}$ eine Algebra über $\Bbbk$ mit Eins und $\phi\colon V \longrightarrow \mathscr{A}$ eine lineare Abbildung, so gibt es genau einen einserhaltenden Algebramorphismus $\Phi\colon \mathrm{T}^\bullet(V) \longrightarrow \mathscr{A}$, sodass das Diagramm

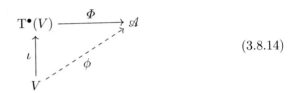

$$(3.8.14)$$

kommutiert, wobei $\iota\colon V \longrightarrow \mathrm{T}^\bullet(V)$ die Inklusion von V als $\mathrm{T}^1(V)$ in die Tensoralgebra ist.

Beweis. Nach Satz 3.19 dürfen wir für feste Komponenten das Tensorprodukt $\mathrm{T}^k(V) \otimes \mathrm{T}^\ell(V)$ mit $\mathrm{T}^{k+\ell}(V)$ auf kanonische Weise identifizieren: Sind $X_k = v_1 \otimes \cdots \otimes v_k$ und $Y_\ell = w_1 \otimes \cdots \otimes w_\ell$ elementare Tensoren, so liefert die Identifikation aus Satz 3.19 gerade

$$X_k \otimes Y_\ell = (v_1 \otimes \cdots \otimes v_k) \otimes (w_1 \otimes \cdots \otimes w_\ell) = v_1 \otimes \cdots \otimes v_k \otimes w_1 \otimes \cdots \otimes w_\ell.$$

Da Tensorprodukte bilinear sind, ist (3.8.12) eine bilineare Abbildung. Mit dieser Identifikation ist auch die Assoziativität von (3.8.12) klar: Zunächst gilt die Assoziativität für Elemente X_k, Y_ℓ, Z_m mit festen Graden $k, \ell, m \in \mathbb{N}_0$ nach Satz 3.19. Da die Fortsetzung auf die direkte Summe in (3.8.13) aber nach Konstruktion bilinear ist, gilt die Assoziativität ganz allgemein. Für den zweiten Teil zeigen wir zunächst die Eindeutigkeit: Sei $\Phi\colon \mathrm{T}^\bullet(V) \longrightarrow \mathscr{A}$ ein solcher Algebramorphismus. Damit Φ einserhaltend ist, muss $\Phi(1) = \mathbb{1}_{\mathscr{A}}$ gelten. Damit ist Φ auf $\mathrm{T}^0(V) = \Bbbk$ als $\Phi(\lambda) = \lambda \mathbb{1}_{\mathscr{A}}$ festgelegt. Weiter ist Φ auf $\mathrm{T}^1(V) = V$ als ϕ festgelegt. Sei nun $X_k = v_1 \otimes \cdots \otimes v_k \in \mathrm{T}^k(V)$ ein elementarer Tensor vom Grad $k \geq 1$. Dann ist X_k das k-fache (Tensor-) Produkt der Elemente $v_1, \ldots, v_k \in \mathrm{T}^1(V) = V$. Wenn Φ ein Algebramorphismus ist, so muss also

$$\Phi(v_1 \otimes \cdots \otimes v_k) = \Phi(v_1) \cdots \Phi(v_k) = \phi(v_1) \cdots \phi(v_k)$$

gelten. Damit liegt $\Phi(X_k)$ fest. Da Φ als Algebramorphismus zudem linear ist, liegt Φ auf dem Spann aller elementaren Tensoren fest, also auf $\mathrm{T}^k(V)$. Dieses Argument gilt aber für alle $k \geq 1$, womit Φ auf $\mathrm{T}^\bullet(V)$ eindeutig bestimmt ist. Wir verwenden diese Idee nun, um Φ zu *definieren*. Für $X = \sum_{k=0}^{\infty} X_k$ mit $X_k \in \mathrm{T}^k(V)$ und nur endlich vielen X_k ungleich null setzen wir

$$\Phi(X) = \sum_{k=0}^{\infty} \Phi(X_k),$$

wobei $\Phi\big|_{\mathrm{T}^k(V)}$ durch die universelle Eigenschaft des Tensorprodukts als diejenige lineare Abbildung mit $\Phi(v_1 \otimes \cdots \otimes v_k) = \phi(v_1) \cdots \phi(v_k)$ festgelegt ist. Dies ist tatsächlich wohldefiniert, da die rechte Seite $\phi(v_1) \cdots \phi(v_k)$ auf k-lineare Weise von den $v_1, \ldots v_k$ abhängt. Hier benutzt man, dass das Produkt in $\mathscr{A}$ bilinear über $\Bbbk$ ist und entsprechend k-fache Produkte k-linear über $\Bbbk$ sind. Damit ist $\Phi \colon \mathrm{T}^\bullet(V) \longrightarrow \mathscr{A}$ als lineare Abbildung definiert. Es bleibt zu zeigen, dass Φ ein einserhaltender Algebramorphismus ist. Zunächst gilt $\Phi(\mathbb{1}) = \mathbb{1}_{\mathscr{A}}$ nach Konstruktion. Weiter ist klar, dass

$$\Phi(X \otimes Y)$$
$$= \Phi\left(\left(\sum_{k=0}^{\infty} X_k\right) \otimes \left(\sum_{\ell=0}^{\infty} Y_\ell\right)\right)$$
$$= \Phi\left(\sum_{r=0}^{\infty} \sum_{k+\ell=r} X_k \otimes Y_\ell,\right)$$
$$= \sum_{r=0}^{\infty} \sum_{k+\ell=r} \Phi\left(\left(\sum_i v_1^{k,i} \otimes \cdots \otimes v_k^{k,i}\right) \otimes \left(\sum_j w_1^{\ell,j} \otimes \cdots \otimes w_\ell^{\ell,j}\right)\right)$$
$$= \sum_{r=0}^{\infty} \sum_{k+\ell=r} \sum_{i,j} \Phi\left(v_1^{k,i} \otimes \cdots \otimes v_k^{k,i} \otimes w_1^{\ell,j} \otimes \cdots \otimes w_\ell^{\ell,j}\right)$$
$$= \sum_{r=0}^{\infty} \sum_{k+\ell=r} \sum_{i,j} \phi(v_1^{k,i}) \cdots \phi(v_k^{k,i}) \cdot \phi(w_1^{\ell,j}) \cdots \phi(w_\ell^{\ell,j})$$
$$= \Phi(X)\Phi(Y),$$

wobei man im letzten Schritt die vorherigen mit anderer Klammerung wieder rückgängig macht. Hierbei haben wir jedes X_k und Y_ℓ als endliche Summen über elementare Tensoren mit entsprechenden Vektoren auf V geschrieben.

□

Bemerkung 3.79 (Freie Algebra). Eine Interpretation dieses Satzes ist nun die, dass die Tensoralgebra die *komplizierteste* Algebra ist: Ist nämlich $\mathscr{A}$ eine Algebra mit Eins, so kann man den obigen Satz auf $V = \mathscr{A}$ und $\phi = \mathrm{id}$ anwenden. Dies liefert einen Algebramorphismus

$$\Phi \colon \mathrm{T}^\bullet(\mathcal{A}) \longrightarrow \mathcal{A}, \tag{3.8.15}$$

der nun offensichtlich *surjektiv* ist. Es folgt, dass $\mathcal{J} = \ker \Phi \subseteq \mathrm{T}^\bullet(\mathcal{A})$ ein Ideal in der Tensoralgebra ist, derart, dass

$$\mathcal{A} \cong \mathrm{T}^\bullet(\mathcal{A})/\mathcal{J} \tag{3.8.16}$$

via der durch Φ induzierten Abbildung. Damit haben wir also gezeigt, dass die Algebra $\mathcal{A}$, über deren weitere Struktur wir keinerlei Voraussetzungen machen mussten, ein *Quotient* der Tensoralgebra über $\mathcal{A}$ ist. In diesem Sinne ist $\mathrm{T}^\bullet(\mathcal{A})$ also die Mutter aller Algebrastrukturen auf $\mathcal{A}$. Man sagt auch, dass $\mathrm{T}^\bullet(\mathcal{A})$ von $\mathcal{A}$ *frei erzeugt* ist, siehe auch Übung 3.36.

Wir wollen nun eine analoge Konstruktion auch für symmetrische und für antisymmetrische Tensoren durchführen. Hier gibt es zwei mögliche Zugänge: Der elegantere und in beliebiger Charakteristik gangbare Weg ist eine Quotientenkonstruktion, welche aber den Nachteil hat, etwas weniger anschauliche Elemente (eben Äquivalenzklassen von Tensoren) zu liefert. Der zweite Weg benötigt dagegen Charakteristik char($\Bbbk$) = 0, erlaubt dann aber eine einfachere Interpretation der Elemente. Wir wählen den zweiten Weg, für die erste Alternative und einen Vergleich der beiden Zugänge siehe die Übungen 3.37 und 3.38. Wir beginnen mit der Definition des symmetrischen und des antisymmetrischen Tensorprodukts:

Definition 3.80 (Symmetrisches und antisymmetrisches Tensorprodukt). Sei V ein Vektorraum über einem Körper $\Bbbk$ mit Charakteristik char($\Bbbk$) = 0. Seien weiter $k, \ell \in \mathbb{N}_0$.

i.) Für $X \in \mathrm{S}^k(V)$ und $Y \in \mathrm{S}^\ell(V)$ definiert man deren symmetrisches Tensorprodukt als

$$X \vee Y = \frac{(k+\ell)!}{k!\ell!} \, \mathrm{Sym}_{k+\ell}(X \otimes Y). \tag{3.8.17}$$

ii.) Für $X \in \Lambda^k(V)$ und $Y \in \Lambda^\ell(V)$ definiert man deren antisymmetrisches Tensorprodukt (oder Dachprodukt) als

$$X \wedge Y = \frac{(k+\ell)!}{k!\ell!} \, \mathrm{Alt}_{k+\ell}(X \otimes Y). \tag{3.8.18}$$

Hier verwenden wir wieder die Konvention $\mathrm{S}^0(V) = \Bbbk = \Lambda^0(V)$. Weiter ist zu bemerken, dass bei der Definition von $\vee$ und $\wedge$ in der Literatur bisweilen auch eine andere Konvention bei der Wahl der Vorfaktoren verwendet wird: Hier ist gegebenenfalls Vorsicht angebracht. Zudem wird gerade für das symmetrische Tensorprodukt auch oft ein anderes Symbol wie beispielsweise $\odot$ oder $\otimes_s$ verwendet.

Beispiel 3.81. Seien $v, w \in V = \mathrm{S}^1(V) = \Lambda^1(V)$. Dann gilt

$$v \vee w = v \otimes w + w \otimes v \quad \text{und} \quad v \wedge w = v \otimes w - w \otimes v. \tag{3.8.19}$$

Es gilt also $v \vee w \in \mathrm{S}^2(V)$ und $v \wedge w \in \Lambda^2(V)$ sowie

$$2v \otimes w = v \vee w + v \wedge w. \tag{3.8.20}$$

Da das Tensorprodukt bilinear ist und da der Symmetrisator beziehungsweise der Antisymmetrisator linear sind, erhalten wir bilineare Abbildungen

$$\vee : \mathrm{S}^k(V) \times \mathrm{S}^\ell(V) \longrightarrow \mathrm{S}^{k+\ell}(V) \quad \text{sowie} \quad \wedge : \Lambda^k(V) \times \Lambda^\ell(V) \longrightarrow \Lambda^{k+\ell}(V), \tag{3.8.21}$$

wobei wir nach Proposition 3.63 als Resultate symmetrische beziehungsweise antisymmetrische Tensoren erhalten. Wie bei der Tensoralgebra setzen wir $\vee$ und $\wedge$ nun auf die direkte Summe aller symmetrischen beziehungsweise antisymmetrischen Tensoren fort:

Definition 3.82 (Symmetrische und Grassmann-Algebra). Sei V ein Vektorraum über einem Körper $\Bbbk$ der Charakteristik $\operatorname{char}(\Bbbk) = 0$.

i.) Die symmetrische Algebra $\mathrm{S}^\bullet(V)$ über V ist der Vektorraum

$$\mathrm{S}^\bullet(V) = \bigoplus_{k=0}^{\infty} \mathrm{S}^k(V), \tag{3.8.22}$$

versehen mit dem symmetrischen Tensorprodukt

$$X \vee Y = \sum_{r=0}^{\infty} \sum_{k+\ell=r} X_k \vee Y_\ell, \tag{3.8.23}$$

wobei $X_k \in \mathrm{S}^k(V)$ und $Y_\ell \in \mathrm{S}^\ell(V)$ die homogenen Komponenten von X und Y sind.

ii.) Die Grassmann-Algebra $\Lambda^\bullet(V)$ über V ist der Vektorraum

$$\Lambda^\bullet(V) = \bigoplus_{k=0}^{\infty} \Lambda^k(V), \tag{3.8.24}$$

versehen mit dem antisymmetrischen Tensorprodukt

$$X \wedge Y = \sum_{r=0}^{\infty} \sum_{k+\ell=r} X_k \wedge Y_\ell, \tag{3.8.25}$$

wobei $X_k \in \Lambda^k(V)$ und $Y_\ell \in \Lambda^\ell(V)$ wieder die homogenen Komponenten sind.

Um die universelle Eigenschaft der Grassmann-Algebra formulieren zu können, müssen wir zuvor eine weitere Klasse von Algebren definieren:

Definition 3.83 (Gradiert kommutative Algebra). Sei $\mathscr{A}$ eine assoziative Algebra über $\Bbbk$.

i.) Die Algebra $\mathscr{A}$ heißt G-gradiert für eine abelsche Gruppe G, wenn es eine Zerlegung

$$\mathscr{A}^\bullet = \bigoplus_{g \in G} \mathscr{A}^g \tag{3.8.26}$$

gibt, sodass $ab \in \mathscr{A}^{g+h}$ für alle $a \in \mathscr{A}^g$ und $b \in \mathscr{A}^h$ gilt.

ii.) Eine $\mathbb{Z}$-gradierte Algebra $\mathscr{A}^\bullet = \bigoplus_{n \in \mathbb{Z}} \mathscr{A}^n$ heißt gradiert kommutativ, wenn

$$ab = (-1)^{k\ell} ba \tag{3.8.27}$$

für alle $k, \ell \in \mathbb{Z}$ und für alle $a \in \mathscr{A}^k$ und $b \in \mathscr{A}^\ell$ gilt.

iii.) Eine $\mathbb{Z}_2$-gradierte Algebra $\mathscr{A} = \mathscr{A}^0 \oplus \mathscr{A}^1$ heißt superkommutativ, wenn

$$ab = (-1)^{k\ell} ba \tag{3.8.28}$$

für alle $k, \ell \in \mathbb{Z}_2$ und für alle $a \in \mathscr{A}^k$ und $b \in \mathscr{A}^\ell$ gilt.

Bemerkung 3.84 (Gradierungen). Eine $\mathbb{Z}$-gradierte Algebra können wir immer auch als eine $\mathbb{Z}_2$-gradierte Algebra interpretieren, wenn wir

$$\mathscr{A}^0 = \bigoplus_{n \text{ gerade}} \mathscr{A}^n \quad \text{und} \quad \mathscr{A}^1 = \bigoplus_{n \text{ ungerade}} \mathscr{A}^n \tag{3.8.29}$$

mit $\mathbb{Z}_2 = \{0, 1\}$ setzen. Dies ist unmittelbar klar. Man nennt dies die *induzierte $\mathbb{Z}_2$-Gradierung* einer $\mathbb{Z}$-gradierten Algebra. Andererseits liefert eine $\mathbb{Z}_2$-Gradierung im Allgemeinen keine $\mathbb{Z}$-Gradierung und stellt daher weniger Information dar. Wir schreiben meistens $\mathscr{A}^\bullet$, um anzudeuten, dass $\mathscr{A}$ mit einer $\mathbb{Z}$-Gradierung versehen ist. Man kann auch mit einer abelschen Halbgruppe anstelle einer abelschen Gruppe gradieren: In der Definition müssen wir nur die Summe $g + h$ spezifizieren, aber nie ein Inverses verwenden. In den folgenden Beispielen werden wir nur Gradierungen benötigen, die $\mathbb{N}_0$ oder $\mathbb{Z}$ zum Gradieren verwenden. Nun kann man im Falle einer $\mathbb{N}_0$-Gradierung durch Hinzunahme von trivialen Summanden $\mathscr{A}^n = \{0\}$ für $n < 0$ immer eine $\mathbb{Z}$-Gradierung erreichen. Wir werden dies stillschweigend im Folgenden tun.

Beispiel 3.85. Die Tensoralgebra $\mathrm{T}^\bullet(V)$ eines Vektorraums V ist offenbar gradiert bezüglich des Tensorgrads. Dies ist klar, da das Tensorprodukt eines k-Tensors mit einem ℓ-Tensor eben ein $(k + \ell)$-Tensor ist. Da aber im Allgemeinen $v \otimes w \neq w \otimes v$ gilt, ist $\mathrm{T}^\bullet(V)$ weder kommutativ noch gradiert kommutativ.

Wir können für die symmetrische Algebra und für die Grassmann-Algebra ebenso verfahren wie bereits für die Tensoralgebra. Allein der Nachweis der Assoziativität gestaltet sich nun etwas komplizierter.

Satz 3.86 (Symmetrische und Grassmann-Algebra). *Sei V ein Vektorraum über einem Körper $\Bbbk$ der Charakteristik $\operatorname{char}(\Bbbk) = 0$.*

i.) Die symmetrische Algebra $\mathrm{S}^\bullet(V)$ ist eine assoziative, kommutative $\mathbb{Z}$-gradierte Algebra mit Eins $1 \in \Bbbk = \mathrm{S}^0(V)$.

ii.) Ist $\mathscr{A}$ eine kommutative Algebra über $\Bbbk$ mit Eins und $\phi\colon V \longrightarrow \mathscr{A}$ eine lineare Abbildung, so gibt es genau einen einserhaltenden Algebramorphismus $\Phi\colon \mathrm{S}^\bullet(V) \longrightarrow \mathscr{A}$, sodass das Diagramm

$$(3.8.30)$$

kommutiert, wobei $\iota\colon V \longrightarrow \mathrm{S}^\bullet(V)$ die Inklusion von V als $\mathrm{S}^1(V)$ in die symmetrische Algebra ist.

iii.) Die Grassmann-Algebra $\Lambda^\bullet(V)$ ist eine assoziative, gradiert kommutative $\mathbb{Z}$-gradierte Algebra mit Eins $1 \in \Bbbk = \Lambda^0(V)$.

iv.) Ist $\mathscr{A} = \mathscr{A}^0 \oplus \mathscr{A}^1$ eine superkommutative Algebra über $\Bbbk$ mit Eins und $\phi\colon V \longrightarrow \mathscr{A}^1$ eine lineare Abbildung, so gibt es genau einen einserhaltenden Algebramorphismus $\Phi\colon \Lambda^\bullet(V) \longrightarrow \mathscr{A}$, sodass das Diagramm

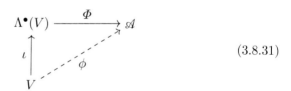

$$(3.8.31)$$

kommutiert, wobei $\iota\colon V \longrightarrow \Lambda^\bullet(V)$ die Inklusion von V als $\Lambda^1(V)$ in die Grassmann-Algebra ist.

Beweis. Wir zeigen die Assoziativität des Dachprodukts, die des symmetrischen Tensorprodukts beweist man analog, aber etwas einfacher, durch Weglassen aller Vorzeichen. Da $\wedge$ bilinear ist und $\Lambda^\bullet(V)$ eine direkte Summe der antisymmetrischen Tensoren mit Graden in $\mathbb{N}_0$ ist, genügt es, die Assoziativität für homogene Tensoren mit festen Graden $k, \ell, m \in \mathbb{N}_0$ zu zeigen. Für eine Permutation $\sigma \in S_{k+\ell}$ gilt offenbar $\operatorname{sign}(\sigma) = \operatorname{sign}(\sigma \times \operatorname{id}_m)$, wobei wir $\sigma \times \operatorname{id}_m$ als diejenige Permutation in $S_{k+\ell+m}$ auffassen, die die ersten $k + \ell$ Einträge mit σ permutiert und die folgenden fest lässt. Damit gilt für $X \in \mathrm{T}^k(V)$, $Y \in \mathrm{T}^\ell(V)$ und $Z \in \mathrm{T}^m(V)$ aber

$$\operatorname{Alt}_{k+\ell+m}(\operatorname{Alt}_{k+\ell}(X \otimes Y) \otimes Z)$$

$$= \mathrm{Alt}_{k+\ell+m}\left(\left(\frac{1}{(k+\ell)!}\sum_{\sigma \in S_{k+\ell}} \mathrm{sign}(\sigma)\sigma \triangleright (X \otimes Y)\right) \otimes Z\right)$$

$$= \mathrm{Alt}_{k+\ell+m}\left(\frac{1}{(k+\ell)!}\sum_{\sigma \in S_{k+\ell}} \mathrm{sign}(\sigma \times \mathrm{id}_m)(\sigma \times \mathrm{id}_m) \triangleright (X \otimes Y \otimes Z)\right)$$

$$\overset{(3.7.21)}{=} \frac{1}{(k+\ell)!}\sum_{\sigma \in S_{k+\ell}} \mathrm{Alt}_{k+\ell+m}(X \otimes Y \otimes Z)$$

$$= \mathrm{Alt}_{k+\ell+m}(X \otimes Y \otimes Z),$$

da $S_{k+\ell}$ genau $(k+\ell)!$ Elemente besitzt. Analog zeigt man

$$\mathrm{Alt}_{k+\ell+m}(X \otimes \mathrm{Alt}_{\ell+m}(Y \otimes Z)) = \mathrm{Alt}_{k+\ell+m}(X \otimes Y \otimes Z).$$

Fügt man nun die richtigen Fakultäten als Vorfaktoren hinzu, erhält man damit direkt die Assoziativität

$$(X \wedge Y) \wedge Z = \frac{(k+\ell+m)!}{(k+\ell)!m!}\,\mathrm{Alt}_{k+\ell+m}\left(\frac{(k+\ell)!}{k!\ell!}\,\mathrm{Alt}_{k+\ell}(X \otimes Y) \otimes Z\right)$$

$$= \frac{(k+\ell+m)!}{k!\ell!m!}\,\mathrm{Alt}_{k+\ell+m}(X \otimes Y \otimes Z)$$

$$= X \wedge (Y \wedge Z)$$

für alle $X \in \Lambda^k(V)$, $Y \in \Lambda^\ell(V)$ und $Z \in \Lambda^m(V)$. Dies zeigt die Assoziativität von $\wedge$, die von $\vee$ ist sogar einfacher: in den obigen Rechnungen lässt man, wie zu erwarten, alle Vorzeichen weg. Wir betrachten nun die Permutation

$$\sigma^{-1} = \begin{pmatrix} 1 & 2 & \dots & k & k+1 & \dots & k+\ell \\ k+1 & k+2 & \dots & k+\ell & 1 & 2 & \dots & k \end{pmatrix}.$$

Dann gilt zum einen $\sigma \triangleright (X \otimes Y) = Y \otimes X$. Zum anderen überlegt man sich schnell, dass $\mathrm{sign}(\sigma) = (-1)^{k\ell}$, indem man die nötigen Transposition explizit durchführt, um σ^{-1} auf die Identität zu bringen. Damit erhält man

$$\mathrm{Alt}_{k+\ell}(X \otimes Y) \overset{(3.7.21)}{=} \mathrm{sign}(\sigma)\,\mathrm{Alt}_{k+\ell}(\sigma \triangleright (X \otimes Y)) = (-1)^{k\ell}\,\mathrm{Alt}_{k+\ell}(Y \otimes X).$$

Zusammen mit den nötigen Vorfaktoren ist dies gerade (3.8.27) für das $\wedge$-Produkt. Die Kommutativität des $\vee$-Produkts ist wieder einfacher, man verwendet (3.7.20) für die obige Permutation σ, um $X \vee Y = Y \vee X$ zu zeigen. Da sich sowohl bei $\vee$ als auch bei $\wedge$ die Tensorgrade einfach addieren, haben wir tatsächlich gradierte Algebren. Schließlich ist leicht zu sehen, dass die Eins $1 \in \Bbbk$ als Einselement bezüglich $\vee$ und $\wedge$ fungiert. Dies zeigt den ersten und dritten Teil. Wir zeigen nun den vierten Teil, der zweite folgt analog. Sei $\mathscr{A}$ eine superkommutative Algebra über $\Bbbk$ mit Eins und $\phi\colon V \longrightarrow \mathscr{A}^{\mathbf{1}}$ eine

lineare Abbildung. Wie bereits beim Tensorprodukt zeigen wir die Eindeutig-
keit zuerst. Sei $\Phi\colon \Lambda^\bullet(V) \longrightarrow \mathscr{A}$ ein einserhaltender Algebramorphismus mit
$\Phi \circ \iota = \phi$. Da Φ einserhaltend ist, folgt sofort $\Phi(\lambda) = \lambda \mathbb{1}_{\mathscr{A}}$ für $\lambda \in \Bbbk = \Lambda^0(V)$.
Sei nun $X \in \Lambda^k(V)$. Da X insbesondere ein Tensor $X \in \mathrm{T}^k(V)$ ist, gilt

$$X = \sum_i v_1^{(i)} \otimes \cdots \otimes v_k^{(i)}$$

mit gewissen $v_1^{(i)}, \ldots, v_k^{(i)} \in V$. Da X zudem antisymmetrisch ist, folgt

$$X = \mathrm{Alt}_k(X) = \sum_i \mathrm{Alt}_k\left(v_1^{(i)} \otimes \cdots \otimes v_k^{(i)}\right) = \frac{1}{k!} \sum_i v_1^{(i)} \wedge \cdots \wedge v_k^{(i)},$$

wobei wir Übung 3.32 zu Einsatz bringen. Es folgt also, dass X eine Linearkombination von $\wedge$-Produkten von Elementen aus V ist. Daher muss

$$\Phi(X) = \frac{1}{k!} \sum_i \Phi\left(v_1^{(i)} \wedge \cdots \wedge v_k^{(i)}\right) = \frac{1}{k!} \sum_i \phi(v_1^{(i)}) \cdots \phi(v_k^{(i)})$$

gelten, da Φ ein Morphismus von Algebren ist. Damit ist aber $\Phi(X)$ eindeutig
festgelegt. Dies legt Φ auf jedem Grad $\Lambda^k(V)$ und somit auch auf der direkten
Summe $\Lambda^\bullet(V)$ eindeutig fest, was die Eindeutigkeit zeigt. Wir benutzen nun
die universelle Eigenschaft der Tensoralgebra $\mathrm{T}^\bullet(V)$, um einen (eindeutigen)
Algebramorphismus $\tilde{\Phi}\colon \mathrm{T}^\bullet(V) \longrightarrow \mathscr{A}$ bezüglich des Tensorprodukts $\otimes$ zu
konstruieren: Dies ist nach Satz 3.78 möglich. Für $X \in \Lambda^k(V)$ wie oben ist
dieses $\tilde{\Phi}$ durch

$$\tilde{\Phi}(X) = \tilde{\Phi}\left(\sum_i v_1^{(i)} \otimes \cdots \otimes v_k^{(i)}\right) = \sum_i \phi(v_1^{(i)}) \cdots \phi(v_k^{(i)})$$

gegeben. Ein Vergleich legt nun nahe, das zu konstruierende Φ auf Tensoren
vom Grad k durch

$$\Phi(X) = \frac{1}{k!}\tilde{\Phi}(X)$$

zu definieren. Es bleibt also nachzuprüfen, dass diese lineare Abbildung
$\Phi\colon \Lambda^\bullet(V) \longrightarrow \mathscr{A}$ ein Algebramorphismus ist. Hierzu benötigen wir zunächst
folgende Vorüberlegung: Sind $a_1, \ldots, a_k \in \mathscr{A}^1$ ungerade Elemente von $\mathscr{A}$, so
gilt

$$a_{\sigma^{-1}(1)} \cdots a_{\sigma^{-1}(k)} = \mathrm{sign}(\sigma)a_1 \cdots a_k,$$

was durch eine einfache Induktion aus der Superkommutativität von $\mathscr{A}$ folgt.
Wir schreiben für die linke Seite auch kurz $\sigma \triangleright (a_1 \cdots a_k)$, wenn wir ein Produkt von k ungeraden Faktoren in $\mathscr{A}$ vorliegen haben. Man beachte, dass wir
dadurch *keine* Abbildung $\sigma \triangleright \cdot$ auf $\mathscr{A}$ definiert haben, da die rechte Seite
zunächst davon abhängt, welche Faktoren wir wählen. Ist nun $X \in \mathrm{T}^k(V)$, so
ist $\tilde{\Phi}(X)$ eine Linearkombination von k ungeraden Faktoren in $\mathscr{A}$, da Φ Tensorprodukte von Vektoren in V in Produkte von Bilder der Vektoren unter ϕ
übersetzt. Es folgt, dass

$$\sigma \triangleright \tilde{\Phi}(X) = \tilde{\Phi}(\sigma \triangleright X)$$

gilt, da wir die Faktoren entweder zuerst oder erst nach Anwendung von $\tilde{\Phi}$ permutieren können. Wir benutzen nun diese Überlegung, um die Morphismuseigenschaft von Φ bezüglich $\wedge$ explizit nachzuprüfen. Für $X \in \Lambda^k(V)$ und $Y \in \Lambda^\ell(V)$ gilt

$$
\begin{aligned}
\Phi(X \wedge Y) &= \frac{1}{(k+\ell)!} \tilde{\Phi}\left(\frac{(k+\ell)!}{k!\ell!} \operatorname{Alt}_{k+\ell}(X \otimes Y) \right) \\
&= \frac{1}{(k+\ell)!k!\ell!} \sum_{\sigma \in S_{k+\ell}} \operatorname{sign}(\sigma) \sigma \triangleright \tilde{\Phi}(X \otimes Y) \\
&= \frac{1}{(k+\ell)!k!\ell!} \sum_{\sigma \in S_{k+\ell}} \operatorname{sign}(\sigma) \sigma \triangleright (\tilde{\Phi}(X)\tilde{\Phi}(Y)) \\
&= \frac{1}{(k+\ell)!k!\ell!} \sum_{\sigma \in S_{k+\ell}} \operatorname{sign}(\sigma)^2 \tilde{\Phi}(X)\tilde{\Phi}(Y) \\
&= \Phi(X)\Phi(Y),
\end{aligned}
$$

da wie immer $\operatorname{sign}(\sigma)^2 = 1$ und $S_{k+\ell}$ genau $(k+\ell)!$ Elemente besitzt. Damit folgt die Morphismuseigenschaft.   □

Bemerkung 3.87. Die symmetrische Algebra eines Vektorraums ebenso wie die Grassmann-Algebra spielen eine große Rolle an vielen Stellen in der Mathematik. Die symmetrische Algebra kann als höherdimensionale Verallgemeinerung der Polynomalgebra angesehen werden. Die Grassmann-Algebra spielt beispielsweise in der Differentialgeometrie und der Integrationstheorie eine fundamentale Rolle: So sind es die $\Lambda^n((\mathbb{R}^n)^*)$-wertigen Funktionen, welche als *Differentialformen* in den Integralsätzen von Stokes und Gauß integriert werden können. Einige weiterführende Aspekte werden in den Übungen diskutiert. Es führte hier aber zu weit, die Bedeutung von $S^\bullet(V)$ und $\Lambda^\bullet(V)$ angemessen und umfassend zu würdigen, siehe auch [16] als weiterführende Literatur.

Kontrollfragen. Was ist eine assoziative Algebra, welche universelle Eigenschaft charakterisiert die Tensoralgebra? Wie werden das $\wedge$- und das $\vee$-Produkt definiert? Wieso sind diese Produkte assoziativ? Welche universellen Eigenschaften haben die symmetrische Algebra und die Grassmann-Algebra?

3.9 Übungen

Übung 3.1 (Multiverkettung und Einsetzung). Betrachten Sie erneut die Multiverkettung wie in Proposition 3.3.

i.) Zeigen Sie, dass die Multiverkettung von zueinander passenden multilinearen Abbildungen tatsächlich wieder eine multilineare Abbildung ist.

Hinweis: Machen Sie sich die Multilinearität zunächst für einfache Situationen klar, also beispielsweise für $\Psi \circ (\Phi_1, \Phi_2)$ mit einer bilinearen Abbildung $\Psi : W_1 \times W_2 \longrightarrow U$ und multilineare Abbildungen $\Phi_i : V_1^{(i)} \times V_{k_i}^{(i)}$ mit $i = 1, 2$. Verwenden Sie dann die graphische Darstellung, um den allgemeinen Fall zu zeigen.

ii.) Zeigen Sie weiter, dass die Multiverkettung auch in den beteiligten Abbildungen selbst wieder multilinear ist: Die Abbildung $\circ$ ist eine $\ell + 1$-lineare Abbildung

$$\circ : (\Phi_1, \ldots, \Phi_\ell, \Psi) \mapsto \Psi \circ (\Phi_1, \ldots, \Phi_\ell), \qquad (3.9.1)$$

wobei $\Phi_1, \ldots, \Phi_\ell, \Psi$ wieder wie in Proposition 3.3 zueinander passende multilineare Abbildungen sind, so dass die Multiverkettung definiert ist.

Hinweis: Auch hier ist es ratsam, sich wie auch in *i.)* zunächst einfache Fälle direkt klar zu machen, indem man die Situation von Beispiel 3.1, *iv.)* und *v.)*, verallgemeinert. Den allgemeinen Fall versteht man dann wieder am besten mit Hilfe der graphischen Darstellung. Machen Sie sich dabei zunächst klar, was genau der Definitionsbereich und der Bildbereich der Abbildung $\circ$ in (3.9.1) ist.

iii.) Die Einsetzung $\mathrm{i}_\ell(v)$ eines festen Vektors in der ℓ-ten Stelle einer multilinearen Abbildung Φ liefert nach Proposition 3.4 nicht nur eine multilineare Abbildung $\mathrm{i}_\ell(v)\Phi$ mit einem Argument weniger, sondern ist auch in v und Φ bilinear: Die Abbildung

$$\mathrm{i}_\ell : V_\ell \times \mathrm{Hom}(V_1, \ldots, V_k; W) \longrightarrow \mathrm{Hom}(V_1, \ldots, V_{\ell-1}, V_{\ell+1}, \ldots V_k; W)$$
$$(3.9.2)$$

mit $(v, \Phi) \mapsto \mathrm{i}_\ell(v)\Phi$ ist bilinear.

Hinweis: Teile von dieser Aussage wurden in Bemerkung 3.5 bereits gezeigt.

iv.) Schreiben Sie eine Multiverkettung $\Psi \circ (\Phi_1, \ldots, \Phi_k)$ als geeignete Hintereinanderausführung von Verkettungen an einer festen Stelle $\circ_r$, wobei $r \in \mathbb{N}$ geeignet zu wählen ist.

Hinweis: Hier gibt es verschiedene Möglichkeiten: Beim Wählen der Reihenfolge müssen Sie aufpassen, dass Sie immer noch an die richtige Stelle einsetzen, wenn zuvor schon Stellen besetzt wurden. Dazu müssen Sie die Indizes r entsprechend anpassen.

v.) Finden Sie exemplarische algebraische Identitäten zwischen den Einsetzungen und den Multiverkettungen beziehungsweise den Verkettungen an einer festen Stelle: Bestimmen Sie beispielsweise $\mathrm{i}_\ell(v)(\Psi \circ (\Phi_1, \Phi_2))$ für verschiedene Werte von ℓ, indem Sie dies mit $\Psi \circ (\mathrm{i}_r(v)\Phi_1, \Phi_2)$ oder $\Psi \circ (\Phi_1, \mathrm{i}_s(v)\Phi_2)$ vergleichen. Hier müssen Sie insbesondere immer darauf achten, dass v an die richtige Stelle eingesetzt wird, also die Indizes ℓ, r und s entsprechend zueinander passen.

Es sollte nun klar geworden sein, dass es noch eine Vielzahl weiterer Verträglichkeiten zwischen den Operationen $\circ$, $\circ_r$ und i_ℓ gibt. Ein systematischeres Vorgehen wird aber an dieser Stelle nicht weiter nötig sein.

Übung 3.2 (Pull-back von Multilinearformen). Betrachten Sie zwei Vektorräume V und W über $\Bbbk$ sowie eine lineare Abbildung $\phi\colon V \longrightarrow W$. Sei weiter $k \in \mathbb{N}$. Definieren Sie für eine k-Linearform $\omega \in \operatorname{Hom}(W, \ldots, W; \Bbbk)$ deren *pull-back* $\phi^*\omega\colon V \times \cdots \times V \longrightarrow \Bbbk$ durch

$$(\phi^*\omega)(v_1, \ldots, v_k) = \omega(\phi(v_1), \ldots, \phi(v_k)). \tag{3.9.3}$$

i.) Zeigen Sie, dass $\phi^*\omega \in \operatorname{Hom}(V, \ldots, V; \Bbbk)$. Zeigen Sie weiter, dass der pull-back

$$\phi^*\colon \operatorname{Hom}(W, \ldots, W; \Bbbk) \longrightarrow \operatorname{Hom}(V, \ldots, V; \Bbbk) \tag{3.9.4}$$

eine lineare Abbildung ist.

ii.) Sei $\psi\colon W \longrightarrow U$ eine weitere lineare Abbildung in einen $\Bbbk$-Vektorraum U. Zeigen Sie $(\operatorname{id}_V)^* = \operatorname{id}_{\operatorname{Hom}(V, \ldots, V; \Bbbk)}$ sowie

$$(\psi \circ \phi)^* = \phi^* \circ \psi^*. \tag{3.9.5}$$

iii.) Sei $v \in V$ und $\ell = 1, \ldots, k$. Zeigen Sie

$$\operatorname{i}_\ell(v) \circ \phi^* = \phi^* \circ \operatorname{i}_\ell(\phi(v)). \tag{3.9.6}$$

Übung 3.3 (Elementare Tensoren). Seien $v, w \in V$ linear unabhängige Vektoren. Welche der Tensoren

$$v \otimes v + w \otimes w, \quad v \otimes w + v \otimes v, \quad v \otimes w + w \otimes v, \quad v \otimes v - w \otimes w + v \otimes w - w \otimes v \tag{3.9.7}$$

in $V \otimes V$ sind elementar?

Übung 3.4 (Tensorprodukt von Unterräumen). Seien $U_i \subseteq V_i$ Unterräume von $\Bbbk$-Vektorräumen V_i für $i = 1, \ldots, k$. Zeigen Sie, dass Sie das Tensorprodukt $U_1 \otimes \cdots \otimes U_k$ auf kanonische Weise als Unterraum von $V_1 \otimes \cdots \otimes V_k$ auffassen können. Konstruieren Sie hierzu eine möglichst einfache injektive lineare Abbildung

$$\iota\colon U_1 \otimes \cdots \otimes U_k \longrightarrow V_1 \otimes \cdots \otimes V_k. \tag{3.9.8}$$

Welche universelle Eigenschaft besitzt ι?

Übung 3.5 (Tensorprodukt und Basen). Seien V und W Vektorräume über $\Bbbk$. Sei weiter $B \subseteq V$ eine Basis. Zeigen Sie, dass ein Tensor $X \in V \otimes W$ sich als

$$X = \sum_{b \in B} b \otimes X_b \tag{3.9.9}$$

mit eindeutig bestimmten $X_b \in W$ schreiben lässt, wobei wie immer nur endlich viele X_b ungleich Null sind.

Hinweis: Wählen Sie auch eine Basis $\tilde{B} \subseteq W$ und stellen Sie X bezüglich der zugehörigen Basis von $V \otimes W$ dar.

Übung 3.6 (Kreuzprodukt). Betrachten Sie erneut das Kreuzprodukt $\times \colon \mathbb{R}^3 \times \mathbb{R}^3 \longrightarrow \mathbb{R}^3$.

i.) Zeigen Sie, dass es eine eindeutige lineare Abbildung $\kappa \colon \mathbb{R}^3 \otimes \mathbb{R}^3 \longrightarrow \mathbb{R}^3$ mit $\kappa(\vec{v} \otimes \vec{w}) = \vec{v} \times \vec{w}$ für alle $\vec{v}, \vec{w} \in \mathbb{R}^3$ gibt.

ii.) Sei $\vec{e}_1, \vec{e}_2, \vec{e}_3 \in \mathbb{R}^3$ die Standardbasis. Zeigen Sie, dass die Vektoren $\{\vec{e}_i \otimes \vec{e}_j\}_{i,j=1,2,3}$ eine Basis von $\mathbb{R}^3 \otimes \mathbb{R}^3$ bilden.

iii.) Bestimmen Sie die darstellende Matrix von κ bezüglich der Basis $\{\vec{e}_i \otimes \vec{e}_j\}_{i,j=1,2,3}$ von $\mathbb{R}^3 \otimes \mathbb{R}^3$ und der Standardbasis von $\mathbb{R}^3$.

Übung 3.7 (Direkte Summe und Tensorprodukt). Sei I eine nichtleere Indexmenge und V_i ein $\Bbbk$-Vektorraum für $i \in I$. Sei W ein weiterer $\Bbbk$-Vektorraum. Zeigen Sie ohne Verwendung von Basen nur mit Hilfe der universellen Eigenschaften des Tensorprodukts die kanonische Isomorphie (3.3.16) aus Proposition 3.23.

Hinweis: Benutzen Sie die Eigenschaften einer direkten Summe, um einen Kandidaten für die inverse Abbildung zu (3.3.16) zu konstruieren, indem Sie zunächst eine lineare Abbildung $V_j \otimes W \longrightarrow (\bigoplus_{i \in I} V_i) \otimes W$ für jedes $j \in I$ konstruieren.

Übung 3.8 (Lineare Abbildungen $V \longrightarrow V \otimes W$). Seien V und W Vektorräume über $\Bbbk$. Für einen festen Vektor $w \in W$ betrachtet man die Abbildung

$$V \ni v \mapsto v \otimes w \in V \otimes W. \tag{3.9.10}$$

i.) Zeigen Sie, dass (3.9.10) linear ist.

ii.) Zeigen Sie, dass (3.9.10) injektiv ist, sofern $w \neq 0$.

Hinweis: Wählen Sie zunächst ein lineares Funktional $\psi \in W^*$ mit $\psi(w) \neq 0$. Betrachten Sie dann für alle $\phi \in V^*$ die linearen Funktionale $\phi \otimes \psi$.

Übung 3.9 (Tensorprodukt für endlich-dimensionale Vektorräume). Seien $V_1, \ldots, V_k$ endlich-dimensionale Vektorräume über $\Bbbk$. Betrachten Sie dann den Vektorraum der k-linearen Abbildungen $\mathrm{Hom}(V_1^*, \ldots, V_k^*; \Bbbk)$ auf den jeweiligen Dualräumen.

i.) Zeigen Sie, dass für $v_1 \in V_1, \ldots, v_k \in V_k$ die Abbildung

$$v_1 \otimes \cdots \otimes v_k \colon V_1^* \times \cdots \times V_k^* \ni (\alpha_1, \ldots, \alpha_k) \mapsto \alpha_1(v_1) \cdots \alpha_k(v_k) \in \Bbbk \tag{3.9.11}$$

k-linear ist.

ii.) Weisen Sie explizit nach, dass die Abbildung (3.9.11) die universelle Eigenschaft eines Tensorprodukts besitzt.

Hinweis: Hier müssen Sie verwenden, dass V endlich-dimensional ist. Für unendlich-dimensionale Vektorräume ist $\mathrm{Hom}(V_1^*, \ldots, V_k^*; \Bbbk)$ typischerweise zu groß. Ohne eine Basis zu verwenden, wird das folglich nicht zum Ziel führen.

iii.) Geben Sie nun einen basisabhängigen Beweis für die Assoziativität des Tensorprodukts endlich-dimensionaler Vektorräume, indem Sie von der obigen Identifikation des Tensorprodukts mit den multilinearen Abbildungen Gebrauch machen.

Übung 3.10 (Vektorwertige Funktionen). Sei M eine nichtleere Menge und W ein Vektorraum über $\Bbbk$. Betrachten Sie dann die kanonische Abbildung

$$\iota \colon \mathrm{Abb}(M, \Bbbk) \otimes W \longrightarrow \mathrm{Abb}(M, W) \qquad (3.9.12)$$

aus Beispiel 3.24.

i.) Zeigen Sie, dass ι für einen endlich-dimensionalen Vektorraum W ein Isomorphismus ist.

Hinweis: Wählen Sie eine Basis von W und identifizieren Sie beide Seiten auf nichtkanonische Weise mit $\mathrm{Abb}(M, \Bbbk)^n$ für ein geeignetes $n \in \mathbb{N}$.

ii.) Sei nun M unendlich und W unendlich-dimensional. Zeigen Sie, dass dann ι nicht surjektiv ist.

Hinweis: Betrachten Sie eine Folge $\{w_n\}_{n \in \mathbb{N}}$ von linear unabhängigen Vektoren in W und paarweise verschiedene Punkte p_n für $n \in \mathbb{N}$. Zeigen Sie dann, dass

$$F(p) = \begin{cases} w_n & \text{falls } p = p_n \\ 0 & \text{sonst} \end{cases}$$

eine Funktion $F \in \mathrm{Abb}(M, W)$ liefert, welche nicht im Bild von ι liegt.

Übung 3.11 (Der Kronecker-Tensor). Sei V ein endlich-dimensionaler Vektorraum über $\Bbbk$ mit einer Basis $\mathrm{e}_1, \dots, \mathrm{e}_n$. Zeigen Sie anhand des Transformationsverhaltens der Basisvektoren und der zugehörigen dualen Basisvektoren, dass der Tensor

$$\delta = \mathrm{e}_i \otimes \mathrm{e}^i \in V \otimes V^* \qquad (3.9.13)$$

von der Wahl der Basis unabhängig ist. Dieser Tensor heißt auch *Kronecker-Tensor*, da seine Komponenten bezüglich jeder Basis die Kronecker-Symbole δ^i_j sind.

Übung 3.12 (Der ε-Tensor). Betrachten Sie erneut den Levi-Civita-Tensor $\varepsilon \in \mathrm{T}^1_2(\mathbb{R}^3)$ aus Beispiel 3.56.

i.) Welche Verjüngungen von ε können Sie bilden? Zeigen Sie, dass diese alle verschwinden.

Sei $A \in \mathrm{GL}_3(\mathbb{R})$ eine invertierbare Matrix. Diese wirkt auf $\mathbb{R}^3$ durch die übliche Matrixmultiplikation. Auf $(\mathbb{R}^3)^*$ lassen wir A als $(A^{-1})^*$ wirken.

ii.) Zeigen Sie, dass dies wirklich Gruppenwirkungen und damit sogar Gruppendarstellungen von $\mathrm{GL}_3(\mathbb{R})$ auf $\mathbb{R}^3$ beziehungsweise $(\mathbb{R}^3)^*$ liefert. Erklären Sie so die „zusätzliche" Invertierung in der Definition der Wirkung auf $(\mathbb{R}^3)^*$.

iii.) Auf dem Tensorprodukt $\mathrm{T}^1_2(\mathbb{R}^3)$ definieren wir die Wirkung von A nun als Anwendung von $(A^{-1})^* \otimes (A^{-1})^* \otimes A$. Zeigen Sie, dass Sie auf diese Weise ebenfalls eine Gruppendarstellung von $\mathrm{GL}_3(\mathbb{R})$ erhalten.

Hinweis: Dies gilt natürlich ganz allgemein für einen Vektorraum V und $\mathrm{T}^k_\ell(V)$ sowie $\mathrm{GL}(V)$.

iv.) Zeigen Sie, dass ε *rotationsinvariant* ist, also invariant unter allen $A \in \mathrm{SO}(3) \subseteq \mathrm{GL}_3(\mathbb{R}^3)$.

Hinweis: Schreiben Sie beispielsweise die Wirkung im Indexkalkül unter Verwendung von $A^{-1} = A^*$ aus und bestimmen Sie die relevante *Zahl*. Alternativ können Sie mit den charakterisierenden Eigenschaften des Kreuzprodukts und Übung 3.6 argumentieren, ohne dabei viel zu rechnen.

v.) Interpretieren Sie nun Ihr Resultat zu *i.)* in diesem Lichte, indem Sie zeigen, dass mit ε auch jede Verjüngung unter $\mathrm{SO}(3)$ invariant ist.

Hinweis: Welche $\mathrm{SO}(3)$-invarianten Elemente in $(\mathbb{R}^3)^*$ gibt es als Kandidaten?

vi.) Ist ε auch invariant unter Spiegelungen?

vii.) Betrachten Sie nun das Tensorprodukt $\varepsilon \otimes \varepsilon \in \mathrm{T}^2_4(\mathbb{R}^3)$. Bestimmen Sie alle einfachen Verjüngungen, indem Sie sich zunächst überlegen, welchen Typ von Tensor das Resultat liefern wird. Zeigen Sie, dass neben vielen trivialen Verjüngungen bis auf Vorzeichen eine interessante Verjüngung übrig bleibt. Zeigen Sie, dass diese zu

$$\varepsilon^i_{jk}\varepsilon^\ell_{im} = \delta_{jm}\delta^\ell_k - \delta^\ell_j\delta_{km} \tag{3.9.14}$$

äquivalent sind.

Hinweis: Interpretieren Sie diese Gleichung durch Vergleich mit dem Grassmannschen Entwicklungssatz für das Kreuzprodukt.

viii.) Bilden Sie nun von der obigen Verjüngung von $\varepsilon \otimes \varepsilon$ eine weitere Verjüngung. Zeigen Sie, dass auch hier im wesentlichen nur eine Verjüngung interessant ist. Bestimmen Sie diese explizit, und zeigen Sie so die Identität

$$\varepsilon^i_{jk}\varepsilon^j_{im} = -2\delta_{km}. \tag{3.9.15}$$

Übung 3.13 (Pentagon-Diagramm). Nach Satz 3.19 ist das Tensorprodukt assoziativ unter Verwendung von kanonisch gegebenen Isomorphismen. Nach Proposition 3.25 wirkt das Tensorprodukt mit dem Körper bis auf kanonische Isomorphismen als Identität. Ziel dieser Übung ist es nun zu zeigen, dass die Reihenfolge, wie bei mehreren Klammerungen umgeklammert wird, unerheblich ist. Betrachten Sie dazu die beiden Diagramme

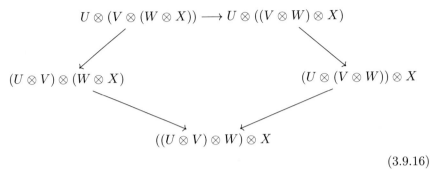

$$(3.9.16)$$

und

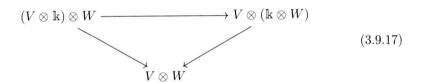

$$(3.9.17)$$

für Vektorräume U, V, W und X über $\Bbbk$.

i.) Überlegen Sie sich zunächst, welche kanonischen Isomorphismen als Pfeile in (3.9.16) und (3.9.17) aus Satz 3.19 und Proposition 3.25 resultieren.

ii.) Zeigen Sie dann, dass beide Diagramme für diese Wahl der Isomorphismen kommutieren.

Definieren Sie nun für je drei Vektorräume einen neuen Isomorphismus

$$\hat{a}_{UVW} : U \otimes (V \otimes W) \longrightarrow (U \otimes V) \otimes W \qquad (3.9.18)$$

durch $\hat{a}_{UVW} = \lambda a_{UVW}$ mit der selben Zahl $\lambda \in \Bbbk^{\times}$ für alle Vektorräume.

iii.) Zeigen Sie, dass auch diese Wahl von Isomorphismen die analogen Eigenschaften aus Proposition 3.30 wie a selbst besitzt. In diesem Sinne ist $\hat{a}$ gleichermaßen geeignet, die Assoziativität des Tensorprodukts zu kodieren.

iv.) Zeigen Sie aber nun, dass $\hat{a}$ für $\lambda \neq 1$ im allgemeinen weder das Diagramm (3.9.16) noch das Diagramm (3.9.17) zum Kommutieren bringt. Damit ist die Wahl $\lambda = 1$ als „besonders" kanonisch ausgezeichnet.

Übung 3.14 (Die Spur in beliebigen Dimensionen). Sei V ein Vektorraum über $\Bbbk$.

i.) Überlegen Sie sich, wieso es für $\dim V = \infty$ keine naive Definition der Spur für alle $A \in \operatorname{End}(V)$ geben kann.

ii.) Betrachten Sie nun das Ideal der Endomorphismen $\operatorname{End}_{\mathsf{f}}(V) \subseteq \operatorname{End}(V)$ mit endlich-dimensionalem Bild aus Übung 2.16. Für eine Basis B von V definiert man die *Spur*

$$\mathrm{tr}(A) = \sum_{b \in B} b^*(A(b)) = \sum_{b \in B} (A(b))_b \qquad (3.9.19)$$

für $A \in \mathrm{End}_f(V)$, wobei $b*$ wie immer das zu $b \in B$ gehörige Koeffizientenfunktional bezeichnet. Zeigen Sie, dass $\mathrm{tr}(A)$ wohldefiniert ist und einen von der Basis B unabhängigen Wert $\mathrm{tr}(A) \in \Bbbk$ liefert.

Hinweis: Hier ist es vorteilhaft, sich zuerst zu überlegen, dass tr die Evaluation von $V \otimes V^*$ wird, wenn man den Isomorphismus $\mathrm{End}_f(V) \cong V \otimes V^*$ verwendet.

iii.) Zeigen Sie, dass die Spur eine Spur ist, also ein lineares Funktional auf $\mathrm{End}_f(V)$ mit

$$\mathrm{tr}(AB) = \mathrm{tr}(BA) \qquad (3.9.20)$$

für alle $A \in \mathrm{End}_f(V)$ und $B \in \mathrm{End}(V)$.

Hinweis: Verwenden Sie zunächst die Idealeigenschaft von $\mathrm{End}_f(V)$, um der Behauptung einen Sinn zu geben. Betrachten Sie dann $v \otimes \varphi \in V \otimes V^* \cong \mathrm{End}_f(V)$ und $B \in \mathrm{End}(V)$. Berechnen Sie explizit die Spur von $B \circ \Theta_{v \otimes \varphi}$ sowie $\Theta_{v \otimes \varphi} \circ B$. Wieso ist damit alles gezeigt?

Übung 3.15 (Gruppendarstellungen). Sei G eine Gruppe, und seien V und W Vektorräume über $\Bbbk$, auf denen G durch $\Phi \colon G \times V \longrightarrow V$ beziehungsweise $\Psi \colon G \times W \longrightarrow W$ dargestellt ist.

i.) Geben Sie einfache Beispiele für Gruppendarstellungen der Gruppen $\mathrm{GL}_n(\Bbbk)$, $\mathrm{SL}_n(\Bbbk)$, $\mathrm{O}(n)$, $\mathrm{U}(n)$, $\mathrm{SO}(n)$, $\mathrm{SU}(n)$ auf geeigneten Vektorräumen über $\Bbbk$ beziehungsweise über $\mathbb{R}$ oder $\mathbb{C}$.

ii.) Zeigen Sie, dass der triviale Gruppenmorphismus $G \longrightarrow \mathrm{GL}(V)$ eine Darstellung von G auf V liefert, die *triviale Darstellung*. Was ist Φ_g in diesem Fall?

iii.) Zeigen Sie, dass für eine Untergruppe $H \subseteq G$ die Einschränkung $\Phi \colon H \times V \longrightarrow V$ eine Darstellung von H auf V liefert.

iv.) Zeigen Sie, dass die blockdiagonale Abbildung

$$\Phi \oplus \Psi \colon G \times (V \oplus W) \ni (g, v+w) \ \longmapsto \ \Phi_g(v) + \Psi_g(w) \in V \oplus W \quad (3.9.21)$$

eine Darstellung von G auf der direkten Summe $V \oplus W$ liefert. Man nennt diese Darstellung entsprechend auch die *direkte Summe* der Darstellungen Φ und Ψ.

v.) Zeigen Sie weiter, dass eine analoge Konstruktion auch für beliebig viele Darstellungen der Gruppe G eine Darstellung sowohl auf der direkten Summe als auch auf dem kartesischen Produkt der Darstellungsräume liefert.

vi.) Zeigen Sie, dass auf dem Tensorprodukt $V \otimes W$ durch

$$(\Phi \otimes \Psi)_g = \Phi_g \otimes \Psi_g \qquad (3.9.22)$$

mit $g \in G$ eine Darstellung $\Phi \otimes \Psi$ definiert wird, das *Tensorprodukt* der Darstellungen Φ und Ψ. Entsprechend definiert man die *Tensorpotenzen* $\Phi^{\otimes k}$ einer Darstellung für jedes $k \in \mathbb{N}$.

vii.) Zeigen Sie, dass die Tensorpotenzen $\Phi^{\otimes k}$ der Darstellung Φ den Symmetrietyp der Tensoren in $V^{\otimes k}$ erhalten: Für jedes $\sigma \in S_k$ gilt

$$\sigma \triangleright (\Phi_g^{\otimes k}(X)) = \Phi_g^{\otimes k}(\sigma \triangleright X) \tag{3.9.23}$$

für alle $g \in G$ und $X \in V^{\otimes k}$.

viii.) Folgern Sie, dass die Einschränkung von $\Phi^{\otimes k}$ auf die (anti-) symmetrischen Tensoren $\mathrm{S}^k(V)$ und $\Lambda^k(V)$ wohldefiniert ist und eine Darstellung von G liefert.

Übung 3.16 (Tensorprodukte von Abbildungen). Seien $\phi_i \colon V_i \longrightarrow W_i$ lineare Abbildungen zwischen Vektorräumen über $\Bbbk$ für $i = 1, \ldots, k$. Betrachten Sie dann die lineare Abbildung

$$\Phi = \phi_1 \otimes \cdots \otimes \phi_k \colon V_1 \otimes \cdots \otimes V_k \longrightarrow W_1 \otimes \cdots \otimes W_k. \tag{3.9.24}$$

i.) Zeigen Sie, dass Φ injektiv ist, sofern alle $\phi_1, \ldots, \phi_k$ injektiv sind.

Hinweis: Hier ist es nützlich, nur mit Abbildungen zu argumentieren und diese nie auf Elementen auszuwerten.

ii.) Zeigen Sie, dass Φ surjektiv ist, sofern alle $\phi_1, \ldots, \phi_k$ surjektiv sind. Gilt hier auch die Umkehrung?

Übung 3.17 (Tensorprodukt und Eigenwerte). Seien $A \in \mathrm{End}(V)$ und $B \in \mathrm{End}(W)$ Endomorphismen von endlich-dimensionalen Vektorräumen V und W über $\Bbbk$. Wir fassen $A \otimes B$ wie üblich als Endomorphismus von $V \otimes W$ auf.

i.) Zeigen Sie, dass für einen Eigenvektor $v \in V$ von A zum Eigenwert $\lambda \in \Bbbk$ und einen Eigenvektor $w \in W$ von B zum Eigenwert $\mu \in \Bbbk$ der Vektor $v \otimes w$ ein Eigenvektor von $A \otimes B$ ist. Bestimmen Sie den zugehörigen Eigenwert.

ii.) Zeigen Sie analog, dass dann $v \otimes w$ auch ein Eigenvektor zu $A \otimes \mathbb{1} + \mathbb{1} \otimes B$ ist, und bestimmen Sie den Eigenwert.

Seien nun die Endomorphismen A und B zudem diagonalisierbar.

iii.) Zeigen Sie, dass $A \otimes B$ ebenfalls diagonalisierbar ist. Finden Sie die Spektralzerlegung von $A \otimes B$.

Hinweis: Welche kleine Schwierigkeit müssen Sie beachten, wenn es $\lambda, \lambda' \in \mathrm{spec}(A)$ und $\mu, \mu' \in \mathrm{spec}(B)$ mit $\lambda\mu = \lambda'\mu'$ gibt?

iv.) Wie können Sie das Spektrum $\mathrm{spec}(A \otimes B)$ durch die Spektren $\mathrm{spec}(A)$ und $\mathrm{spec}(B)$ ausdrücken?

v.) Zeigen Sie, dass auch $A \otimes \mathbb{1} + \mathbb{1} \otimes B$ diagonalisierbar ist, und finden Sie auch hier die Spektralzerlegung.

Hinweis: Welche Schwierigkeit tritt hier im Vergleich zu *iii.)* auf?

vi.) Wie können Sie entsprechend das Spektrum $\mathrm{spec}(A \otimes \mathbb{1} + \mathbb{1} \otimes B)$ durch $\mathrm{spec}(A)$ und $\mathrm{spec}(B)$ ausdrücken?

vii.) Erweitern Sie Ihre Überlegungen auf mehr als zwei Tensorfaktoren $V_1 \otimes \cdots \otimes V_k$ und entsprechende Endomorphismen $A_1 \in \mathrm{End}(V_1)$, ..., $A_k \in \mathrm{End}(V_k)$.

Übung 3.18 (Körpererweiterung und Tensorprodukt).

Sei $\iota \colon \Bbbk \longrightarrow \mathbb{K}$ eine Körpererweiterung, also ein (notwendigerweise injektiver) Körpermorphismus zwischen zwei Körpern $\Bbbk$ und $\mathbb{K}$. Sei weiter V ein Vektorraum über $\Bbbk$.

i.) Zeigen Sie, dass $V_{\mathbb{K}} = V \otimes_{\Bbbk} \mathbb{K}$ auf natürliche Weise zu einem Vektorraum über $\mathbb{K}$ wird, wenn man die Multiplikation mit Skalaren in $\mathbb{K}$ durch Multiplikation im zweiten Tensorfaktor definiert.

Hinweis: Erinnern Sie sich zunächst an die Tatsache, dass $\mathbb{K}$ ein $\Bbbk$-Vektorraum ist. Benutzen Sie dann die Morphismuseigenschaft von ι, um die Wohldefiniertheit der skalaren Multiplikation mit Elementen in $\mathbb{K}$ zu zeigen.

ii.) Zeigen Sie, dass $\iota \colon V \ni v \mapsto v \otimes_{\Bbbk} 1_{\mathbb{K}} \in V_{\mathbb{K}}$ eine injektive $\Bbbk$-lineare Abbildung ist.

Hinweis: Die Injektivität können Sie wieder mithilfe geeigneter linearer Funktionale testen: Finden Sie für $v \ne 0$ ein lineares Funktional $\Phi \in (V_{\mathbb{K}})^*$ mit $\Phi(\iota(v)) \ne 0$.

iii.) Zeigen Sie

$$\dim_{\mathbb{K}} V_{\mathbb{K}} = \dim_{\Bbbk} V, \tag{3.9.25}$$

indem Sie aus einer Basis von V eine Basis von $V_{\mathbb{K}}$ konstruieren. Bestimmen Sie auch $\dim_{\Bbbk} V_{\mathbb{K}}$, indem Sie verwenden, dass $\mathbb{K}$ ein Vektorraum über $\Bbbk$ ist und daher selbst eine Basis als $\Bbbk$-Vektorraum besitzt.

iv.) Sei nun $A \colon V \longrightarrow W$ eine $\Bbbk$-lineare Abbildung in einen weiteren Vektorraum W über $\Bbbk$. Zeigen Sie, dass

$$A_{\mathbb{K}} = A \otimes_{\Bbbk} \mathrm{id}_{\mathbb{K}} \colon V_{\mathbb{K}} \longrightarrow W_{\mathbb{K}} \tag{3.9.26}$$

eine $\mathbb{K}$-lineare Abbildung ist. Zeigen Sie weiter, dass

$$\mathrm{Hom}_{\Bbbk}(V, W) \ni A \mapsto A_{\mathbb{K}} \in \mathrm{Hom}_{\mathbb{K}}(V_{\mathbb{K}}, W_{\mathbb{K}}) \tag{3.9.27}$$

eine injektive $\Bbbk$-lineare Abbildung ist.

v.) Ist (3.9.27) auch surjektiv?

vi.) Betrachten Sie eine weitere $\Bbbk$-lineare Abbildung $B \colon W \longrightarrow U$. Zeigen Sie

$$(B \circ A)_{\mathbb{K}} = B_{\mathbb{K}} \circ A_{\mathbb{K}} \tag{3.9.28}$$

sowie $(\mathrm{id}_V)_{\mathbb{K}} = \mathrm{id}_{V_{\mathbb{K}}}$.

vii.) Betrachten Sie nun konkret den Fall $\mathbb{R} \subseteq \mathbb{C}$. Zeigen Sie, dass die obige Konstruktion genau die *Komplexifizierung* von V liefert, wie diese zuvor in Band 1 an verschiedenen Stellen betrachtet wurde. Hier müssen Sie lediglich eine kleine Identifikation vornehmen. Finden Sie auf diese Weise konzeptuellere Erklärungen für Ihre dortigen Resultate zur Komplexifizierung reeller Vektorräume.

Übung 3.19 (Hom und $\otimes$). Seien U, V, W Vektorräume über $\Bbbk$.

i.) Zeigen Sie, dass es einen besonders einfachen Isomorphismus

$$\iota_{UVW} \colon \mathrm{Hom}(U \otimes V, W) \longrightarrow \mathrm{Hom}(U, \mathrm{Hom}(V, W)) \tag{3.9.29}$$

gibt.

ii.) Betrachten Sie nun linearen Abbildungen $\phi \colon U \longrightarrow U'$, $\psi \colon V \longrightarrow V'$ und $\chi \colon W \longrightarrow W'$. Überlegen Sie sich zunächst, dass diese lineare Abbildungen der Form

$$\phi^* \colon \mathrm{Hom}(U, \mathrm{Hom}(V, W)) \longrightarrow \mathrm{Hom}(U', \mathrm{Hom}(V, W)), \tag{3.9.30}$$

$$\psi^* \colon \mathrm{Hom}(U, \mathrm{Hom}(V, W)) \longrightarrow \mathrm{Hom}(U, \mathrm{Hom}(V', W)) \tag{3.9.31}$$

und

$$\chi \colon \mathrm{Hom}(U, \mathrm{Hom}(V, W)) \longrightarrow \mathrm{Hom}(U, \mathrm{Hom}(V, W')) \tag{3.9.32}$$

sowie entsprechende weitere Kombinationen liefert. Zeigen Sie auch, dass es induzierte lineare Abbildungen der Form

$$(\phi \otimes \psi)^* \colon \mathrm{Hom}(U \otimes V, W) \longrightarrow \mathrm{Hom}(U' \otimes V', W) \tag{3.9.33}$$

und

$$\chi \colon \mathrm{Hom}(U \otimes V, W) \longrightarrow \mathrm{Hom}(U \otimes V, W') \tag{3.9.34}$$

gibt. Bestimmen Sie auch hier, welche weiteren Varianten möglich sind.

iii.) Formulieren und beweisen Sie, dass die Isomorphismen (für die verschiedenen Kombinationen der U, U', V, V', W, W') aus (3.9.29) mit den entsprechenden durch lineare Abbildungen ϕ, ψ und χ induzierten linearen Abbildungen vertauschen.

Man nennt dieses Phänomen auch die *Natürlichkeit* der Isomorphismen ι_{UVW}. Hierzu ist offenbar wichtig, dass wir die Isomorphismen ι_{UVW} alle *konsistent* gewählt wurden. Man kann diese Eigenschaft sicherlich leicht sabotieren, indem man die Isomorphismen ι_{UVW} beispielsweise mit von U, V und W abhängigen Zahlen reskaliert. In diesem Sinne ist die Definition (3.9.29) von ι_{UVW} optimal.

Übung 3.20 (Nochmal Permutationen). Sei $k \geq 2$. Zeigen Sie

$$\sum_{\sigma \in S_k} \mathrm{sign}(\sigma) = 0. \tag{3.9.35}$$

Hinweis: Verwenden Sie lediglich, dass es eine ungerade Permutation gibt und dass sign ein Gruppenmorphismus ist.

Übung 3.21 (Permutationswirkung auf Tensoren und multilinearen Abbildungen). Sei V ein Vektorraum über $\Bbbk$. Einen Tensor $X \in V^{\otimes k}$ können wir daher als k-lineare Abbildung $X \in \mathrm{Hom}(V^*, \ldots, V^*; \Bbbk)$ auffassen.

i.) Sei $\sigma \in S_k$. Zeigen Sie, dass

$$(\sigma \triangleright X)(\alpha_1, \ldots, \alpha_k) = X(\alpha_{\sigma(1)}, \ldots, \alpha_{\sigma(k)}) \tag{3.9.36}$$

für alle $\alpha_1, \ldots, \alpha_k \in V^*$ gilt.

ii.) Zeigen Sie, dass X genau dann ein symmetrischer (antisymmetrischer) Tensor ist, wenn die zugehörige k-lineare Abbildung $X \in \mathrm{Hom}(V^*, \ldots, V^*; \Bbbk)$ symmetrisch (antisymmetrisch) ist.

Übung 3.22 (Der Projektor $\mathbb{1} - \mathrm{Sym}_3 - \mathrm{Alt}_3$). Betrachten Sie einen Vektorraum V über $\Bbbk$ sowie dessen dritte Tensorpotenz $V^{\otimes 3}$.

i.) Betrachten Sie $P_3 = \mathbb{1} - \mathrm{Sym}_3 - \mathrm{Alt}_3 \in \mathrm{End}(V^{\otimes 3})$, und zeigen Sie, dass P_3 ein Projektor ist, indem Sie eine explizite Formel für P_3 analog zu (3.7.18) beziehungsweise (3.7.19) finden.

ii.) Zeigen Sie, dass P_3 im Allgemeinen nicht die Nullabbildung ist, indem Sie einen geeigneten Vektorraum V finden, und die Eigenvektoren von P_3 explizit bestimmen.

Hinweis: Betrachten Sie einen dreidimensionalen Vektorraum V. Was passiert in zwei Dimensionen?

iii.) Zeigen Sie die Ungleichung (3.7.36).

Übung 3.23 (Die Determinante als Tensor). Betrachten Sie die Determinante $\det \colon V \times \cdots \times V \longrightarrow \Bbbk$, wobei $V = \Bbbk^n$.

i.) Zeigen Sie, dass Sie die Determinante als Tensor $\det \in \mathrm{T}^n(V^*)$ interpretieren können.

ii.) Sei $e_1, \ldots, e_n \in V$ die kanonische Basis mit der zugehörigen dualen Basis $e^1, \ldots, e^n \in V^*$. Bestimmen Sie die Koeffizienten $\det_{i_1 \ldots i_n} \in \Bbbk$ der Determinante $\det$, sodass

$$\det = \det_{i_1 \ldots i_n} e^{i_1} \otimes \cdots \otimes e^{i_n}. \tag{3.9.37}$$

iii.) Da die Determinante $\det$ antisymmetrisch ist, gilt $\det \in \Lambda^n(V^*)$. Woran sehen Sie diese Eigenschaften anhand der Koeffizienten?

Übung 3.24 (Pull-back und Push-forward von Tensoren). Seien V und W Vektorräume über $\Bbbk$ und $\phi \colon V \longrightarrow W$ eine lineare Abbildung. Seien weiter $k, \ell \in \mathbb{N}$ gegeben.

i.) Definieren Sie den *push-forward* $\phi_* \colon \mathrm{T}^k(V) \longrightarrow \mathrm{T}^k(W)$ durch

$$\phi_* = \phi \otimes \cdots \otimes \phi. \tag{3.9.38}$$

Zeigen Sie, dass ϕ_* eine wohldefinierte lineare Abbildung ist. Zeigen Sie weiter die Eigenschaften eines push-forwards, also $(\mathrm{id}_V)_* = \mathrm{id}_{\mathrm{T}^k(V)}$ sowie $(\psi \circ \phi)_* = \psi_* \circ \phi_*$ für eine weitere lineare Abbildung $\psi \colon W \longrightarrow U$. Ist die Zuordnung $\phi \mapsto \phi_*$ linear?

ii.) Definieren Sie den pull-back $\phi^* \colon \mathrm{T}^k(W^*) \longrightarrow \mathrm{T}^k(V^*)$ durch

$$\phi^* = \phi^* \otimes \cdots \otimes \phi^*, \tag{3.9.39}$$

wobei $\phi^* \colon W^* \longrightarrow V^*$ wie üblich die duale Abbildung zu ϕ ist. Zeigen Sie, dass ϕ^* eine wohldefinierte lineare Abbildung ist. Zeigen Sie weiter die Eigenschaften eines pull-backs, also $\mathrm{id}_V^* = \mathrm{id}_{\mathrm{T}^k(V^*)}$ sowie $(\psi \circ \phi)^* = \phi^* \circ \psi^*$ für eine weitere lineare Abbildung $\psi \colon W \longrightarrow U$. Ist die Zuordnung $\phi \mapsto \phi^*$ linear?

iii.) Zeigen Sie $\phi_*(X \otimes Y) = \phi_*(X) \otimes \phi_*(Y)$ für alle $X \in \mathrm{T}^k(V)$ und $Y \in \mathrm{T}^\ell(V)$.

iv.) Zeigen Sie $\phi^*(\alpha \otimes \beta) = \phi^*(\alpha) \otimes \phi^*(\beta)$ für alle $\alpha \in \mathrm{T}^k(W^*)$ und $\beta \in \mathrm{T}^\ell(W^*)$.

v.) Sei $\sigma \in S_k$. Zeigen Sie, dass dann

$$\phi_*(\sigma \triangleright X) = \sigma \triangleright \phi_*(X) \tag{3.9.40}$$

und

$$\phi^*(\sigma \triangleright \alpha) = \sigma \triangleright \phi^*(\alpha) \tag{3.9.41}$$

für alle $X \in \mathrm{T}^k(V)$ und $\alpha \in \mathrm{T}^k(W^*)$ gilt.

vi.) Zeigen Sie, dass

$$\mathrm{i}_\ell(v)\phi^*(\alpha) = \phi^*(\mathrm{i}_\ell(\phi(v))\alpha) \tag{3.9.42}$$

für alle $v \in V$, $\alpha \in \mathrm{T}^k(W^*)$ und $\ell = 1, \ldots, k$, wobei wir α beziehungsweise $\phi^*(\alpha)$ als k-lineare Abbildung auf W beziehungsweise V interpretieren und $\mathrm{i}_\ell(v)$ die Einsetzung von v an die ℓ-te Stelle ist.

vii.) Identifizieren Sie nun $\mathrm{T}^k(W^*)$ als Unterraum von $\mathrm{Hom}(W, \ldots, W; \Bbbk)$ und ebenso für V. Interpretieren Sie Ihre Ergebnisse dann im Vergleich mit Übung 3.2.

viii.) Sei nun $\Bbbk$ ein Körper mit Charakteristik $\mathrm{char}(\Bbbk) = 0$. Zeigen Sie, dass

$$\phi_*(\mathrm{S}^k(V)) \subseteq \mathrm{S}^k(W) \quad \text{und} \quad \phi_*(\Lambda^k(V)) \subseteq \Lambda^k(W) \tag{3.9.43}$$

sowie

$$\phi^*(\mathrm{S}^k(W^*)) \subseteq \mathrm{S}^k(V^*) \quad \text{und} \quad \phi^*(\Lambda^k(W^*)) \subseteq \Lambda^k(V^*). \tag{3.9.44}$$

ix.) Sei nun zudem $\dim(V) = n$. Zeigen Sie, dass $\phi^* \colon \Lambda^n(V^*) \longrightarrow \Lambda^n(V^*)$ für $\phi \colon V \longrightarrow V$ von der Form

$$\phi^* \alpha = \Delta(\phi)\alpha \tag{3.9.45}$$

mit einer Zahl $\Delta(\phi) \in \mathbb{k}$ ist. Zeigen Sie, dass trivialerweise $\Delta(\phi \circ \psi) = \Delta(\phi)\Delta(\psi)$ für alle $\phi, \psi \in \mathrm{End}(V)$ sowie $\Delta(\mathrm{id}_V) = 1$ gilt. Bestimmen Sie nun $\Delta(\phi)$ explizit. Welche bekannte Rechenregel haben Sie somit wiedergefunden?

Hinweis: Wählen Sie eine Basis $e_1, \ldots, e_n \in V$ mit dualer Basis $e^1, \ldots e^n \in V^*$, um $\Delta(\phi)$ zu berechnen.

Übung 3.25 (Tensorprodukt von Skalarprodukten). Seien V und W euklidische Vektorräume.

i.) Zeigen Sie, dass es auf $V \otimes W$ eine eindeutig bestimmte Bilinearform $\langle \cdot, \cdot \rangle_{V \otimes W}$ mit

$$\langle v \otimes w, v' \otimes w' \rangle_{V \otimes W} = \langle v, v' \rangle_V \langle w, w' \rangle_W \qquad (3.9.46)$$

für alle $v, v' \in V$ und $w, w' \in W$ gibt.

Hinweis: Betrachten Sie eine geeignete 4-lineare Abbildung $V \times W \times V \times W \longrightarrow \mathbb{R}$.

ii.) Zeigen Sie, dass (3.9.46) positiv semidefinit ist, sofern beide Bilinearformen $\langle \cdot, \cdot \rangle_V$ und $\langle \cdot, \cdot \rangle_W$ positiv semidefinit sind.

Hinweis: Ein beliebiges Element in $V \otimes W$ ist von der Form $v_1 \otimes w_1 + \cdots + v_k \otimes w_k$ mit gewissen $v_1, \ldots, v_k \in V$ und $w_1, \ldots, w_k \in W$. Betrachten Sie die Matrizen mit Einträgen $\langle v_i, v_j \rangle$ und $\langle w_i, w_j \rangle$ sowie deren Produkt. Benutzen Sie nun Positivitätseigenschaften der Spur.

iii.) Zeigen Sie, dass (3.9.46) sogar positiv definit ist.

Hinweis: Sei $u \in V \otimes W$. Zeigen Sie zunächst, dass es Orthonormalsysteme $e_1, \ldots, e_k \in V$ und $f_1, \ldots, f_\ell \in W$ gibt, sodass u als Linearkombination von $e_i \otimes f_j$ mit $i = 1, \ldots, k$ und $j = 1, \ldots, \ell$ geschrieben werden kann. Bestimmen Sie dann $\langle u, u \rangle_{V \otimes W}$ mithilfe der Entwicklungskoeffizienten. Dies ist offenbar eine etwas einfachere Argumentation als bei *ii.)*, die sogar ein stärkeres Resultat liefert, aber den Preis hat, Orthonormalsysteme wählen zu müssen.

iv.) Folgern Sie, dass das Tensorprodukt euklidischer Vektorräume auf kanonische Weise ein euklidischer Vektorraum wird.

v.) Seien $A \colon V \longrightarrow \tilde{V}$ und $B \colon W \longrightarrow \tilde{W}$ adjungierbare Abbildungen in weitere euklidische Vektorräume. Zeigen Sie, dass dann $A \otimes B$ ebenfalls adjungierbar ist, und bestimmen Sie $(A \otimes B)^*$.

vi.) Sei nun V ein komplexer Vektorraum. Zeigen Sie, dass eine sesquilineare Abbildung $\langle \cdot, \cdot \rangle \colon V \times V \longrightarrow \mathbb{C}$ mit einer bilinearen Abbildung $\langle \cdot, \cdot \rangle \colon \overline{V} \times V \longrightarrow \mathbb{C}$ und daher mit einer linearen Abbildung $\overline{V} \otimes V \longrightarrow \mathbb{C}$ identifiziert werden kann, wobei $\overline{V}$ der zu V komplex konjugierte Vektorraum ist. Übertragen Sie nun die obigen Konstruktionen auf den Fall unitärer Vektorräume anstelle von euklidischen Vektorräumen.

Übung 3.26 (Taylor-Koeffizienten). Betrachten Sie erneut die Taylor-Koeffizienten $\tau_k(f) \in \mathrm{S}^k(\mathbb{R}^n)^*$ einer glatten Funktion $f \in \mathscr{C}^\infty(\mathbb{R}^n)$ bei $p = 0$ wie in (3.7.43). Wählen Sie eine andere Basis $f_1, \ldots, f_n \in \mathbb{R}^n$ mit zugehörigen linearen Koordinaten $p = y^i f_i$. Benutzen Sie nun die Kettenregel für die partiellen Ableitungen nach den y-Koordinaten, um zu zeigen, dass der Tensor $\tau_k(f)$ von der Wahl der Basis unabhängig ist.

Übung 3.27 (Assoziativität). Sei $\mathscr{A}$ ein Vektorraum über $\Bbbk$ mit einer bilinearen Abbildung $\mu\colon \mathscr{A} \times \mathscr{A} \longrightarrow \mathscr{A}$. Wir bezeichnen die zugehörige lineare Abbildung $\mu\colon \mathscr{A} \otimes \mathscr{A} \longrightarrow \mathscr{A}$ mit demselben Symbol. Zeigen Sie, dass $\mathscr{A}$ mit dem Produkt μ genau dann zu einer assoziativen Algebra wird, wenn

$$\mu \circ (\mu \otimes \mathrm{id}_{\mathscr{A}}) = \mu \circ (\mathrm{id}_{\mathscr{A}} \otimes \mu). \tag{3.9.47}$$

Hinweis: Auf welchem Vektorraum soll diese Gleichung gelten?

Übung 3.28 (Ideale in Algebren). Sei $\mathscr{A}$ eine Algebra über einem Körper $\Bbbk$ mit Einselement. Zeigen Sie, dass ein ringtheoretisches Ideal (Linksideal, Rechtsideal) $\mathscr{J} \subseteq \mathscr{A}$ dann automatisch ein Ideal (Linksideal, Rechtsideal) im Sinne von Definition 3.74 ist.

Hinweis: Welche Eigenschaft eines Unterraums müssen Sie noch zeigen? Verwenden Sie dann das Einselement von $\mathscr{A}$ auf geeignete Weise.

Übung 3.29 (Algebramorphismen). Seien $\mathscr{A}$ und $\mathscr{B}$ assoziative Algebren über $\Bbbk$. Zeigen Sie, dass eine linearen Abbildung $\Phi\colon \mathscr{A} \longrightarrow \mathscr{B}$ genau dann ein Algebramorphismus ist, wenn

$$\Phi \circ \mu_{\mathscr{A}} = \mu_{\mathscr{B}} \circ (\Phi \otimes \Phi) \tag{3.9.48}$$

gilt, wobei $\mu_{\mathscr{A}}$ und $\mu_{\mathscr{B}}$ die jeweiligen Produktabbildungen wie in Übung 3.27 sind.

Übung 3.30 (Algebren mit Eins). Sei $\mathscr{A}$ eine Algebra über $\Bbbk$ mit Eins $\mathbb{1} \in \mathscr{A}$.

i.) Beweisen Sie Proposition 3.71.

  Hinweis: Verwenden Sie zum einen $\mathbb{1} \cdot \mathbb{1} = \mathbb{1}$, zum anderen die Bilinearität des Produkts.

ii.) Sei $\mathscr{J} \subseteq \mathscr{A}$ ein zweiseitiges Ideal. Zeigen Sie, dass die Quotientenalgebra $\mathscr{A}/\mathscr{J}$ dann wieder eine Algebra mit Eins ist.

iii.) Betrachten Sie die Algebra $\Bbbk[x]$ sowie die Teilmenge $x^2\Bbbk[x]$ derjenigen Polynome, die Vielfache von x^2 sind. Zeigen Sie, dass $x^2\Bbbk[x] \subseteq \Bbbk[x]$ ein Ideal ist und bestimmen Sie die Quotientenalgebra explizit.

  Hinweis: Es ist hilfreich, sich zunächst die Kodimension von $x^2\Bbbk[x]$ zu überlegen. Finden Sie dann eine möglichst einfache Basis für $\Bbbk[x]/x^2\Bbbk[x]$, und bestimmen Sie sämtliche Produkte der Basisvektoren. Dadurch ist die Algebrastruktur offenbar festgelegt.

iv.) Betrachten Sie einen Projektor $P = P^2 \in \mathrm{End}(V)$ mit $0 \neq P \neq \mathbb{1}$ für einen $\Bbbk$-Vektorraum V. Zeigen Sie, dass die Endomorphismen der Form

$$P\,\mathrm{End}(V)P = \big\{ PAP \in \mathrm{End}(V) \mid A \in \mathrm{End}(V) \big\} \tag{3.9.49}$$

eine Unteralgebra von $\operatorname{End}(V)$ bilden. Zeigen Sie, dass $\mathbb{1} \notin P \operatorname{End}(V) P$ gilt. Zeigen Sie weiter, dass als Algebra $P \operatorname{End}(V) P$ ein Einselement besitzt, und bestimmen Sie dieses explizit. Mit welcher anderen Algebra können Sie $P \operatorname{End}(V) P$ identifizieren?

Hinweis: Betrachten Sie den Unterraum im $P \subseteq V$.

Übung 3.31 (Tensorprodukt von Algebren). Seien $\mathscr{A}$ und $\mathscr{B}$ Algebren über $\Bbbk$.

i.) Zeigen Sie, dass es auf $\mathscr{A} \otimes \mathscr{B}$ eine eindeutig bestimmte Algebrastruktur mit

$$(a \otimes b)(a' \otimes b') = (aa') \otimes (bb') \tag{3.9.50}$$

gibt, wobei $a, a' \in \mathscr{A}$ und $b, b' \in \mathscr{B}$. Im Folgenden wird $\mathscr{A} \otimes \mathscr{B}$ immer mit dieser Algebrastruktur versehen.

ii.) Zeigen Sie, dass $\mathscr{A} \otimes \mathscr{B}$ eine Algebra mit Eins ist, sofern sowohl $\mathscr{A}$ als auch $\mathscr{B}$ ein Einselement besitzen. Was ist dann das Einselement von $\mathscr{A} \otimes \mathscr{B}$?

iii.) Seien $\mathscr{A}$ und $\mathscr{B}$ Algebren mit Eins. Zeigen Sie, dass sowohl $\mathscr{A}$ als auch $\mathscr{B}$ als Unteralgebren von $\mathscr{A} \otimes \mathscr{B}$ aufgefasst werden können, indem man

$$\mathscr{A} \ni a \mapsto a \otimes \mathbb{1}_{\mathscr{B}} \in \mathscr{A} \otimes \mathscr{B} \tag{3.9.51}$$

und

$$\mathscr{B} \ni b \mapsto \mathbb{1}_{\mathscr{A}} \otimes b \in \mathscr{A} \otimes \mathscr{B} \tag{3.9.52}$$

verwendet.

Hinweis: Dass dies Algebramorphismen darstellt, ist eine einfache Rechnung. Wieso sind diese dann injektiv?

iv.) Zeigen Sie, dass die Bilder von $\mathscr{A}$ und $\mathscr{B}$ in $\mathscr{A} \otimes \mathscr{B}$ kommutieren.

v.) Verwenden Sie nun die linearen Abbildungen $\mu_{\mathscr{A}} \colon \mathscr{A} \otimes \mathscr{A} \longrightarrow \mathscr{A}$ und $\mu_{\mathscr{B}} \colon \mathscr{B} \otimes \mathscr{B} \longrightarrow \mathscr{B}$ für die Produkte der Algebren $\mathscr{A}$ und $\mathscr{B}$ wie schon in Übung 3.27. Schreiben Sie das Produkt $\mu_{\mathscr{A} \otimes \mathscr{B}}$ von $\mathscr{A} \otimes \mathscr{B}$ nun als geeignete Verkettung von $\mu_{\mathscr{A}}$ und $\mu_{\mathscr{B}}$ sowie des Flips $\tau \colon \mathscr{A} \otimes \mathscr{B} \longrightarrow \mathscr{B} \otimes \mathscr{A}$. Weisen Sie dann die Assoziativität von $\mu_{\mathscr{A} \otimes \mathscr{B}}$ nur unter Verwendung der Assoziativität von $\mu_{\mathscr{A}}$ und $\mu_{\mathscr{B}}$ in der Form (3.9.47) nach, ohne jemals Elemente einzusetzen.

Übung 3.32 (Mehrfache $\vee$- und $\wedge$-Produkte). Sei V ein Vektorraum über einem Körper $\Bbbk$ der Charakteristik $\operatorname{char}(\Bbbk) = 0$. Seien weiter $v_1, \ldots, v_k \in V$. Zeigen Sie, dass

$$v_1 \vee \cdots \vee v_k = k! \operatorname{Sym}_k(v_1 \otimes \cdots \otimes v_k) = \sum_{\sigma \in S_k} \sigma \triangleright (v_1 \otimes \cdots \otimes v_k). \tag{3.9.53}$$

sowie

$$v_1 \wedge \cdots \wedge v_k = k! \operatorname{Alt}_k(v_1 \otimes \cdots \otimes v_k) = \sum_{\sigma \in S_k} \operatorname{sign}(\sigma) \sigma \triangleright (v_1 \otimes \cdots \otimes v_k). \tag{3.9.54}$$

Hinweis: Betrachten Sie erneut den Beweis der Assoziativität von $\vee$ und $\wedge$, und verwenden Sie die dort erzielte Formel für das dreifache Produkt. Führen Sie nun einen Induktionsbeweis.

Übung 3.33 (Koordinatendarstellungen für $S^k(V)$ und $\Lambda^k(V)$). Sei V ein Vektorraum über einem Körper $\Bbbk$ der Charakteristik $\mathrm{char}(\Bbbk) = 0$ und der Dimension $\dim V = n \in \mathbb{N}$. Sei weiter $e_1, \ldots, e_n \in V$ eine Basis mit dualer Basis $e^1, \ldots, e^n \in V^*$.

i.) Sei $X \in S^k(V)$. Zeigen Sie, dass es dann eindeutig bestimmte, in den Indizes $i_1, \ldots, i_k$ symmetrische Koeffizienten $X^{i_1 \ldots i_k} \in \Bbbk$ mit

$$X = \frac{1}{k!} X^{i_1 \ldots i_k} e_{i_1} \vee \cdots \vee e_{i_k} \qquad (3.9.55)$$

gibt. Bestimmen Sie diese Koeffizienten aus denen der Basisdarstellung (3.6.17) von X als Tensor in $T^k(V)$.

ii.) Zeigen Sie, dass die symmetrischen Tensoren

$$\left\{ e_{i_1} \vee \cdots \vee e_{i_k} \mid 1 \leq i_1 \leq \cdots \leq i_k \leq n \right\} \subseteq S^k(V) \qquad (3.9.56)$$

eine Basis von $S^k(V)$ bilden, und bestimmen Sie die Basisdarstellung von X bezüglich dieser Basis.

iii.) Sei nun $X \in \Lambda^k(V)$. Zeigen Sie, dass es dann eindeutig bestimmte, in den Indizes $i_1, \ldots, i_k$ antisymmetrische Koeffizienten $X^{i_1 \ldots i_k} \in \Bbbk$ mit

$$X = \frac{1}{k!} X^{i_1 \ldots i_k} e_{i_1} \wedge \cdots \wedge e_{i_k} \qquad (3.9.57)$$

gibt. Bestimmen Sie diese Koeffizienten aus denen der Basisdarstellung (3.6.17) von X als Tensor in $T^k(V)$.

iv.) Zeigen Sie, dass die antisymmetrischen Tensoren

$$\left\{ e_{i_1} \wedge \cdots \wedge e_{i_k} \mid 1 \leq i_1 < \cdots < i_k \leq n \right\} \subseteq \Lambda^k(V) \qquad (3.9.58)$$

eine Basis von $\Lambda^k(V)$ bilden, und bestimmen Sie die Basisdarstellung von X bezüglich dieser Basis. Betrachten Sie hierbei insbesondere die Fälle $k = n$ und $k = n - 1$.

Die Darstellungen (3.9.55) beziehungsweise (3.9.57) sind also *nicht* direkt die Basisdarstellungen der jeweiligen Tensoren, haben aber den Vorteil, dass man weiterhin mit der Summenkonvention arbeiten kann.

Übung 3.34 (Addition von Spins). Wir betrachten die Pauli-Matrix $\sigma_3 = \left(\begin{smallmatrix} 1 & 0 \\ 0 & -1 \end{smallmatrix} \right)$ als Modell für die quantenmechanische Observable des Spins in z-Richtung eines Teilchens mit Spin $\frac{1}{2}$, eine Interpretation aus der Quantenmechanik, die für die Übung allerdings nicht weiter relevant ist. Sei weiter $V = \mathbb{C}^2$ und $k \in \mathbb{N}$. Auf $T^k(V)$ definiert man

$$S_k = \sum_{\ell=0}^{k-1} \underbrace{\mathbb{1} \otimes \cdots \otimes \mathbb{1}}_{\ell\text{-mal}} \otimes \sigma_3 \otimes \mathbb{1} \otimes \cdots \otimes \mathbb{1} \in \mathrm{End}(\mathrm{T}^k(V)) \qquad (3.9.59)$$

als Observable des Gesamtspins von k solchen (unterscheidbaren) Teilchen.

i.) Bestimmen Sie das Spektrum von S, und zeigen Sie, dass S diagonalisierbar ist. Finden Sie eine explizite Basis von Eigenvektoren. Welche Entartung haben die einzelnen Eigenwerte?

ii.) Betrachten Sie nun den „mittleren Spin pro Teilchen" $S_{\mathrm{Mittel}} = \frac{1}{k} S_k$. Bestimmen Sie nun das qualitative Verhalten des Spektrums inklusive der Entartungen von S_{Mittel} für große k.

Übung 3.35 (Pull-back und Push-forward als Algebramorphismen).
Betrachten Sie eine lineare Abbildung $\phi\colon V \longrightarrow W$ zwischen Vektorräumen über einem Körper $\Bbbk$.

i.) Zeigen Sie, dass der pull-back einen einserhaltenden Algebramorphismus

$$\phi^*\colon \mathrm{T}^\bullet(W^*) \longrightarrow \mathrm{T}^\bullet(V^*) \qquad (3.9.60)$$

liefert.

ii.) Zeigen Sie analog, dass der push-forward einen einserhaltenden Algebramorphismus

$$\phi_*\colon \mathrm{T}^\bullet(V) \longrightarrow \mathrm{T}^\bullet(W) \qquad (3.9.61)$$

liefert.

Sei nun zudem die Charakteristik $\mathrm{char}(\Bbbk) = 0$.

iii.) Zeigen Sie, dass der pull-back

$$\phi^*\colon \mathrm{S}^\bullet(W^*) \longrightarrow \mathrm{S}^\bullet(V^*) \quad \text{und} \quad \phi^*\colon \Lambda^\bullet(W^*) \longrightarrow \Lambda^\bullet(V^*) \qquad (3.9.62)$$

ebenso wie der push-forward

$$\phi_*\colon \mathrm{S}^\bullet(V) \longrightarrow \mathrm{S}^\bullet(W) \quad \text{und} \quad \phi_*\colon \Lambda^\bullet(V) \longrightarrow \Lambda^\bullet(W) \qquad (3.9.63)$$

einserhaltende Algebramorphismen bezüglich $\vee$ beziehungsweise $\wedge$ sind.

iv.) Wodurch sind die Algebramorphismen ϕ^* und ϕ_* durch die universellen Eigenschaften von $\mathrm{S}^\bullet(\cdot)$ und $\Lambda^\bullet(\cdot)$ bereits eindeutig charakterisiert?

Übung 3.36 (Die freie Algebra).
Sei V ein Vektorraum über $\Bbbk$. Eine Algebra $\mathscr{F}(V)$ zusammen mit einer linearen Abbildung $\iota\colon V \longrightarrow \mathscr{F}(V)$ heißt *freie Algebra mit Eins über* V, wenn es zu jeder anderen Algebra $\mathscr{A}$ mit Eins und jeder linearen Abbildung $\phi\colon V \longrightarrow \mathscr{A}$ einen eindeutig bestimmten einserhaltenden Algebramorphismus $\Phi\colon \mathscr{F}(V) \longrightarrow \mathscr{A}$ mit $\Phi \circ \iota = \phi$ gibt.

i.) Schreiben Sie die Bedingung als kommutierendes Diagramm.

ii.) Zeigen Sie, dass die freie Algebra eindeutig bis auf einen eindeutig bestimmten Isomorphismus ist.

Hinweis: Hier genügt es, allein mit den abstrakt gegebenen Eigenschaften einer freien Algebra zu spielen. Die gleiche Art der Argumentation hatten wir bei der Eindeutigkeit des Tensorprodukts bereits gesehen.

iii.) Zeigen Sie, dass es zu jedem Vektorraum V eine freie Algebra gibt.

iv.) Fügen Sie nun die zusätzliche Eigenschaft der Kommutativität hinzu, und finden Sie eine angemessene Definition einer *kommutativen freien Algebra mit Eins über* V.

v.) Zeigen Sie, dass die kommutative freie Algebra mit Eins über V ebenfalls eindeutig bis auf einen eindeutigen Isomorphismus ist. Zeigen Sie anschließend auch ihre Existenz, indem Sie ein bestimmtes Modell angeben.

Übung 3.37 (Symmetrische Algebra als Quotient). Bislang hatten wir die symmetrische Algebra als Unterraum der Tensoralgebra $\mathrm{T}(V)$ definiert und mit einem eigenen Produkt, dem symmetrischen Tensorprodukt versehen. Der Preis dafür war, dass $\mathrm{char}(\Bbbk) = 0$ gelten musste. In dieser Übung wollen wir nun eine alternative Definition geben, welche in beliebiger Charakteristik möglich ist. Sei also V ein Vektorraum über einem Körper $\Bbbk$.

i.) Zeigen Sie, dass der Unterraum

$$U = \mathrm{span}_{\Bbbk}\big\{ a \otimes (v \otimes w - w \otimes v) \otimes b \mid a, b \in \mathrm{T}^{\bullet}(V) \text{ und } v, w \in V \big\} \tag{3.9.64}$$

ein Ideal der Tensoralgebra ist.

ii.) Zeigen Sie, dass die Quotientenalgebra

$$S(V) = \mathrm{T}(V)\big/ U \tag{3.9.65}$$

kommutativ ist.

iii.) Sei $S^k(V) \subseteq S(V)$ das Bild von $\mathrm{T}^k(V) \subseteq \mathrm{T}^{\bullet}(V)$ unter der Quotientenabbildung. Zeigen Sie, dass

$$S(V) = \bigoplus_{k=0}^{\infty} S^k(V). \tag{3.9.66}$$

iv.) Sei nun $\mathcal{A}$ eine kommutative Algebra mit Eins über $\Bbbk$ und sei $\phi\colon V \longrightarrow \mathcal{A}$ eine lineare Abbildung. Zeigen Sie, dass es einen eindeutigen einserhaltenden Algebramorphismus $\Phi\colon S(V) \longrightarrow \mathcal{A}$ gibt, sodass $\Phi \circ (\mathrm{pr}\big|_V) = \phi$, wobei $\mathrm{pr}\colon \mathrm{T}^{\bullet}(V) \longrightarrow S(V)$ die Quotientenabbildung ist und $V = \mathrm{T}^1(V)$ als Unterraum von $\mathrm{T}^{\bullet}(V)$ aufgefasst wird.

v.) Folgern Sie, dass für einen Körper der Charakteristik $\mathrm{char}(\Bbbk) = 0$ die Algebra $S(V)$ auf kanonische Weise (wie?) zur symmetrischen Algebra $\mathrm{S}(V)$ isomorph ist.

Hinweis: Benutzen Sie hierzu nur die jeweiligen universellen Eigenschaften.

Auf diese Weise haben Sie also eine allgemeinere Konstruktion der symmetrischen Algebra gefunden. Die Schwierigkeit hier ist nun aber, zu entscheiden, wie groß $S(V)$ nun wirklich ist:

vi.) Sei $B \subseteq V$ eine Basis von V. Konstruieren Sie nun daraus eine Basis für jedes $S^k(V)$ und damit für $S(V)$.

Hinweis: Die Antwort kennen Sie, es geht hier also darum, einen direkten und unabhängigen Beweis der linearen Unabhängigkeit zu finden.

Übung 3.38 (Grassmann-Algebra als Quotient). Sei $\Bbbk$ ein Körper und V ein Vektorraum über $\Bbbk$. Auch für die Grassmann-Algebra hätte man gerne eine Definition, die für beliebige Charakteristik möglich ist. Analog zu Übung 3.37 betrachtet man daher den Unterraum

$$U = \mathrm{span}_{\Bbbk}\big\{a \otimes (v \otimes v) \otimes b \mid a, b \in \mathrm{T}^{\bullet}(V) \text{ und } v \in V\big\} \qquad (3.9.67)$$

der Tensoralgebra $\mathrm{T}^{\bullet}(V)$ eines Vektorraums V über $\Bbbk$. Zeigen Sie, dass U ein Ideal und $\Lambda(V) = \mathrm{T}(V)/U$ eine gradiert kommutative Algebra mit Eins ist, welche die universelle Eigenschaft der Grassmann-Algebra besitzt. Verfahren Sie dazu analog zu Übung 3.37. Diskutieren Sie insbesondere den Fall $\mathrm{char}(\Bbbk) = 2$.

Übung 3.39 (Dimension der Grassmann-Algebra). Sei V ein n-dimensionaler Vektorraum über einem Körper $\Bbbk$ der Charakteristik $\mathrm{char}(\Bbbk) = 0$. Zeigen Sie, dass die Grassmann-Algebra $\Lambda^{\bullet}(V)$ dann ebenfalls endlichdimensional ist, und bestimmen Sie ihre Dimension.

Übung 3.40 (Die Grad-Abbildungen). Sei V ein Vektorraum über einem Körper $\Bbbk$ der Charakteristik $\mathrm{char}(\Bbbk) = 0$. Definieren Sie die lineare Grad-Abbildung

$$\mathrm{deg} \colon \mathrm{T}^{\bullet}(V) \longrightarrow \mathrm{T}^{\bullet}(V) \qquad (3.9.68)$$

durch $\mathrm{deg}\big|_{\mathrm{T}^k(V)} = k\, \mathrm{id}_{\mathrm{T}^k(V)}$ für alle $k \in \mathbb{N}_0$.

i.) Zeigen Sie, dass diese Definition eine wohldefinierte lineare Abbildung liefert.

Hinweis: Die Tensoralgebra ist eine direkte Summe!

ii.) Zeigen Sie, dass

$$\mathrm{deg}(X \otimes Y) = \mathrm{deg}(X) \otimes Y + X \otimes \mathrm{deg}(Y) \qquad (3.9.69)$$

für alle $X, Y \in \mathrm{T}^{\bullet}(V)$ gilt. Welche bekannte Eigenschaft von $\mathrm{T}^{\bullet}(V)$ verbirgt sich hinter dieser Gleichung?

iii.) Bestimmen Sie die Eigenwerte und Eigenräume von deg. In welchem Sinne ist deg diagonalisierbar?

Definieren Sie nun den *symmetrischen Grad* $\mathrm{deg}_{\mathrm{s}} \colon \mathrm{S}^{\bullet}(V) \longrightarrow \mathrm{S}^{\bullet}(V)$ als die Einschränkung von deg auf $\mathrm{S}^{\bullet}(V)$. Ebenso definiert man den *antisymmetrischen Grad* $\mathrm{deg}_{\mathrm{a}} \colon \Lambda^{\bullet}(V) \longrightarrow \Lambda^{\bullet}(V)$ als die Einschränkung von deg auf $\Lambda^{\bullet}(V)$.

iv.) Zeigen Sie, dass auch $\deg_s$ und $\deg_a$ eine Gleichung der Form (3.9.69) erfüllen, wenn man $\otimes$ entsprechend durch $\vee$ beziehungsweise $\wedge$ ersetzt.

v.) Bestimmen Sie auch von $\deg_s$ und $\deg_a$ die Eigenwerte mit den zugehörigen Eigenräumen.

Übung 3.41 (Der bosonische und fermionische Fock-Raum). Sei V ein euklidischer oder unitärer Vektorraum. In dieser Übung sollen die algebraischen Aspekte bei der Konstruktion des Fock-Raumes diskutiert werden. Den zudem nötigen funktionalanalytischen Erfordernissen Rechnung zu tragen, bleibt dann weiterführenden Lehrbüchern der Funktionalanalysis vorbehalten. Sei $\lambda = (\lambda_k)_{k\in\mathbb{N}_0}$ eine Folge mit positiven Folgengliedern $\lambda_k > 0$. Auf der Tensoralgebra definiert man

$$\langle\,\cdot\,,\,\cdot\,\rangle_\lambda \colon \mathrm{T}^\bullet(V) \times \mathrm{T}^\bullet(V) \longrightarrow \mathbb{K} \tag{3.9.70}$$

durch

$$\langle X, Y\rangle_\lambda = \sum_{r=0}^{\infty} \lambda_k \langle X_k, Y_k\rangle_k, \tag{3.9.71}$$

wobei $X_k, Y_k \in \mathrm{T}^k(V)$ die Komponenten von X und Y vom Tensorgrad k sind und $\langle\,\cdot\,,\,\cdot\,\rangle_k$ das vom Skalarprodukt $\langle\,\cdot\,,\,\cdot\,\rangle_1$ auf V induzierte Skalarprodukt auf $\mathrm{T}^k(V)$ ist: Hier wendet man die Konstruktion aus Übung 3.25 entsprechend auf k Tensorfaktoren an. Eine typische Wahl von λ ist $\lambda_k = 1$ für alle $k \in \mathbb{N}_0$.

i.) Zeigen Sie, dass für jede Wahl von λ durch (3.9.71) ein wohldefiniertes Skalarprodukt auf $\mathrm{T}^\bullet(V)$ definiert wird.

> Hinweis: Wieso gibt es in der vermeintlich unendlichen Reihe (3.9.71) keine Schwierigkeit mit der Konvergenz?

ii.) Zeigen Sie, dass die Teilräume $\mathrm{T}^k(V) \subseteq \mathrm{T}^\bullet(V)$ für verschiedene k paarweise orthogonal zueinander stehen.

iii.) Zeigen Sie, dass die Skalarprodukte $\langle\,\cdot\,,\,\cdot\,\rangle_\lambda$ für verschiedene Folgen λ zueinander isometrisch isomorph sind.

> Hinweis: Finden Sie zunächst für festen Grad k einen Isomorphismus. Nutzen Sie anschließend die Orthogonalität aus *ii.)*.

iv.) Sei $U \in \mathrm{End}(V)$ unitär. Zeigen Sie, dass $\mathrm{T}^\bullet(U) \in \mathrm{End}(\mathrm{T}^\bullet(V))$, definiert durch

$$(\mathrm{T}^\bullet(U))(X) = \sum_{k=0}^{\infty} U^{\otimes k}(X_k) \tag{3.9.72}$$

wieder eine unitäre Abbildung ist. Bestimmen Sie $\mathrm{T}^\bullet(U_1) \circ \mathrm{T}^\bullet(U_2)$ für zwei unitäre Abbildungen $U_1, U_2 \in \mathrm{End}(V)$.

Wir wählen im Folgenden $\lambda_k = 1$, auch wenn in der Literatur teilweise andere Normierungen üblich sind.

v.) Sei V nun endlich-dimensional mit einer Orthonormalbasis $\mathrm{e}_1, \ldots, \mathrm{e}_n \in V$. Zeigen Sie, dass die Tensoren

$$1, \{e_i\}_{i=1,\ldots,n}, \{e_i \otimes e_j\}_{i,j=1,\ldots,n}, \{e_i \otimes e_j \otimes e_k\}_{i,j,k=1,\ldots,n}, \ldots \quad (3.9.73)$$

zusammen eine Orthonormalbasis von $\mathrm{T}^\bullet(V)$ liefert. Dies ist einer der wenigen Fälle, wo man in unendlichen Dimensionen wirklich eine Orthonormal*basis* vorliegen hat.

vi.) Zeigen Sie, dass die Grad-Abbildung deg für $\dim V \geq 1$ unbeschränkt ist.

Hinweis: Um zu sehen, dass

$$\sup_{X \in \mathrm{T}^\bullet(V) \setminus \{0\}} \frac{\|\deg X\|}{\|X\|} = \infty \qquad (3.9.74)$$

gilt, müssen Sie eine geeignete Folge $X_n \in \mathrm{T}^\bullet(V)$ von Tensoren mit $\|X_n\| = 1$ finden, sodass $\deg X_n$ unbeschränkt ist.

Betrachten Sie nun die Unterräume $\mathrm{S}^\bullet(V) \subseteq \mathrm{T}^\bullet(V)$ und $\Lambda^\bullet(V) \subseteq \mathrm{T}^\bullet(V)$ mit den induzierten Skalarprodukten. Abgesehen von einer noch fehlenden Vervollständigung nennt man $\mathrm{S}^\bullet(V)$ den *bosonischen Fock-Raum* und $\Lambda^\bullet(V)$ den *fermionischen Fock-Raum* von V.

vii.) Bestimmen Sie explizit die Skalarprodukte

$$\langle v_1 \vee \cdots \vee v_n, w_1 \vee \cdots \vee w_m \rangle \quad \text{und} \quad \langle v_1 \wedge \cdots \wedge v_n, w_1 \wedge \cdots \wedge w_m \rangle \quad (3.9.75)$$

für $n, m \in \mathbb{N}$ und Vektoren $v_1, \ldots, v_n, w_1, \ldots, w_m \in V$.

Hinweis: Für den Fall $n = m$ können Sie im antisymmetrischen Fall die Determinante der Matrix $(\langle v_i, w_j \rangle)_{i,j=1,\ldots,n}$ verwenden.

viii.) Sei wieder $e_1, \ldots, e_n \in V$ eine Orthonormalbasis. Finden Sie dann Orthonormalbasen von $\mathrm{S}^\bullet(V)$ und $\Lambda^\bullet(V)$ durch geeignetes Normieren der Basen aus Übung 3.33.

ix.) Zeigen Sie, dass sich für eine unitäre Abbildung $U \in \mathrm{End}(V)$ die unitäre Abbildung $\mathrm{T}^\bullet(U)$ aus (3.9.72) zu einer (unitären) Abbildung auf $\mathrm{S}^\bullet(V)$ ebenso wie auf $\Lambda^\bullet(V)$ einschränken lässt.

x.) Zeigen Sie, dass der symmetrische Grad $\deg_\mathrm{s}$ auf $\mathrm{S}^\bullet(V)$ unbeschränkt ist, falls $\dim V \geq 1$.

xi.) Zeigen Sie, dass der antisymmetrische Grad $\deg_\mathrm{a}$ auf $\Lambda^\bullet(V)$ genau dann unbeschränkt ist, wenn $\dim V = \infty$. Bestimmen Sie für $\dim V = n < \infty$ die Operatornorm von $\deg_\mathrm{a}$.

Die Operatoren $\deg_\mathrm{s}$ und $\deg_\mathrm{a}$ haben in der Quantenfeldtheorie, wo die beiden Fock-Räume eine zentrale Rolle spielen, die Interpretation von *Teilchenzahl-Operatoren*.

Übung 3.42 (Beweisen oder widerlegen). Beweisen oder widerlegen Sie folgende Aussagen. Finden Sie gegebenenfalls zusätzliche Bedingungen, unter denen falsche Aussagen richtig werden.

i.) Der Tensor $e_1 \otimes e_1 - e_2 \otimes e_3 \in \mathbb{k}^3 \otimes \mathbb{k}^3$ ist elementar.

ii.) Für endlich-dimensionale Vektorräume gilt $\dim(V \otimes W) = \dim V + \dim W$.

iii.) Jeder Tensor in $V \otimes W$ ist von der Form $v \otimes w$ mit $v \in V$ und $w \in W$.

iv.) Für jeden Tensor $u \in V \otimes W$ gibt es endlich-dimensionale Unterräume $V_1 \subseteq V$ und $W_1 \subseteq W$ mit $u \in V_1 \otimes W_1$.

v.) Sind $A \in \mathrm{End}(V)$ und $B \in \mathrm{End}(W)$ mit endlich-dimensionalen Vektorräumen V und W, so ist $A \otimes B$ genau dann diagonalisierbar, wenn A und B diagonalisierbar sind.

vi.) Ein Tensor $X \in V \otimes V$ ist entweder symmetrisch oder antisymmetrisch.

vii.) Der einzige symmetrische und antisymmetrische Tensor $X \in V \otimes V$ ist $X = 0$.

viii.) Es gilt $\dim \mathrm{S}^3(\mathbb{R}^2) > \dim \mathrm{S}^2(\mathbb{R}^3)$.

ix.) Es gilt $\dim \Lambda^3 \mathbb{R}^4 = 4$.

x.) Für alle $k \in \mathbb{N}$ gilt $\mathrm{S}^k(V) + \Lambda^k(V) = \mathrm{S}^k(V) \oplus \Lambda^k(V)$.

xi.) Für alle $k \in \mathbb{N}$ gilt $\mathrm{T}^k(V) = \mathrm{S}^k(V) \oplus \Lambda^k(V)$, falls $\mathrm{char}(\mathbb{k}) = 0$.

xii.) Ein Tensor $X = X^{i_1 \cdots i_k} \mathrm{e}_{i_1} \otimes \cdots \otimes \mathrm{e}_{i_k} \in V^{\otimes k}$ ist genau dann symmetrisch, wenn $X^{i_{\sigma(1)} \cdots i_{\sigma(k)}} = X^{i_1 \cdots i_k}$ für alle Permutationen $\sigma \in S_k$ und alle Indizes $i_1, \ldots, i_k = 1, \ldots, \dim V$ gilt.

xiii.) Jeder Unterring einer Algebra ist eine Unteralgebra.

xiv.) Eine gradiert kommutative Algebra ist bezüglich der induzierten $\mathbb{Z}_2$-Gradierung superkommutativ.

Kapitel 4
Bilinearformen und Quadriken

Bilinearformen haben wir schon im Zusammenhang mit Skalarprodukten für $\mathbb{k} = \mathbb{R}$ studiert und unter der Voraussetzung der positiven Definitheit auch klassifizieren können: Auf einem endlich-dimensionalen reellen Vektorraum gibt es bis auf Isometrie genau ein positiv definites Skalarprodukt. Wir wollen diese Klassifikationsergebnisse nun in verschiedene Richtungen ausdehnen. Es wird interessant sein, die Positivität des Skalarprodukts aufzugeben. Eine zentrale Anwendung liegt in der mathematischen Physik der speziellen Relativitätstheorie. Hier benötigt man eine immer noch symmetrische Bilinearform, das Lorentz-Skalarprodukt. Ersetzt man dagegen Symmetrie durch Antisymmetrie, so erhält man eine völlig neue Welt von Anwendungen mit den symplektischen Vektorräumen. Auch hier ist eine Klassifikation durch das Darboux-Theorem möglich. Symplektische Formen finden vielerorts Anwendung: In der mathematischen Physik ist hier etwa die Hamiltonsche Mechanik zu nennen.

Eng verbunden mit Bilinearformen sind quadratische Funktionen auf Vektorräumen. Wir werden diese Zusammenhänge eingehend studieren und die Klassifikationsergebnisse über die Bilinearformen dazu benutzen, auch Normalformen für quadratische Funktionen anzugeben. Die Niveauflächen von quadratischen Funktionen liefern dann erste interessante geometrische Gebilde in Vektorräumen jenseits der Geraden und Ebenen: die Quadriken.

4.1 Symmetrische Bilinearformen und quadratische Formen

Als kurze Wiederholung greifen wir nochmals die wesentlichen Resultate aus Kap. 7 in Band 1 zu Bilinearformen auf. Im Folgenden ist $\mathbb{k}$ ein beliebiger Körper, und alle Vektorräume sind über $\mathbb{k}$.

Sei $h \in \mathrm{Hom}(V \times V; \mathbb{k}) = \mathrm{Bil}(V)$ eine Bilinearform. Im Allgemeinen muss diese nicht symmetrisch sein, sodass bei dem musikalischen Homomorphismus eine Wahlmöglichkeit besteht: Wir wählen wie zuvor für $\flat\colon V \longrightarrow V^*$ die Variante

$$v^\flat = h(v, \cdot). \tag{4.1.1}$$

Ist h symmetrisch, so gilt $v^\flat = h(\cdot, v)$, im Allgemeinen dagegen nicht. Wir wissen, dass h genau dann nicht-ausgeartet ist, wenn der musikalische Homomorphismus injektiv ist. Streng genommen müssen wir hier „nicht-ausgeartet im ersten Argument" sagen, sofern h nicht symmetrisch ist, siehe auch Übung 4.1.

Definition 4.1 (Kern und Rang einer Bilinearform). Sei V ein Vektorraum über $\Bbbk$ und $h \in \mathrm{Bil}(V)$ eine Bilinearform.

i.) Der Kern (im ersten Argument) von h ist

$$\ker h = \big\{ v \in V \mid h(v, w) = 0 \text{ für alle } w \in V \big\} = \ker\flat. \tag{4.1.2}$$

ii.) Der Rang (im ersten Argument) von h ist

$$\mathrm{rank}\, h = \dim(V/\ker h) = \mathrm{codim}(\ker h). \tag{4.1.3}$$

In allen für uns relevanten Fällen wird entweder h symmetrisch sein oder aus anderen Gründen der Kern bezüglich des zweiten Arguments gleich dem Kern wie in (4.1.2) sein. Wir werden daher also einfach von *dem* Kern und *dem* Rang von h sprechen.

Wir können den Rang nun leicht mit der Matrix von h bestimmen, sofern die Dimension von V endlich ist:

Proposition 4.2. *Sei V ein endlich-dimensionaler Vektorraum über $\Bbbk$ und h eine Bilinearform. Sei $B = (b_1, \ldots, b_n)$ eine geordnete Basis von V mit dualer Basis $B^* = (b^1, \ldots, b^n)$.*

i.) Es gilt

$$_{B^*}[\flat]_B = \big([h]_{B,B} \big)^{\mathrm{T}}. \tag{4.1.4}$$

ii.) Es gilt

$$\mathrm{rank}\, h = \mathrm{rank}\, [h]_{B,B}\,. \tag{4.1.5}$$

iii.) Der Rang im ersten und im zweiten Argument von h stimmen überein.

Beweis. In (4.1.4) dürfen wir die Matrizen natürlich nicht mit den Basisvektoren selbst indizieren, sondern müssen beide Male die Zahlen $\{1, \ldots, n\}$ verwenden, um eine sinnvolle Vergleichbarkeit zu gewährleisten. Wir erinnern zunächst daran, dass für $\alpha \in V^*$

$$\alpha = \alpha_i b^i = \alpha(b_i) b^i$$

gilt, womit also die Koordinaten α_i von α durch Auswerten auf den entsprechenden b_i erhalten werden. Damit gilt

$$_{B^*}[\flat]_B = \big((b_j^\flat)_{b^i} \big)_{i,j=1,\ldots,n}$$

$$= \left(b_j^\flat(b_i) \right)_{i,j=1,\ldots,n}$$
$$= \left(h(b_j, b_i) \right)_{i,j=1,\ldots,n}$$
$$= \left(\left(h(b_i, b_j) \right)_{i,j=1,\ldots,n} \right)^{\mathrm{T}}$$
$$= \left([h]_{B,B} \right)^{\mathrm{T}},$$

was den ersten Teil zeigt. Für den Kern erhalten wir dann

$$\dim(\ker h) = \dim(\ker \flat) = \dim \left(\ker {}_{B^*}[\flat]_B \right) = \dim \left(\ker \left([h]_{B,B} \right)^{\mathrm{T}} \right),$$

was *ii.)* zeigt, da ja rank A = rank A^{T} für alle Matrizen gilt. Hätten wir bei der Definition von $\flat$ das Einsetzen ins zweite Argument verwendet, so stünde in (4.1.4) keine Transposition. Damit wäre aber (4.1.5) immer noch gültig, da wieder Zeilenrang gleich Spaltenrang gilt. $\square$

In endlichen Dimensionen ist damit die Definition des Rangs einer Bilinearform unabhängig von der Konvention bei der Definition (4.1.1) des musikalischen Homomorphismus. Der Kern selbst hängt als Unterraum dagegen natürlich sehr davon ab, siehe Übung 4.2.

Wie wir gesehen haben, sind die symmetrischen Bilinearformen in vielerlei Hinsicht leichter zu verstehen. Wir wollen zeigen, dass man eine beliebige Bilinearform immer in einen symmetrischen und in einen antisymmetrischen Teil zerlegen kann, sofern char($\Bbbk$) $\neq 2$ gilt. Dies können wir in endlichen Dimensionen entweder mit Bil(V) $\cong V^* \otimes V^*$ und Beispiel 3.61 auf unsere Ergebnisse zu symmetrischen und antisymmetrischen Tensoren zurückführen, oder aber direkt sehen: Für eine Bilinearform $h \in$ Bil(V) definiert man

$$h_\pm(v, w) = \frac{1}{2}(h(v, w) \pm h(w, v)), \tag{4.1.6}$$

sofern eben $2 \neq 0$ in $\Bbbk$ gilt. Es folgt $h_\pm \in$ Bil(V).

Proposition 4.3. *Sei V ein Vektorraum über $\Bbbk$ mit* char($\Bbbk$) $\neq 2$.

i.) Jede Bilinearform $h \in$ Bil(V) lässt sich eindeutig als Summe einer symmetrischen und einer antisymmetrischen Bilinearform

$$h = h_+ + h_- \tag{4.1.7}$$

schreiben.

ii.) Es gilt kanonisch

$$\mathrm{Bil}(V) = \mathrm{Bil}_+(V) \oplus \mathrm{Bil}_-(V), \tag{4.1.8}$$

wobei $\mathrm{Bil}_\pm(V)$ die (anti-) symmetrischen Bilinearformen bezeichnen.

iii.) Gilt zudem dim $V < \infty$, *so entspricht (4.1.8) unter dem kanonischen Isomorphismus* Bil(V) $\cong V^* \otimes V^*$ *gerade der Zerlegung (3.7.17) aus Beispiel 3.61, womit kanonisch*

$$\mathrm{Bil}_+(V) \cong \mathrm{S}^2(V^*) \quad und \quad \mathrm{Bil}_-(V) \cong \Lambda^2(V^*). \tag{4.1.9}$$

Beweis. Die Gleichung (4.1.7) erhält man direkt durch Einsetzen von $h_\pm$ gemäß (4.1.6). Offensichtlich sind diese Bilinearformen symmetrisch beziehungsweise antisymmetrisch. Seien also nun $k_\pm$ zwei weitere (anti-) symmetrische Bilinearformen mit $h = k_+ + k_-$ gegeben. Dann gilt

$$\begin{aligned}
h(v,w) \pm h(w,v) &= k_+(v,w) + k_-(v,w) \pm k_+(w,v) \pm k_-(w,v) \\
&= (k_+(v,w) \pm k_+(v,w)) + (k_-(v,w) \mp k_-(v,w)) \\
&= 2k_\pm(v,w),
\end{aligned}$$

womit $h_\pm = k_\pm$ folgt. Dies zeigt die Eindeutigkeit der Zerlegung (4.1.7). Damit ist aber auch (4.1.8) klar. Sei nun also $\dim V < \infty$, sodass wir $V^* \otimes V^* \cong \mathrm{Bil}(V)$ benutzen dürfen, siehe Proposition 3.52. Für $\alpha \in \mathrm{S}^2(V^*)$ gilt dann

$$\alpha = \sum_{i=1}^n (\beta_i \otimes \gamma_i + \gamma_i \otimes \beta_i)$$

mit gewissen $\beta_i, \gamma_i \in V^*$. Der Isomorphismus $V^* \otimes V^* \cong \mathrm{Bil}(V)$ ordnet α die Bilinearform

$$\begin{aligned}
h_\alpha(v,w) &= \sum_{i=1}^n (\beta_i \otimes \gamma_i + \gamma_i \otimes \beta_i)(v,w) \\
&= \sum_{i=1}^n (\beta_i(v)\gamma_i(w) + \gamma_i(w)\beta_i(v))
\end{aligned}$$

zu. Diese ist offenbar symmetrisch, womit $\mathrm{S}^2(V^*)$ nach $\mathrm{Bil}_+(V)$ abgebildet wird. Entsprechend zeigt man, dass $\Lambda^2(V^*)$ in $\mathrm{Bil}_-(V)$ abgebildet wird. Da nun insgesamt aber ein Isomorphismus vorliegt, muss sogar $\mathrm{S}^2(V^*) \cong \mathrm{Bil}_+(V)$ und $\Lambda^2(V^*) \cong \mathrm{Bil}_-(V)$ gelten. Dies zeigt auch (4.1.9). $\qquad\square$

Bemerkung 4.4. Diese Proposition wird in Charakteristik 2 sicherlich falsch: Zunächst bemerken wir, dass die „gute" Definition von antisymmetrisch in Charakteristik 2 nicht $h(v,w) = -h(w,v)$ ist, sondern $h(v,v) = 0$ für alle $v \in V$. Letzteres impliziert erstere Bedingung, ist aber nur dann dazu äquivalent, wenn $2 \neq 0$ gilt. Aber selbst mit dieser Definition ist eine Zerlegung in symmetrisch und alternierend nicht möglich: Die Bilinearform $h\colon \Bbbk^2 \times \Bbbk^2 \longrightarrow \Bbbk$ mit

$$h\left(\begin{pmatrix} x \\ y \end{pmatrix}, \begin{pmatrix} v \\ u \end{pmatrix}\right) = xu + yv \tag{4.1.10}$$

ist alternierend, da

$$h\left(\begin{pmatrix} x \\ y \end{pmatrix}, \begin{pmatrix} x \\ y \end{pmatrix}\right) = xy + yx = 2xy = 0 \tag{4.1.11}$$

in Charakteristik 2. Trotzdem ist sie auch symmetrisch und $h \neq 0$. Dies zeigt, dass die Theorie der Bilinearformen in Charakteristik 2 deutlich anders verläuft als für $\mathrm{char}(\Bbbk) \neq 2$. Da wir vornehmlich an $\Bbbk = \mathbb{R}$ oder $\Bbbk = \mathbb{C}$ und damit an $\mathrm{char}(\Bbbk) = 0$ interessiert sind, wollen wir den Fall $\mathrm{char}(\Bbbk) = 2$ im Folgenden weitgehend vernachlässigen.

Eine mögliche Strategie beim Studium von Bilinearformen ist es nun, zuerst den symmetrischen und antisymmetrischen Fall getrennt zu betrachten. In einem zweiten Schritt kann man dann versuchen, beide Situationen zusammenzuführen und verschiedene Kompatibilitäten zwischen h_+ und h_- zu fordern. Für den symmetrischen Teil erhalten wir eine erste Interpretation als quadratische Funktion auf V:

Proposition 4.5. *Sei V ein Vektorraum über $\Bbbk$ mit $\mathrm{char}(\Bbbk) \neq 2$. Für eine Funktion $q\colon V \longrightarrow \Bbbk$ sind äquivalent:*

i.) Es gibt eine symmetrische Bilinearform $h \in \mathrm{Bil}_+(V)$ mit

$$q(v) = h(v, v) \tag{4.1.12}$$

für alle $v \in V$.

ii.) Für jede Basis $B \subseteq V$ gibt es eine symmetrische Matrix $Q \in \Bbbk^{B \times B}$ mit

$$q(v) = \sum_{b,b' \in B} v_b Q_{bb'} v_{b'} \tag{4.1.13}$$

für alle $v \in V$, wobei wie immer v_b die b-te Koordinate bezüglich der Basis B bezeichnet.

iii.) Es gibt eine Basis $B \subseteq V$ und eine symmetrische Matrix $Q \in \Bbbk^{B \times B}$, sodass

$$q(v) = \sum_{b,b' \in B} v_b Q_{bb'} v_{b'} \tag{4.1.14}$$

für alle $v \in V$.

iv.) Es gibt eine Indexmenge I und lineare Funktionale $\{\alpha_i\}_{i \in I}$ und $\{\beta_i\}_{i \in I}$, derart, dass für $v \in V$ nur endlich viele $\alpha_i(v)$ ungleich null sind und

$$q(v) = \sum_{i \in I} \alpha_i(v)\beta_i(v). \tag{4.1.15}$$

In diesem Fall ist h eindeutig durch q bestimmt, und es gilt

$$h(v, w) = \frac{1}{2}(q(v + w) - q(v) - q(w)). \tag{4.1.16}$$

Weiter gilt für alle $\lambda \in \Bbbk$ und $v, w \in V$

$$q(\lambda v) = \lambda^2 q(v) \tag{4.1.17}$$

und

$$q(v + w) + q(v - w) = 2q(v) + 2q(w). \tag{4.1.18}$$

Beweis. Wir zeigen *i.)* $\Longrightarrow$ *ii.)* $\Longrightarrow$ *iii.)* $\Longrightarrow$ *iv.)* $\Longrightarrow$ *i.)*. Ist q von der Form (4.1.12), so können wir für eine gegebene Basis

$$q(v) = h(v, v) = h\left(\sum_{b \in B} v_b b, \sum_{b' \in B} v_{b'} b'\right) = \sum_{b, b' \in B} v_b v_{b'} \underbrace{h(b, b')}_{Q_{bb'}}$$

schreiben und erreichen mit $Q = [h]_{B,B}$ die Form (4.1.13). Diese Matrix ist symmetrisch, da h symmetrisch ist, womit *i.)* $\Longrightarrow$ *ii.)* gezeigt ist. Die Implikation *ii.)* $\Longrightarrow$ *iii.)* ist klar. Sei also *iii.)* erfüllt und q wie in (4.1.14). Wir definieren $I = B$ und

$$\alpha_b(v) = v_b \quad \text{sowie} \quad \beta_b(v) = \sum_{b' \in B} Q_{bb'} v_{b'},$$

womit (4.1.15) erreicht wird. Da die α_b gerade die Koordinatenfunktionale sind, ist $\alpha_b(v)$ für eine festes v nur für endlich viele $b \in B$ ungleich null. Also folgt *iii.)* $\Longrightarrow$ *iv.)*. Schließlich betrachten wir *iv.)* und definieren dann

$$h(v, w) = \frac{1}{2} \sum_{i \in I} (\alpha_i(v)\beta_i(w) + \alpha_i(w)\beta_i(v)).$$

Zunächst bemerken wir, dass diese Summe für fest gewähltes v und w tatsächlich höchstens endlich viele von null verschiedene Summanden besitzt. Da die α_i und β_i linear sind, ist h eine Bilinearform, die zudem nach Konstruktion symmetrisch ist. Für $v \in V$ gilt nun

$$h(v, v) = \frac{1}{2} \sum_{i \in I} (\alpha_i(v)\beta_i(v) + \alpha_i(v)\beta_i(v)) = q(v),$$

womit *iv.)* $\Longrightarrow$ *i.)* gezeigt ist. Damit haben wir also alle Äquivalenzen gezeigt. Ist nun q wie in (4.1.12) gegeben, so können wir h gemäß der Polarisierungsformel (4.1.16) zurückgewinnen. Hier ist wieder entscheidend, dass $2 \neq 0$ in $\Bbbk$. Die Eigenschaften (4.1.17) und (4.1.18) rechnet man ebenfalls leicht mit der Bilinearität von h aus (4.1.12) nach. $\qquad \square$

Definition 4.6 (Quadratische Form). Sei V ein Vektorraum über $\Bbbk$ mit $\mathrm{char}(\Bbbk) \neq 2$. Eine Funktion $q \colon V \longrightarrow \Bbbk$, welche die (äquivalenten) Eigenschaften aus Proposition 4.5 besitzt, heißt quadratische Form auf V.

Bemerkung 4.7. In Charakteristik ungleich 2 sind quadratische Formen also letztlich dasselbe wie symmetrische Bilinearformen. Eine intrinsische Definition einer quadratischen Form, die nicht auf Bilinearformen oder Koordinaten zurückgreift, ist nicht ganz einfach zu finden. Ein erster Startpunkt könnten die Eigenschaften (4.1.17) und (4.1.18) sein, die für sich genommen *fast* zu einer quadratischen Form führen. Eine interessante Diskussion hierzu findet sich etwa in [15]. Die Gleichung (4.1.18) kann man als Verallgemeinerung der Parallelogramm-Identität für das Normquadrat in einem euklidischen oder unitären Vektorraum ansehen.

In endlichen Dimensionen ist eine Bilinearform h auf V mit $\dim V = n$ durch ihre Koordinatendarstellung $[h]_{B,B} \in \mathrm{M}_n(\Bbbk)$ bezüglich einer geordneten Basis $B = (b_1, \ldots, b_n)$ charakterisiert. Jedoch führen verschiedene Basen zu verschiedenen Matrizen, wobei sich die Matrix von h bei einem Basiswechsel mit

$$[h]_{B',B'} = Q^{\mathrm{T}} [h]_{B,B} Q \qquad (4.1.19)$$

transformiert. Hier ist $Q = {}_B[\mathrm{id}]_{B'} \in \mathrm{GL}_n(\Bbbk)$ die Matrix des Basiswechsels. Dies ist ein Spezialfall der Transformationsverhaltens aus Proposition 3.50. Wie schon bei der Äquivalenz von Matrizen können wir dies als eine Äquivalenzrelation verstehen, die von einer Gruppenwirkung, ja sogar von einer Gruppendarstellung, kommt.

Lemma 4.8. *Sei $n \in \mathbb{N}$. Durch*

$$\mathrm{GL}_n(\Bbbk) \times \mathrm{M}_n(\Bbbk) \ni (Q, A) \ \mapsto \ QAQ^{\mathrm{T}} \in \mathrm{M}_n(\Bbbk) \qquad (4.1.20)$$

wird eine Gruppendarstellung von $\mathrm{GL}_n(\Bbbk)$ auf $\mathrm{M}_n(\Bbbk)$ definiert.

Beweis. Es gilt $\mathbb{1}A\mathbb{1}^{\mathrm{T}} = A$ sowie

$$(PQ)A(PQ)^{\mathrm{T}} = P(QAQ^{\mathrm{T}})P^{\mathrm{T}}$$

für $P, Q \in \mathrm{GL}_n(\Bbbk)$ und $A \in \mathrm{M}_n(\Bbbk)$. Die Linearität von $A \mapsto Q^{\mathrm{T}}AQ$ ist klar. $\qquad\square$

Die durch die Orbits dieser Wirkung definierte Äquivalenzrelation ist also gerade für die Beschreibung der Basiswechsel in (4.1.19) verantwortlich: Zwei Matrizen liegen genau dann im gleichen Orbit bezüglich (4.1.20), wenn sie die Basisdarstellungen einer Bilinearform zu verschiedenen Basen sind.

Die Aufgabe, Bilinearformen zu klassifizieren, können wir von diesem Standpunkt aus nun so verstehen, dass wir einen möglichst einfachen Repräsentanten für jeden Orbit von (4.1.20) suchen müssen.

Bemerkung 4.9. Man sieht nun auch direkt, dass die Aufspaltung einer Bilinearform in den symmetrischen und den antisymmetrischen Teil invariant unter Basiswechsel ist: Ist $A \in \mathrm{M}_n(\Bbbk)$ (anti-) symmetrisch, also $A^{\mathrm{T}} = \pm A$, so ist $Q^{\mathrm{T}}AQ$ für jedes $Q \in \mathrm{GL}_n(\Bbbk)$ wieder (anti-) symmetrisch, denn

$$(Q^{\mathrm{T}}AQ)^{\mathrm{T}} = Q^{\mathrm{T}}A^{\mathrm{T}}Q^{\mathrm{TT}} = \pm Q^{\mathrm{T}}AQ. \qquad (4.1.21)$$

Wir können uns also auch bei der Gruppenwirkung (4.1.20) darauf beschränken, die symmetrischen und antisymmetrischen Matrizen getrennt voneinander zu betrachten.

Kontrollfragen. Was ist der Kern und der Rang einer Bilinearform? Was ist ein musikalischer Homomorphismus? Wann ist eine Bilinearform symmetrisch? Was besagt die Polarisierungsidentität? Wie können Sie Bilinearformen in Koordinaten beschreiben und was geschieht bei einem Basiswechsel?

4.2 Reelle symmetrische Bilinearformen und der Trägheitssatz

Wir betrachten nun also symmetrische Bilinearformen auf einem endlich-dimensionalen Vektorraum V der Dimension $n \in \mathbb{N}$ über einem Körper $\Bbbk$, wobei wir auch hier wieder $\mathrm{char}(\Bbbk) \neq 2$ annehmen wollen. Das folgende Resultat gibt einen ersten Eindruck für die Klassifikation:

Proposition 4.10. *Sei V ein endlich-dimensionaler Vektorraum über $\Bbbk$ mit $\mathrm{char}(\Bbbk) \neq 2$. Sei weiter $h \in \mathrm{Bil}_+(V)$ eine symmetrische Bilinearform. Dann gibt es Zahlen $\lambda_1, \ldots \lambda_n \in \Bbbk$ und eine geordnete Basis $B = (b_1, \ldots, b_n)$ von V mit*

$$h(b_i, b_j) = \lambda_i \delta_{ij} \tag{4.2.1}$$

für alle $i, j = 1, \ldots, n$. Für diese Basis gilt also

$$[h]_{B,B} = \mathrm{diag}(\lambda_1, \ldots, \lambda_n). \tag{4.2.2}$$

Beweis. Wir beweisen die Behauptung durch Induktion nach der Dimension n von V. Der Start für $n = 0$ ist trivial. Ist $h = 0$, so erfüllt offenbar jede Basis die Bedingung mit $\lambda_1 = \ldots = \lambda_n = 0$. Wir können also annehmen, dass $h \neq 0$. Dann gibt es aber einen Vektor $b_1 \in V$ mit

$$q(b_1) = h(b_1, b_1) \neq 0, \tag{4.2.3}$$

da ja die quadratische Form zu h und h sich wie in Proposition 4.5 wechselseitig bestimmen. Insbesondere kann q nicht identisch verschwinden, wenn $h \neq 0$ gilt, was uns einen Vektor b_1 mit (4.2.3) liefert. Wir setzen $\lambda_1 = q(b_1) = h(b_1, b_1)$ und betrachten

$$V_1 = \left\{ v \in V \mid h(b_1, v) = 0 \right\} = \ker b_1^\flat.$$

Da $b_1^\flat$ nicht das Nullfunktional ist, hat $\ker b_1^\flat$ Kodimension 1, und es gilt

$$V = \Bbbk b_1 \oplus \ker b_1^\flat = \Bbbk b_1 \oplus V_1.$$

Wir betrachten nun V_1 mit $h_1 = h|_{V_1 \times V_1}$ anstelle von V und h. Da $\dim V_1 = \dim V - 1$, können wir per Induktion annehmen, dass wir für V_1 und h_1 bereits eine Basis $b_2, \ldots, b_n \in V_1$ gefunden haben, die (4.2.1) erfüllt. Da $V_1 = \ker b_1^\flat$ gilt, folgt

$$h(b_1, b_i) = 0 = h(b_i, b_1)$$

für $i = 2, \ldots, n$, sodass die gesamte Basis $b_1, b_2, \ldots, b_n$ nun die Bedingung (4.2.1) erfüllt. $\qquad\square$

Bemerkung 4.11. Aus naheliegenden Gründen nennen wir eine solche Basis, in der $[h]_{B,B}$ diagonal ist, eine *Orthogonalbasis*. Im Allgemeinen sind die Zahlen $\lambda_1, \ldots, \lambda_n$ aber *nicht* eindeutig bestimmt, denn wir können die Basisvektoren $b_1, \ldots, b_n$ ja beispielsweise noch reskalieren. Definiert man $B' = (b_1', \ldots, b_n')$ durch

$$b_i' = \mu_i b_i \tag{4.2.4}$$

für $\mu_1, \ldots, \mu_n \in \Bbbk \setminus \{0\}$, so erhält man eine neue Basis, für die nun

$$h(b_i', b_j') = h(\mu_i b_i, \mu_j b_j) = \mu_i \mu_j h(b_i, b_j) = \mu_i \mu_j \delta_{ij} \lambda_i = \mu_i^2 \lambda_i \delta_{ij} \tag{4.2.5}$$

gilt. Wir haben also nach wie vor eine orthogonale Basis mit

$$[h]_{B',B'} = \operatorname{diag}(\mu_1^2 \lambda_1, \ldots, \mu_n^2 \lambda_n). \tag{4.2.6}$$

Mit Proposition 4.10 ist daher noch keine vollständige Klassifikation erzielt: Wir können noch keine Normalform angeben, ohne genaueres über die möglichen Quadrate in $\Bbbk$ zu wissen.

Für einen beliebigen Körper $\Bbbk$ lässt sich nicht viel mehr sagen als Proposition 4.10. Die Freiheit der Reskalierung (4.2.6) lässt sich nur dann gut nutzen, wenn wir etwas über die Menge der Quadrate in $\Bbbk$ wissen. Wir diskutieren hier nun zwei Spezialfälle, welche eine besonders einfache Charakterisierung zulassen:

Satz 4.12 (Sylvesterscher Trägheitssatz I). *Sei V ein reeller endlich-dimensionaler Vektorraum der Dimension $n \in \mathbb{N}$ mit einer symmetrischen Bilinearform $h \in \mathrm{Bil}_+(V)$. Dann existiert eine Basis $B = (b_1, \ldots, b_n)$ von V mit*

$$h(b_i, b_j) = \lambda_i \delta_{ij} \quad mit \quad \lambda_i = \begin{cases} 1 & i = 1, \ldots, r \\ -1 & i = r+1, \ldots, r+s \\ 0 & i = r+s+1, \ldots, n. \end{cases} \tag{4.2.7}$$

Die Zahlen $r, s \in \mathbb{N}_0$ sind eindeutig durch h bestimmt, und es gilt

$$\dim(\ker h) = n - r - s \quad und \quad \operatorname{rank} h = r + s. \tag{4.2.8}$$

Beweis. Nach Proposition 4.10 gibt es eine Orthogonalbasis $B = (b_1', \ldots, b_n')$ mit entsprechenden Zahlen $\lambda_i = h(b_i', b_i') \in \mathbb{R}$. Wir sortieren die Basisvektoren so, dass ohne Einschränkung die ersten r zu $\lambda_1, \ldots, \lambda_r > 0$, die nächsten s zu $\lambda_{r+1}, \ldots, \lambda_{r+s} < 0$ und die verbleibenden zu $\lambda_{r+s+1} = \ldots = \lambda_n = 0$ führen. Es darf insbesondere r oder s auch 0 sein, wenn es keine positiven beziehungsweise negativen λ_i gibt. Ein Reskalieren mit

$$\mu_1 = \frac{1}{\sqrt{\lambda_1}}, \ldots, \mu_r = \frac{1}{\sqrt{\lambda_r}}, \quad \mu_{r+1} = \frac{1}{\sqrt{-\lambda_{r+1}}}, \ldots, \mu_{r+s} = \frac{1}{\sqrt{-\lambda_{r+s}}}$$

liefert dann eine Basis

$$b_1 = \mu_1 b_1', \ldots, b_{r+s} = \mu_{r+s} b_{r+s}', \quad b_{r+s+1} = b_{r+s+1}', \ldots, b_n = b_n',$$

die die gewünschte Eigenschaft besitzt. Es bleibt also zu klären, wieso r und s eindeutig durch h bestimmt sind. Nach Proposition 4.2 wissen wir bereits, dass

$$\operatorname{rank} h = \operatorname{codim}(\ker h) = r + s,$$

da die Matrix $[h]_{B,B}$ offenbar Rang $r + s$ besitzt. Daher ist also $r + s$ bereits eindeutig durch h bestimmt. Sei nun $r' \in \mathbb{N}_0$ die maximale Dimension von Unterräumen $U \subseteq V$, für die $h|_{U \times U}$ positiv definit ist. Es gilt also insbesondere $r \leq r'$, da $\operatorname{span}\{b_1, \ldots, b_r\}$ ja ein Unterraum ist, auf dem h eine Orthonormalbasis $b_1, \ldots, b_r$ besitzt und deshalb dort positiv definit ist: Für $v = v^1 b_1 + \cdots + v^r b_r$ gilt ja

$$h(v, v) = \sum_{i,j=1}^{r} v^i v^j h(b_i, b_j) = \sum_{i=1}^{n} (v^i)^2 > 0,$$

sofern $v \neq 0$. Analog betrachten wir die maximale Dimension s' derjenigen Unterräume $W \subseteq V$, auf denen $h|_{W \times W}$ *negativ definit* ist, also $h(w, w) < 0$ für alle $w \in W \setminus \{0\}$ gilt. Wie für r finden wir hier $s \leq s'$. Der Definition nach ist klar, dass r' und s' nur von h und nicht von anderen Wahlen abhängen. Seien nun $U, W \subseteq V$ derartige maximale Unterräume, auf denen h positiv beziehungsweise negativ definit ist. Für $v \in U \cap W$ gilt dann $h(v, v) \geq 0$ wegen $v \in U$ und $h(v, v) \leq 0$ wegen $v \in W$. Daher folgt $h(v, v) = 0$. Da $v \in U$ und h dort aber positiv definit ist, folgt $v = 0$. Es gilt also

$$U \cap W = \{0\},$$

womit $U + W = U \oplus W$ eine direkte Summe ist. Wir behaupten nun, dass $(U \oplus W) \cap \ker h = \{0\}$ gilt. Sei dazu $u + w \in U \oplus W$ gegeben mit $u \in U, w \in W$ und $u + w \in \ker h$, also

$$h(u + w, v) = 0 \tag{4.2.9}$$

für alle $v \in V$. Dann gilt also insbesondere

$$h(u + w, u) = 0 = h(u + w, w).$$

Damit folgt

$$h(u,u) + h(w,u) = 0 \quad \text{und} \quad h(w,w) + h(w,u) = 0.$$

Da $h(u,u) \geq 0$ gilt, folgt $h(w,u) \leq 0$. Da umgekehrt $h(w,w) \leq 0$ gilt, folgt $h(u,w) \geq 0$, sodass also insgesamt $h(w,u) = 0$ gelten muss. Nun betrachten wir erneut (4.2.9) für die beiden Vektoren $v = u \pm w$. Es folgt

$$0 = h(u+w, u+w) = h(u,u) + h(w,w)$$

und

$$0 = h(u+w, u-w) = h(u,u) - h(w,w).$$

Damit erhalten wir also

$$h(u,u) = +h(w,w) = -h(w,w),$$

was nur für $h(u,u) = 0 = h(w,w)$ möglich ist. Da auf U beziehungsweise W die Bilinearform positiv beziehungsweise negativ definit ist, folgt $u = 0 = w$ und damit $(U \oplus W) \cap \ker h = \{0\}$ wie behauptet. Daher ist $U \oplus W + \ker h = U \oplus W \oplus \ker h$ ebenfalls eine direkte Summe. Es folgt $r' + s' + \dim(\ker h) \leq n$. Da aber $\dim(\ker h) = n - r - s$ gilt, folgt

$$r' + s' \leq r + s$$

womit insgesamt $r' + s' = r + s$ gezeigt ist, da wir ja $r \leq r'$ und $s \leq s'$ wissen. Damit folgt aber sofort $r = r'$ und $s = s'$, was den Beweis abschließt.   □

Definition 4.13 (Signatur). Sei V ein endlich-dimensionaler reeller Vektorraum mit einer symmetrischen Bilinearform $h \in \mathrm{Bil}_+(V)$. Dann heißen die eindeutig durch die Normalform (4.2.7) bestimmten Zahlen $(r,s) \in \mathbb{N}_0^2$ die Signatur von h. Eine Basis B mit (4.2.7) heißt auch Orthonormalbasis für h.

Bemerkung 4.14 (Trägheitssatz und Signatur). Gelegentlich wird auch die Differenz $r - s$ als Signatur oder *Trägheitsindex* bezeichnet. Dann muss man allerdings noch die Dimension des Kerns von h beziehungsweise den Rang $r + s$ von h hinzunehmen, um eine vollständige Charakterisierung von h zu erhalten. Da ja $r + s + \dim(\ker h) = \dim V$ gilt, sind die drei Zahlen $r, s, \dim(\ker h)$ nicht unabhängig. Vielmehr genügen je zwei, um die dritte zu bestimmen. Der Name *Trägheitssatz* kommt daher, dass sich die Signatur der Matrixdarstellung unter Basiswechsel nicht ändert, also „träge" ist. Der Begriff der Orthonormalbasis verallgemeinert offenbar unsere bekannte Situation von positiv definiten Skalarprodukten.

Korollar 4.15. *Sei V ein reeller endlich-dimensionaler Vektorraum mit symmetrischen Bilinearformen h und g. Es gibt genau dann eine Isometrie $U \in \mathrm{End}(V)$ von g zu h, also eine invertierbare lineare Abbildung $U \colon V \longrightarrow V$ mit*

$$g(v, w) = h(Uv, Uw),\qquad\qquad (4.2.10)$$

wenn die Signaturen von g und h übereinstimmen.

Beweis. Stimmen die Signaturen überein, so finden wir Basen $(b_1, \dots, b_n)$ und $(b'_1, \dots, b'_n)$ von V mit

$$g(b_i, b_j) = h(b'_i, b'_j) = \begin{cases} +\delta_{ij} & \text{für } i = 1, \dots, r \\ -\delta_{ij} & \text{für } i = r+1, \dots, r+s \\ 0 & \text{für } i = r+s+1, \dots, n. \end{cases}$$

Durch $U(b_i) = b'_i$ für alle i können wir dann eine lineare Abbildung festlegen, die offenbar bijektiv ist, da sie eine Basis bijektiv auf eine Basis abbildet. Für diese gilt dann (4.2.10). Ist umgekehrt ein solches U gegeben und $b_1, \dots, b_n$ eine Basis für g mit

$$g(b_i, b_j) = \begin{cases} +\delta_{ij} & \text{für } i = 1, \dots, r \\ -\delta_{ij} & \text{für } i = r+1, \dots, r+s \\ 0 & \text{für } i = r+s+1, \dots, n, \end{cases}$$

so erfüllt die Basis $b'_i = U(b_i)$ mit $i = 1, \dots, n$ dieselben Eigenschaften bezüglich h. Also folgt, dass auch h die Signatur (r, s) besitzt. $\qquad\square$

Wir haben also durch die Signatur eine einfache und vollständige Klassifikation der symmetrischen Bilinearformen im reellen Fall erreicht. Man beachte, dass die zuvor bereits gezeigte Klassifikation der positiv definiten Bilinearformen hier mit eingeschlossen ist.

Bemerkung 4.16. Berechnen können wir die Signatur einfach dadurch, dass wir die symmetrische Matrix $[h]_{B,B}$ bezüglich einer beliebigen Basis B diagonalisieren, was nach dem Spektralsatz für symmetrische reelle Matrizen ja immer möglich ist. Dies geschieht mit einer orthogonalen Matrix $O \in \mathrm{O}(n)$, sodass also

$$O^{-1}[h]_{B,B}\, O = O^{\mathrm{T}}[h]_{B,B}\, O = \mathrm{diag}(\lambda_1, \dots, \lambda_n)\qquad\qquad (4.2.11)$$

gilt. Hier ist wichtig, dass $O^{-1} = O^{\mathrm{T}}$ gilt, sodass wir tatsächlich in der Situation von Lemma 4.8 sind. Dann gilt für die Signatur also

$$r = \#\{\lambda_i \mid \lambda_i > 0\} \quad \text{und} \quad s = \#\{\lambda_i \mid \lambda_i < 0\}.\qquad\qquad (4.2.12)$$

Korollar 4.17. *Sei V ein endlich-dimensionaler reeller Vektorraum und q eine quadratische Form auf V. Dann gibt es eine Basis $b_1, \dots, b_n$ von V, sodass für $v = v^i b_i$*

$$q(v) = \left(v^1\right)^2 + \cdots + \left(v^r\right)^2 - \left(v^{r+1}\right)^2 - \cdots - \left(v^{r+s}\right)^2,\qquad\qquad (4.2.13)$$

wobei $r, s \in \mathbb{N}_0$ durch q eindeutig bestimmt sind.

Beweis. Klar, wir wenden den Trägheitssatz auf die zugehörige symmetrische Bilinearform an und benutzen die zur Basis B mit (4.2.7) gehörigen Koordinaten. □

Wir wollen nun einige Fälle genauer diskutieren. Da wir den Kern von h immer abspalten können und auf einem Komplement dazu eine nicht-ausgeartete Bilinearform gleicher Signatur erhalten, betrachten wir nur den nicht-ausgearteten Fall, wo also für die Signatur

$$r + s = n \tag{4.2.14}$$

gilt. In diesem Fall betrachtet man folgende inneren Produkte:

Definition 4.18 (Kanonisches inneres Produkt). Seien $n \in \mathbb{N}$ und $r, s \in \mathbb{N}$ mit $r + s = n$ gegeben.

i.) Die Matrix $\eta_{r,s} \in \mathrm{M}_n(\mathbb{R})$ ist durch

$$
\eta_{r,s} = \begin{pmatrix} 1 & & & & & \\ & \overset{r\text{-mal}}{\ddots} & & & & \\ & & 1 & & & \\ & & & -1 & & \\ & & & & \underset{s\text{-mal}}{\ddots} & \\ & & & & & -1 \end{pmatrix} \tag{4.2.15}
$$

definiert.

ii.) Das kanonisch innere Produkt der Signatur (r, s) auf $\mathbb{R}^n$ ist durch

$$\eta_{r,s}(v, w) = \langle v, \eta_{r,s} \cdot w \rangle = \sum_{i=1}^{r} v^i w^i - \sum_{i=r+1}^{n} v^i w^i \tag{4.2.16}$$

definiert, wobei $v, w \in \mathbb{R}^n$.

Oftmals spricht man auch vom Skalarprodukt mit Signatur (r, s) in Analogie zu den positiv definiten inneren Produkten, als denjenigen Skalarprodukten im Sinne unserer früheren Definition aus Kap. 7 in Band 1, wo einfach $r = n$ und daher $s = 0$ gilt. Der kleine Notationsmissbrauch, dasselbe Symbol η für die Bilinearform und ihre Matrix zu benutzen, ist in diesem Fall, wo es eben eine ausgezeichnete Basis gibt, durchaus üblich.

Korollar 4.19. *Sei V ein reeller Vektorraum der Dimension $n \in \mathbb{N}$, und sei h eine nicht-ausgeartete symmetrische Bilinearform, also ein inneres Produkt auf V. Dann sind äquivalent:*

i.) Die Bilinearform h besitzt die Signatur (r, s).

ii.) Der innere Produktraum (V, h) ist isometrisch isomorph zu $(\mathbb{R}^n, \eta_{r,s})$.

Hier bedeutet isometrisch isomorph wieder wie in (4.2.10), dass es eine lineare Bijektion $U \colon V \longrightarrow \mathbb{R}^n$ gibt, die

$$h(v, w) = \eta_{r,s}(Uv, Uw) \tag{4.2.17}$$

für alle $v, w \in V$ erfüllt. Allgemein betrachten wir nun die Isometrien von $\eta_{r,s}$:

Definition 4.20 (Die pseudoorthogonale Gruppe $O(r, s; \mathbb{R})$). Seien $n \in \mathbb{N}$ und $r, s \in \mathbb{N}_0$ mit $r + s = n$. Dann heißt

$$O(r, s; \mathbb{R}) = \left\{ A \in \mathrm{End}(\mathbb{R}^n) = \mathrm{M}_n(\mathbb{R}) \mid A^{\mathrm{T}} \eta_{r,s} A = \eta_{r,s} \right\} \tag{4.2.18}$$

die pseudoorthogonale Gruppe zur Signatur (r, s).

Diese Definition liefert tatsächlich eine Untergruppe von $\mathrm{GL}_n(\mathbb{R})$, die gerade mit den Isometrien des inneren Produkts $\eta_{r,s}$ übereinstimmt:

Proposition 4.21. *Seien $n \in \mathbb{N}$ und $r, s \in \mathbb{N}_0$ mit $r + s = n$.*

i.) Für $A \in \mathrm{End}(\mathbb{R}^n) = \mathrm{M}_n(\mathbb{R})$ gilt genau dann $A \in O(r, s; \mathbb{R})$, wenn

$$\eta_{r,s}(v, w) = \eta_{r,s}(Av, Aw) \tag{4.2.19}$$

für alle $v, w \in \mathbb{R}^n$ gilt.

ii.) Die Teilmenge $O(r, s; \mathbb{R}) \subseteq \mathrm{GL}_n(\mathbb{R})$ ist eine Untergruppe.

iii.) Für alle $A \in O(r, s; \mathbb{R})$ gilt

$$|\det A| = 1. \tag{4.2.20}$$

Beweis. Sei $A \in \mathrm{End}(\mathbb{R}^n)$ und $v, w \in \mathbb{R}^n$. Dann gilt

$$\eta_{r,s}(Av, Aw) = \langle Av, \eta_{r,s} Aw \rangle = \langle v, A^{\mathrm{T}} \eta_{r,s} Aw \rangle.$$

Da das kanonische Skalarprodukt nicht-ausgeartet ist, stimmt dies genau dann für alle $v, w \in \mathbb{R}^n$ mit $\langle v, \eta_{r,s} w \rangle = \eta_{r,s}(v, w)$ überein, wenn $A^{\mathrm{T}} \eta_{r,s} A = \eta_{r,s}$ gilt. Dies zeigt den ersten Teil. Sei nun $A \in O(r, s; \mathbb{R})$ eine Isometrie von $\eta_{r,s}$. Dann gilt

$$(-1)^s = \det \eta_{r,s} = \det(A^{\mathrm{T}} \eta_{r,s} A) = (\det A)^2 \det \eta_{r,s} = (-1)^s (\det A)^2,$$

was (4.2.20) und damit insbesondere $A \in \mathrm{GL}_n(\mathbb{R})$ zeigt. Das Inverse A^{-1} ist immer noch eine Isometrie, was man direkt mit (4.2.19) verifiziert. Alternativ zeigt man die Eigenschaft $(A^{-1})^{\mathrm{T}} \eta_{r,s} A^{-1} = \eta_{r,s}$ durch Invertieren der definierenden Eigenschaft (4.2.18) und mit $\eta_{r,s}^{-1} = \eta_{r,s}$. Schließlich gilt trivialerweise $\mathbb{1} \in O(r, s; \mathbb{R})$. Also ist $O(r, s; \mathbb{R})$ eine Untergruppe von $\mathrm{GL}_n(\mathbb{R})$. $\qquad\square$

Bemerkung 4.22 (Pseudoorthogonale Gruppe). Seien $r, s \in \mathbb{N}_0$ und $n = r + s$.

i.) Es gilt offenbar $\eta_{n,0} = \mathbb{1}$ und daher

$$O(n, 0; \mathbb{R}) = O(n). \tag{4.2.21}$$

ii.) Durch

$$h(v, w) = -\eta_{r,s}(v, w) = -\langle v, \eta_{r,s} w \rangle$$

wird ein inneres Produkt der Signatur (s, r) definiert. Für $A \in O(r, s; \mathbb{R})$ gilt dann $h(Av, Aw) = -\eta_{r,s}(Av, Aw) = -\eta_{r,s}(v, w) = h(v, w)$, womit A auch eine Isometrie von h ist. Bringt man h wieder auf Normalform (durch Umsortieren der Basisvektoren), so liefert dies einen Gruppen-isomorphismus

$$O(r, s; \mathbb{R}) \cong O(s, r; \mathbb{R}). \tag{4.2.22}$$

Der Spezialfall von einer Signatur $(1, n)$ ist von besonderem Interesse und verdient einen eigenen Namen:

Definition 4.23 (Minkowski-Raum). Sei $n \in \mathbb{N}$. Dann heißt $\mathbb{R}^{1+n}$ mit dem inneren Produkt

$$\eta(v, w) = \langle v, \eta w \rangle \tag{4.2.23}$$

für $\eta = \eta_{1,n}$ Minkowski-Raum. Das innere Produkt η heißt auch Lorentz-Skalarprodukt oder Lorentzsches inneres Produkt. Die zugehörige Isometrie-gruppe $O(1, n; \mathbb{R})$ heißt Lorentz-Gruppe und wird auch mit $L(1, n)$ bezeich-net.

Bemerkung 4.24 (Spezielle Relativitätstheorie). Der Grund für diese Bezeich-nung kommt aus der Physik, genauer gesagt aus der speziellen Relativitäts-theorie. Wir wollen kurz die Kernaussagen der speziellen Relativitätstheorie rekapitulieren, für weiterführende Details zur Physik sei auf die Literatur verwiesen, siehe etwa [14, 32, 34]. Wir verwenden Längen und Zeiteinheiten, sodass die Lichtgeschwindigkeit den numerischen Wert $c = 1$ hat. Die Ko-ordinaten in $\mathbb{R}^{1+n}$ schreiben wir dann als $(x^0 = t, x^1, \ldots, x^n)$ und setzen $\vec{x} = (x^1, \ldots, x^n)$. Die nullte Koordinate wird nun als Zeitkoordinate, die üb-rigen n Koordinaten werden als Raumkoordinaten interpretiert. Sendet man nun zur Zeit $t = 0$ ein Lichtsignal vom Ursprung $\vec{x} = 0$ in Richtung eines Einheitsvektors $\vec{n}$ aus, so ist zur Zeit $t = x^0$ das Signal am Ort $x^0 \cdot \vec{n}$. Es gilt daher für den Vektor $v = \begin{pmatrix} x^0 \\ x^0 \vec{n} \end{pmatrix} \in \mathbb{R}^{1+n}$ des Raumzeitpunkts des Signals im Minkowski-Raum

$$\eta(v, v) = (x^0)^2 - (x^0)^2 \langle \vec{n}, \vec{n} \rangle = 0, \tag{4.2.24}$$

für alle Zeiten x^0 und alle Richtungen $\vec{n} \in \mathbb{R}^n$. Allgemein nennt man daher einen Vektor v *lichtartig*, wenn

$$\eta(v, v) = 0 \tag{4.2.25}$$

gilt. Die zentrale Aussage der speziellen Relativitätstheorie ist nun, dass die Ausbreitungsgeschwindigkeit des Lichts in allen physikalisch zulässigen Bezugssystemen dieselbe ist. Ist also $A \in \mathrm{GL}_{n+1}(\mathbb{R})$ ein linearer Koordinatenwechsel in ein zulässiges Bezugssystem, so muss

$$\eta(v, v) = 0 \iff \eta(Av, Av) = 0 \tag{4.2.26}$$

gelten. Für eine Lorentz-Transformation $A \in \mathrm{O}(1, n)$ ist dies offenbar der Fall, da ja dort sogar $\eta(v, w) = \eta(Av, Aw)$ für alle $v, w \in \mathbb{R}^{1+n}$ gilt: Die Lorentz-Gruppe wird hierdurch zur Invarianzgruppe der speziellen Relativitätstheorie. In der Tat lässt sich zeigen, dass die Invarianzgruppe der speziellen Relativitätstheorie genau die Lorentz-Gruppe zusammen mit den Translationen der Raumzeitpunkte ist. Ein massives Teilchen kann sich in der speziellen Relativitätstheorie nur mit einer Geschwindigkeit $\vec{v} \in \mathbb{R}^n$ bewegen, die betragsmäßig echt kleiner als die Lichtgeschwindigkeit ist. Daher gilt also $\|\vec{v}\| < 1$. Startet ein solches Teilchen bei $t = 0$ im Ursprung, so ist es zur Zeit $t = x^0$ am Ort $x^0 \vec{v} \in \mathbb{R}^n$ angekommen. Kodiert man dies wieder als Raumzeitpunkt $x = \begin{pmatrix} x^0 \\ x^0 \vec{v} \end{pmatrix} \in \mathbb{R}^{1+n}$, so gilt

$$\eta(x, x) = \left(x^0\right)^2 - \left(x^0\right)^2 \|\vec{v}\|^2 > 0. \tag{4.2.27}$$

Es überwiegt hier also der zeitartige Anteil, weshalb man Vektoren $x \in \mathbb{R}^{1+n}$ mit

$$\eta(x, x) > 0 \tag{4.2.28}$$

auch *zeitartige* Vektoren nennt. Entsprechend heißen Vektoren mit

$$\eta(x, x) < 0 \tag{4.2.29}$$

raumartig. Für $n = 1$ oder 2 lassen sich die Mengen der licht-, zeit- und raumartigen Vektoren mit Hilfe des Lichtkegels schön visualisieren, siehe Abb. 4.1. Wir wollen diesen kleinen Exkurs in die spezielle Relativitätstheorie nun be-

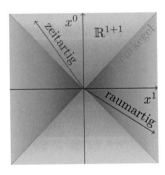

Abb. 4.1 Lichtkegel im Minkowski-Raum $\mathbb{R}^{1+1}$ mit zeit- und raumartigen Vektoren

enden. Als Warnung sei nur noch darauf hingewiesen, dass es bei der Wahl von η eine gewisse Willkür gibt: Man könnte η auch durch $-\eta$ ersetzen. Dank Bemerkung 4.22, *ii.)*, lässt sich dies jedoch leicht übersetzen.

Zum Abschluss dieses Abschnitts wollen wir uns noch dem Fall $\Bbbk = \mathbb{C}$ zuwenden. Hier erweist sich die Klassifikation der Bilinearformen als recht langweilig:

Proposition 4.25. *Sei $n \in \mathbb{N}$ und V ein n-dimensionaler Vektorraum über $\mathbb{C}$ mit einer symmetrischen Bilinearform $h \in \mathrm{Bil}_+(V)$. Dann gibt es eine geordnete Basis $B = (b_1, \ldots, b_n)$ mit*

$$
[h]_{B,B} = \begin{pmatrix} 1 & & & & & \\ & \ddots & \scriptstyle{rank\,h} & & & \\ & & 1 & & & \\ & & & 0 & & \\ & & & & \ddots & \\ & & & & & 0 \end{pmatrix}, \tag{4.2.30}
$$

wobei die Zahl der Einsen auf der Diagonale genau der Rang von h ist.

Beweis. Gemäß Proposition 4.10 können wir eine Orthogonalbasis $B' = (b'_1, \ldots, b'_n)$ mit $h(b'_i, b'_j) = \lambda_i \delta_{ij}$ für alle $i, j = 1, \ldots, n$ finden. Für diejenigen λ_i mit $\lambda_i \neq 0$ finden wir immer eine komplexe Wurzel $\sqrt{\lambda_i} \neq 0$. Daher können wir die zugehörigen Basisvektoren mit $\frac{1}{\sqrt{\lambda_i}}$ reskalieren und erhalten unter Beibehaltung der Orthogonalität für diese neuen Basisvektoren $b_i = \frac{1}{\sqrt{\lambda_i}} b'_i$ dann

$$h(b_i, b_i) = 1$$

wie gewünscht. Falls $\lambda_i = 0$ ist, setzen wir $b_i = b'_i$ und finden dann insgesamt eine Basis $B = (b_1, \ldots, b_n)$ mit (4.2.30). Nach Proposition 4.2, *ii.)*, ist die Zahl der Einsen auf der Diagonale von (4.2.30) gerade der Rang von h, also insbesondere unabhängig von der genauen Wahl der Basis. $\square$

Etwas interessanter wird es, wenn wir anstelle von symmetrischen Bilinearformen Sesquilinearformen betrachten. Genau genommen gehört diese Fragestellung nicht in dieses Kapitel zu Bilinearformen, ist aber doch verwandt und so wichtig, dass wir sie hier mit aufnehmen wollen.

Satz 4.26 (Sylvesterscher Trägheitssatz II). *Sei V ein endlich-dimensionaler komplexer Vektorraum mit einer Hermiteschen Sesquilinearform h. Dann existiert eine geordnete Basis $B = (b_1, \ldots, b_n)$ von V, sodass*

$$
h(b_i, b_j) = \lambda_i \delta_{ij} \quad und \quad \lambda_i = \begin{cases} 1 & i = 1, \ldots, r \\ -1 & i = r+1, \ldots, r+s \\ 0 & i = r+s+1, \ldots, n \end{cases} \tag{4.2.31}
$$

mit durch h eindeutig bestimmten Zahlen $r, s \in \mathbb{N}_0$. Es gilt

$$\dim(\ker h) = n - r - s. \tag{4.2.32}$$

Beweis. Der Beweis verläuft im Wesentlichen analog zu Satz 4.12. Zunächst zeigt man, dass die Aussage von Proposition 4.10 auch für Hermitesche Sesquilinearformen gültig ist und eine Orthogonalbasis $B' = (b'_1, \ldots, b'_n)$ für h liefert. Es gilt also

$$h(b'_i, b'_j) = \lambda'_i \delta_{ij}$$

für $i, j = 1, \ldots, n$ mit gewissen $\lambda'_i \in \mathbb{C}$. Das anschließende Reskalieren zu $b_i = \mu_i b'_i$ liefert aber nun

$$h(b_i, b_j) = h(\mu_i b'_i, \mu_j b'_j) = \overline{\mu_i} \mu_j h(b'_i, b'_j) = \overline{\mu_i} \mu_j \lambda'_i \delta_{ij} = |\mu_i|^2 \lambda'_i \delta_{ij},$$

da h im ersten Argument ja antilinear ist. Daher können wir die Zahlen λ_i nur mittels positiver Zahlen reskalieren, wie schon im Beweis von Satz 4.12. Weiter beachten wir, dass

$$\lambda'_i = h(b'_i, b'_i) = \overline{h(b'_i, b'_i)} = \overline{\lambda'_i}$$

aufgrund der Hermitizität von h gilt. Also sind die λ'_i notwendigerweise reell. Durch Reskalieren mit einem positiven Skalenfaktor können wir daher (4.2.31) wie schon im reellen Fall erreichen. Die Eindeutigkeitsaussage für die Zahlen r, s folgt dann wieder der Argumentation wie in Satz 4.12. $\qquad\square$

Wie schon im reellen Fall gibt es zu jeder Signatur (r, s) eine kanonische Wahl einer nicht-ausgearteten Hermiteschen Sesquilinearform auf $\mathbb{C}^n$.

Definition 4.27 (Pseudounitäre Gruppe). Seien $n \in \mathbb{N}$ und $r, s \in \mathbb{N}_0$ mit $r + s = n$.

i.) Das kanonische innere Produkt auf $\mathbb{C}^n$ mit Signatur (r, s) ist definiert als

$$\eta_{r,s}(v, w) = \langle v, \eta_{r,s} w \rangle = \sum_{i=1}^{r} \overline{v_i} w_i - \sum_{i=r+1}^{n} \overline{v_i} w_i \tag{4.2.33}$$

für $v, w \in \mathbb{C}^n$.

ii.) Die pseudounitäre Gruppe zur Signatur (r, s) ist definiert als

$$\mathrm{U}(r, s) = \left\{ A \in \mathrm{M}_n(\mathbb{C}) \mid A^* \eta_{r,s} A = \eta_{r,s} \right\}. \tag{4.2.34}$$

iii.) Die spezielle pseudounitäre Gruppe $\mathrm{SU}(r, s)$ zur Signatur (r, s) ist definiert als

$$\mathrm{SU}(r, s) = \left\{ A \in \mathrm{U}(r, s) \mid \det A = 1 \right\}. \tag{4.2.35}$$

Bemerkung 4.28. Wie schon im reellen Fall zeigt man, dass $\eta_{r,s}$ tatsächlich eine Hermitesche Sesquilinearform mit Signatur (r, s) ist und dass ein linearer Endomorphismus $A \in \mathrm{M}_n(\mathbb{C})$ genau dann eine Isometrie von $\eta_{r,s}$ ist, wenn $A \in \mathrm{U}(r, s)$ gilt. Weiter zeigt man durch elementares Nachprüfen, dass $\mathrm{U}(r, s) \subseteq \mathrm{GL}_n(\mathbb{C})$ eine Untergruppe ist, die $\mathrm{SU}(r, s) \subseteq \mathrm{U}(r, s)$ als weitere Untergruppe enthält. Insbesondere folgt wie bereits für $\mathrm{O}(r, s)$

$$|\det A| = 1 \tag{4.2.36}$$

für alle $A \in \mathrm{U}(r, s)$, womit also nun $\det A \in \mathbb{S}^1$ gilt, siehe auch Übung 4.8.

Kontrollfragen. Was ist eine Orthogonalbasis? Was besagt der Trägheitssatz von Sylvester im reellen, was im komplexen Fall? Was ist die Signatur? Wie können Sie komplexe Bilinearformen klassifizieren? Wie charakterisiert man pseudoorthogonale und pseudounitäre Matrizen? Was ist der Minkowski-Raum?

4.3 Antisymmetrische Bilinearformen und das Darboux-Theorem

Nachdem wir die symmetrischen Bilinearformen nun erfolgreich klassifizieren konnten, sofern der zugrunde liegende Körper hinreichend viele Quadratwurzeln erlaubte, wollen wir uns nun den antisymmetrischen Bilinearformen $\omega \in \mathrm{Bil}_-(V)$ zuwenden. Hier ist die Situation in vielerlei Hinsicht einfacher: Die Klassifikation erfolgt für alle Körper $\Bbbk$ gleichermaßen.

Für $\mathrm{char}(\Bbbk) = 2$ ist „antisymmetrisch" wieder als $\omega(x, x) = 0$ für alle $x \in V$ definiert, was ja $\omega(x, y) = -\omega(y, x)$ impliziert. Neu ist nun, dass ein einzelner Vektor immer „senkrecht" auf sich selbst steht, wobei das Orthogonalkomplement wie zuvor als

$$U^\perp = \left\{ v \in V \mid \omega(u, v) = 0 \text{ für alle } u \in U \right\} \tag{4.3.1}$$

definiert ist. Es gilt also immer

$$x \in \{x\}^\perp. \tag{4.3.2}$$

Anders als beim Orthogonalkomplement bezüglich eines Skalarprodukts ist also $U \cap U^\perp = \{0\}$ im Allgemeinen *falsch*: Für den 1-dimensionalen Unterraum $U = \mathrm{span}\{v\}$ gilt $U \subseteq U^\perp$. Die übrigen Eigenschaften eines „Komplements" wie im euklidischen Fall bleiben allerdings erhalten. Es gilt nach wie vor

$$U \subseteq W \implies W^\perp \subseteq U^\perp \tag{4.3.3}$$

und

$$U \subseteq U^{\perp\perp} \tag{4.3.4}$$

für alle Unterräume $U, W \subseteq V$. Diese Rechenregeln verifiziert man analog zum Fall eines Skalarprodukts. Um diese neuen Aspekte des Orthogonalkomplements charakterisieren zu können, führen wir zuerst folgende Begriffe ein:

Definition 4.29 (Isotroper und koisotroper Unterraum). Sei V ein Vektorraum über $\Bbbk$, und sei $\omega \in \mathrm{Bil}_-(V)$ eine antisymmetrische Bilinearform.

i.) Ein Unterraum $U \subseteq V$ heißt isotrop, falls

$$U \subseteq U^\perp. \tag{4.3.5}$$

ii.) Ein Unterraum $U \subseteq V$ heißt koisotrop, falls

$$U^\perp \subseteq U. \tag{4.3.6}$$

Bemerkung 4.30 (Kern von $\flat$). Da ω antisymmetrisch ist, müssen wir bei der Definition des musikalischen Homomorphismus etwas aufpassen: Wir wählen $v^\flat = \omega(v, \cdot)$ wie zuvor und beachten, dass

$$v^\flat = -\omega(\cdot, v), \tag{4.3.7}$$

womit die alternative Wahl also nur ein anderes Vorzeichen bewirkt. Auf den Kern von ω wirkt sich diese Wahl nun glücklicherweise nicht aus; es gilt

$$\ker \omega = \left\{ v \in V \mid v^\flat = 0 \right\} = \left\{ v \in V \mid \omega(\cdot, v) = 0 \right\}. \tag{4.3.8}$$

Damit sind wir also auch bei antisymmetrischen Bilinearformen in der gleichen komfortablen Situation wie in Proposition 4.2, unabhängig davon, was die Dimension ist. Für einen Unterraum $U \subseteq V$ gilt nun offenbar immer

$$\ker \omega \subseteq U^\perp, \tag{4.3.9}$$

da die Vektoren im Kern von ω eben auf jedem Vektor senkrecht stehen.

Proposition 4.31. *Sei $\omega \in \mathrm{Bil}_-(V)$ eine antisymmetrische Bilinearform auf einem Vektorraum V über $\Bbbk$. Ist $U \subseteq V$ ein Komplement zu $\ker \omega \subseteq V$, also*

$$V = U \oplus \ker \omega, \tag{4.3.10}$$

so ist $\omega\big|_{U \times U} \in \mathrm{Bil}_-(U)$ nicht-ausgeartet.

Beweis. Sei $u \in U \setminus \{0\}$. Ist nun $v \in V$, so können wir $v = \mathrm{pr}_U(v) + \mathrm{pr}_{\ker \omega}(v)$ gemäß (4.3.10) zerlegen. Da $u \notin \ker \omega$ gilt, gibt es ein $v \in V$ mit $\omega(u, v) \neq 0$. Damit gilt aber auch

$$0 \neq \omega(u, v) = \omega(u, \mathrm{pr}_U(v)) + \omega(u, \mathrm{pr}_{\ker \omega}(v)) = \omega(u, \mathrm{pr}_U(v)),$$

da ja $\mathrm{pr}_{\ker \omega}(v) \in \ker \omega$. Somit finden wir also auch ein $v' = \mathrm{pr}_U(v) \in U$ mit $\omega(u, u') \neq 0$, was die Behauptung zeigt. $\qquad\square$

Wir können also immer den Kern von ω abspalten und haben auf einem (willkürlich gewählten) Komplement eine nicht-ausgeartete antisymmetrische

Bilinearform. Daher können wir uns im Folgenden auf den nicht-ausgearteten Fall beschränken.

Definition 4.32 (Symplektische Form). Seien V ein Vektorraum über $\Bbbk$ und $\omega \in \mathrm{Bil}_-(V)$ eine nicht-ausgeartete antisymmetrische Bilinearform. Dann heißt ω symplektische Form auf V, und (V, ω) heißt symplektischer Vektorraum. Weiter definieren wir die symplektische Gruppe von (V, ω) als

$$\mathrm{Sp}(V, \omega) = \big\{ \Phi \in \mathrm{GL}(V) \mid \omega(\Phi(v), \Phi(w)) = \omega(v, w) \text{ für alle } v, w \in V \big\}. \tag{4.3.11}$$

Bemerkung 4.33. Es sollte nun keine große Überraschung sein, dass die Teilmenge $\mathrm{Sp}(V, \omega)$ tatsächlich eine Untergruppe von $\mathrm{GL}(V)$ ist. Eine lineare Abbildung

$$\Phi(V_1, \omega_1) \longrightarrow (V_2, \omega_2) \tag{4.3.12}$$

zwischen symplektischen Vektorräumen heißt *symplektisch*, falls

$$\omega_2(\Phi(v), \Phi(w)) = \omega_1(v, w) \tag{4.3.13}$$

für alle $v, w \in V$. Die invertierbaren symplektischen Endomorphismen bilden also gerade die symplektische Gruppe und treten an die Stelle der Isometrien.

Beispiel 4.34. Wir betrachten $\Bbbk^{2n}$ mit der *kanonischen symplektischen Form*

$$\omega_{\mathrm{can}}(x, y) = \langle x, \Omega_{\mathrm{can}} y \rangle_{\Bbbk^{2n}}, \tag{4.3.14}$$

wobei die *symplektische Matrix* $\Omega_{\mathrm{can}} \in \mathrm{M}_{2n}(\Bbbk)$ als die Blockmatrix

$$\Omega_{\mathrm{can}} = \begin{pmatrix} 0 & \mathbb{1} \\ -\mathbb{1} & 0 \end{pmatrix} \tag{4.3.15}$$

definiert ist. Schreiben wir $x = \left(\begin{smallmatrix} q \\ p \end{smallmatrix} \right) \in \Bbbk^{2n}$ als Paare von Vektoren $q, p \in \Bbbk^n$, so gilt

$$\omega_{\mathrm{can}}\left(\begin{pmatrix} q \\ p \end{pmatrix}, \begin{pmatrix} q' \\ p' \end{pmatrix} \right) = \left\langle \begin{pmatrix} q \\ p \end{pmatrix}, \begin{pmatrix} p' \\ -q' \end{pmatrix} \right\rangle_{\Bbbk^{2n}} = \langle q, p' \rangle_{\Bbbk^n} - \langle p, q' \rangle_{\Bbbk^n} \tag{4.3.16}$$

mit dem üblichen kanonischen inneren Produkt $\langle \cdot, \cdot \rangle_{\Bbbk^n}$ auf $\Bbbk^n$. Man erhält explizit

$$\begin{pmatrix} q \\ p \end{pmatrix}^\flat = \left\langle \begin{pmatrix} -p \\ q \end{pmatrix}, \cdot \right\rangle, \tag{4.3.17}$$

womit $\ker \omega_{\mathrm{can}} = \{0\}$ folgt. Also ist ω_{can} symplektisch.

Das lineare Darboux-Theorem besagt nun, dass in endlichen Dimensionen jeder symplektische Vektorraum zum kanonischen Beispiel 4.34 isomorph ist:

Satz 4.35 (Lineares Darboux-Theorem). *Sei* (V, ω) *ein endlich-dimensionaler symplektischer Vektorraum über* $\Bbbk$. *Dann gibt es einen linearen symplektischen Isomorphismus*

$$\Phi \colon (V, \omega) \longrightarrow (\Bbbk^{2n}, \omega_{\mathrm{can}}). \tag{4.3.18}$$

Beweis. Sei $\omega \in \mathrm{Bil}_-(V)$ symplektisch und $e_1 \in V$ ein Vektor ungleich Null. Dann gibt es einen anderen dazu linear unabhängigen Vektor $f_1 \in V$ mit

$$\omega(e_1, f_1) \neq 0.$$

Dies ist die Nicht-Ausgeartetheit und die Antisymmetrie $\omega(e_1, e_1) = 0$. Durch Reskalieren von f_1 können wir sogar

$$\omega(e_1, f_1) = 1 \tag{4.3.19}$$

annehmen. Die Antisymmetrie liefert nun

$$\omega(f_1, e_1) = -1 \tag{4.3.20}$$

sowie $\omega(e_1, e_1) = 0 = \omega(f_1, f_1)$. Wir betrachten nun

$$U = \mathrm{span}\{e_1, f_1\}^\perp \subseteq V$$

und behaupten, dass $\omega\big|_{U \times U} \in \mathrm{Bil}_-(U)$ wieder nicht-ausgeartet ist. Weiter behaupten wir $U + \mathrm{span}\{e_1, f_1\} = U \oplus \mathrm{span}\{e_1, f_1\} = V$. Sei also zunächst $u \in U \cap \mathrm{span}\{e_1, f_1\}$. Dann gibt es also $\lambda_1, \lambda_2 \in \Bbbk$ mit $u = \lambda_1 e_1 + \lambda_2 f_1$ und es gilt $\omega(e_1, u) = 0 = \omega(f_1, u)$. Einsetzen von u liefert mit (4.3.19) und (4.3.20)

$$0 = \omega(e_1, u) = \omega(e_1, \lambda_1 e_1 + \lambda_2 f_1) = \lambda_2$$

und

$$0 = \omega(f_1, u) = \omega(f_1, \lambda_1 e_1 + \lambda_2 f_1) = -\lambda_1,$$

womit $u = 0$ folgt. Dies zeigt also, dass die Summe von U und $\mathrm{span}\{e_1, f_1\}$ direkt ist. Da ω nicht-ausgeartet ist, sind die beiden linearen Funktionale $e_1^\flat$ und $f_1^\flat$ linear unabhängig, da ja e_1 und f_1 linear unabhängig sind. Daher besitzt

$$U = \mathrm{span}\{e_1, f_1\}^\perp = \ker e_1^\flat \cap \ker f_1^\flat$$

Kodimension 2. Zusammen mit $\dim(\mathrm{span}\{e_1, f_1\}) = 2$ sehen wir daher $U \oplus \mathrm{span}\{e_1, f_1\} = V$ aus Dimensionsgründen. Sei schließlich $u \in U$ mit $u \in \ker \omega\big|_{U \times U}$, also $\omega(u, u') = 0$ für alle $u' \in U$. Für $v \in V$ benutzen wir die Zerlegung $v = v' + v''$ mit $v' \in U$ und $v'' \in \mathrm{span}\{e_1, f_1\}$, was zu

$$\omega(u, v) = \underbrace{\omega(u, v')}_{=0} + \underbrace{\omega(u, v'')}_{=0} = 0$$

führt, da $u \in \mathrm{span}\{e_1, f_1\}^{\perp}$ und da u im Kern von $\omega|_{U \times U}$ liegt. Also folgt $\omega(u, v) = 0$ für alle $v \in V$ und damit $u = 0$. Dies zeigt die Behauptung, dass $(U, \omega|_{U \times U})$ wieder symplektisch ist. Wegen $\dim U = \dim V - 2$ erreichen wir nach endlich vielen Schritten eine Basis $e_1, \ldots, e_n, f_1, \ldots, f_n \in V$ mit

$$\omega(e_i, f_i) = \delta_{ij} = -\omega(f_j, e_i)$$

und

$$\omega(e_i, e_j) = 0 = \omega(f_i, f_j)$$

für alle $i, j = 1, \ldots, n = \frac{1}{2} \dim V$. Der Beweis zeigt insbesondere, dass $\dim V$ gerade sein muss. Da die kanonische Basis von $\Bbbk^{2n}$ bezüglich der kanonischen symplektischen Form ω_{can} ebenfalls diese Paarungen besitzt, liefert dies sofort das gewünschte Φ. $\qquad\square$

Korollar 4.36. *Ist* (V, ω) *ein endlich-dimensionaler symplektischer Vektorraum, so ist* $\dim V$ *gerade.*

Definition 4.37 (Darboux-Basis). Sei (V, ω) ein endlich-dimensionaler symplektischer Vektorraum über $\Bbbk$. Eine Basis $(e_1, \ldots, e_n, f_1, \ldots, f_n)$ mit

$$\omega(e_i, e_j) = 0 = \omega(f_i, f_j) \tag{4.3.21}$$

und

$$\omega(e_i, f_j) = \delta_{ij} = -\omega(f_j, e_i) \tag{4.3.22}$$

für $i, j = 1, \ldots, n$ heißt Darboux-Basis von (V, ω).

Korollar 4.38. *Jeder endlich-dimensionale symplektische Vektorraum besitzt eine Darboux-Basis.*

Bemerkung 4.39 (Darboux-Theorem). Das lineare Darboux-Theorem besitzt eine weitreichende und nichttriviale „nichtlineare" Erweiterung in der symplektischen Differentialgeometrie, siehe beispielsweise [1, 3, 31, 36].

Bemerkung 4.40 (Hamiltonsche Mechanik). Als erste Anwendung der linearen symplektischen Geometrie betrachten wir erneut ein Punktteilchen im Konfigurationsraum $\mathbb{R}^n$ der Masse m, welches sich im Einflussbereich eines Potentials $V \in \mathscr{C}^{\infty}(\mathbb{R}^n, \mathbb{R})$ gemäß der Newtonschen Bewegungsgleichungen

$$m\ddot{\vec{q}}(t) + (\vec{\nabla}_q V)(\vec{q}(t)) = 0 \tag{4.3.23}$$

bewegt. Hier bezeichnet $\vec{\nabla}_q$ den Gradienten im $\mathbb{R}^n$ bezüglich der Ortskoordinaten q. Wir definieren den *Impuls*

$$\vec{p}(t) = m\dot{\vec{q}}(t) \tag{4.3.24}$$

des Teilchens, um die Differentialgleichung (4.3.23) zweiter Ordnung für $\vec{x}(t)$ in eine Differentialgleichung erster Ordnung für $x(t) = \begin{pmatrix} \vec{q}(t) \\ \vec{p}(t) \end{pmatrix}$ umzuschreiben.

Mit (4.3.24) wird (4.3.23) äquivalent zum System von Differentialgleichungen

$$\dot{\vec{p}}(t) = -(\vec{\nabla}_q V)(\vec{q}(t)) \quad \text{und} \quad \dot{\vec{q}}(t) = \frac{1}{m}\vec{p}(t). \tag{4.3.25}$$

Wir definieren nun auf dem *Phasenraum* $\mathbb{R}^{2n}$ mit Koordinaten $(\vec{q}, \vec{p})$ die *kinetische Energie* als

$$T(\vec{q}, \vec{p}) = \frac{1}{2m}\langle \vec{p}, \vec{p}\rangle \tag{4.3.26}$$

sowie die *potentielle Energie* durch

$$U(\vec{q}, \vec{p}) = V(\vec{q}). \tag{4.3.27}$$

Offenbar gilt $T, U \in \mathscr{C}^{\infty}(\mathbb{R}^{2n})$. Aus diesen beiden Funktionen erhalten wir die *Hamilton-Funktion*

$$H(\vec{q}, \vec{p}) = T(\vec{q}, \vec{p}) + U(\vec{q}, \vec{p}). \tag{4.3.28}$$

Wir können nun die Differentialgleichung (4.3.25) folgendermaßen umschreiben: Zunächst gilt

$$(\vec{\nabla}_q H)(\vec{q}, \vec{p}) = (\vec{\nabla}_q U)(\vec{q}, \vec{p}) = (\vec{\nabla}_q V)(\vec{q}) \tag{4.3.29}$$

und

$$(\vec{\nabla}_p H)(\vec{q}, \vec{p}) = \frac{1}{m}\vec{p}, \tag{4.3.30}$$

sodass also insgesamt (4.3.25) zu

$$\dot{\vec{p}} = -(\vec{\nabla}_q H)(\vec{q}, \vec{p}) \quad \text{und} \quad \dot{\vec{q}} = (\vec{\nabla}_p H)(\vec{q}, \vec{p}) \tag{4.3.31}$$

äquivalent wird. Bezeichnen wir den Gradienten von H bezüglich aller $2n$ Variablen einfach mit ∇H, so gilt für den Vektor $x(t) = \begin{pmatrix} \vec{q}(t) \\ \vec{p}(t) \end{pmatrix}$ entsprechend

$$\dot{x}(t) = \Omega_{\text{can}}(\nabla H)(x(t)) \tag{4.3.32}$$

mit der kanonischen symplektischen Matrix Ω_{can} aus Beispiel 4.34. Diese Differentialgleichung nennt man auch die *Hamiltonsche Bewegungsgleichung* zur Hamilton-Funktion H. Nach Konstruktion ist (4.3.32) äquivalent zu der ursprünglichen Newtonschen Bewegungsgleichung (4.3.23). Eine erste Konsequenz der Antisymmetrie von Ω_{can} ist nun die *Energieerhaltung*. Für die Werte der Hamilton-Funktion längs einer Lösung $x(t)$ von (4.3.32) gilt nämlich mit der Kettenregel

$$\frac{d}{dt}H(x(t)) = \frac{\partial H}{\partial x^i}(x(t))\dot{x}^i(t)$$
$$= \frac{\partial H}{\partial x^i}(x(t))\Omega_{\text{can}}^{ij}\frac{\partial H}{\partial x^j}(x(t))$$

$$= \omega_{\mathrm{can}}((\nabla H)(x(t)), (\nabla H)(x(t)))$$
$$= 0, \tag{4.3.33}$$

da Ω_{can} beziehungsweise ω_{can} *antisymmetrisch* ist. Damit ist aber längs einer Lösung

$$E = H(x(t)) = const. \tag{4.3.34}$$

In der Hamiltonschen Mechanik wird diese einfache Beobachtung zum Ausgangspunkt einer weitreichenden Theorie, die dann in die symplektische Geometrie mündet. Wir wollen es an dieser Stelle damit bewenden lassen und verweisen auf die Literatur wie beispielsweise [1, 3, 31, 36] für weitere Details.

Wir stellen nun einen weiteren und etwas konzeptuelleren Zugang zum Darboux-Theorem vor. Dazu betrachten wir folgendes Beispiel:

Beispiel 4.41. Sei W ein endlich-dimensionaler Vektorraum über $\Bbbk$ und

$$V = W \oplus W^*. \tag{4.3.35}$$

Wir definieren auf V eine Bilinearform ω_{can} durch

$$\omega_{\mathrm{can}}(w + \varphi, w' + \varphi') = -\varphi'(w) + \varphi(w'), \tag{4.3.36}$$

wobei also $w + \varphi \in W \oplus W^*$ die Zerlegung in $w \in W$ und $\varphi \in W^*$ kennzeichnet. Offenbar ist ω_{can} antisymmetrisch. Ist nun $w + \varphi \neq 0$, so ist w oder φ ungleich Null. Ist w ungleich Null, so gibt es ein $\varphi' \in W^*$ mit $\varphi'(w) \neq 0$. Ist φ ungleich Null, so gibt es ein $w' \in W$ mit $\varphi(w') \neq 0$. In beiden Fällen finden wir also einen Vektor in $W \oplus W^*$ mit

$$\omega_{\mathrm{can}}(w + \varphi, w') = \varphi(w') \neq 0 \quad \text{oder} \quad \omega_{\mathrm{can}}(w + \varphi, \varphi') = -\varphi'(w) \neq 0. \tag{4.3.37}$$

Also ist ω_{can} nicht-ausgeartet. Damit ist $(V, \omega_{\mathrm{can}})$ ein symplektischer Vektorraum. Bemerkenswerterweise ist diese Konstruktion völlig kanonisch und erfordert keinerlei Wahlen. Ist nun $e_1, \ldots, e_n \in W$ eine Basis und $e^1, \ldots, e^n \in W^*$ die duale Basis, so gilt

$$\omega_{\mathrm{can}}(e_i, e_j) = 0 = \omega_{\mathrm{can}}(e^i, e^j) \tag{4.3.38}$$

sowie

$$\omega_{\mathrm{can}}(e_i, e^j) = -e^j(e_i) = -\delta_{ij} = -\omega_{\mathrm{can}}(e^j, e_i). \tag{4.3.39}$$

Dies zeigt, dass $(e_1, \ldots, e_n, f_1 = -e^1, \ldots, f_n = -e^n)$ eine Darboux-Basis von ω_{can} ist. In diesem Beispiel gilt, dass $W \subseteq W \oplus W^*$ ein isotroper Unterraum ist: Dies folgt sofort aus der Definition, da $\omega_{\mathrm{can}}(w, w') = 0$ für alle $w, w' \in W$. Andererseits gilt auch, dass $w + \varphi \in W^\perp$ genau dann gilt, wenn $\varphi = 0$, da ja zu $\varphi \neq 0$ ein $w' \in W$ mit $\varphi(w') \neq 0$ existiert und daher (4.3.37) zum Tragen kommt. Also gilt

$$W = W^\perp, \tag{4.3.40}$$

womit W also nicht nur ein isotroper, sondern auch ein koisotroper Unterraum ist.

Beispiel 4.42. Sei $V = \Bbbk^{2n}$ mit der kanonischen symplektischen Form sowie der kanonischen Darboux-Basis $e_1, \ldots, e_n, f_1, \ldots, f_n \in V$ versehen. Dann ist für

$$W = \operatorname{span}\{e_1, \ldots, e_k\} \tag{4.3.41}$$

mit $k = 1, \ldots, n$ der symplektische Orthogonalraum durch

$$W^\perp = \operatorname{span}_{\Bbbk}\{e_1, \ldots, e_n, f_{k+1}, \ldots, f_n\} \tag{4.3.42}$$

gegeben. Zunächst ist klar, dass (4.3.42) im symplektischen Orthogonalkomplement enthalten ist. Gäbe es umgekehrt noch Vektoren $v \in W^\perp$, die nicht im Spann der $e_1, \ldots, e_n, f_{k+1}, \ldots, f_n$ wären, so könnte man durch Linearkombination ein $f_j \in W^\perp$ mit $1 \le j \le k$ finden. Da $\omega(e_i, f_j) = \delta_{ij}$ gilt, kann dies aber nicht sein. Also gilt (4.3.42). Umgekehrt gilt $W^{\perp\perp} = W$. Dies werden wir gleich allgemein zeigen; es lässt sich in diesem Beispiel aber auch elementar einsehen. Wir erhalten also einen isotropen Unterraum W und einen koisotropen Unterraum $W^\perp$ für jede Wahl von $k = \dim W = 1, \ldots, n$.

Wir wollen nun das Darboux-Theorem dahingehend erweitern, dass wir zeigen wollen, dass Beispiel 4.42 letztlich bereits die generische Situation von isotropen beziehungsweise koisotropen Unterräumen darstellt. Der Extremfall $k = n$, also $W = W^\perp$, wird hierbei eine zentrale Rolle spielen und verdient einen eigenen Namen:

Definition 4.43 (Lagrangescher Unterraum). Sei (V, ω) ein endlich-dimensionaler symplektischer Vektorraum. Ein Unterraum $L \subseteq V$ heißt Lagrangescher Unterraum, falls $L = L^\perp$.

Proposition 4.44. *Sei (V, ω) ein endlich-dimensionaler symplektischer Vektorraum.*

i.) Für jeden Unterraum $U \subseteq V$ gilt

$$U = U^{\perp\perp} \quad und \quad \dim U + \dim U^\perp = \dim V. \tag{4.3.43}$$

ii.) Ein Unterraum eines isotropen Unterraums ist selbst isotrop.

iii.) Besitzt ein Unterraum einen koisotropen Unterraum, so ist er selbst koisotrop.

iv.) Ein maximaler isotroper Unterraum ist Lagrangesch.

v.) Ein minimaler koisotroper Unterraum ist Lagrangesch.

vi.) Es gibt Lagrangesche Unterräume.

Beweis. Sei $U \subseteq V$ ein Unterraum. Mit (4.3.4) finden wir $U \subseteq U^{\perp\perp}$, und mit (4.3.3) liefert dies $U^{\perp\perp\perp} \subseteq U^\perp$. Da aber (4.3.4) auch auf $U^\perp$ zutrifft, folgt $U^\perp \subseteq U^{\perp\perp\perp}$, sodass also $U^\perp = U^{\perp\perp\perp}$ ganz allgemein gilt. Man beachte, dass die Argumentation hier völlig analog zum Fall von inneren Produkten verläuft. Auch das nächste Argument verläuft analog zum Fall von inneren Produkten. Es gilt genau dann $w \in U^\perp$, wenn $v^\flat(w) = \omega(v,w) = 0$ für alle $v \in U$. Daher folgt

$$U^\perp = \bigcap_{v \in U} \ker v^\flat.$$

Da $\flat$ injektiv ist, hat das Bild $\flat(U) \subseteq V^*$ dieselbe Dimension $\dim \flat(U) = \dim U$ wie U. Damit ist aber $\operatorname{codim} U^\perp = \dim U$, siehe auch Übung 2.24, und folglich gilt $\dim U^\perp = \dim V - \dim U$. Dies wenden wir nun auf $U^{\perp\perp}$ an und erhalten $\dim(U^{\perp\perp})^\perp = \dim V - \dim U^{\perp\perp}$. Wegen $U^{\perp\perp\perp} = U^\perp$ folgt also $\dim U = \dim U^{\perp\perp}$. Zusammen mit $U \subseteq U^{\perp\perp}$ ergibt dies $U = U^{\perp\perp}$. Damit ist der erste Teil gezeigt. Sei nun $U \subseteq V$ isotrop und $W \subseteq U$. Dann gilt

$$W \subseteq U \subseteq U^\perp \subseteq W^\perp$$

nach (4.3.3), womit W isotrop ist. Ist umgekehrt U koisotrop und $U \subseteq W$, so folgt mit (4.3.3)

$$W^\perp \subseteq U^\perp \subseteq U \subseteq W,$$

was zeigt, dass auch W koisotrop ist. Sei schließlich $L \subseteq V$ ein maximal isotroper Unterraum in dem Sinne, dass für jeden isotropen Unterraum $U \subseteq V$ mit $L \subseteq U$ schon $L = U$ gilt. Es ist also dann zu zeigen, dass $L = L^\perp$. Wäre $L \subsetneq L^\perp$ echt enthalten, so gäbe es ein $v \in L^\perp \setminus L$. Insbesondere wäre $v \neq 0$, aber für alle $w \in L$ gälte

$$\omega(v,w) = 0,$$

da $v \in L^\perp$. Damit wäre $L = L + \Bbbk v = L \oplus \Bbbk v$ aber immer noch isotrop, was der Maximalität von L widerspricht. Hier verwenden wir entscheidend $\omega(v,v) = 0$, also die Antisymmetrie von ω. Für den fünften Teil argumentiert man ähnlich. Sei L ein minimaler koisotroper Unterraum mit $L^\perp \subsetneq L$. Wegen $L = L^{\perp\perp}$ ist daher $L^\perp$ isotrop und die Minimalität von L bewirkt die Maximalität von $L^\perp$. Also gilt nach *iv.)* dann $L^\perp = L^{\perp\perp} = L$. Der letzte Teil ist nun interessant: Wir starten beispielsweise mit $\{0\} \subseteq V$ als offensichtlich isotropen Unterraum. Es gibt also isotrope Unterräume. Ist nun $U \subseteq V$ isotrop, so ist U entweder schon maximal isotrop, also Lagrangesch, oder es gibt einen echt größeren isotropen Unterraum $W \subseteq V$ mit $U \subsetneq W$. Da dann $\dim W > \dim U$ können wir induktiv den isotropen Unterraum $\{0\}$ immer weiter vergrößern, bis wir nach endlich vielen Schritten einen maximal isotropen Unterraum erhalten haben. Dieser ist dann Lagrangesch. Man beachte, dass wir diesen Beweis ohne die Verwendung einer (Darboux-) Basis führen konnten. □

Korollar 4.45. *Sei (V, ω) ein endlich-dimensionaler symplektischer Vektorraum.*

i.) Ist $U \subseteq V$ isotrop, so gibt es einen Lagrangeschen Unterraum $L \subseteq V$ mit $U \subseteq L$.

ii.) Ist $W \subseteq V$ koisotrop, so gibt es einen Lagrangeschen Unterraum $L \subseteq V$ mit $L \subseteq W$.

Beweis. Den ersten Teil erhält man wie im Beweis von Proposition 4.44, *v.).* Ist nun W koisotrop, so ist $W^\perp$ isotrop. Daher gibt es einen Lagrangeschen Unterraum L mit $W^\perp \subseteq L$ nach *i.).* Dies bedeutet aber

$$L = L^\perp \subseteq W^{\perp\perp} = W,$$

womit der Beweis erbracht ist. $\square$

Korollar 4.46. *Sei (V, ω) ein endlich-dimensionaler symplektischer Vektorraum. Ein Unterraum $U \subseteq V$ ist genau dann isotrop, wenn $U^\perp$ koisotrop ist.*

Beweis. Dies folgt aus $U = U^{\perp\perp}$ und (4.3.3). $\square$

Korollar 4.47. *Sei (V, ω) ein symplektischer endlich-dimensionaler Vektorraum. Für einen Unterraum $L \subseteq V$ sind dann folgende Aussagen äquivalent:*

i.) Der Unterraum L ist Lagrangesch.

ii.) Der Unterraum L ist isotrop und $2 \dim L = \dim V$.

iii.) Der Unterraum L ist koisotrop und $2 \dim L = \dim V$.

iv.) Der Unterraum L ist isotrop und koisotrop.

   In einem nächsten Schritt wollen wir zeigen, wie man aus einem koisotropen Unterraum einen neuen symplektischen Vektorraum konstruieren kann. Diese Konstruktion ist für uns letztlich nur ein Zwischenschritt auf dem Weg zu einem konzeptionelleren und alternativen Beweis des Darboux-Theorems. Da jedoch das Resultat von fundamentaler Wichtigkeit in der (linearen) symplektischen Geometrie ist, formulieren wir es entsprechend als Satz:

Satz 4.48 (Lineare koisotrope Reduktion). *Sei (V, ω) ein endlich-dimensionaler symplektischer Vektorraum, und sei $C \subseteq V$ koisotrop. Dann gibt es eine eindeutig bestimmte symplektische Form ω_{red} auf dem Quotienten*

$$V_{\mathrm{red}} = C/C^\perp, \tag{4.3.44}$$

sodass die Projektion $\mathrm{pr} \colon C \longrightarrow V_{\mathrm{red}}$ symplektisch ist, also

$$\omega_{\mathrm{red}}(\mathrm{pr}(v), \mathrm{pr}(w)) = \omega(v, w) \tag{4.3.45}$$

für alle $v, w \in C$ gilt.

Beweis. Der Beweis ist nicht schwer. Zuerst wissen wir, dass $\mathrm{pr} \colon C \longrightarrow C/C^\perp$ surjektiv ist. Daher kann es höchstens eine Bilinearform ω_{red} mit (4.3.45) geben. Wir zeigen zunächst, dass wir ω_{red} durch (4.3.45) tatsächlich wohldefinieren können. Seien dazu $w, w' \in C$ und $u, u' \in C^\perp \subseteq C$ gegeben. Dann gilt

$$\omega(w + u, w' + u') = \omega(w, w') + \omega(w, u') + \omega(u, w') + \omega(u, u') = \omega(w, w'),$$

da $u, u' \in C^\perp$ auf w und w' senkrecht stehen und da $u \in C^\perp$ wegen $C^\perp \subseteq C$ ebenfalls senkrecht auf $u' \in C^\perp$ steht. Hierfür ist die Koisotropie entscheidend. Es folgt, dass wir ω_{red} durch (4.3.45) definieren dürfen. Die Antisymmetrie und Bilinearität von ω_{red} können wir dann wie immer leicht auf Repräsentanten nachprüfen. Es bleibt zu zeigen, dass ω_{red} nun tatsächlich symplektisch, also nicht-ausgeartet ist. Sei also $[w] \in V_{\mathrm{red}}$ mit $\omega_{\mathrm{red}}([w], \cdot) = 0$ gegeben. Dann gilt für alle $w' \in C$

$$0 = \omega_{\mathrm{red}}([w], [w']) = \omega_{\mathrm{red}}(\mathrm{pr}(w), \mathrm{pr}(w')) = \omega(w, w'),$$

was $w \in C^\perp$ zeigt. Damit ist aber $[w] = 0$ und ω_{red} symplektisch. $\qquad\square$

Bemerkung 4.49. In der symplektischen Differentialgeometrie gibt es eine drastische Verallgemeinerung der linearen Situation von Satz 4.48: Dort ist die Phasenraumreduktion ein zentrales Thema und eines der wichtigsten Hilfsmittel beim Verständnis und der Konstruktion symplektischer Mannigfaltigkeiten. In Analogie zu dieser viel allgemeineren Situation nennen wir $(V_{\mathrm{red}}, \omega_{\mathrm{red}})$ auch hier die *Reduktion* von (V, ω) bezüglich C.

Wir benutzen nun Satz 4.48, um folgendes kleine Lemma zu beweisen:

Lemma 4.50. *Sei (V, ω) ein endlich-dimensionaler symplektischer Vektorraum. Dann gibt es zwei Lagrangesche Unterräume $L_1, L_2 \subseteq V$ mit*

$$L_1 \cap L_2 = \{0\}. \tag{4.3.46}$$

Beweis. Nach Proposition 4.44, *vi.)*, gibt es überhaupt Lagrangesche Unterräume, womit also die Existenz eines Lagrangeschen Unterraums $L_1 \subseteq V$ gesichert ist. Wir betrachten nun isotrope Unterräume $W \subseteq V$ mit der Eigenschaft $L_1 \cap W = \{0\}$. Da $W = \{0\}$ sicherlich diese Anforderungen erfüllt, gibt es solche isotropen Unterräume. Wir wählen nun einen maximalen isotropen Unterraum W mit $L_1 \cap W = \{0\}$ und behaupten, dass dieser auch Lagrangesch ist. Um einen Widerspruch zu erzielen, nehmen wir daher an, W sei isotrop und maximal mit $L_1 \cap W = \{0\}$, aber nicht Lagrangesch. Damit gilt also $W \subseteq W^\perp$ aber $W \neq W^\perp$. Wegen $W = W^{\perp\perp}$ ist $C = W^\perp$ koisotrop, und daher können wir Satz 4.48 zum Einsatz bringen. Auf $V_{\mathrm{red}} = C/C^\perp$ haben wir eine symplektische Form ω_{red} und $\dim V_{\mathrm{red}} \geq 2$ da $C \neq C^\perp$. Sei nun $U = W^\perp \cap L_1 \subseteq V$. Dann ist dieser Teilraum von L_1 sicherlich noch isotrop. Damit gilt für $\mathrm{pr}(U) \subseteq V_{\mathrm{red}}$ ebenfalls die Isotropie, denn für $u, u' \in U$ gilt

$$\omega_{\mathrm{red}}(\mathrm{pr}(u), \mathrm{pr}(u')) = \omega(u, u') = 0,$$

was $\mathrm{pr}(u) \in \mathrm{pr}(U)^\perp$ zeigt. Es folgt daher

$$\mathrm{pr}(U) \subseteq \mathrm{pr}(U)^{\perp}.$$

Da aber $\dim V_{\mathrm{red}} \geq 2$ und ω_{red} nicht-ausgeartet ist, kann $\mathrm{pr}(U)$ nicht ganz V_{red} sein. Es gibt also einen Vektor $[v] \in V_{\mathrm{red}}$ mit $[v] \notin \mathrm{pr}(U)$. Für einen gewählten Repräsentanten $v \in W^{\perp}$ gilt dann $v \notin U = W^{\perp} \cap L_1$. Da zudem $[v] \neq 0$, gilt $v \notin W = \ker \mathrm{pr}$. Wir betrachten nun

$$W' = W + \Bbbk v = W \oplus \Bbbk v \subseteq W^{\perp},$$

wobei wir wegen $v \notin W$ tatsächlich eine direkte Summe vorliegen haben. Da $v \in W^{\perp}$ gilt, folgt $\omega(w,v) = 0$ für alle $w \in W$. Damit folgt mit $\omega(v,v) = 0$ aber sofort, dass W' immer noch isotrop ist. Wir behaupten, dass nach wie vor $W' \cap L_1 = \{0\}$ gilt. Ist nämlich $w + \lambda v \in L_1$ für $w \in W$ und $\lambda \in \Bbbk$, so gilt zunächst $w + \lambda v \in W^{\perp} \cap L_1$, da ja $w \in W \subseteq W^{\perp}$ und $v \in W^{\perp}$. Damit folgt aber

$$\mathrm{pr}(U) \ni \mathrm{pr}(w + \lambda v) = \mathrm{pr}(w) + \lambda \mathrm{pr}(v) = 0 + \lambda \mathrm{pr}(v) = \lambda[v],$$

was nach Konstruktion von $[v]$ nur für $\lambda = 0$ sein kann. Damit gilt aber $w \in L_1$, was nur für $w = 0$ der Fall ist. Also erfüllt W' tatsächlich $W' \cap L_1 = \{0\}$. Da $W \subsetneq W'$ aber ein echter Teilraum ist, widerspricht dies der Maximalität von W. Also war W bereits Lagrangesch. $\square$

Lemma 4.51. *Sei (V, ω) ein endlich-dimensionaler symplektischer Vektorraum, und seien $L_1, L_2 \subseteq V$ Lagrangesch mit $L_1 \cap L_2 = \{0\}$.*

i.) Es gilt $V = L_1 \oplus L_2$.

ii.) Der musikalische Isomorphismus $\flat \colon V \longrightarrow V^*$ induziert einen Isomorphismus

$$\flat\big|_{L_2} \colon L_2 \longrightarrow L_1^*. \tag{4.3.47}$$

Beweis. Da $2 \dim L_i = \dim V$ für beide Lagrangeschen Unterräume gilt, folgt $\dim L_1 + \dim L_2 = \dim V$. Dann gilt *i.)* aus Dimensionsgründen. Sei nun $v_2 \in L_2$, dann betrachten wir das gemäß (4.3.47) definierte lineare Funktional

$$L_1 \ni v_1 \mapsto v_2^{\flat}(v_1) = \omega(v_2, v_1) \in \Bbbk$$

auf L_1. Ist nun $v_2 \neq 0$, so gibt es einen Vektor $v \in V$ mit $\omega(v_2, v) \neq 0$. Zerlegen wir nun $v = v' + v''$ gemäß *i.)* in $v' \in L_1$ und $v'' \in L_2$, so folgt $\omega(v_2, v'') = 0$, da L_2 Lagrangesch ist. Also gilt $\omega(v_2, v) = \omega(v_2, v') \neq 0$ für ein $v' \in L_1$. Dies zeigt für $v_2^{\flat} \in L_1^*$ wie in (4.3.47), dass $v_2^{\flat} \neq 0$. Damit ist (4.3.47) aber injektiv und wegen $\dim L_1 = \dim L_2$ auch surjektiv. $\square$

Lemma 4.52. *Sei (V, ω) ein endlich-dimensionaler symplektischer Vektorraum, und seien $L_1, L_2 \subseteq V$ Lagrangesche Unterräume mit $L_1 \cap L_2 = \{0\}$. Dann ist (V, ω) symplektisch isomorph zu $(L_1 \oplus L_1^*, \omega_{\mathrm{can}})$ via*

$$V = L_1 \oplus L_2 \ni v_1 + v_2 \mapsto v_1 + v_2^{\flat} \in L_1 \oplus L_1^*, \tag{4.3.48}$$

wobei wir auf $L_1 \oplus L_1^*$ die kanonische symplektische Form ω_{can} aus Beispiel 4.41 verwenden.

Beweis. Nach Lemma 4.51 wissen wir, dass (4.3.48) ein linearer Isomorphismus ist. Wir rechnen nun nach, dass

$$\omega_{\mathrm{can}}\left(v_1 + v_2^\flat, \tilde{v}_1 + \tilde{v}_2^\flat\right) = v_2^\flat(\tilde{v}_1) - \tilde{v}_2^\flat(v_1)$$

$$= \omega(v_2, \tilde{v}_1) - \omega(\tilde{v}_2, v_1)$$

$$= \omega(v_1, \tilde{v}_1) + \omega(v_2, \tilde{v}_1) + \omega(v_1, \tilde{v}_2) + \omega(v_2, \tilde{v}_2)$$

$$= \omega(v_1 + v_2, \tilde{v}_1 + \tilde{v}_2),$$

da L_2 und L_1 Lagrangesch sind. $\qquad\square$

Da es trivial war, für ω_{can} auf $W \oplus W^*$ eine Darboux-Basis zu finden, siehe Beispiel 4.41, erhalten wir mit diesem Lemma sofort eine Darboux-Basis von (V, ω) und damit einen unabhängigen Beweis von Satz 4.35. Die Konstruktion erlaubt aber noch mehr:

Satz 4.53 (Symplektische Normalformen). *Sei (V, ω) ein endlich-dimensionaler symplektischer Vektorraum.*

i.) Ist $L \subseteq V$ ein Lagrangescher Unterraum mit Basis $\mathrm{e}_1, \ldots, \mathrm{e}_n \in L$, so gibt es $\mathrm{f}_1, \ldots, \mathrm{f}_n \in V$, sodass $\mathrm{e}_1, \ldots, \mathrm{e}_n, \mathrm{f}_1, \ldots, \mathrm{f}_n$ eine Darboux-Basis von (V, ω) ist.

ii.) Ist $W \subseteq V$ isotrop, so lässt sich jede Basis von W zu einer Darboux-Basis von (V, ω) ergänzen.

iii.) Ist C koisotrop, so gibt es eine Darboux-Basis $\mathrm{e}_1, \ldots, \mathrm{e}_n, \mathrm{f}_1, \ldots, \mathrm{f}_n$ von V mit

$$C = \mathrm{span}_{\Bbbk}\{\mathrm{e}_1, \ldots, \mathrm{e}_n, \mathrm{f}_1, \ldots, \mathrm{f}_k\} \tag{4.3.49}$$

wobei $\dim C = n + k$.

Beweis. Sei L Lagrangesch und $\mathrm{e}_1, \ldots, \mathrm{e}_n \in L$ eine Basis. Dann finden wir nach Lemma 4.50 einen transversalen Lagrangeschen Unterraum $L_2 \subseteq V$ mit $L \cap L_2 = \{0\}$. Sei nun $\mathrm{f}_i \in L_2$ durch

$$\mathrm{f}_i^\flat = -\mathrm{e}^i \in L^*$$

gemäß (4.3.47) eindeutig festgelegt. Dann gilt nach Lemma 4.52

$$\omega(\mathrm{e}_i, \mathrm{f}_j) = \mathrm{e}^j(\mathrm{e}_i) = \delta_{ij}$$

und $\omega(\mathrm{e}_i, \mathrm{e}_j) = 0 = \omega(\mathrm{f}_i, \mathrm{f}_j)$, da L und L_2 Lagrangesch sind. Dies zeigt den ersten Teil. Nach Korollar 4.45 können wir jeden isotropen Unterraum W in einen Lagrangeschen Unterraum einbetten und entsprechend eine Basis von W zu einer Basis von L ergänzen. Auf dieses L wenden dann *i.)* an und erhalten *ii.)*. Sei schließlich C koisotrop, womit $C^\perp$ isotrop ist. Wir wählen eine Basis $e_{k+1}, \ldots, e_n$ von $C^{\perp}$, wobei $n - k = \mathrm{codim}\, C$. Diese ergänzen wir nach *ii.)* zu einer Darboux-Basis $e_1, \ldots, e_n, f_1, \ldots, f_n$ von (V, ω). Mit

$$C^{\perp} = \mathrm{span}_{\Bbbk}\{e_{k+1}, \ldots, e_n\}$$

sieht man sofort wie in Beispiel 4.42, dass

$$C^{\perp\perp} = \mathrm{span}_{\Bbbk}\{e_1, \ldots, e_n, f_1, \ldots, f_k\}.$$

Da aber $C^{\perp\perp} = C$ gilt, folgt auch *iii.)*. $\square$

Da es immer isotrope Unterräume gibt, folgt aus *ii.)* insbesondere die Existenz einer Darboux-Basis. Weiter sehen wir, dass Beispiel 4.42 bereits die allgemeine Situation widerspiegelt.

Kontrollfragen. Was ist eine symplektische Form? Was ist ein isotroper Unterraum? Was ist eine Darboux-Basis, und wie können Sie deren Existenz zeigen? Wie können Sie Lagrangesche Unterräume charakterisieren? Wie können Sie einen reduzierten symplektischen Vektorraum aus einem koisotropen Unterraum konstruieren? Welche symplektischen Normalformen kennen Sie?

4.4 Reelle Quadriken

In diesem letzten Abschnitt wollen wir die lineare Theorie endgültig hinter uns lassen und uns ersten nichtlinearen Phänomenen zuwenden: den Quadriken. Hier wollen wir die geometrischen Eigenschaften von Niveauflächen quadratischer Funktionen studieren. Eine quadratische Funktion auf einem Vektorraum besteht aus einer quadratischen Form sowie einem linearen und einem konstanten Anteil:

Definition 4.54 (Quadratische Funktion). Sei V ein Vektorraum über $\Bbbk$ der Charakteristik $\mathrm{char}(\Bbbk) \neq 2$. Eine Funktion $f: V \longrightarrow \Bbbk$ der Form

$$f = q + 2\varphi + c, \qquad (4.4.1)$$

wobei $q \neq 0$ eine quadratische Form auf V, $\varphi \in V^*$ ein lineares Funktional und $c \in \Bbbk$ eine Konstante ist, heißt quadratische Funktion auf V.

Wie schon bei quadratischen Formen alleine ist es zweckmäßig, $\mathrm{char}(\Bbbk) \neq 2$ zu fordern, dies werden wir im gesamten Abschnitt voraussetzen. Damit werden alle unsere Resultate zu quadratischen Formen aus Abschnitt 4.1 anwendbar. Wir identifizieren q daher direkt mit der entsprechenden Bilinearform $q \in \mathrm{Bil}_+(V)$ gemäß Proposition 4.5, sodass also für $v \in V$

$$f(v) = q(v, v) + 2\varphi(v) + c \qquad (4.4.2)$$

gilt. Der Faktor 2 erweist sich hierbei als eine nützliche Konvention, spielt aber aufgrund von char$(\Bbbk) \neq 2$ keine entscheidende Rolle.

Auch wenn derartige quadratische Funktionen in beliebigen Dimensionen durchaus eine Rolle spielen, wollen wir uns vornehmlich dem endlich-dimensionalen Fall zuwenden. Weiter gibt es nun zwei prinzipielle Herangehensweise: Zum einen können wir das Problem der Niveauflächen einer derartigen Funktion f rein algebraisch verstehen. Insbesondere sollte die Wahl des Körpers (bis vielleicht auf Einschränkungen an die Charakteristik) hier noch keine besondere Rolle spielen. Zum anderen können wir den spezielleren Fall von $\Bbbk = \mathbb{R}$ oder $\Bbbk = \mathbb{C}$ betrachten. Hier haben wir dann zusätzlich die Möglichkeit, den Vektorraum V mit einer zusätzlichen Struktur, einem Skalarprodukt, versehen. Dies wird es erlauben, die Niveauflächen auch von einem metrischen Gesichtspunkt her zu studieren. Wir werden beide Aspekte weitgehend parallel entwickeln.

Das erste Ziel wird nun sein, die Form von f dahingehend zu vereinfachen, als dass wir entweder den linearen Term φ oder den konstanten Term zum verschwinden bringen, indem wir eine geeignete *Translation* ausführen. Dies kann man nun entweder so verstehen, dass wir den Vektorraum V besser als affinen Raum über V auffassen sollten und daher den Ursprung verschieben dürfen, siehe die entsprechenden Übungen in Band 1. Da die quadratische Form q einen musikalischen Homomorphismus $\flat_q \colon V \longrightarrow V^*$ liefert, können wir die beiden Fälle, ob φ im Bild von $\flat_q$ liegt oder nicht, unterscheiden:

Proposition 4.55. *Sei $f = q + 2\varphi + c \colon V \longrightarrow \Bbbk$ eine quadratische Funktion auf einem endlich-dimensionalen Vektorraum V über $\Bbbk$.*

i.) Gilt $\varphi \in \operatorname{im} \flat_q$, so gibt es einen Vektor $v_0 \in V$, sodass

$$f \circ \mathrm{T}_{v_0} = q + \tilde{c} \tag{4.4.3}$$

mit einer neuen Konstanten $\tilde{c} \in \Bbbk$, wobei $\mathrm{T}_{v_0} \colon V \in v \mapsto v + v_0 \in V$ die Translation um v_0 ist.

ii.) Gilt $\varphi \notin \operatorname{im} \flat_q$, so gibt es einen Vektor $v_0 \in V$, sodass

$$f \circ \mathrm{T}_{v_0} = q + 2\varphi. \tag{4.4.4}$$

Beweis. Sei $v_0 \in V$ fest gewählt. Dann gilt

$$\begin{aligned}
(f \circ \mathrm{T}_{v_0})(v) &= f(v + v_0) \\
&= q(v + v_0, v + v_0) + 2\varphi(v + v_0) + c \\
&= q(v, v) + 2q(v_0, v) + q(v_0, v_0) + 2\varphi(v) + 2\varphi(v_0) + c
\end{aligned}$$

für alle $v \in V$. Gilt nun $\varphi \in \operatorname{im} \flat_q$, so gibt es einen Vektor $v_0 \in V$ mit $q(v_0, \cdot) = -\varphi$. Dieser ist natürlich nur eindeutig bis auf den Kern $\ker q$ der Bilinearform q. Wählt man nun einen solchen Vektor, so erhält man die erste Form (4.4.3) mit

$$\tilde{c} = c + q(v_0, v_0) + 2\varphi(v_0).$$

Sei nun umgekehrt φ nicht im Bild von $\flat_q$, und damit insbesondere $\varphi \neq 0$. Wir wissen, dass ein lineares Funktional $\varphi \in \operatorname{im} \flat_q$ sicherlich im Annihilator $(\ker \flat_q)^{\mathrm{ann}}$ des Kerns von $\flat_q$ ist. Aus Dimensionsgründen gilt auch die Umkehrung: Wenn $\varphi(v) = 0$ für alle $v \in \ker \flat_q$, so folgt $\varphi \in \operatorname{im} \flat_q$. Damit finden wir für $\varphi \notin \operatorname{im} \flat_q$ aber einen Vektor $v_0 \in \ker \flat_q$ mit $2\varphi(v_0) = -c$. Wählen wir diese Verschiebung, so erhalten wir

$$f \circ \mathrm{T}_{v_0} = q + 2\varphi,$$

da die Terme $q(v_0, \cdot)$ und $q(v_0, v_0)$ nach Wahl von v_0 nicht beitragen. $\quad\square$

Wir können also im Folgenden immer annehmen, diese Translation bereits durchgeführt zu haben, da die Niveauflächen der beiden quadratischen Funktionen f und $f \circ \mathrm{T}_{v_0}$ ja ebenfalls durch die Anwendung der Translation auseinander hervorgehen. In einem nächsten Schritt wollen wir für V geeignete Koordinaten wählen, die es erlauben, die quadratische Funktion und damit die zugehörigen Niveauflächen auf eine besonders einfache Form zu bringen. Wir beginnen mit folgender Situation eines noch beliebigen Körpers mit Charakteristik ungleich zwei:

Proposition 4.56. *Sei $f = q + 2\varphi + c$ eine quadratische Funktion auf einem endlich-dimensionalen Vektorraum V der Dimension $\dim V = n$.*

i.) Gilt $\varphi \in \operatorname{im} \flat_q$, so können wir nach entsprechender Translation $\varphi = 0$ annehmen. Dann findet man eine Basis $B = (b_1, \ldots, b_n)$ von V, sodass

$$f(v) = \sum_{i=1}^{k} \lambda_i (v^i)^2 + c \tag{4.4.5}$$

gilt, wobei $\lambda_i \in \Bbbk \setminus \{0\}$ gewisse Zahlen sind und $k = \operatorname{rank}(q)$.

ii.) Gilt $\varphi \notin \operatorname{im} \flat_q$, so können wir nach entsprechender Verschiebung $c = 0$ annehmen. Dann findet man einen Basis $B = (b_1, \ldots, b_n)$ von V, sodass

$$f(v) = \sum_{i=1}^{k} \lambda_i (v^i)^2 - 2v^n \tag{4.4.6}$$

gilt, wobei wieder $\lambda_i \in \Bbbk \setminus \{0\}$ und $k = \operatorname{rank}(q)$.
Hier ist in beiden Fällen $v = \sum_{i=1}^{n} v^i b_i$ die Koordinatendarstellung von $v \in V$.

Beweis. Der Beweis des ersten Teils ist eine direkte Folgerung aus der Normalform einer quadratischen Form gemäß Proposition 4.10. Im zweiten Fall finden wir wie im Beweis von Proposition 4.55 einen Vektor $b_n \in \ker \flat_q$ mit $\varphi(b_n) = -1$. In einem nächsten Schritt ergänzen wir b_n zu einer Basis von $\ker \flat_q$ mit Vektoren $\tilde{b}_{n-1}, \ldots, \tilde{b}_{k+1} \in \ker \flat_q$. Diese projizieren wir längs der Aufspaltung $V = \Bbbk b_n \oplus \ker \varphi$ in den Kern von φ. Explizit wird dies durch $b_i = \tilde{b}_i + \varphi(\tilde{b}_i) b_n$ erreicht. Man sieht nun zunächst, dass $b_i \in \ker \flat_q$ gilt. Weiter sind die b_i zusammen mit b_n nach wie vor linear unabhängig, also eine Basis von $\ker \flat_q$. Die Vektoren $b_{k+1}, \ldots, b_{n-1} \in \ker \varphi$ können wir nun zu einer Basis $b_1, \ldots, b_{n-1}$ von $\ker \varphi$ ergänzen und erhalten dann eine Basis von V mit der Eigenschaft, dass $\varphi(b_i) = 0$ für alle $i = 1, \ldots, n-1$ aber $\varphi(b_n) = -1$. Auf dem durch die Basisvektoren $b_1, \ldots, b_k$ aufgespannten Komplementärraum U zu $\ker \flat_q$ ist die quadratische Form q nichtausgeartet. Dies erlaubt es, die ersten k Basisvektoren innerhalb von U abermals zu ändern, ohne die vorherige Eigenschaften zu verlieren, und insgesamt eine Basis zu finden, in der q Diagonalgestalt besitzt. Zusammen erhält man dann eine Basis mit (4.4.6). $\quad \square$

Wie schon in Proposition 4.10 sind die Zahlen $\lambda_1, \ldots, \lambda_k$ nicht eindeutig bestimmt, da wir die Basisvektoren reskalieren können. Im reellen Fall erhält man mit dieser Freiheit nun folgendes Resultat:

Proposition 4.57. *Sei $f = q + 2\varphi + c$ eine quadratische Funktion auf einem n-dimensionalen reellen Vektorraum V. Weiter sei (r, s) die Signatur von q mit Rang $\mathrm{rank}(q) = k = r + s$.*

i.) Gilt $\varphi \in \mathrm{im}\,\flat_q$, so findet man nach Translation zu $\varphi = 0$ eine Basis $B = (b_1, \ldots, b_n)$ von V mit

$$f(v) = \sum_{i=1}^{r} (v^i)^2 - \sum_{i=r+1}^{r+s} (v^i)^2 + \tilde{c}. \qquad (4.4.7)$$

ii.) Gilt $\varphi \notin \mathrm{im}\,\flat_q$, so findet man nach Translation zu $c = 0$ eine Basis $B = (b_1, \ldots, b_n)$ von V mit

$$f(v) = \sum_{i=1}^{r} (v^i)^2 - \sum_{i=r+1}^{r+s} (v^i)^2 - 2v^n. \qquad (4.4.8)$$

Wieder ist $v = \sum_{i=1}^{n} v^i b_i$ die Koordinatendarstellung von $v \in V$.

Beweis. Nach dem Sylvesterschen Trägheitssatz ist dies unmittelbar klar. $\quad \square$

Im komplexen Fall gibt es den Effekt einer Signatur nicht, womit wir dort die Koeffizienten $\lambda_1, \ldots, \lambda_r$ auf Proposition 4.56 alle zu $\lambda_1 = \cdots = \lambda_r = 1$ skalieren können.

Definition 4.58 (Quadrik). Sei $f = q + 2\varphi + c$ eine quadratische Funktion auf einem Vektorraum V über $\Bbbk$. Für $\lambda \in \Bbbk$ heißt die Niveaufläche

$$Q(f, \lambda) = f^{-1}(\{\lambda\}) = \{v \in V \mid f(v) = \lambda\} \qquad (4.4.9)$$

die durch f definierte Quadrik zum Funktionswert λ. Den Fall $\varphi \notin \mathrm{im}\,\flat_q$ nennt man auch den parabolischen Fall.

Mit dem obigen Resultat zu den Normalformen der quadratischen Funktionen haben wir insbesondere eine einfache Klassifikation der reellen Quadriken erhalten: Wir können in den angepassten Koordinaten die Niveauflächen

$f^{-1}(\{\lambda\})$ einfach studieren. In kleinen Dimensionen ist es nun einfach, eine umfassende Liste der auftretenden Fälle aufzustellen, siehe Übung 4.21. Neben den eher langweiligen ausgearteten Fällen erhält man in zwei Dimensionen Kreise, Hyperbeln und Parabeln als Quadriken.

Für die Praxis ist es aber oftmals wichtig, wenn auch metrische Aspekte berücksichtigt werden. Wir wollen daher zum Abschluss einen euklidischen Vektorraum V betrachten. In diesem Fall sind wir daran interessiert, nicht eine beliebige Basis wie in Proposition 4.57 zu finden, sondern eine Orthonormalbasis bezüglich des vorgegeben Skalarprodukts. In diesem Fall liegen also insbesondere *zwei* Bilinearformen und daher auch zwei musikalische Homomorphismen vor: der musikalische Isomorphismus $\flat$ mit Inversem $\sharp$ vom euklidischen Vektorraum und der musikalische Homomorphismus $\flat_q$ der zu untersuchenden quadratischen Funktion. Bezüglich des Skalarprodukts von V können wir die Bilinearform q als

$$q(v, w) = \langle v, Qw \rangle \tag{4.4.10}$$

mit einem eindeutig bestimmten Endomorphismus $Q \in \mathrm{End}(V)$ schreiben. Dann gilt $Q = \sharp \circ \flat_q$. Die Symmetrie von q ist äquivalent zur Selbstadjungiertheit $Q = Q^*$. Auf diese Weise kommt die Spektraltheorie selbstadjungierter Endomorphismen ins Spiel, was die Hauptachsentransformation liefert:

Satz 4.59 (Hauptachsentransformation). *Sei $f = q + 2\varphi + c$ eine quadratische Funktion auf einem endlich-dimensionalen euklidischen Vektorraum V.*

i.) Für $\varphi = 0$ findet man eine Orthonormalbasis $B = (b_1, \ldots, b_n)$ von V und Zahlen $a_1, \ldots, a_r, b_1, \ldots, b_s > 0$ mit $r + s = \mathrm{rank}(q)$ derart, dass

$$f(v) = \sum_{i=1}^{r} \left(\frac{v^i}{a_i} \right)^2 - \sum_{i=r+1}^{r+s} \left(\frac{v^i}{b_i} \right)^2 + c. \tag{4.4.11}$$

ii.) Gilt $\varphi \notin \mathrm{im}\,\flat_q$, so findet man eine Translation um $v_0 \in V$ und eine Orthonormalbasis $B = (b_1, \ldots, b_n)$ von V sowie positive Zahlen $a_1, \ldots, a_r$, $b_1, \ldots, b_s$ und γ mit $k = r + s = \mathrm{rank}(q)$ derart, dass

$$(f \circ \mathrm{T}_{v_0})(v) = \sum_{i=1}^{r} \left(\frac{v^i}{a_i} \right)^2 - \sum_{i=r+1}^{r+s} \left(\frac{v^i}{b_i} \right)^2 + 2\gamma v^n. \tag{4.4.12}$$

Beweis. Wir betrachten zuerst den Fall $\varphi = 0$, den wir durch Translation immer dann erreichen können, wenn $\varphi \in \mathrm{im}\,\flat_q$ gilt. Nach dem Spektralsatz können wir die zu q gehörige Abbildung Q mit einer Orthonormalbasis von Eigenvektoren $B = (b_1, \ldots, b_n)$ diagonalisieren. Wir sortieren die Eigenvektoren derart, dass die zugehörigen Eigenwerte der ersten r Basisvektoren positiv sind, die der nächsten s Basisvektoren negativ sind und die verbleibenden zum Kern von Q gehören. Schreiben wir die Eigenwerte als $\frac{1}{a_i^2}$ im ersten Fall und als $-\frac{1}{b_i^2}$ im zweiten, so folgt die Darstellung (4.4.11) sofort. Im parabolischen Fall wissen wir zunächst, dass $\varphi = \langle w, \cdot \rangle$ für einen eindeutig bestimmten Vektor $w \in V$. Weiter folgt mit $q(v, \cdot) = \langle v, Q \cdot \rangle = \langle Qv, \cdot \rangle$, dass $\mathrm{im}\, \flat_q = \flat(\mathrm{im}\, Q)$. Damit folgt $w = \varphi^\sharp \notin \mathrm{im}\, Q$. Da Q selbstadjungiert ist, gilt $V = \mathrm{im}\, Q \oplus \ker Q$. Folglich hat der Vektor w bezüglich dieser Zerlegung $w = w_1 + w_2$ eine Komponente $w_2 \neq 0$. Wir betrachten nun die Verschiebung um den im Q-Anteil $w_1 = Qu$ von w und rechnen nach, dass für ein Urbild u von w_1

$$
\begin{aligned}
(f \circ \mathrm{T}_{-u})(v) &= \langle v - u, Q(v - u) \rangle + 2\langle w, v - u \rangle + c \\
&= \langle v, Qv \rangle - 2\langle v, Qu \rangle + \langle Qu, Qu \rangle + 2\langle Qu + w_2, v - u \rangle + c \\
&= \langle v, Qv \rangle + 2\langle w_2, v \rangle + \langle u, Q^2 u \rangle - 2\langle w, u \rangle + c,
\end{aligned}
$$

wobei wir $Q = Q^*$ benutzt haben. In einem zweiten Schritt verschieben wir nun um ein Vielfaches $\alpha w_2 \in \ker Q$ und erhalten

$$
(f \circ \mathrm{T}_{\alpha w_2 - u})(v) = \langle v, Qv \rangle + 2\langle w_2, v \rangle + 2\alpha \langle w_2, w_2 \rangle + \langle u, Q^2 u \rangle - 2\langle w, u \rangle + c.
$$

Da $w_2 \neq 0$ gilt, können wir α derart wählen, dass die Konstante verschwindet und folglich $(f \circ \mathrm{T}_{\alpha w_2 - u})(v) = \langle v, Qv \rangle + 2\langle w_2, v \rangle$ für dieses α gilt. Damit haben wir also gezeigt, dass der darstellende Vektor $w_2 \in V$ des durch die Translation nun geänderten linearen Terms senkrecht zum Bild von Q, also im Kern von Q, gewählt werden kann. Wir wählen nun $b_n = \frac{w_2}{\|w_2\|}$ und ergänzen diesen Vektor zu einer Orthonormalbasis $b_{k+1}, \ldots, b_n$ von $\ker q = \ker Q$. Weiter wählen wir für die Eigenräume der positiven und negativen Eigenwerte von Q jeweils Orthonormalbasen, sodass wir insgesamt eine Orthonormalbasis $b_1, \ldots, b_n$ von V erhalten. In dieser Orthonormalbasis erhält man dann die Darstellung (4.4.12), wobei der Parameter $\gamma = \|w_2\|$ ist. □

Im Vergleich zu Proposition 4.55 haben wir im parabolischen Fall eine spezifischere Wahl für die Verschiebung getroffen, die zum einen eindeutig bestimmt ist, zum anderen eine zusätzliche Eigenschaft liefert: Nicht nur der konstante Term wird eliminiert, sondern auch der darstellende Vektor w_2 des linearen Terms kann *orthogonal* zum Bild des darstellenden Endomorphismus Q gefunden werden.

Für eine Quadrik $Q(f, \lambda)$ erhält man also die einfache Koordinatenform

$$
Q(f, \lambda) = \left\{ v \in V \;\middle|\; \sum_{i=1}^{r} \left(\frac{v^i}{a_i} \right)^2 - \sum_{i=r+1}^{r+s} \left(\frac{v^i}{b_i} \right)^2 + c = \lambda \right\} \tag{4.4.13}
$$

beziehungsweise

$$
Q(f, \lambda) = \left\{ v \in V \;\middle|\; \sum_{i=1}^{r} \left(\frac{v^i}{a_i} \right)^2 - \sum_{i=r+1}^{r+s} \left(\frac{v^i}{b_i} \right)^2 + 2\gamma v^n = \lambda \right\}. \tag{4.4.14}
$$

Man sieht, dass die Konstante c in (4.4.13) direkt in eine Verschiebung des Funktionswerts λ umgerechnet werden kann und somit keine besondere Rolle spielt. Man nennt die Koordinatenrichtungen der oben konstruierten Basis $(b_1, \ldots, b_n)$ nun die *Hauptachsen* der Quadrik.

Wir schließen diesen Abschnitt nun mit den elementaren Beispielen in zwei Dimensionen, wobei wir nur die interessanten Fälle betrachten: Je nach Ausartungsgrad gibt es weitere Quadriken, die einzelne Geraden oder Punkte enthalten, oder gänzlich leer sind. Die folgenden Situationen beschreiben die Fälle, in denen wir wirklich *quadratische* Effekte sehen:

Beispiel 4.60 (Ellipse und Kreis). In $\mathbb{R}^2$ ist der erste Fall der einer positiv definiten quadratischen Form, welche wir auf die Normalform

$$f(x,y) = \frac{x^2}{a^2} + \frac{y^2}{b^2} \tag{4.4.15}$$

bringen können. In diesem Fall haben wir zwei Parameter $a, b > 0$ und suchen die Punkte mit

$$\frac{x^2}{a^2} + \frac{y^2}{b^2} = 1, \tag{4.4.16}$$

was gerade die Punkte auf einer Ellipse mit Mittelpunkt 0 und Halbachsen a beziehungsweise b in Richtung der x- beziehungsweise y-Achse beschreibt. Ein Verändern des Funktionswerts skaliert die Ellipse entsprechend. Für negative Funktionswerte gibt es keine Punkte in der zugehörigen Quadrik, für den Funktionswert 0 nur einen einzelnen Punkt $0 \in \mathbb{R}^2$. Gilt nun zudem $a = b$, so erhält man einen *Kreis* mit Radius a.

Beispiel 4.61 (Hyperbel und Kegel). Analog betrachtet man eine indefinite, aber nicht ausgeartete quadratische Form mit entsprechender Normalform

$$f(x,y) = \frac{x^2}{a^2} - \frac{y^2}{b^2} \tag{4.4.17}$$

mit $a, b > 0$. Die Quadrik zum Funktionswert 1 ist dann die Hyperbel

$$\frac{x^2}{a^2} - \frac{y^2}{b^2} = 1, \tag{4.4.18}$$

wobei wieder 0 der Mittelpunkt ist und a und b die Halbachsen der Hyperbel beschreiben. Andere Funktionswerte reskalieren die Hyperbel entsprechend. Interessant ist hier auch der Funktionswert 0, wo die Hyperbel zu einem *Kegel*

$$\frac{x^2}{a^2} = \frac{y^2}{b^2} \tag{4.4.19}$$

ausartet.

Beispiel 4.62 (Parabel). Der parabolische Fall mit Normalform

$$f(x,y) = \frac{x^2}{a^2} - 2\gamma y \qquad (4.4.20)$$

mit $a > 0$ und $\gamma > 0$ führt nun je nach Funktionswert auf Parabeln verschiedener Form

$$\frac{x^2}{a^2} - 2\gamma y = \lambda, \qquad (4.4.21)$$

wie man diese aus der Schule kennt. Auch hier gibt es ausgeartete Fälle, je nach Zusammenspiel der Parameter. Dieses Beispiel ist namensgebend für den parabolischen Fall.

In drei Dimensionen erhält man bereits eine deutlich größere Zahl von Quadriken, welche interessante Beispiele für gekrümmte Flächen im $\mathbb{R}^3$ liefern. Es bleibt an dieser Stelle nun nur noch zu sagen, dass deren lohnenswertes Studium der weiterführenden Literatur, insbesondere der Differentialgeometrie oder der algebraischen Geometrie, vorbehalten bleibt.

Kontrollfragen. Was ist eine quadratische Funktion auf einem Vektorraum? Welche zwei Gesichtspunkte beim Finden einer Normalform für quadratische Funktionen gibt es? Was ist eine Quadrik? Welche einfachen Quadriken gibt es in kleinen Dimensionen?

4.5 Übungen

Übung 4.1 (Links- und Rechtsrang einer Bilinearform). Sei $\Bbbk$ ein Körper der Charakteristik $\mathrm{char}(\Bbbk) = 0$. Auf dem Vektorraum $\Bbbk[x]$ der Polynome betrachtet man dann das kanonische Skalarprodukt, bei dem die Monome orthonormal sind. Es gelte also

$$\langle x^n, x^m \rangle = \delta_{nm}. \qquad (4.5.1)$$

Weiter definiert man eine zweite Bilinearform durch

$$h(p,q) = \langle p, q' \rangle, \qquad (4.5.2)$$

wobei $p, q \in \Bbbk[x]$ und q' die Ableitung von q sei.

i.) Zeigen Sie, dass h ebenfalls eine Bilinearform auf $\Bbbk[x]$ ist. Ist h symmetrisch?

ii.) Zeigen Sie, dass $h(p,q) = 0$ für alle q nur für $p = 0$ möglich ist: Der *Linkskern* von h ist trivial.

iii.) Zeigen Sie umgekehrt, dass der *Rechtskern*

$$\ker_{\mathrm{rechts}} h = \big\{ q \in \Bbbk[x] \mid h(p,q) = 0 \text{ für alle } p \in \Bbbk[x] \big\} \qquad (4.5.3)$$

von h ein nichttrivialer Unterraum von $\Bbbk[x]$ ist. Bestimmen Sie die Dimension von $\ker_{\text{rechts}} h$, indem Sie eine besonders einfache Basis finden.

iv.) Konstruieren Sie für $k \in \mathbb{N}$ analoge Beispiele für Bilinearformen h_k derart, dass der Linkskern von h_k trivial, der Rechtskern aber Dimension k besitzt.

Übung 4.2 (Rang und Kern einer Bilinearform). Sei $h \colon \Bbbk^2 \times \Bbbk^2 \longrightarrow \Bbbk$ durch

$$h\left(\begin{pmatrix} x \\ y \end{pmatrix}, \begin{pmatrix} a \\ b \end{pmatrix} \right) = xb \tag{4.5.4}$$

definiert. Vergleichen Sie den Kern des zugehörigen musikalischen Homomorphismus mit dem Kern der Abbildung $v \mapsto h(\,\cdot\,, v)$, und bestimmen Sie den Rang von h explizit.

Übung 4.3 (Musikalische Isomorphismen sind musikalisch). Sei V ein endlich-dimensionaler Vektorraum über $\Bbbk$ zusammen mit einem inneren Produkt $g(\,\cdot\,, \cdot\,)$. Wir bezeichnen den musikalischen Homomorphismus wie zuvor mit $\flat \colon V \ni v \mapsto g(v, \,\cdot\,) \in V^*$.

i.) Zeigen Sie, dass $\flat$ bijektiv ist. Die Umkehrabbildung bezeichnet man dann mit $\sharp \colon V^* \longrightarrow V$.

ii.) Sei nun $e_1, \ldots, e_n \in V$ eine Basis mit dualer Basis $e^1, \ldots, e^n \in V^*$. Zeigen Sie, dass die Matrix $g \in M_n(\Bbbk)$ mit Einträgen $g_{ij} = g(e_i, e_j)$ symmetrisch und invertierbar ist. Die Koeffizienten der inversen Matrix g^{-1} bezeichnen wir mit g^{ij}.

iii.) Zeigen Sie, dass die Stellung der Indizes in g_{ij} beziehungsweise g^{ij} mit den Konventionen des Indexkalküls aus Absch. 3.6 verträglich ist: Die g_{ij} sind die Koeffizienten eines zweifach kovarianten Tensors, die g^{ij} sind die Koeffizienten eines zweifach kontravarianten Tensors $g^{-1} \in V \otimes V$.

> Hinweis: Prüfen Sie explizit das Transformationsverhalten unter einem Basiswechsel. Bei g_{ij} ist dies recht klar, bei der inversen Matrix erfordert es eine kleine Rechnung.

iv.) Zeigen Sie, dass der musikalische Isomorphismus $\flat$ in Koordinaten durch

$$v^\flat = v^i g_{ij} e^j \tag{4.5.5}$$

gegeben ist, wobei $v = v^i e_i \in V$.

v.) Zeigen Sie, dass der musikalische Isomorphismus $\sharp$ in Koordinaten durch

$$\alpha^\sharp = \alpha_i g^{ij} e_j \tag{4.5.6}$$

gegeben ist, wobei $\alpha = \alpha_i e^i \in V^*$.

vi.) Wieso heißen die musikalischen Isomorphismen musikalisch?

Durch (partielles) Spurbilden in Tensorprodukten mit $g \in V^* \otimes V^*$ beziehungsweise $g^{-1} \in V \otimes V$ können die musikalischen Isomorphismen dazu verwendet werden, musikalische Isomorphismen zwischen kovarianten und kontravarianten Tensoren zu definieren. Von dieser Tatsache wird in der Riemannschen Geometrie und in der allgemeinen Relativitätstheorie reger Gebrauch gemacht.

Übung 4.4 (Kern und Bild eines musikalischen Homomorphismus). Sei $q \in \mathrm{Bil}(V)$ eine Bilinearform auf einem endlich-dimensionalen Vektorraum V über einem Körper $\Bbbk$ der Charakteristik $\mathrm{char}(\Bbbk) \neq 2$. Mit $\flat \colon v \mapsto q(v, \cdot)$ bezeichnen wir den zugehörigen musikalischen Homomorphismus. Im Folgenden identifizieren wir $V^{**} = V$ mit dem kanonischen Isomorphismus.

i.) Zeigen Sie, dass q genau dann symmetrisch ist, wenn $\flat^* = \flat$ gilt, wobei $\flat^* \colon V^{**} = V \longrightarrow V^*$ die dualisierte Abbildung zu $\flat$ ist. Was bedeutet entsprechend $\flat^* = -\flat$?

ii.) Diskutieren Sie nun für eine symmetrische Bilinearform, wie sich die Aussagen von Proposition 2.51 in diesem Fall spezialisieren lassen.

Übung 4.5 (Nochmal Äquivalenz von Matrizen). Seien $\Bbbk$ ein Körper und $n \in \mathbb{N}$.

i.) Bestimmen Sie die Stabilisatoruntergruppe der Einheitsmatrix $\mathbb{1} \in \mathrm{M}_n(\Bbbk)$ bezüglich der Gruppendarstellung (4.1.20).

ii.) Bestimmen Sie nun auch den Orbit von $\mathbb{1}$ für den Fall $\Bbbk = \mathbb{R}$.

Hinweis: Wie können Sie Matrizen der Form QQ^{T} alternativ charakterisieren?

iii.) Bestimmen Sie ebenfalls den Orbit und die Stabilisatoruntergruppe der Einheitsmatrix $\mathbb{1} \in \mathrm{M}_n(\Bbbk)$ bezüglich der Gruppendarstellung (2.6.7).

Übung 4.6 (Natürliche Paarung). Sei $\Bbbk$ ein Körper der Charakteristik null. Betrachten Sie einen endlich-dimensionalen $\Bbbk$-Vektorraum V.

i.) Stellen Sie die natürliche Paarung $\mathrm{ev} \colon V \times V^* \longrightarrow \Bbbk$ bezüglich einer Basis $\mathrm{e}_1, \ldots, \mathrm{e}_n \in V$ und deren dualer Basis dar.

ii.) Bezeichnen Sie mit demselben Symbol $\mathrm{ev} \in \mathrm{Hom}(V \otimes V^*, \Bbbk)$ die zugehörige lineare Abbildung auf dem Tensorprodukt. Bestimmen Sie die Komponenten des Tensors ev bezüglich der Basis $\{\mathrm{e}_i \otimes \mathrm{e}^j\}_{i,j=1,\ldots,n}$ von $V \otimes V^*$.

iii.) Benutzen Sie nun den kanonischen Isomorphismus $\mathrm{Hom}(V \otimes V^*, \Bbbk) \cong V^* \otimes V$ und bestimmen Sie $\mathrm{ev} \in V^* \otimes V$. Was fällt auf?

iv.) Fassen Sie nun V und V^* als Unterräume von $W = V \oplus V^*$ auf. Damit wird ev ein Element in $\mathrm{Bil}(W)$ beziehungsweise in $(W \otimes W)^* = W^* \otimes W^*$. Zerlegen Sie für beide Sichtweisen ev in den symmetrischen und antisymmetrischen Teil. Welche Bilinearformen beziehungsweise Tensoren erhalten Sie auf diese Weise?

Übung 4.7 (Die Isomorphie von $\mathrm{O}(r, s; \mathbb{R})$ und $\mathrm{O}(s, r; \mathbb{R})$). Sei $r, s \in \mathbb{N}_0$ mit $n = r + s \in \mathbb{N}$.

i.) Finden Sie eine möglichst einfache Matrix $Q \in \mathrm{M}_n(\mathbb{R})$ mit der Eigenschaft, dass $Q\eta_{r,s}Q^{\mathrm{T}} = -\eta_{s,r}$, wobei $\eta_{r,s} \in \mathrm{M}_n(\mathbb{R})$ die Matrix des kanonischen inneren Produkts (4.2.16) mit Signatur (r, s) ist.

Hinweis: Wählen Sie einen geeigneten blockdiagonalen Ansatz.

ii.) Zeigen Sie $Q^{\mathrm{T}} = Q^{-1}$.

iii.) Zeigen Sie (4.2.22), indem Sie aus Q einen expliziten Gruppenisomorphismus konstruieren.

Hinweis: Wieso ist *(ii.)* hier wichtig?

Übung 4.8 (Die Gruppe $\mathrm{U}(r,s)$)). Sei $r, s \in \mathbb{N}_0$ mit $n = r + s \in \mathbb{N}$.

i.) Zeigen Sie direkt, dass $\mathrm{U}(r,s)$ eine Untergruppe von $\mathrm{Gl}_n(\mathbb{C})$ ist, indem Sie nur die definieren Eigenschaften aus (4.2.34) verwenden.

ii.) Zeigen Sie dann, dass $\mathrm{U}(r,s)$ mit der Gruppe der Isometrien des kanonischen inneren Produkts $\eta_{r,s}$ aus (4.2.33) übereinstimmt, wobei Matrizen wie immer mit linearen Abbildungen auf $\mathbb{C}^n$ identifiziert werden.

iii.) Verwenden Sie die gleiche Matrix Q wie in Übung 4.7, um die Isomorphie der Gruppen $\mathrm{U}(r,s)$ und $\mathrm{U}(s,r)$ zu zeigen.

iv.) Überlegen Sie sich, dass die zusätzliche Bedingung für $\mathrm{SU}(r,s)$ mit dieser Isomorphie verträglich ist, und folgern Sie so die Isomorphie von $\mathrm{SU}(r,s)$ und $\mathrm{SU}(s,r)$.

Übung 4.9 (Die Gruppe $\mathrm{O}(\mathbb{C})$). Betrachten Sie komplexe Matrizen der Form

$$\mathrm{O}(n;\mathbb{C}) = \big\{ A \in \mathrm{M}_n(\mathbb{C}) \mid A^{\mathrm{T}} A = \mathbb{1} \big\}, \tag{4.5.7}$$

wobei hier wirklich nur die Transposition verwendet wird und nicht die Adjunktion A^*.

i.) Zeigen Sie, dass $\mathrm{O}(n;\mathbb{C})$ eine Untergruppe von $\mathrm{Gl}_n(\mathbb{C})$ ist.

ii.) Zeigen Sie weiter, dass $\det A \in \{\pm 1\}$ für alle $A \in \mathrm{O}(n;\mathbb{C})$ gilt.

iii.) Zeigen Sie, dass die Gruppe $\mathrm{O}(n;\mathbb{C})$ mit der Gruppe der Isometrien der kanonischen nicht-ausgearteten Bilinearform auf $\mathbb{C}^n$ identifiziert werden kann.

iv.) Überlegen Sie sich, welcher dieser Aussagen richtig bleiben, wenn Sie $\mathbb{C}$ durch einen beliebigen Körper $\Bbbk$ ersetzen.

Übung 4.10 (Exponentialabbildung für $\mathfrak{so}(r,s;\mathbb{R})$, $\mathfrak{u}(r,s)$ und $\mathfrak{su}(r,s)$). Seien $r, s \in \mathbb{N}_0$ mit $n = r + s \in \mathbb{N}$ gegeben. Analog zum Fall positiv definiter Skalarprodukte wollen wir nun die Eigenschaften der Exponentialabbildung bei indefiniten inneren Produkten studieren. Man kann dabei im Wesentlichen analog zum positiv definiten Fall vorgehen. Man definiert

$$\mathfrak{so}(r,s;\mathbb{R}) = \big\{ A \in \mathrm{M}_n(\mathbb{R}) \mid A^{\mathrm{T}} = -\eta_{r,s} A \eta_{r,s} \big\}, \tag{4.5.8}$$

$$\mathfrak{u}(r,s) = \big\{ A \in \mathrm{M}_n(\mathbb{C}) \mid A^* = -\eta_{r,s} A \eta_{r,s} \big\} \tag{4.5.9}$$

und

$$\mathfrak{su}(r,s) = \big\{ A \in \mathrm{M}_n(\mathbb{C}) \mid A^* = -\eta_{r,s} A \eta_{r,s} \text{ und } \mathrm{tr}\, A = 0 \big\}. \tag{4.5.10}$$

i.) Zeigen Sie, dass $\mathfrak{so}(r, s; \mathbb{R})$ ein Untervektorraum von $\mathrm{M}_n(\mathbb{R})$ ist, und bestimmen Sie dessen Dimension, indem Sie eine möglichst einfache Basis explizit angeben.

ii.) Zeigen Sie, dass $\mathfrak{u}(r, s)$ ein reeller Untervektorraum von $\mathrm{M}_n(\mathbb{C})$ ist, und bestimmen Sie auch hier die Dimension, indem Sie wieder eine möglichst einfache Basis explizit angeben. Zeigen Sie, dass $\mathfrak{su}(r, s) \subseteq \mathfrak{u}(r, s)$ ein reeller Unterraum ist, und bestimmen Sie auch hier eine Basis und die Dimension. Sind $\mathfrak{u}(r, s)$ oder $\mathfrak{su}(r, s)$ auch komplexe Unterräume?

iii.) Schreiben Sie eine $n \times n$-Matrix in Blockform mit $n = r + s$ großen Blöcken. Finden Sie dann für

$$X = \begin{pmatrix} A & B^{\mathrm{T}} \\ C & D \end{pmatrix} \in \mathrm{M}_n(\mathbb{R}) \tag{4.5.11}$$

Bedingungen an die Blöcke A, B, C und D welche zu $X \in \mathfrak{so}(r, s; \mathbb{R})$ beziehungsweise $X \in \mathfrak{u}(r, s)$ äquivalent sind. Wie erzielen Sie die zusätzliche Eigenschaft $X \in \mathfrak{su}(r, s)$? Welche speziellen Eigenschaften erhalten Sie für block-diagonale X, wo also $B = C = 0$ gilt?

iv.) Zeigen Sie, dass $\mathfrak{so}(r, s; \mathbb{R})$, $\mathfrak{u}(r, s)$ und $\mathfrak{su}(r, s)$ jeweils unter dem Bilden von Kommutatoren abgeschlossen sind.

v.) Zeigen Sie, dass $\exp(tA) \in \mathrm{SO}(r, s; \mathbb{R})$ genau dann für alle $t \in \mathbb{R}$ gilt, wenn $A \in \mathfrak{so}(r, s; \mathbb{R})$ gilt.

Hinweis: Die Rechenregeln für die Exponentialabbildung von Matrizen aus Satz 1.15 sind hier sehr nützlich.

vi.) Zeigen Sie analog, dass $\exp(tA) \in \mathrm{U}(r, s)$ genau dann für alle $t \in \mathbb{R}$ gilt, wenn $A \in \mathfrak{u}(r, s)$ gilt.

vii.) Zeigen Sie schließlich, dass $\exp(tA) \in \mathrm{SU}(r, s)$ genau dann für alle $t \in \mathbb{R}$ gilt, wenn $A \in \mathfrak{su}(r, s)$ gilt.

viii.) Zeigen Sie, dass durch die Blockstruktur (4.5.11) die Produktgruppe $\mathrm{SO}(r) \times \mathrm{SO}(s)$ auf kanonische Weise eine Untergruppe von $\mathrm{SO}(r, s; \mathbb{R})$ wird.

ix.) Zeigen Sie, dass auch $\mathrm{U}(r) \times \mathrm{U}(s)$ eine Untergruppe von $\mathrm{U}(r, s)$ und $\mathrm{SU}(r) \times \mathrm{SU}(s)$ eine Untergruppe von $\mathrm{SU}(r, s)$ wird.

x.) Zeigen Sie, dass die Exponentialabbildung auf den Unterräumen der block-diagonalen Matrizen in $\mathfrak{so}(r, s; \mathbb{R})$ beziehungsweise $\mathfrak{u}(r, s)$ Werte in den Untergruppen $\mathrm{SO}(r) \times \mathrm{SO}(s)$ beziehungsweise in $\mathrm{U}(r) \times \mathrm{U}(s)$ annimmt. Gilt eine analoge Aussage auch für $\mathfrak{su}(r, s)$?

Übung 4.11 (Boosts und Polarzerlegung). Wir betrachten die pseudoorthogonale Gruppe $\mathrm{O}(r, s; \mathbb{R})$ mit $r + s = n$ und $r, s \geq 1$. Sei weiter $\Lambda \in \mathrm{O}(r, s; \mathbb{R})$ mit der Blockzerlegung

$$\Lambda = \begin{pmatrix} A & B^{\mathrm{T}} \\ C & D \end{pmatrix} \tag{4.5.12}$$

mit Blöcken $A \in \mathrm{M}_r(\mathbb{R})$, $B, C \in \mathrm{M}_{s \times r}(\mathbb{R})$ und $D \in \mathrm{M}_s(\mathbb{R})$.

i.) Verwenden Sie die Polarzerlegung, um $\Lambda = \mathcal{O}(\Lambda)\mathcal{B}(\Lambda)$ mit einer orthogonalen Matrix $\mathcal{O}(\Lambda) \in \mathrm{O}(r + s)$ und einer positiv definiten Matrix $\mathcal{B}(\Lambda) \in \mathrm{Sym}_{r+s}^+(\mathbb{R})$ zu schreiben.

ii.) Sei $X = \log(\mathcal{B}(\Lambda)) \in \mathrm{Sym}_{r+s}(\mathbb{R})$ der Logarithmus des positiven Anteils gemäß Übung 1.7. Zeigen Sie zunächst $\Lambda^{\mathrm{T}} \in \mathrm{O}(r, s; \mathbb{R})$. Folgern Sie dann $X \in \mathfrak{so}(r, s; \mathbb{R})$.

> Hinweis: Hier benötigen Sie die Eindeutigkeit des symmetrischen reellen Logarithmus einer positiv definiten Matrix aus Übung 1.7 in entscheidender Weise.

iii.) Zeigen Sie, dass $\mathcal{B}(\Lambda) \in \mathrm{O}(r, s; \mathbb{R})$ gilt.

iv.) Folgern Sie, dass $\mathcal{O}(\Lambda) \in \mathrm{O}(r + s) \cap \mathrm{O}(r, s; \mathbb{R})$ gilt.

Man nennt $\mathcal{O}(\Lambda)$ den *Rotationsanteil* von Λ, während $\mathcal{B}(\Lambda)$ als der *Boostanteil* von Λ bezeichnet wird. Eine pseudoorthogonale Matrix lässt sich also eindeutig in eine orthogonale Matrix und einen Boost faktorisieren. Die auftretenden orthogonalen Matrizen sind dabei von sehr spezieller Form:

v.) Zeigen Sie, dass $\Lambda \in \mathrm{O}(r + s) \cap \mathrm{O}(r, s; \mathbb{R})$ genau dann gilt, wenn

$$\Lambda = \begin{pmatrix} A & 0 \\ 0 & D \end{pmatrix} \tag{4.5.13}$$

mit $A \in \mathrm{O}(r)$ und $D \in \mathrm{O}(s)$ gilt. Folgern Sie, dass diese Matrizen eine Untergruppe von $\mathrm{O}(r, s; \mathbb{R})$ bilden.

vi.) Zeigen Sie umgekehrt, dass die Teilmenge der reinen Boosts, also der Matrizen der Form $\Lambda = \mathcal{B}(\Lambda)$ *keine* Untergruppe von $\mathrm{O}(r, s; \mathbb{R})$ bilden, sofern r, s nicht beide 1 sind. Diese Beobachtung hat interessante physikalische Konsequenzen in der speziellen Relativitätstheorie und ist insbesondere verantwortlich für die Thomas-Präzession, siehe beispielsweise [34] für eine weiterführende Diskussion.

Übung 4.12 (Zeitumkehr und Parität). Wir betrachten erneut die pseudoorthogonale Gruppe $\mathrm{O}(r, s; \mathbb{R})$ mit $r + s = n$ und $r, s \geq 1$. Für $\Lambda \in \mathrm{O}(r, s; \mathbb{R})$ wählen wir entsprechend der Signatur (r, s) eine Blockzerlegung (4.5.12).

i.) Zeigen Sie, dass

$$\mathrm{spec}(A^{\mathrm{T}}A) \subseteq [1, \infty) \quad \text{und} \quad \mathrm{spec}(D^{\mathrm{T}}D) \subseteq [1, \infty) \tag{4.5.14}$$

gilt.

ii.) Zeigen Sie, dass $|\det A| \geq 1$ und $|\det D| \geq 1$.

iii.) Zeigen Sie, dass es $T \in \mathrm{O}(r, s; \mathbb{R})$ mit negativer Determinante des A-Blocks, aber positiver Determinante des D-Blocks gibt. Zeigen Sie, dass es Beispiele für solche T mit trivialem Boostanteil $\mathcal{B}(T) = \mathbb{1}$ gibt. Eine solche Matrix erhält in der speziellen Relativitätstheorie die Bedeutung der *Zeitumkehr*.

iv.) Zeigen Sie, dass es ebenso eine Matrix $P \in \mathrm{O}(r, s; \mathbb{R})$ mit positiver Determinante des A-Blocks, aber negativer Determinante des D-Blocks gibt. Finden Sie auch hier Beispiele mit trivialem Boostanteil. Solche Matrizen beinhalten eine Raumspiegelung und werden entsprechend *Paritätstransformation* genannt.

v.) Für $r = 1$ und $s = n - 1$, also die Situation der speziellen Relativitätstheorie, gibt es einen kanonischen Kandidaten für T. Für P gibt es immer dann einen besonders einfachen Kandidaten, wenn s ungerade ist. Welche sind dies?

Übung 4.13 (Surjektivität der Determinante). Zeigen Sie, dass die Determinante $\det \colon \mathrm{U}(r, s) \longrightarrow \mathbb{C}$ für alle $r, s \in \mathbb{N}_0$ mit $r + s = n \in \mathbb{N}$ ein surjektiver Gruppenmorphismus ist.

Übung 4.14 (Lichtkegelkoordinaten in 2 Dimensionen). Sei V ein zweidimensionaler reeller Vektorraum mit einem indefiniten inneren Produkt $\langle \cdot, \cdot \rangle$. Zeigen Sie, dass es eine Basis $u, w \in V$ mit $\langle u, u \rangle = 0 = \langle w, w \rangle$ und $\langle u, w \rangle = 1 = \langle w, u \rangle$ gibt. Welchen Richtungen entsprechen diese Basisvektoren in Abbildung 4.1?

Übung 4.15 (Das kanonische innere Produkt von $V \oplus V^*$). Sei V ein $\Bbbk$-Vektorraum. Definieren Sie für $v, w \in V$ und $\alpha, \beta \in V^*$ eine Abbildung $\langle \cdot, \cdot \rangle \colon (V \oplus V^*) \times (V \oplus V^*) \longrightarrow \Bbbk$ durch

$$\langle v + \alpha, w + \beta \rangle = \alpha(w) + \beta(v). \tag{4.5.15}$$

i.) Zeigen Sie, dass $\langle \cdot, \cdot \rangle$ ein inneres Produkt ist.

ii.) Zeigen Sie, dass der Gruppenmorphismus (2.6.28) Werte in den Isometrien von $\langle \cdot, \cdot \rangle$ annimmt.

Sei nun $\Bbbk = \mathbb{R}$ und V endlich-dimensional mit $\dim V = n \in \mathbb{N}$.

iii.) Bestimmen Sie die Signatur von $V \oplus V^*$.

iv.) Sei $B \in V^* \otimes V^* \cong \mathrm{Bil}(V)$. Interpretieren Sie diesen Tensor als lineare Abbildung $B \colon V \longrightarrow V^*$ durch $v \mapsto \mathrm{i}_1(v)B$, wobei wie immer $\mathrm{i}_1(v)$ die Einsetzung in das erste Argument der Bilinearform B ist. Bestimmen Sie

$$\tau_B = \exp \begin{pmatrix} 0 & 0 \\ B & 0 \end{pmatrix} \colon V \oplus V^* \longrightarrow V \oplus V^* \tag{4.5.16}$$

explizit als Blockmatrix. Zeigen Sie, dass τ_B genau dann eine Isometrie von $\langle \cdot, \cdot \rangle$ ist, wenn $B \in \Lambda^2(V^*)$ eine *antisymmetrische* Bilinearform ist.

v.) Verfahren Sie nun analog für einen Tensor $\pi \in V \otimes V$, den Sie als lineare Abbildung $V^* \longrightarrow V$ und somit als Block einer linearen Abbildung $V \oplus V^* \longrightarrow V \oplus V^*$ interpretieren können. Berechnen Sie entsprechend τ_π, und zeigen Sie, dass τ_π genau dann eine Isometrie ist, wenn π antisymmetrisch ist.

vi.) Zeigen Sie $\tau_B \circ \tau_{B'} = \tau_{B+B'}$ und $\tau_0 = \mathbb{1}$ für alle $B, B' \in \Lambda^2(V^*)$. Gilt eine analoge Aussage auch für $\pi, \pi' \in \Lambda^2(V)$?

vii.) Betrachten Sie nun eine beliebige Blockmatrix

$$X = \begin{pmatrix} A & B \\ C & D \end{pmatrix} \tag{4.5.17}$$

mit $A \in \mathrm{End}(V)$, $B \in \mathrm{Hom}(V^*, V)$, $C \in \mathrm{Hom}(V, V^*)$ und $D \in \mathrm{End}(V^*)$. Bestimmen Sie, wann $X \in \mathfrak{so}(V \oplus V^*)$ gilt. Hier bezeichnet $\mathfrak{so}(V \oplus V^*)$ die bezüglich $\langle \cdot, \cdot \rangle$ antisymmetrischen Endomorphismen von $V \oplus V^*$ analog zu $\mathfrak{so}(r, s; \mathbb{R})$ aus Übung 4.10.

viii.) Sei $B \in V^* \otimes V^*$. Zeigen Sie, dass der Graph

$$\mathrm{graph}(B) = \big\{ (v, B(v, \cdot)) \,\big|\, v \in V \big\} \subseteq V \oplus V^* \tag{4.5.18}$$

der induzierten Abbildung $B \colon V \longrightarrow V^*$ genau dann ein isotroper Unterraum bezüglich (4.5.15) ist, also $\langle \cdot, \cdot \rangle \big|_{\mathrm{graph}(B)} = 0$ gilt, wenn B antisymmetrisch ist. Zeigen Sie analog, dass $\pi \in V \otimes V$ genau dann antisymmetrisch ist, wenn $\mathrm{graph}(\pi) \subseteq V \oplus V^*$ isotrop ist.

ix.) Bestimmen Sie die Dimensionen der Unterräume $\mathrm{graph}(B)$ und $\mathrm{graph}(\pi)$. Zeigen Sie, dass es sich um maximale isotrope Unterräume handelt. Allgemein nennt man maximale isotrope Unterräume von $V \oplus V^*$ auch *lineare Dirac-Strukturen*.

Übung 4.16 (Die symplektische Gruppe $\mathrm{Sp}(2n, \Bbbk)$). Wir versehen $\Bbbk^{2n}$ mit der kanonischen symplektischen Form ω_{can} aus Beispiel 4.34. Die zugehörige symplektische Gruppe bezeichnen wir auch kurz mit

$$\mathrm{Sp}(2n, \Bbbk) = \mathrm{Sp}(\Bbbk^{2n}, \omega_{\mathrm{can}}). \tag{4.5.19}$$

i.) Zeigen Sie, dass $A \in \mathrm{M}_{2n}(\Bbbk)$ genau dann in der symplektischen Gruppe $\mathrm{Sp}(2n, \Bbbk)$ liegt, wenn

$$\Omega_{\mathrm{can}} = A^{\mathrm{T}} \Omega_{\mathrm{can}} A \tag{4.5.20}$$

gilt, wobei $\Omega_{\mathrm{can}} \in \mathrm{M}_{2n}(\Bbbk)$ die kanonische symplektische Matrix aus (4.3.15) ist.

ii.) Zeigen Sie, dass eine Matrix A mit (4.5.20) notwendigerweise $(\det A)^2 = 1$ erfüllt. Deutlich aufwändiger ist es, $\det A = 1$ zu zeigen, siehe Übung 4.17.

iii.) Sei $A = \begin{pmatrix} A_{11} & 0 \\ 0 & A_{22} \end{pmatrix}$ eine block-diagonale Matrix mit $n \times n$-Blöcken $A_{11}, A_{22} \in \mathrm{M}_n(\Bbbk)$. Zeigen Sie, dass A genau dann in der symplektischen

Gruppe $\mathrm{Sp}(2n,\Bbbk)$ liegt, wenn A_{11} invertierbar ist und $A_{22} = (A_{11}^{\mathrm{T}})^{-1}$ gilt. Zeigen Sie, dass

$$\mathrm{GL}_n(\Bbbk) \ni A \mapsto \begin{pmatrix} A & 0 \\ 0 & (A^{-1})^{\mathrm{T}} \end{pmatrix} \in \mathrm{Sp}(2n,\Bbbk) \qquad (4.5.21)$$

ein injektiver Gruppenmorphismus ist. Das Bild von (4.5.21) nennt man auch die Untergruppe der *linearen Punkttransformationen* in der symplektischen Gruppe.

iv.) Zeigen Sie, dass (4.5.21) nicht surjektiv ist.

v.) Zeigen Sie explizit, dass $\mathrm{Sp}(2,\Bbbk) = \mathrm{SL}_2(\Bbbk)$.

Übung 4.17 (Nichtausartung von Zweiformen). Sei $\Bbbk$ ein Körper der Charakteristik null und $\omega \in \mathrm{Bil}_-(V)$ eine antisymmetrische Zweiform auf einem endlich-dimensionalen Vektorraum V über $\Bbbk$. Diese fassen wir wie immer als Element $\omega \in \Lambda^2(V^*)$ auf.

i.) Zeigen Sie, dass ω genau dann nichtausgeartet ist, wenn $\omega \wedge \cdots \wedge \omega \neq 0$ für n Faktoren ω gilt, wobei $2n = \dim V$.

Hinweis: Hier benötigen Sie das lineare Darboux-Theorem: Wenn ω ausgeartet ist, so sieht man recht schnell, dass $\omega^{\wedge n} = 0$ gilt, indem man diese $2n$-Form in einer Darboux-Basis bestimmt. Ist ω nichtausgeartet, so müssen Sie $\omega^{\wedge n}$ explizit berechnen. Hierbei ist darauf zu achten, dass von den vielen Termen sich *nicht* alle gegenseitig wegheben können. Um eine Idee für die Kombinatorik zu erhalten, ist es sicher sinnvoll, zunächst die Situation in kleinen Dimensionen n zu betrachten.

ii.) Zeigen Sie, dass $A \in \mathrm{Sp}(2n,\Bbbk)$ Determinante 1 hat. Folgern Sie, dass die symplektische Gruppe $\mathrm{Sp}(2n,\Bbbk)$ eine Untergruppe von $\mathrm{SL}_{2n}(\Bbbk)$ ist.

Hinweis: Verwenden Sie den Pull-back A^* und Übung 3.24, *ix.)*.

iii.) Gilt $\mathrm{Sp}(2n,\Bbbk) = \mathrm{SL}_{2n}(\Bbbk)$ auch für $n \geq 2$?

Übung 4.18 (Von $\mathfrak{sp}(2n,\mathbb{K})$ nach $\mathrm{Sp}(2n,\mathbb{K})$). Betrachten Sie die Teilmenge

$$\mathfrak{sp}(2n,\mathbb{K}) = \left\{ A \in \mathrm{M}_{2n}(\mathbb{K}) \mid A^{\mathrm{T}} \Omega_{\mathrm{can}} + \Omega_{\mathrm{can}} A = 0 \right\} \subseteq \mathrm{M}_{2n}(\mathbb{K}), \qquad (4.5.22)$$

wobei wie immer $\mathbb{K}$ entweder $\mathbb{R}$ oder $\mathbb{C}$ ist.

i.) Zeigen Sie, dass $\mathfrak{sp}(2n,\mathbb{K})$ ein $\mathbb{K}$-Unterraum von $\mathrm{M}_{2n}(\mathbb{K})$ ist, und bestimmen Sie dessen Dimension.

ii.) Zeigen Sie $\mathfrak{sp}(2n,\mathbb{K}) \subseteq \mathfrak{sl}_{2n}(\mathbb{K})$. Für welche $n \in \mathbb{N}$ gilt hier Gleichheit?

iii.) Zeigen Sie, dass $\mathfrak{sp}(2n,\mathbb{K})$ unter Kommutatoren abgeschlossen ist.

iv.) Zeigen Sie, dass für eine Matrix A genau dann $A \in \mathfrak{sp}(2n,\mathbb{K})$ gilt, wenn $\exp(tA) \in \mathrm{Sp}(2n,\mathbb{K})$ für alle $t \in \mathbb{R}$ gilt. Man nennt aus diesem Grunde die Matrizen in $\mathfrak{sp}(2n,\mathbb{K})$ auch die *infinitesimal symplektischen Matrizen*.

Hinweis: Verfahren Sie analog zu Übung 4.10, *v.)*.

v.) Zeigen Sie, dass für $A \in M_n(\mathbb{K})$ die block-diagonale Matrix $\begin{pmatrix} A & 0 \\ 0 & -A^T \end{pmatrix}$ in $\mathfrak{sp}(2n, \mathbb{K})$ liegt.

vi.) Welche der obigen Ergebnisse bleiben für einen beliebigen Körper sinnvoll und richtig?

Übung 4.19 (Eigenwerte symplektischer Matrizen). Sei $n \in \mathbb{N}$.

i.) Sei $A \in \mathrm{Sp}(2n, \mathbb{R})$ eine reelle symplektische Matrix. Zeigen Sie, dass mit $\lambda \in \mathbb{C}$ auch $\overline{\lambda}$, λ^{-1} und $\overline{\lambda}^{-1}$ komplexe Eigenwerte von A sind.

Hinweis: Benutzen Sie (4.5.20) sowie $\mathrm{spec}(A) = \mathrm{spec}(A^T)$.

ii.) Geben Sie Beispiele für reelle symplektische Matrizen, wo $\lambda \in \mathbb{C}$ ein komplexer Eigenwert ist und die vier Zahlen λ, $\overline{\lambda}$, λ^{-1} und $\overline{\lambda}^{-1}$ paarweise verschieden sind.

iii.) Sei $X \in \mathfrak{sp}(2n, \mathbb{R})$ eine reelle infinitesimal symplektische Matrix. Zeigen Sie, dass mit $\lambda \in \mathbb{C}$ auch $-\lambda$, $\overline{\lambda}$ und $-\overline{\lambda}$ Eigenwerte von X sind.

iv.) Geben Sie Beispiele für reelle infinitesimal symplektische Matrizen, wo $\lambda \in \mathbb{C}$ ein komplexer Eigenwert ist und die vier Zahlen λ, $\overline{\lambda}$, $-\lambda$ und $-\overline{\lambda}$ paarweise verschieden sind.

Hinweis: Ist dies bereits für $n = 1$ möglich?

v.) Visualisieren Sie für beide Fälle die möglichen Entartungen wie etwa $\lambda = \lambda^{-1}$ etc. grafisch in der komplexen Zahlenebene.

Dieses einfache symplektische Eigenwerttheorem spielt in der Hamiltonschen Mechanik bei der Stabilitätsanalyse von Fixpunkten eine zentrale Rolle.

Übung 4.20 (Koisotrope Reduktion Lagrangescher Unterräume). Sei (V, ω) ein endlich-dimensionaler symplektischer Vektorraum mit einem koisotropen Unterraum $C \subseteq V$. Zeigen Sie, dass für einen Lagrangeschen Unterraum $L \subseteq V$ das Bild $L_{\mathrm{red}} = \mathrm{pr}(L \cap C) \subseteq V_{\mathrm{red}}$ wieder Lagrangesch ist, wobei $\mathrm{pr}\colon C \longrightarrow C/C^\perp = V_{\mathrm{red}}$ die koisotrope Reduktion von V bezüglich C ist.

Hinweis: Die Isotropie ist einfach zu sehen. Um zu zeigen, dass L_{red} maximal isotrop, also Lagrangesch ist, müssen Sie die Dimensionen und Kodimensionen von L, C, $L \cap C$ sowie $(L \cap C)^\perp$ geschickt in Verbindung bringen, um schließlich $\dim V_{\mathrm{red}} = 2 \dim L_{\mathrm{red}}$ zu zeigen.

Übung 4.21 (Quadriken in zwei Dimensionen). Betrachten Sie einen zweidimensionalen reellen Vektorraum V mit einer quadratischen Funktion $f = q + 2\varphi + c$. Bestimmen Sie alle möglichen auftretenden Fälle der Signatur und Ausartung. Skizzieren Sie die entsprechenden Quadriken $Q(f, \lambda) = f^{-1}(\{\lambda\})$ für verschiedene $\lambda \in \mathbb{R}$, und bestimmen Sie so die geometrische Bedeutung des Parameters $\lambda \in \mathbb{R}$. In welchen Fällen gilt $Q(f, \lambda) = \emptyset$?

Hinweis: Hier mag es vorteilhaft sein, ein Computerprogramm zur Visualisierung einzusetzen, um die Parameter schnell variieren zu können.

Übung 4.22 (Massenschalen und Lichtkegel). Betrachten Sie den $1+2$-dimensionalen Minkowski-Raum $\mathbb{R}^{1+2}$ mit dem Lorentz-Skalarprodukt η der

Signatur $(1, 2)$. Die Koordinaten bezüglich der kanonischen Basis seien mit x^0, x^1, x^2 bezeichnet.

i.) Sei $m > 0$. Beschreiben Sie dann die Niveaufläche $\eta^{-1}(\{m^2\})$. Zeigen Sie insbesondere, dass $x \in \mathbb{R}^{1+2}$ genau dann in $\eta^{-1}(\{m^2\})$ liegt, wenn

$$x^0 = \sqrt{\langle \vec{x}, \vec{x} \rangle + m^2} \quad \text{oder} \quad x^0 = -\sqrt{\langle \vec{x}, \vec{x} \rangle + m^2} \qquad (4.5.23)$$

gilt, wobei $\langle \cdot, \cdot \rangle$ das kanonische euklidische Skalarprodukt von $\mathbb{R}^2$ bezeichne.

ii.) Zeigen Sie nun, dass $x \in \mathbb{R}^{1+2}$ genau dann in $\eta^{-1}(\{0\})$ liegt, wenn einer der folgenden drei Fälle eintritt: Entweder ist $x = 0$, oder es gilt $x \neq 0$ mit

$$x^0 = \sqrt{\langle \vec{x}, \vec{x} \rangle} \quad \text{oder} \quad x^0 = -\sqrt{\langle \vec{x}, \vec{x} \rangle}. \qquad (4.5.24)$$

iii.) Sei schließlich $\mu > 0$. Zeigen Sie, dass $x \in \mathbb{R}^{1+2}$ genau dann in $\eta^{-1}(\{-\mu^2\})$ liegt, wenn es einen Einheitsvektor $\vec{n} \in \mathbb{S}^1 \subseteq \mathbb{R}^2$ gibt, sodass

$$\vec{x} = \frac{1}{\sqrt{(x^0)^2 + \mu^2}} \vec{n} \qquad (4.5.25)$$

gilt.

iv.) Skizzieren Sie die obigen Niveauflächen für verschiedene Werte der Parameter m und μ, und beschreiben Sie ihre geometrische Form.

v.) Verallgemeinern Sie Ihre Ergebnisse auch für höhere Dimensionen $n \in \mathbb{N}$ und zeigen Sie so, dass die drei obigen Beschreibungen nach entsprechender Anpassung ihre Gültigkeit auch für den $1 + n$-dimensionalen Minkowski-Raum behalten. Was geschieht für $n = 1$?

In Kontext der speziellen Relativitätstheorie heißen die Quadriken $\eta^{-1}(\{m^2\})$ auch die *Massenschalen* zur Ruhemasse m, der Kegel $\eta^{-1}(\{0\})$ wird *Lichtkegel* genannt, und die Niveauflächen $\eta^{-1}(\{-\mu^2\})$ sind die *Tachyon-Massenschalen* zur imaginären Masse $i\mu$.

Übung 4.23 (Erstellen von Übungen IV). Finden Sie einfach zu rechnende, aber kompliziert aussehende Beispiele für quadratische Funktionen $f = q + \varphi + c$ auf $\mathbb{R}^2$ und $\mathbb{R}^3$, sodass die Quadriken $Q(f, \lambda)$ für geeignete $\lambda \in \mathbb{R}$ bestimmt werden können, sowohl unter Berücksichtigung des kanonischen Skalarprodukts als auch ohne.

Hinweis: Hier können Sie Ihr gesamtes Wissen zur linearen Algebra zum Einsatz bringen: Starten Sie bei der gewünschten Normalform, finden Sie geeignete Translationen, um den Mittelpunkt an einfache Stellen zu verschieben, wählen Sie dann einfach Drehungen (im euklidischen Fall) oder invertierbare lineare Abbildungen (im allgemeinen Fall), um die Normalform unkenntlich zu machen.

Übung 4.24 (Beweisen oder widerlegen). Beweisen oder widerlegen Sie folgende Aussagen. Finden Sie gegebenenfalls zusätzliche Bedingungen, unter denen falsche Aussagen richtig werden.

i.) In unendlichen Dimensionen ist die Dimension des Linkskerns einer Bilinearform immer echt kleiner als die Dimension des Rechtskerns.

ii.) Eine Bilinearform ist genau dann symmetrisch und antisymmetrisch, wenn sie null ist.

iii.) Die Isometrien einer symmetrischen Bilinearform bilden eine Untergruppe der allgemeinen linearen Gruppe.

iv.) Auf $\mathbb{C}^n$ ist jede nicht-ausgeartete symmetrische Bilinearform positiv definit.

v.) Positiv definite innere Produkte gibt es nur in endlichen Dimensionen.

vi.) Die Untergruppe $\mathrm{SU}(r,s) \subseteq \mathrm{U}(r,s)$ ist normal.

vii.) Die Untergruppe $\mathrm{SU}(r,s) \subseteq \mathrm{SL}_{r+s}(\mathbb{C})$ ist normal.

viii.) Die Unterräume $\mathfrak{so}(r,s;\mathbb{R}) \subseteq \mathrm{M}_n(\mathbb{R})$ sind unter dem Matrixprodukt abgeschlossen.

ix.) Die Unterräume $\mathfrak{u}(r,s) \subseteq \mathrm{M}_n(C)$ und $\mathfrak{su}(r,s) \subseteq \mathrm{M}_n(\mathbb{C})$ sind unter dem Matrixprodukt abgeschlossen.

x.) Gibt es einen isotropen Unterraum U mit $\dim U > \frac{1}{2} \dim V$, so muss die symmetrische Bilinearform auf V ausgeartet sein.

xi.) Eine symplektische Matrix $A \in \mathrm{Sp}(2n,\mathbb{R})$ ist immer komplex diagonalisierbar.

Kapitel 5
Anhang: Kategorien und Funktoren

In diesem kurzen Anhang geben wir eine Einführung in die Sprache der Kategorien und Funktoren und motivieren die Begriffsbildungen anhand vieler Beispiele. Diese Einführung kann eine eingehende Beschäftigung mit diesem wichtigen Teil der Mathematik keineswegs ersetzen. Sie soll stattdessen das Interesse wecken und auf die weiterführende Literatur vorbereiten. Hier sei insbesondere auf [9] sowie auf das Standardwerk [30] verwiesen.

5.1 Kategorien

Im Laufe dieses Kurses haben wir verschiedene algebraische Strukturen kennengelernt: Monoide, Gruppen, Ringe und Körper sowie schließlich die Vektorräume. Auch wenn die Strukturen alle ihre eigene Theorie erfordern, so gab es doch viele Gemeinsamkeiten. Zunächst bauten die Konzepte aufeinander auf: Eine Gruppe ist ein Monoid, in welchem alle Elemente invertierbar sind. Ein Ring ist eine abelsche Gruppe zusammen mit einer assoziativen Multiplikation, welche bezüglich der Gruppenstruktur distributiv ist etc. Die wichtigere Gemeinsamkeit lag aber darin, dass wir die neuen mathematischen Strukturen nicht alleine betrachtet haben, sondern immer in Relation zu gleichwertigen: Nicht eine Gruppe für sich war wichtig, sondern die Gesamtheit aller Gruppen, welche dann mit Gruppenmorphismen verglichen werden können. Genauso konnten wir mit Ringen, Körpern und schließlich mit Vektorräumen verfahren. In jeder dieser Situationen waren die strukturerhaltenden Abbildungen entscheidend für das Verständnis. Die Definition, was nun strukturerhaltende Abbildungen sein sollen, war aus dem Kontext meist unmittelbar klar. Überraschenderweise tragen nun diese strukturerhaltenden Abbildungen selbst algebraische Eigenschaften, manchmal sogar sehr viel reichhaltigere als die zugrundeliegende Struktur.

Die Definition einer Kategorie versucht nun, diese Beobachtungen auf einer abstrakteren Ebene nachzubilden, um so diese Beispiele auf eine gemeinsame

© Springer-Verlag GmbH Deutschland, ein Teil von Springer Nature 2022
S. Waldmann, *Lineare Algebra 2*, https://doi.org/10.1007/978-3-662-63639-8_5

Grundlage zu stellen und im Gegenzug auch neue Beispiele zu finden. Es zeigt sich im Fortgang der Mathematik, dass dieses Konzept überaus erfolgreich ist: Selbst wenn man nicht primär an Kategorientheorie interessiert ist, sollte man diese Sichtweise kennenlernen, um die eigenen Gedanken besser sortieren zu können.

Eine erste und tatsächlich auch nicht ganz harmlose Schwierigkeit ist nun, den richtigen mathematischen Rahmen hierfür zu finden. Wir hatten bereits gesehen, dass es eine „Menge aller Mengen" nicht als Menge geben kann. Aus gleichen Gründen kann man auch nicht von der Menge aller Gruppen, der Menge aller Ringe etc. sprechen. Trotzdem möchte man gerne Aussagen über alle Mengen, über alle Gruppen, über alle Ringe etc. treffen: Dies ist sicherlich möglich, da beispielsweise Aussagen wie „in jeder Gruppe ist das Einselement eindeutig" ja sinnvoll und richtig sind. Es gibt nun zwei Möglichkeiten: Entweder man verwendet man zur Definition einer Kategorie Mengen und hat dann das Problem, nicht über alle Gruppen gleichzeitig sprechen zu können. Um möglichst große Mengen hier gut handhaben zu können, verwendet man den Begriff des Universums von Grothendieck. Oder man kann alternativ dazu direkt mit Klassen arbeiten, welche einer eigenen Axiomatik folgen. Intuitiv kann man sich Klassen als besonders große „Mengen" vorstellen, für die zwar nicht mehr alle Eigenschaften einer Menge gelten, es aber im Gegenzug sinnvoll wird, von der „Klasse aller Mengen" zu sprechen. Da wir jedoch bereits bei den Mengen einen heuristischen und intuitiven Zugang gewählt haben, wollen wir dies weiterhin so handhaben. Die subtileren Fragen nach der richtigen Grundlegung der Mathematik bleiben dann einem weiterführenden Studium vorbehalten.

Die Idee einer Kategorie ist nun, neben den Objekten wie Gruppen, Ringen und Vektorräumen gleichermaßen auch Morphismen zu spezifizieren, die in unseren ersten Beispielen dann den strukturerhaltenden Abbildungen entsprechen werden. Als wesentliche Eigenschaft wird dabei die *Verknüpfbarkeit* der Morphismen identifiziert, welche assoziativ sein und neutrale Elemente besitzen soll. Die tatsächliche Definition ist jedoch deutlich allgemeiner und leistungsstärker.

Definition 5.1 (Kategorie). Eine Kategorie $\mathfrak{C}$ besteht aus einer Klasse (oder Menge) $\mathrm{Obj}(\mathfrak{C})$ von Objekten sowie einer Menge $\mathrm{Morph}_{\mathfrak{C}}(a, b)$ von Morphismen von a nach b für je zwei Objekte $a, b \in \mathrm{Obj}(\mathfrak{C})$. Weiter gibt es eine Verknüpfung

$$\circ \colon \mathrm{Morph}_{\mathfrak{C}}(b, c) \times \mathrm{Morph}_{\mathfrak{C}}(a, b) \ni (f, g) \mapsto f \circ g \in \mathrm{Morph}_{\mathfrak{C}}(a, c) \quad (5.1.1)$$

sowie spezielle Morphismen $\mathrm{id}_a \in \mathrm{Morph}_{\mathfrak{C}}(a, a)$ für alle Objekte $a, b, c \in \mathrm{Obj}(\mathfrak{C})$, welche folgende Eigenschaften haben:

i.) Die Verknüpfung von Morphismen ist assoziativ, wann immer sie definiert ist. Es gilt also

$$f \circ (g \circ h) = (f \circ g) \circ h \quad (5.1.2)$$

für alle $f \in \text{Morph}_{\mathfrak{C}}(c,d)$, $g \in \text{Morph}_{\mathfrak{C}}(b,c)$ sowie $h \in \text{Morph}_{\mathfrak{C}}(a,b)$ und alle $a,b,c,d \in \text{Obj}(\mathfrak{C})$.

ii.) Die Morphismen id_a sind neutral bezüglich der Verknüpfung, wann immer diese definiert ist. Es gilt also

$$\text{id}_b \circ f = f = f \circ \text{id}_a \qquad (5.1.3)$$

für alle $f \in \text{Morph}_{\mathfrak{C}}(a,b)$ und alle Objekte $a,b \in \text{Obj}(\mathfrak{C})$.

Bemerkung 5.2 (Kategorien). Sei $\mathfrak{C}$ eine Kategorie.

i.) Für die Objekte einer Kategorie schreibt man auch kurz $a \in \mathfrak{C}$ anstelle von $a \in \text{Obj}(\mathfrak{C})$. Die Morphismen von a nach b, auch *Homomorphismen* genannt, werden alternativ auch mit $\mathfrak{C}(a,b) = \text{Morph}_{\mathfrak{C}}(a,b) = \text{Hom}_{\mathfrak{C}}(a,b)$ bezeichnet. Ist klar, um welche Kategorie es sich handelt, schreibt man auch kurz $\text{Hom}(a,b)$ für die Morphismen von a nach b. Der spezielle Morphismus id_a wird auch die *Identität* von a oder der *Einsmorphismus* von a genannt. Während man bei den Objekten gelegentlich Klassen zulässt, besteht man bei den Morphismen zwischen zwei Objekten tatsächlich auf einer Menge.

ii.) Die Morphismen $\text{Morph}(a,a)$, welche beim Objekt a starten und enden, werden auch die *Endomorphismen* von a genannt. Diese können untereinander beliebig verknüpft werden. Wir bezeichnen die Endomorphismen von a mit $\text{End}(a)$ oder $\text{End}_{\mathfrak{C}}(a)$, wenn der Bezug zur umgebenden Kategorie $\mathfrak{C}$ betont werden soll.

iii.) Bildlich kann man sich die Morphismen einer Kategorie als Pfeile zwischen den jeweiligen Objekten vorstellen, die dann verknüpft werden können, wenn Anfangs- und Endpunkte der Pfeile zueinander passen, siehe auch Abb. 5.1. Insbesondere hat jeder Morphismus $f \in \text{Hom}(a,b)$ einen Anfangspunkt, auch als *source* $\text{source}(f) = a$ bezeichnet, und einen Endpunkt, das *target* $\text{target}(f) = b$.

iv.) Eine Kategorie $\mathfrak{C}$ heißt *klein*, wenn die Klasse der Objekte von $\mathfrak{C}$ eine Menge bilden. Hier verlangt man typischerweise, dass die Menge sogar in einem zuvor festgelegten Universum liegt.

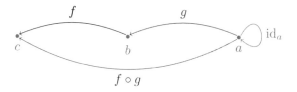

Abb. 5.1 Graphische Darstellung der Verknüpfung von Morphismen und des Identitätsmorphismus

Definition 5.3 (Isomorphismen und Automorphismen). Sei $\mathfrak{C}$ eine Kategorie.

i.) Ein Morphismus $f \in \mathrm{Hom}(a, b)$ heißt Isomorphismus, wenn es Morphismen $g, \tilde{g} \in \mathrm{Hom}(b, a)$ mit $f \circ g = \mathrm{id}_b$ und $\tilde{g} \circ f = \mathrm{id}_a$ gibt.

ii.) Gibt es einen Isomorphismus von a nach b, so heißen diese Objekte isomorph.

iii.) Die Isomorphismen von a nach a heißen Automorphismen

$$\mathrm{Aut}(a) = \big\{ f \in \mathrm{End}(a) \mid f \text{ ist Isomorphismus} \big\} \tag{5.1.4}$$

von a.

Will man die umgebende Kategorie $\mathfrak{C}$ besser hervorheben, so bezeichnet man die Automorphismen von a auch mit $\mathrm{Aut}_{\mathfrak{C}}(a)$.

Proposition 5.4. *Sei $\mathfrak{C}$ eine Kategorie.*

i.) Die Endomorphismen $\mathrm{End}(a)$ eines Objekts $a \in \mathrm{Obj}(\mathfrak{C})$ bilden ein Monoid bezüglich der Verknüpfung $\circ$ mit id_a als Einselement.

ii.) Für jedes Objekt $a \in \mathrm{Obj}(\mathfrak{C})$ ist die Identität id_a eindeutig durch ihre Eigenschaft als neutrales Element bezüglich $\circ$ bestimmt.

iii.) Ein Morphismus $f \in \mathrm{Hom}(a, b)$ ist genau dann ein Isomorphismus, wenn es einen Morphismus $f^{-1} \in \mathrm{Hom}(b, a)$ mit $f \circ f^{-1} = \mathrm{id}_b$ und $f^{-1} \circ f = \mathrm{id}_a$ gibt. In diesem Fall ist f^{-1} eindeutig bestimmt und selbst ein Isomorphismus mit $(f^{-1})^{-1} = f$.

iv.) Die Identität id_a ist invertierbar mit $\mathrm{id}_a^{-1} = \mathrm{id}_a$.

v.) Die Verknüpfung von Isomorphismen ist ein Isomorphismus. Es gilt $(f \circ g)^{-1} = g^{-1} \circ f^{-1}$ für Isomorphismen.

vi.) Isomorphie ist eine Äquivalenzrelation für Objekte einer Kategorie.

vii.) Die Automorphismen $\mathrm{Aut}(a) \subseteq \mathrm{End}(a)$ stimmen mit der Gruppe der invertierbaren Elemente des Monoids $\mathrm{End}(a)$ überein.

Beweis. Der Nachweis der Behauptungen sollte nun eine einfache Übung sein: Wir hatten die relevanten Argumente bei Monoiden bereits gesehen, wo das Wechselspiel der Assoziativität mit dem neutralen Element alle Aussagen zeigt. Der einzige neue Aspekt ist, dass wir bei der Verknüpfung von Morphismen immer noch die zusätzliche Buchführung, welcher Morphismus aufgrund seines Starts und Endes mit welchem anderen verknüpft werden kann, beachten müssen. Weiter gibt es nun für jedes Objekt ein eigenes neutrales Element bezüglich der Verknüpfung. $\square$

Mit dieser neuen Begriffsbildung wollen wir nun sehen, ob und wie sich unsere bisherigen algebraischen Strukturen in dieses Schema einordnen lassen. Es ist daher Zeit für eine lange Liste von alten und neuen Beispielen:

Beispiel 5.5 (Die Kategorie Set*).* Wir betrachten als Objekte die Mengen und
als Morphismen zwischen zwei Mengen A und B schlichtweg alle Abbildungen $\text{Abb}(A, B)$. Die Verknüpfung soll dann die Hintereinanderausführung von
Abbildungen sein, die Einsmorphismen werden die Identitätsabbildungen id_A.
Da die Hintereinanderausführung von Abbildungen prinzipiell assoziativ ist
und die Identitätsabbildungen neutral für diese sind, folgen die Eigenschaften
einer Kategorie sofort. Die resultierende Kategorie der Mengen wird als Set
bezeichnet. Man beachte, dass die Isomorphismen in diesem Fall gerade die
bijektiven Abbildungen sind.

Beispiel 5.6 (Die Kategorie Magma*).* Als nächstes betrachten wir nicht Mengen alleine sondern Paare $(M, \diamond)$ von einer Menge M mit einer Verknüpfung
$\diamond$ auf M. Wir hatten solche Mengen mit gänzlich strukturloser Verknüpfung
auch Magmen genannt. Die Kategorie Magma der Magmen besteht also aus
Magmen als Objekten und den *Magma-Morphismen* als Morphismen: Wir
erinnern daran, dass ein Morphismus $f\colon (M_1, \diamond_1) \longrightarrow (M_2, \diamond_2)$ von Magmen
eine Abbildung $f\colon M_1 \longrightarrow M_2$ ist, welche $f(x \diamond_1 y) = f(x) \diamond_2 f(y)$ für alle $x, y \in M_1$ erfüllt. Wir hatten dann gesehen, dass die Verknüpfung zweier
solcher Morphismen tatsächlich wieder ein Morphismus von Magmen ist. Weiter ist klar, dass die Identitätsabbildungen immer Morphismen von Magmen
sind. Damit ist aber schon alles gezeigt, da wir aus dem vorherigen Beispiel
die Assoziativität und die Neutralität übernehmen können. Die Magmen bilden daher eine Kategorie Magma.

Wir sehen an diesem Beispiel nun ein sich abzeichnendes Muster: Man
erhält interessante Kategorien von algebraischen Strukturen, indem man die
umgebende Kategorie der Mengen verwendet, die Objekte mit zusätzlichen
Eigenschaften ausstattet, wie etwa einer oder mehrerer Verknüpfungen, und
dann nur noch solche Abbildungen als Morphismen zulässt, welche diese zusätzlichen Eigenschaften respektieren. Wichtig ist dabei dann lediglich, dass
die Identitätsabbildung die Eigenschaften erhält, was typischerweise trivial
ist, und dass die Hintereinanderausführung von den Wunschmorphismen wieder einer der selben Sorte ist: Hier muss man typischerweise dann wirklich
etwas zeigen. Die folgenden Beispiele sind nun alle von dieser Form:

Beispiel 5.7 (Die Kategorie Monoid*).* Die Monoide als Objekte mit den Mo-
noidmorphismen als Morphismen bilden eine Kategorie Monoid. Man beachte,
dass ein Monoidmorphismus nun nicht nur die Verknüpfung der Monoide sondern auch die neutralen Elemente berücksichtigen muss.

Beispiel 5.8 (Die Kategorien Group *und* Ab*).* Die Gruppen als Objekte mit
Gruppenmorphismen als Morphismen bilden eine Kategorie Group. Wie zuvor reproduzieren die kategorientheoretischen Begriffe die vertrauten Begriffe
der Isomorphie von Gruppen, der Automorphismengruppe einer Gruppe etc.
Eine besonders wichtige Spezialisierung ist die Kategorie Ab der abelschen
Gruppen, wobei man als Morphismen nach wie vor die üblichen Gruppenmorphismen verwendet.

Beispiel 5.9 (Die Kategorie Ring*).* Die assoziativen Ringe mit Einselement bilden ebenfalls eine Kategorie Ring, wobei nun die einserhaltenden Ringmorphismen als Morphismen zum Einsatz kommen. Als kleine Variationen kann man auch assoziative Ringe ohne Eins verwenden oder als Morphismen zwischen Ringen mit Eins Ringmorphismen benutzen, die das Einselement nicht notwendigerweise erhalten. Man hat hier also einen Begriff von Morphismus, welcher zwei Verknüpfungen (die Addition und die Multiplikation des Rings) und je nach Variante dann auch noch das Einselement berücksichtigen muss. Eine weitere Variante ist die Kategorie der kommutativen Ringe (mit oder ohne Einselement).

Wie auch Ringe, so bilden Körper ebenfalls eine Kategorie. Hier hatten wir aber gesehen, dass Körpermorphismen automatisch injektiv sind. Für uns wichtiger ist aber die Kategorie der Vektorräume über einem fest gewählten Körper $\Bbbk$:

Beispiel 5.10 (Die Kategorie $\mathsf{Vect}_{\Bbbk}$*).* Sei $\Bbbk$ ein Körper. Als Objekte betrachten wir dann die Vektorräume über $\Bbbk$. Für die Morphismen von einem Vektorraum V in einen anderen Vektorraum W wählen wir die linearen Abbildungen $\mathrm{Hom}_{\Bbbk}(V, W)$. Da die Verkettung von linearen Abbildungen wieder linear ist und die Identitätsabbildungen id_V trivialerweise linear sind, erhalten wir so die Kategorie $\mathsf{Vect}_{\Bbbk}$ der Vektorräume über $\Bbbk$. Auch hier stimmen die kategorientheoretischen Begriffe von Isomorphismus etc. mit den bereits bekannten aus der linearen Algebra überein. Von diesem Standpunkt aus ist lineare Algebra also das Studium der Eigenschaften der Kategorie $\mathsf{Vect}_{\Bbbk}$, ihrer Objekte und ihrer Morphismen.

Bringt man nun die beiden Beispiele Ring und $\mathsf{Vect}_{\Bbbk}$ zusammen, so erhält man die Kategorie der (assoziativen) Algebren:

Beispiel 5.11. Sei $\Bbbk$ ein Körper. Die assoziativen Algebren über $\Bbbk$ bilden bezüglich der Algebramorphismen eine Kategorie $\mathsf{Alg}_{\Bbbk}$. Auch hier gibt es verschiedene Spielarten: Man kann sich auf kommutative Algebren beschränken oder auf Algebren mit Einselement. Dann kann man bei den Algebramorphismen verlangen, dass die Einselemente erhalten bleiben oder eben nicht.

Zum Abschluss dieses Abschnitts wollen wir noch einige etwas exotischere Kategorien vorstellen, um zu demonstrieren, dass der Begriff der Kategorie wirklich sehr allgemein ist und sich keineswegs auf „Mengen mit Strukturen und strukturerhaltenden Abbildungen" beschränkt:

Beispiel 5.12 (Die Kategorie Rel*).* Die Kategorie Rel der Relationen hat als Objekte wieder Mengen wie auch schon Set. Als Morphismen verwendet man aber nun Relationen $R \subseteq M \times N$ und interpretiert eine solche als Morphismus $R\colon M \longrightarrow N$. Diese werden im Sinne von Relationen verknüpft, also

$$S \circ R = \big\{ (x, z) \in M \times O \mid \text{es gibt ein } y \in N \text{ mit } (x, y) \in R \text{ und } (y, z) \in S \big\}$$
$$(5.1.5)$$

für Relationen $R \subseteq M \times N$ und $S \subseteq N \times O$. Die Identität bei M ist dann die Relation $\Delta_M \subseteq M \times M$, also die Diagonale. In den Übungen zu Anhang B in Bd. 1 wurde dann gezeigt, dass es sich hierbei um eine Kategorie handelt, wenn auch ohne unsere aktuellere Begriffsbildung zu verwenden. Man beachte, dass hier die Morphismen wirklich deutlich allgemeiner sind als (spezielle) Abbildungen zwischen den zugrundeliegenden Mengen. In diesem Sinne unterscheidet sich dieses Beispiel einer Kategorie deutlich von den zuvor diskutierten.

Beispiel 5.13 (Präordnung). Sei I eine Indexmenge mit einer Präordnung $\leq$. Diese kann man auf folgende Weise als Kategorie verstehen: Als Objekte verwenden wir die Elemente von I. Für zwei Objekte $i, j \in I$ gibt es dann genau einen Morphismus $i \longrightarrow j$, wenn $i \leq j$ gilt. Dadurch ist bereits alles festgelegt: Die Identitäten sind die eindeutigen Morphismen $i \longrightarrow i$, da bei einer Präordnung ja immer $i \leq i$ gilt. Die Transitivität der Präordnung liefert die Verknüpfung. Isomorphie von i und j bedeutet dann $i \leq j$ und $j \leq i$. Falls die Präordnung sogar eine partielle Ordnung ist, impliziert Isomorphie direkt die Gleichheit, für eine allgemeine Präordnung muss dies nicht so sein.

Beispiel 5.14 (Pfadkategorie eines Graphen). Sei Γ ein gerichteter Graph, also ein Paar $\Gamma = (V, E)$ von einer Menge V von Vertizes und einer Menge E von Kanten (*edges*) zusammen mit zwei Abbildungen source, target: $E \longrightarrow V$, die jeder Kante $e \in E$ einen Startvertex $v_1 = \mathrm{source}(e) \in E$ und einen Endvertex $v_2 = \mathrm{target}(e) \in E$ zuordnet. In diesem Fall schreiben wir auch $e: v_1 \longrightarrow v_2$. Wir können aus Γ nun eine Kategorie konstruieren, die Kategorie der Pfade in Γ: Als Objekte verwendet man die Vertizes, also die Elemente der Menge V. Die Morphismen sind nun durch mögliche Pfade längs der Kanten des Graphen gegeben. Genauer betrachtet man n-Tupel $(e_n, \ldots, e_1)$ von Kanten, welche $e_i : v_i \longrightarrow v_{i+1}$ für alle $i = 1, \ldots, n$ mit Vertizes $v_1, \ldots, v_{n+1}$ erfüllen. Den Fall $n = 0$ betrachtet man als trivialen Pfad von einem Vertex v zurück zu sich selbst. Dieser Pfad wird dann das Einselement bei v sein. Die Verknüpfung wird nun durch Konkatenation der Pfade definiert, also

$$(f_m, \ldots, f_1) \circ (e_n, \ldots, e_1) = (f_m, \ldots, f_1, e_n, \ldots, e_1), \tag{5.1.6}$$

was immer dann definiert ist, wenn $\mathrm{source}(f_1) = \mathrm{target}(e_n)$ gilt, siehe Abb. 5.2. Es erfordert nun eine kleine aber einfache Verifikation, dass man auf diese Weise wirklich eine Kategorie erhält.

Die Liste der Beispiele ist hier bei weitem noch nicht vollständig. Nahezu jedes Gebiet der Mathematik kann durch eine zugrundeliegende Kategorie spezifiziert werden: Topologische Räume mit stetigen Abbildungen in der Topologie, Mannigfaltigkeiten mit glatten Abbildungen in der Differentialgeometrie, Banach-Räume mit kontrahierenden linearen Abbildungen in der Funktionalanalysis, Messräume mit messbaren Abbildungen in der Maßtheorie. Diese und viele weitere Beispiele findet man etwa in [9, Kap. 2].

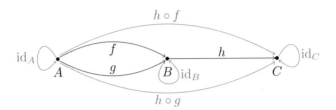

Abb. 5.2 Ein Graph mit drei Vertizes A, B und C sowie drei Kanten f, g und h. Die zugehörige Pfadkategorie hat dann zusätzlich die Identitätsmorphismen id_A, id_B und id_C sowie die neuen Morphismen $h \circ f$ und $h \circ g$.

Wie schon oft gesehen, wollen wir auch bei Kategorien aus alten neue machen. Hier gibt es verschiedene Standardkonstruktionen wie ein Kartesisches Produkt oder eine disjunkte Vereinigung, die wir jedoch nicht im Detail vorstellen wollen, siehe dazu Übung 5.3 sowie die weiterführende Literatur. Wichtig ist für uns zunächst das Konzept der *Unterkategorie*:

Definition 5.15 (Unterkategorie). Sei $\mathfrak{C}$ eine Kategorie. Sei weiter eine Teilklasse (Teilmenge) $U \subseteq \mathrm{Obj}(\mathfrak{C})$ der Objekte von $\mathfrak{C}$ sowie für je zwei Objekte $a, b \in U$ eine Teilmenge der Morphismen $\mathrm{Hom}_{\mathfrak{U}}(a, b) \subseteq \mathrm{Hom}_{\mathfrak{C}}(a, b)$ gegeben.

i.) Gilt dann $\mathrm{id}_a \in \mathrm{Hom}_{\mathfrak{U}}(a, a)$ für alle $a \in U$ sowie

$$f \circ g \in \mathrm{Hom}_{\mathfrak{U}}(a, c) \tag{5.1.7}$$

für alle $f \in \mathrm{Hom}_{\mathfrak{U}}(b, c)$ und $g \in \mathrm{Hom}_{\mathfrak{U}}(a, b)$ mit $a, b, c \in U$, so heißt die resultierende Kategorie $\mathfrak{U} \subseteq \mathfrak{C}$ mit $U = \mathrm{Obj}(\mathfrak{U})$ und Morphismen $\mathrm{Hom}_{\mathfrak{U}}(\,\cdot\,, \cdot\,)$ eine Unterkategorie von $\mathfrak{C}$.

ii.) Die Unterkategorie $\mathfrak{U} \subseteq \mathfrak{C}$ heißt voll, wenn

$$\mathrm{Hom}_{\mathfrak{U}}(a, b) = \mathrm{Hom}_{\mathfrak{C}}(a, b) \tag{5.1.8}$$

für alle $a, b \in \mathrm{Obj}(\mathfrak{U})$ gilt.

Hier ist natürlich zu bemerken, dass die Bedingungen an die Auswahl der Morphismen sicherstellt, dass $\mathfrak{U}$ wirklich eine Kategorie ist. Volle Unterkategorien kann man daher so verstehen, dass nur eine Auswahl an Objekten getroffen wurde aber alle Morphismen dieser Objekte beibehalten wurden. Wir kennen hier schon etliche Beispiele:

Beispiel 5.16 (Unterkategorien).

i.) Die abelschen Gruppen **Ab** bilden eine volle Unterkategorie der Kategorie aller Gruppen **Group**.

ii.) Die kommutativen Ringe mit Eins bilden eine volle Unterkategorie der Kategorie aller Ringe. Die Kategorie der Körper ist dann eine volle Unterkategorie der kommutativen Ringe.

iii.) Die Ringe mit Eins konnten wir auf zwei Weisen zu einer Kategorie machen: Entweder verlangt man, dass Ringmorphismen die Eins erhalten oder man verzichtet auf diese Forderung. Dies gibt ein Beispiel einer nicht-vollen Unterkategorie, wo die Unterkategorie die selben Objekte aber eben weniger Morphismen hat.

Objekte in einer Unterkategorie können nun als Objekte der umgebenden Kategorie isomorph sein, ohne innerhalb der Unterkategorie isomorph zu sein: Diese Situation kann dann auftreten, wenn die Unterkategorie nicht voll ist.

Eine ebenfalls einfache aber ungemein wichtige Konstruktion erhält man durch die duale Kategorie (im Englischen *opposite category*):

Proposition 5.17. *Sei $\mathfrak{C}$ eine Kategorie. Dann erhält man eine neue Kategorie $\mathfrak{C}^{\mathrm{opp}}$ durch folgende Konstruktion:*

i.) *Die Objekte von $\mathfrak{C}^{\mathrm{opp}}$ stimmen mit den Objekten von $\mathfrak{C}$ überein, also* $\mathrm{Obj}(\mathfrak{C}^{\mathrm{opp}}) = \mathrm{Obj}(\mathfrak{C})$.

ii.) *Als Morphismen verwendet man* $\mathrm{Hom}_{\mathfrak{C}^{\mathrm{opp}}}(a,b) = \mathrm{Hom}_{\mathfrak{C}}(b,a)$.

iii.) *Die Verknüpfung setzt man als $f \circ^{\mathrm{opp}} g = g \circ f$ für $f \in \mathrm{Hom}_{\mathfrak{C}^{\mathrm{opp}}}(b,c)$ und $g \in \mathrm{Hom}_{\mathfrak{C}^{\mathrm{opp}}}(a,b)$ fest.*

Die Identitäten sind die selben wie in $\mathfrak{C}$.

Beweis. Man erhält alle Eigenschaften einer Kategorie, indem man die Richtungen der Morphismen umdreht. Damit lassen sich dann die Assoziativität und die Einsmorphismen aus denen von $\mathfrak{C}$ direkt übernehmen.   □

Definition 5.18 (Duale Kategorie). Sei $\mathfrak{C}$ eine Kategorie. Die Kategorie $\mathfrak{C}^{\mathrm{opp}}$ heißt dann duale Kategorie von $\mathfrak{C}$.

Es handelt sich bei dieser Konstruktion tatsächlich nicht um eine Spielerei, wie man vielleicht zunächst denken mag. Tatsächlich spielt die duale Kategorie eine wichtige Rolle innerhalb der Kategorientheorie. Zweimaliges Dualisieren reproduziert dann die Ausgangslage: Für jede Kategorie $\mathfrak{C}$ gilt

$$(\mathfrak{C}^{\mathrm{opp}})^{\mathrm{opp}} = \mathfrak{C}. \tag{5.1.9}$$

Als vorerst letztes wichtiges Konzept soll nun eine konzeptuell klare Definition eines kommutativen Diagramms gegeben werden. Dazu betrachtet man einen gerichteten Graphen Γ mit Vertizes V und Kanten E wie in Beispiel 5.14. Dieser gibt die Geometrie des kommutativen Diagramms vor.

Definition 5.19 (Kommutatives Diagramm). Sei $\Gamma = (V, E)$ ein gerichteter Graph, und sei $\mathfrak{C}$ eine Kategorie.

i.) Ein Diagramm D der Geometrie Γ in $\mathfrak{C}$ ist eine Abbildung $D \colon V \longrightarrow \mathrm{Obj}(\mathfrak{C})$ zusammen mit einer Abbildung

$$D \colon E \ni e \;\mapsto\; D(e) \in \mathrm{Hom}(D(\mathrm{source}(e)), D(\mathrm{target}(e))). \tag{5.1.10}$$

ii.) Das Diagramm D der Geometrie Γ in $\mathfrak{C}$ heißt kommutativ, wenn für je zwei Pfade $(e_n, \ldots, e_1)$ und $(f_m, \ldots, f_1)$ in Γ mit gleichem Startpunkt und gleichem Endpunkt

$$D(e_n) \circ \cdots \circ D(e_1) = D(f_m) \circ \cdots \circ D(f_1) \qquad (5.1.11)$$

gilt.

Es ist eine gute Übung, sich anhand einfacher Beispiele graphisch klar zu machen, dass diese Definition wirklich die Idee eines kommutativen Diagramms beinhaltet.

5.2 Funktoren

Für sich genommen helfen Kategorien zwar beim gedanklichen Ordnen mathematischer Strukturen, sind aber darüber hinaus noch wenig nützlich. Dies ändert sich vor allem dann, wenn man verschiedene Kategorien miteinander in Beziehung bringt. Wie schon oft gesehen, fehlt uns momentan noch der richtige Begriff von strukturerhaltender Abbildung zwischen Kategorien. Man beachte, dass wir die Idee des Morphismus nun eine Ebene höher heben wollen. Die folgende Definition eines *Funktors* ist daher recht naheliegend:

Definition 5.20 (Funktor). Seien $\mathfrak{C}$ und $\mathfrak{D}$ zwei Kategorien.

i.) Ein (kovarianter) Funktor $\mathsf{F} \colon \mathfrak{C} \longrightarrow \mathfrak{D}$ ist eine Abbildung $\mathsf{F} \colon \mathrm{Obj}(\mathfrak{C}) \longrightarrow \mathrm{Obj}(\mathfrak{D})$ zusammen mit Abbildungen

$$\mathsf{F} \colon \mathrm{Hom}_{\mathfrak{C}}(a, b) \longrightarrow \mathrm{Hom}_{\mathfrak{D}}(\mathsf{F}(a), \mathsf{F}(b)) \qquad (5.2.1)$$

für alle $a, b \in \mathrm{Obj}(\mathfrak{C})$, so dass

$$\mathsf{F}(\mathrm{id}_a) = \mathrm{id}_{\mathsf{F}(a)} \quad \text{und} \quad \mathsf{F}(f \circ g) = \mathsf{F}(f) \circ \mathsf{F}(g) \qquad (5.2.2)$$

für alle $f \in \mathrm{Hom}_{\mathfrak{C}}(b, c)$ und $g \in \mathrm{Hom}_{\mathfrak{C}}(a, b)$ sowie $a, b, c \in \mathrm{Obj}(\mathfrak{C})$.

ii.) Ein kontravarianter Funktor $\mathsf{F} \colon \mathfrak{C} \longrightarrow \mathfrak{D}$ ist ein kovarianter Funktor $\mathsf{F} \colon \mathfrak{C}^{\mathrm{opp}} \longrightarrow \mathfrak{D}$.

Wenn nichts weiter spezifiziert wird, versteht man unter einem Funktor immer einen kovarianten Funktor. Ein kontravarianter Funktor ist also durch eine Abbildung F der Objekte gegeben, so dass anstelle von (5.2.2) entsprechend

$$\mathrm{id}_a = \mathrm{id}_{\mathsf{F}(a)} \quad \text{und} \quad \mathsf{F}(f \circ g) = \mathsf{F}(g) \circ \mathsf{F}(f) \qquad (5.2.3)$$

für alle $f \in \mathrm{Hom}_{\mathfrak{C}}(b, c)$ und $g \in \mathrm{Hom}_{\mathfrak{C}}(a, b)$ sowie $a, b, c \in \mathrm{Obj}(\mathfrak{C})$ gilt.

Proposition 5.21. *Seien* $\mathfrak{C}, \mathfrak{D}$ *und* $\mathfrak{E}$ *Kategorien mit Funktoren* $\mathsf{F} \colon \mathfrak{C} \longrightarrow \mathfrak{D}$ *und* $\mathsf{G} \colon \mathfrak{D} \longrightarrow \mathfrak{E}$

i.) Ist $f \in \mathrm{Hom}_{\mathfrak{C}}(a, b)$ ein Isomorphismus, so ist $\mathsf{F}(f) \in \mathrm{Hom}_{\mathfrak{D}}(\mathsf{F}(a), \mathsf{F}(b))$ ebenfalls ein Isomorphismus. In diesem Falle gilt

$$\mathsf{F}(f)^{-1} = \mathsf{F}(f^{-1}). \tag{5.2.4}$$

ii.) Die Einschränkung auf $\mathrm{End}_{\mathfrak{C}}(a)$ liefert einen Monoidmorphismus

$$\mathsf{F} \colon \mathrm{End}_{\mathfrak{C}}(a) \longrightarrow \mathrm{End}_{\mathfrak{D}}(\mathsf{F}(a)) \tag{5.2.5}$$

für alle $a \in \mathrm{Obj}(\mathfrak{C})$.

iii.) Die Einschränkung auf $\mathrm{Aut}_{\mathfrak{C}}(a)$ liefert einen Gruppenmorphismus

$$\mathsf{F} \colon \mathrm{Aut}_{\mathfrak{C}}(a) \longrightarrow \mathrm{Aut}_{\mathfrak{D}}(\mathsf{F}(a)) \tag{5.2.6}$$

für alle $a \in \mathrm{Obj}(\mathfrak{C})$.

iv.) Die Identität liefert einen Funktor $\mathrm{id}_{\mathfrak{C}} \colon \mathfrak{C} \longrightarrow \mathfrak{C}$.

v.) Die Verkettung von G und F liefert einen Funktor

$$\mathsf{G} \circ \mathsf{F} \colon \mathfrak{C} \longrightarrow \mathfrak{E}. \tag{5.2.7}$$

Hier ist $\mathsf{G} \circ \mathsf{F}$ sowohl auf Objekten als auch auf Morphismen die übliche Verkettung von Abbildungen.

Beweis. Der erste Teil folgt durch Anwenden von F auf die Gleichungen $f \circ f^{-1} = \mathrm{id}_b$ und $f^{-1} \circ f = \mathrm{id}_a$, sofern $f \in \mathrm{Hom}_{\mathfrak{C}}(a, b)$ ein Isomorphismus ist. Der zweite Teil ist klar und liefert den dritten Teil aus allgemeinen Gründen, da die Automorphismen von a gerade die invertierbaren Elemente des Monoids $\mathrm{End}_{\mathfrak{C}}(a)$ sind. Die letzten beiden Aussagen folgen ebenfalls durch eine direkte Verifikation. Lediglich die genaue Buchführung der jeweiligen Start- und Endpunkte der Morphismen erfordert etwas Aufmerksamkeit. $\square$

Als eine der wichtigsten Konsequenzen bemerken wir, dass ein Funktor kommutative Diagramme in der Startkategorie auf kommutative Diagramme in der Zielkategorie abbildet, siehe auch Abb. 5.3:

Korollar 5.22. *Sei $\Gamma = (V, E)$ ein gerichteter Graph und D ein kommutatives Diagramm der Geometrie Γ in einer Kategorie $\mathfrak{C}$. Sei weiter $\mathsf{F} \colon \mathfrak{C} \longrightarrow \mathfrak{D}$ ein Funktor. Dann wird durch $\mathsf{F} \circ D$ ein kommutatives Diagramm der Geometrie Γ in $\mathfrak{D}$ definiert.*

Beweis. Hier verwenden wir die Verkettung sowohl für die Vertices $\mathsf{F} \circ D \colon V \longrightarrow \mathrm{Obj}(\mathfrak{D})$ als auch für die Kanten $\mathsf{F} \circ D \colon E \ni e \mapsto \mathsf{F}(D(e)) \in \mathrm{Hom}_{\mathfrak{D}}(\mathsf{F}(D(\mathrm{source}(e))), \mathsf{F}(D(\mathrm{target}(e))))$. Da F die Verknüpfung $\circ$ von $\mathfrak{C}$ auf die in $\mathfrak{D}$ abbildet, ist die erforderliche Eigenschaft (5.1.11) für $\mathsf{F} \circ D$ direkt ersichtlich. $\square$

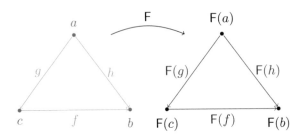

Abb. 5.3 Der Funktor F bildet das linke kommutative Diagramm wieder auf ein kommutatives Diagramm ab: Aus $h = f \circ g$ folgt $F(h) = F(f) \circ F(g)$.

Wir haben bereits viele Funktoren in der linearen Algebra kennengelernt, ohne diesen Begriff zu benutzen. Die Funktorialität (5.2.2) hatten wir systematisch an vielen Stellen nachgeprüft, so dass wir hier lediglich die Beispiele anführen:

Beispiel 5.23 (Die Funktoren Abb *für Gruppen).* Sei X eine nichtleere Menge und G eine Gruppe. Dann ist $\mathrm{Abb}(X, G)$ mit den punktweisen Operationen wieder eine Gruppe. Im Falle von $X = \emptyset$ besteht $\mathrm{Abb}(\emptyset, G) = \{\emptyset\}$ aus einer einzigen Abbildung, der leeren Abbildung. Diese lässt sich als die triviale Gruppe, bestehend nur aus dem Einselement, auffassen, so dass wir für X beliebige Mengen verwenden können. Mit dem pull-back werden aus Abbildungen $f\colon X \longrightarrow Y$ dann Gruppenmorphismen $f^*\colon \mathrm{Abb}(Y, G) \longrightarrow \mathrm{Abb}(X, G)$. Dies liefert einen kontravarianten Funktor

$$\mathrm{Abb}(\,\cdot\,, G)\colon \mathsf{Set} \longrightarrow \mathsf{Group}. \tag{5.2.8}$$

Umgekehrt können wir jeden Gruppenmorphismus $\Phi\colon G \longrightarrow H$ auch punktweise auf $\mathrm{Abb}(X, G)$ definieren. Dies liefert dann einen Gruppenmorphismus $\Phi\colon \mathrm{Abb}(X, G) \longrightarrow \mathrm{Abb}(X, H)$. Somit erhält man einen kovarianten Funktor

$$\mathrm{Abb}(X, \,\cdot\,)\colon \mathsf{Group} \longrightarrow \mathsf{Group}. \tag{5.2.9}$$

Diese Konstruktion ist von fundamentaler Bedeutung und ist uns schon in vielen Varianten begegnet.

Beispiel 5.24 (Die Funktoren Abb *für Ringe).* Ist R ein Ring, so erhalten wir einen kontravarianten Funktor

$$\mathrm{Abb}(\,\cdot\,, \mathsf{R})\colon \mathsf{Set} \longrightarrow \mathsf{Ring} \tag{5.2.10}$$

sowie einen kovarianten Funktor

$$\mathrm{Abb}(X, \,\cdot\,)\colon \mathsf{Ring} \longrightarrow \mathsf{Ring} \tag{5.2.11}$$

für jede fest gewählte Menge X.

Beispiel 5.25 (Die Funktoren Abb *für Vektorräume).* Sei V ein Vektorraum über einem Körper $\Bbbk$. Dann erhalten wir einen kontravarianten Funktor

$$\mathrm{Abb}(\,\cdot\,, V)\colon \mathsf{Set} \longrightarrow \mathsf{Vect}_{\Bbbk}. \tag{5.2.12}$$

Umgekehrt erhalten wir für jede fest gewählte Menge X einen kovarianten Funktor

$$\mathrm{Abb}(X, \,\cdot\,)\colon \mathsf{Vect}_{\Bbbk} \longrightarrow \mathsf{Vect}_{\Bbbk}. \tag{5.2.13}$$

Beispiel 5.26 (Die Funktoren Abb_0*).* Da wir bereits für eine Gruppe ein ausgezeichnetes Element, die Eins, haben, können wir in allen obigen Beispielen von Abbildungen mit endlichem Träger sprechen. Dies liefert kovariante Funktoren $\mathrm{Abb}_0(X, \,\cdot\,)$ für jede der obigen Zielkategorien. Allerdings ist dies nicht länger der Fall für eine naive Definition von $\mathrm{Abb}(\,\cdot\,, G)$ etc. Das Problem ist, dass eine allgemeine Abbildung $f\colon X \longrightarrow Y$ einen pull-back liefert, der aus einer Funktion mit endlichem Träger eine mit beliebigem Träger macht: Man denke etwa an die konstante Abbildung $X \longrightarrow Y$ auf einer unendlichen Menge X. Daher muss man die Morphismen von Set einschränken: Wir definieren die nicht-volle Unterkategorie $\mathsf{Set}_0 \subseteq \mathsf{Set}$ durch die selben Objekte aber nur diejenigen Abbildungen als Morphismen, die die zusätzliche Eigenschaft haben, dass Urbilder endlicher Teilmengen wieder endliche Teilmengen sein sollen. Man überzeugt sich leicht davon, dass dies tatsächlich eine Unterkategorie liefert. Für diese erhält man nun Funktoren

$$\mathrm{Abb}_0(\,\cdot\,, G)\colon \mathsf{Set}_0 \longrightarrow \mathsf{Group} \tag{5.2.14}$$

und

$$\mathrm{Abb}_0(\,\cdot\,, V)\colon \mathsf{Set}_0 \longrightarrow \mathsf{Vect}_{\Bbbk}. \tag{5.2.15}$$

Will man auch $\mathrm{Abb}_0(\,\cdot\,, \mathsf{R})$ für einen Ring R definieren, so ist die Zielkategorie nicht Ring sondern die Kategorie der Ringe, die nicht notwendigerweise ein Einselement enthalten.

Beispiel 5.27 (Polynomringe). Sei R ein Ring. Wir hatten in der linearen Algebra an entscheidenden Stellen Gebrauch von den Polynomen $\mathsf{R}[x]$ gemacht, beispielsweise in der Spektraltheorie von Endomorphismen auf endlich-dimensionalen Vektorräumen, wo wir an $\mathrm{End}(V)[x]$ beziehungsweise $\Bbbk[x]$ interessiert waren. Es zeigt sich, dass die Konstruktion der Polynome $\mathsf{R} \mapsto \mathsf{R}[x]$ nun selbst funktoriell ist, also einen kovarianten Funktor

$$\mathsf{Ring} \longrightarrow \mathsf{Ring} \tag{5.2.16}$$

liefert. Hierzu müssen wir noch spezifizieren, wie mit den Ringmorphismen $\phi\colon \mathsf{R} \longrightarrow \mathsf{S}$ verfahren werden soll. Dies ist aber einfach, man setzt ϕ auf Polynome durch

$$\phi(a_n x^n + \cdots + a_1 x + a_0) = \phi(a_n)x^n + \cdots + \phi(a_1)x + \phi(a_0) \tag{5.2.17}$$

fort. Eine kleine Überprüfung zeigt, dass es sich dabei um einen Funktor handelt.

Beispiel 5.28 (Die Hom-*Funktoren in der linearen Algebra).* Die linearen Abbildungen in einen festen Vektorraum oder auf einem festen Vektorraum können wir nun analog zu den Funktoren aus Beispiel 5.25 ebenfalls als Funktor verstehen. Sei also V ein Vektorraum über $\Bbbk$. Dann ist

$$\mathrm{Hom}(V, \cdot) \colon \mathsf{Vect}_\Bbbk \longrightarrow \mathsf{Vect}_\Bbbk \qquad (5.2.18)$$

ein kovarianter Funktor, wenn man lineare Abbildungen $\phi \colon W \longrightarrow U$ durch Nachverkettung zu linearen Abbildungen

$$\phi \colon \mathrm{Hom}(V, W) \ni \psi \mapsto \phi \circ \psi \in \mathrm{Hom}(V, U) \qquad (5.2.19)$$

macht. Viel wichtiger ist jedoch der kontravariante Funktor

$$\mathrm{Hom}(\cdot, V) \colon \mathsf{Vect}_\Bbbk \longrightarrow \mathsf{Vect}_\Bbbk, \qquad (5.2.20)$$

welcher auf Morphismen der schon oft zum Einsatz gekommene pull-back aus Definition 2.43 ist. Damit erhält man als wichtigen Spezialfall das Dualisieren:

$$* = \mathrm{Hom}(\cdot, \Bbbk) \colon \mathsf{Vect}_\Bbbk \longrightarrow \mathsf{Vect}_\Bbbk. \qquad (5.2.21)$$

Man beachte, dass der pull-back einer linearen Abbildung $\phi \colon V \longrightarrow W$ hier wirklich einfach die duale lineare Abbildung $\phi^* \colon W^* \longrightarrow V^*$ liefert.

Beispiel 5.29 (Der Tangentialfunktor). Sei $k \in \mathbb{N} \cup \{\infty\}$. Wir betrachten als Beispiel aus der Analysis die Kategorie $\mathscr{C}^k$ der offenen Teilmengen von $\mathbb{R}^n$ mit $n \in \mathbb{N}$ und den $\mathscr{C}^k$-Abbildungen zwischen ihnen als Morphismen aus Übung 5.2, *ii.).* Für eine $\mathscr{C}^k$-Funktion $f \colon U \longrightarrow W$ mit offenen Teilmengen $U \subseteq \mathbb{R}^n$ und $W \subseteq \mathbb{R}^m$ betrachtet man für jeden Punkt $x \in U$ die Ableitung $Df\big|_x \colon \mathbb{R}^n \longrightarrow \mathbb{R}^m$, welche als lineare Abbildung gerade die partiellen Ableitungen der Funktion f als Matrixeinträge besitzt. Zusammen liefert dies die *Tangentialabbildung*

$$Tf \colon U \times \mathbb{R}^n \ni (x, v) \mapsto \big(f(x), Df\big|_x v\big) \in W \times \mathbb{R}^m, \qquad (5.2.22)$$

was damit eine $\mathscr{C}^{k-1}$-Abbildung $Tf \colon U \times \mathbb{R}^n \longrightarrow W \times \mathbb{R}^m$ darstellt. Mit der Schreibweise $TU = U \times \mathbb{R}^n$ für jede offene Teilmenge $U \subseteq \mathbb{R}^n$ und $n \in \mathbb{N}$ erhält man damit den *Tangentialfunktor*

$$T \colon \mathscr{C}^k \longrightarrow \mathscr{C}^{k-1}. \qquad (5.2.23)$$

Die Eigenschaft (5.2.2) eines Funktors ist dabei gerade die *Kettenregel*, die Konsequenz (5.2.4) ist dann der Satz von der Umkehrfunktion in seiner globalen Version.

Beispiel 5.30 (Tensorpotenzen und Tensoralgebra). Sei $k \in \mathbb{N}$ und $\mathbb{k}$ ein Körper. Für einen Vektorraum V über $\mathbb{k}$ definiert man dann die Tensorpotenz $\mathrm{T}^k(V) = V^{\otimes k}$ wie in Definition 3.48. Für eine lineare Abbildung $\phi \colon V \longrightarrow W$ setzt man entsprechend $\mathrm{T}^k(\phi) = \phi^{\otimes k} \colon V^{\otimes k} \longrightarrow W^{\otimes k}$ und erhält wieder eine lineare Abbildung. Diese wurde in Übung 3.24 auch als *push-forward* bezeichnet. Dies liefert einen Funktor

$$\mathrm{T}^k = {}^{\otimes k} \colon \mathsf{Vect}_{\mathbb{k}} \longrightarrow \mathsf{Vect}_{\mathbb{k}}. \tag{5.2.24}$$

Entsprechend kann man auch alle Tensorpotenzen zur Tensoralgebra zusammennehmen und erhält einen Funktor

$$\mathrm{T} \colon \mathsf{Vect}_{\mathbb{k}} \longrightarrow \mathsf{Alg}_{\mathbb{k}}, \tag{5.2.25}$$

wobei zunächst zu bemerken ist, dass $\mathrm{T}(\phi) \colon \mathrm{T}^{\bullet}(V) \longrightarrow \mathrm{T}^{\bullet}(W)$ tatsächlich ein (einserhaltender) Algebramorphismus der Tensoralgebren ist. Als Variante davon kann man auch die symmetrischen Tensorpotenzen und die symmetrische Algebra $\mathrm{S}^{\bullet}(\cdot)$ betrachten, was dann zu einem Funktor mit Werten in der Kategorie der *kommutativen* Algebren über $\mathbb{k}$ führt. Entsprechendes gilt natürlich auch für die antisymmetrische Variante, also die Grassmann-Algebra $\Lambda^{\bullet}(\cdot)$, siehe auch Übung 3.41.

Beispiel 5.31 (Körpererweiterung und Komplexifizierung). Sei $\iota \colon \mathbb{k} \longrightarrow \mathbb{K}$ eine Körpererweiterung. Dann erhält man durch das Tensorprodukt mit $\mathbb{K}$ über $\mathbb{k}$ einen Funktor

$$\cdot \otimes \mathbb{K} \colon \mathsf{Vect}_{\mathbb{k}} \longrightarrow \mathsf{Vect}_{\mathbb{K}}, \tag{5.2.26}$$

siehe auch Übung 3.18. Insbesondere ist die *Komplexifizierung*

$$\mathsf{Vect}_{\mathbb{R}} \longrightarrow \mathsf{Vect}_{\mathbb{C}} \tag{5.2.27}$$

ein Funktor.

5.3 Natürliche Transformationen und Äquivalenz

Nachdem wir nun gesehen haben, wie viele Resultate der linearen Algebra in der Sprache der Kategorien und Funktoren formuliert werden können, gilt es nun, die Funktoren dazu zu verwenden, Beziehungen zwischen den verschiedenen Kategorien herzustellen. Insbesondere wollen wir verstehen, welche Kategorien als gleichwertig angesehen werden können.

Die naive Idee ist dabei sehr einfach: Wie schon zuvor werden zwei Kategorien $\mathfrak{C}$ und $\mathfrak{D}$ als *isomorph* bezeichnet, wenn es Funktoren $\mathsf{F} \colon \mathfrak{C} \longrightarrow \mathfrak{D}$ und $\mathsf{G} \colon \mathfrak{D} \longrightarrow \mathfrak{C}$ gibt, so dass

$$\mathsf{F} \circ \mathsf{G} = \mathrm{id}_{\mathfrak{D}} \quad \text{und} \quad \mathsf{G} \circ \mathsf{F} = \mathrm{id}_{\mathfrak{C}} \tag{5.3.1}$$

gilt. Dem ist an sich nichts entgegenzusetzen. Diese Definition liefert das gewünschte Resultat, dass zwei isomorphe Kategorien sich in keiner Eigenschaft unterscheiden und daher als gleichwertig angesehen werden können.

Das Problem ist allerdings, dass diese Situation in der mathematischen Wirklichkeit so gut wie nie auftritt. Um dies zu verstehen, betrachten wir folgendes fundamentale Beispiel aus der linearen Algebra:

Beispiel 5.32 (Endlichdimensionale Vektorräume). Sei $\Bbbk$ ein Körper. Die endlich-dimensionalen Vektorräume $\mathsf{FinVect}_\Bbbk \subseteq \mathsf{Vect}_\Bbbk$ bilden eine (volle) Unterkategorie aller Vektorräume über $\Bbbk$. Wir wissen, dass jeder endlich-dimensionale Vektorraum auf nicht-kanonische Weise nach Wahl einer Basis zu $\Bbbk^n$ isomorph wird. Es liegt daher nahe, folgende Kategorie $\mathsf{Mat}_\Bbbk$ der Matrizen über $\Bbbk$ zu betrachten: Als Objekte wählen wir die natürlichen Zahlen $\mathbb{N}_0$ mit 0. Die Morphismen von n nach m seien dann die $m \times n$-Matrizen $\mathrm{M}_{n \times m}(\Bbbk)$ mit der üblichen Matrixmultiplikation als Verknüpfung und den jeweiligen Einheitsmatrizen $\mathbb{1}_n$ als Einsmorphismen von n. Dies liefert wirklich eine Kategorie, wie man unschwer verifiziert. Da die gesamte lineare Algebra endlich-dimensionaler Vektorräume in den Dimensionen der Vektorräume und in den zugehörigen Matrizen kodiert werden kann, ist es naheliegend, $\mathsf{FinVect}_\Bbbk$ und $\mathsf{Mat}_\Bbbk$ als gleichwertig anzusehen. Tatsächlich gibt es ja auch einen Funktor

$$\mathsf{Mat}_\Bbbk \longrightarrow \mathsf{FinVect}_\Bbbk, \tag{5.3.2}$$

der als Kandidat für einen Isomorphismus dienen könnte. Man ordnet dem Objekt n den Vektorraum $\Bbbk^n$ zu und einer Matrix $A \in \mathrm{M}_{m \times n}(\Bbbk)$ die entsprechende lineare Abbildung $A \colon \Bbbk^n \longrightarrow \Bbbk^m$. Da die Matrixmultiplikation gerade so definiert wurde, dass sie der Verkettung linearer Abbildungen entspricht, ist dies leicht als Funktor identifiziert. Das Problem ist jedoch, dass es in $\mathsf{FinVect}_\Bbbk$ viel zu viele Objekte gibt, als dass der Funktor für Objekte eine Bijektion liefern könnte: Ein endlich-dimensionaler Vektorraum ist zwar isomorph zu einem der $\Bbbk^n$ aber eben nicht *gleich*! Egal, wie man einen Funktor in die rückwärtige Richtung wählen will, eine Bijektion auf Niveau der Objekte wird sich nicht erreichen lassen.

Man benötigt daher einen leicht schwächeren Begriff, der die Isomorphie von Kategorien durch etwas nützlicheres ersetzt. Als Vorbereitung benötigen wir zunächst eine Methode, um zwei Funktoren miteinander zu vergleichen, da sich die Forderung einer *Gleichheit* in (5.3.1) als zu starr erwiesen hat. Dies führt auf den Begriff der *natürlichen Transformation*:

Definition 5.33 (Natürliche Transformation). Seien $\mathfrak{C}$ und $\mathfrak{D}$ zwei Kategorien mit zwei Funktoren $\mathsf{F}, \mathsf{G} \colon \mathfrak{C} \longrightarrow \mathfrak{D}$.

i.) Eine natürliche Transformation $\eta \colon \mathsf{F} \Longrightarrow \mathsf{G}$ besteht aus Morphismen $\eta_a \in \mathrm{Hom}_\mathfrak{D}(\mathsf{F}(a), \mathsf{G}(a))$ für jedes $a \in \mathrm{Obj}(\mathfrak{C})$ derart, dass das Diagramm

$$
\begin{array}{ccc}
F(a) & \xrightarrow{\ F(f)\ } & F(b) \\
\eta_a \downarrow & & \downarrow \eta_b \\
G(a) & \xrightarrow[\ G(f)\ ]{} & G(b)
\end{array}
\qquad (5.3.3)
$$

für alle Morphismen $f \in \mathrm{Hom}_{\mathfrak{C}}(a, b)$ und alle $a, b \in \mathrm{Obj}(\mathfrak{C})$ kommutiert.

ii.) Eine natürliche Transformation η heißt natürlicher Isomorphismus, wenn η_a für alle $a \in \mathrm{Obj}(\mathfrak{C})$ ein Isomorphismus ist.

Natürliche Transformationen stellt man graphisch gerne als Pfeile zwischen Pfeilen dar. Die obige Situation würde man daher als ein Diagramm

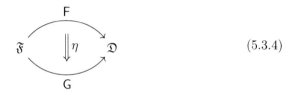

$$(5.3.4)$$

schreiben. Natürliche Transformationen stellen daher in gewisser Hinsicht Morphismen zwischen Funktoren dar. Diese helfen nun Funktoren zu vergleichen. Bevor wir damit den Begriff der Äquivalenz von Kategorien definieren, geben wir einige aus der linearen Algebra bereits bekannte Beispiele, deren „Natürlichkeit" nun den richtigen Rahmen gefunden hat:

Beispiel 5.34 (Doppeldualraum). Sei $\Bbbk$ ein Körper und V ein Vektorraum über $\Bbbk$. Aus diesem erhält man den Dualraum V^* und dessen Dualraum $(V^*)^* = V^{**}$, den Doppeldualraum von V. Während es keine ausgezeichnete Abbildung (außer der Nullabbildung) von V nach V^* gibt, hatten wir die natürliche Einbettung

$$
\iota_V : V \ni v \mapsto \iota_V(v) \in V^{**} \qquad (5.3.5)
$$

bereits kennengelernt, wobei $(\iota_V(v))(\alpha) = \alpha(v)$ für $\alpha \in V^*$. Da Dualisieren nach Beispiel 5.28 ein kontravarianter Funktor $^* : \mathsf{Vect}_{\Bbbk} \longrightarrow \mathsf{Vect}_{\Bbbk}$ ist, ist das zweifache Dualisieren ein kovarianter Funktor

$$
^{**} : \mathsf{Vect}_{\Bbbk} \longrightarrow \mathsf{Vect}_{\Bbbk}. \qquad (5.3.6)
$$

Diesen wollen wir mit dem Identitätsfunktor vergleichen: Die lineare Abbildung ι_V fassen wir daher als Komponenten einer natürlichen Transformation

$$
\iota : \mathrm{id}_{\mathsf{Vect}_{\Bbbk}} \Longrightarrow {}^{**} \qquad (5.3.7)
$$

von der Identität zum doppelten Dualisieren auf. Dass ι tatsächlich die Eigenschaften einer natürlichen Transformation hat, wurde in Bd. 1 ohne diese

Begriffsbildung bereits gezeigt. Man beachte, dass für endlich-dimensionale Vektorräume jedes ι_V sogar ein *Isomorphismus* ist. Daher wird der Funktor ** zum Identitätsfunktor natürlich isomorph. Dies war letztlich der tiefere Grund, wieso wir den Doppeldualraum in endlichen Dimensionen immer mit dem Vektorraum identifizieren konnten, ohne dass hier weitere Schwierigkeiten auftraten.

Bemerkenswerterweise wird man keine analoge Konstruktion für den Dualraum finden: Da * kontravariant ist, kann es eine nichttriviale natürliche Transformation mit (5.3.3) nicht geben, da die Pfeile nicht wirklich passen. Man kann zwar ebenfalls natürliche Transformationen zwischen zwei kontravarianten Funktoren definieren, aber nicht mit gemischtem Typ. Etwas weniger strukturell argumentiert wird man sich schwer tun, überhaupt eine interessante lineare Abbildung von V nach V^* zu finden, *ohne* zusätzliche Strukturen zu benutzen. Natürlichkeit bedeutet also anschaulich gesprochen, dass man eine Konstruktion oder eine Abbildung eben *ohne* weitere Informationen aus den Objekten der Kategorie alleine gewinnen kann. Selbstverständlich könnte man für jeden Vektorraum V eine beispielsweise sogar injektive lineare Abbildung $i_V \colon V \longrightarrow V^*$ festlegen, etwa indem man eine Basis wählt. Die Kohärenzeigenschaft (5.3.3) wird sich dann aber nicht erreichen lassen. Ein weiteres Beispiel für einen natürlichen Isomorphismus hatten wir im Zusammenhang mit dem Tensorprodukt gesehen:

Beispiel 5.35 (Natürlichkeit der Assoziativität). Für drei Vektorräume U, V, W betrachtet man deren Tensorprodukt mit unterschiedlicher Klammerung. Wir hatten einen Isomorphismus

$$a_{UVW} \colon U \otimes (V \otimes W) \longrightarrow (U \otimes V) \otimes W \tag{5.3.8}$$

bereits konstruiert. Mit unserer neuen Interpretation liefert dies eine natürliche Isomorphie a der beiden Funktoren

$$a \colon \otimes \circ (\mathrm{id} \times \otimes) \Longrightarrow \otimes \circ (\otimes \times \mathrm{id}), \tag{5.3.9}$$

wobei wir diese Verkettung der Tensorprodukte als zwei Funktoren

$$\otimes \circ (\mathrm{id} \times \otimes), \otimes \circ (\otimes \times \mathrm{id}) \colon \mathsf{Vect}_{\Bbbk} \times \mathsf{Vect}_{\Bbbk} \times \mathsf{Vect}_{\Bbbk} \longrightarrow \mathsf{Vect}_{\Bbbk} \tag{5.3.10}$$

verstehen wollen. Hier verwendet man das Kartesische Produkt von drei Kopien der Kategorie $\mathsf{Vect}_{\Bbbk}$, siehe auch Übung 5.3. Dass es sich dabei nun um einen natürlichen Isomorphismus handelt, ist gerade die Aussage von Proposition 3.30. Wieder ist diese Natürlichkeit die Rechtfertigung dafür, dass wir bei Tensorprodukten die Klammerung außer acht lassen dürfen, da die Identifikation der beiden Klammerungen ohne Zuhilfenahme weiterer Wahlen geschieht. Auf ähnliche Weise erhält man natürliche Isomorphien von Tensorprodukten mit mehreren Faktoren, indem man die Isomorphismen aus Satz 3.19 verwendet und ihre Natürlichkeit analog zu Proposition 3.30 nachprüft.

Nach diesen Beispielen können wir nun die Definition der Äquivalenz von Kategorien diskutieren. Die Idee ist, die Gleichheit der Funktoren in (5.3.1) durch eine natürliche Isomorphie zu ersetzen. Diese Abschwächung erweist sich dann als sehr nützlich und der Kategorientheorie weitaus angemessener.

Definition 5.36 (Äquivalenz von Kategorien). Zwei Kategorien $\mathfrak{C}$ und $\mathfrak{D}$ heißen äquivalent, wenn es Funktoren $F\colon \mathfrak{C} \longrightarrow \mathfrak{D}$ und $G\colon \mathfrak{D} \longrightarrow \mathfrak{C}$ gibt, so dass $G \circ F$ natürlich isomorph zu $\mathrm{id}_{\mathfrak{C}}$ und $F \circ G$ natürlich isomorph zu $\mathrm{id}_{\mathfrak{D}}$ ist.

Zunächst muss gezeigt werden, dass es sich tatsächlich um eine Äquivalenzrelation handelt. Dazu benötigt man eine Möglichkeit, natürliche Transformationen zu verketten, siehe Übung 5.8, womit der Nachweis dann schnell gelingt. Die beiden Funktoren F und G nennt man in diesem Fall auch *pseudoinvers* zueinander.

Es zeigt sich nun, dass es viele Kategorien in der Mathematik gibt, die zwar nicht isomorph aber eben doch im obigen Sinne äquivalent sind. Damit wird der Äquivalenzbegriff von Kategorien einer der wichtigsten überhaupt. Unser eingangs vorgestelltes Beispiel erweist sich dann wirklich als eine Äquivalenz:

Beispiel 5.37 (Äquivalenz von FinVect$_{\Bbbk}$ *und* Mat$_{\Bbbk}$*).* Die Kategorien FinVect$_{\Bbbk}$ und Mat$_{\Bbbk}$ werden durch den Funktor aus (5.3.2) zueinander äquivalent. Einen zu diesem Funktor pseudo-inversen Funktor

$$\mathsf{FinVect}_{\Bbbk} \longrightarrow \mathsf{Mat}_{\Bbbk} \tag{5.3.11}$$

erhält man dadurch, dass man (mit Hilfe einer hinreichend starken Version des Auswahlaxioms) für jeden endlich-dimensionalen Vektorraum V eine Basis B_V wählt, die dann zum einen die Zuordnung $V \mapsto \#B_V$ für die Objekte erlaubt. Zum anderen erlaubt die Wahl der Basen die Identifikation von linearen Abbildungen mit Matrizen. Dies spezifiziert dann den Funktor (5.3.11) auf Morphismen.

Mit diesem Beispiel erhalten wir nun also zum Abschluss eine konzeptuelle Erklärung dafür, wieso lineare Algebra endlich-dimensionaler Vektorräume so gut durch Spaltenvektoren und Matrizen beschrieben werden kann.

5.4 Übungen

Übung 5.1 (Beweis zu Proposition 5.4).
i.) Führen Sie den Beweis von Proposition 5.4 im Detail durch.
ii.) Alternativ können Sie auch mindestens fünf Stellen in linearen Algebra finden, wo diese Eigenschaften für Beispiele immer und immer wieder

gezeigt wurden. Der Begriff der Kategorie vereinheitlicht also diese Aussagen und abstrahiert sie auf das Wesentliche.

Übung 5.2 (Beispiele für Kategorien). Finden Sie gegebenenfalls zuerst die naheliegende und geeignete Definition der Morphismen, und zeigen Sie dann, dass folgende Beispiele tatsächlich Kategorien liefern:

i.) Die Halbgruppen bilden eine Kategorie.

ii.) Sei $k \in \mathbb{N}_0 \cup \{\infty\}$. Die offenen Teilmengen von $\mathbb{R}^n$ mit $n \in \mathbb{N}$ bilden eine Kategorie $\mathscr{C}^k$ bezüglich der $\mathscr{C}^k$-Abbildungen als Morphismen.

iii.) Die partiell geordneten Mengen bilden eine Kategorie Poset.

> Hinweis: Hier gibt es verschiedene Varianten für prägeordnete oder auch gerichtete Mengen.

iv.) Aus der Analysis sind metrische Räume bekannt. Als Morphismen verwendet man hier gerne kontrahierende oder zumindest Lipschitz-stetige Abbildungen.

v.) Endlichdimensionale Euklidische Räume mit Isometrien oder mit adjungierbaren Abbildungen als Morphismen.

> Hinweis: Dies liefert zwei verschiedene Kategorien! Welche kann als Unterkategorie der anderen angesehen werden?

Übung 5.3 (Produktkategorie). Sei I eine nicht-leere Indexmenge, und seien $\mathfrak{C}_i$ Kategorien für jedes $i \in I$. Finden Sie die naheliegende Definition der Produktkategorie $\prod_{i \in I} \mathfrak{C}_i$, und weisen Sie alle Eigenschaften einer Kategorie nach.

Übung 5.4 (Spezielle Objekte). Sei $\mathfrak{C}$ eine Kategorie. Ein Objekt $a \in$ Obj$(\mathfrak{C})$ heißt *initial*, wenn es für jedes Objekt $b \in$ Obj$(\mathfrak{C})$ einen eindeutigen Morphismus $f\colon a \longrightarrow b$ gibt. Entsprechend heißt a *final*, wenn es für jedes Objekt $b \in$ Obj$(\mathfrak{C})$ einen eindeutigen Morphismus $f\colon b \longrightarrow a$ gibt. Ein Objekt heißt *Nullobjekt*, wenn es sowohl initial als auch final ist.

i.) Zeigen Sie, dass je zwei initiale Objekte mittels eines eindeutigen Isomorphismus isomorph sind. Zeigen Sie ebenso, dass ein zu einem initialen Objekt isomorphes Objekt selbst initial ist.

ii.) Zeigen Sie, dass ein Objekt $a \in \mathfrak{C}$ genau dann initial ist, wenn a als Objekt von $\mathfrak{C}^{\mathrm{opp}}$ final ist. Folgern Sie eine *i.)* entsprechende Eindeutigkeitsaussage nun auch für finale Objekte.

iii.) Zeigen Sie, dass die Kategorien Group und Vect$_k$ Nullobjekte haben, und bestimmen Sie diese (bis auf Isomorphie).

iv.) Zeigen Sie, dass auch Set sowohl initiale Objekte als auch finale Objekte besitzt. Bestimmen Sie diese ebenfalls und zeigen Sie so, dass Set keine Nullobjekte besitzt.

> Hinweis: Hier muss man sich nochmals die genaue Definition einer Abbildung als Teilmenge des Kartesischen Produkts des Definitionsbereichs und der Wertemenge ins Gedächtnis rufen, um den relevanten Fall der leeren Menge handhaben zu können.

Übung 5.5 (Spezielle Morphismen). Sei $\mathfrak{C}$ eine Kategorie. Ein Morphismus $f\colon a \longrightarrow b$ in $\mathfrak{C}$ heißt *Monomorphismus*, wenn für jedes Objekt c und für je zwei Morphismen $g_1, g_2\colon c \longrightarrow a$ aus $f \circ g_1 = f \circ g_2$ bereits $g_1 = g_2$ folgt. Umgekehrt heißt f *Epimorphismus*, wenn für jedes Objekt d und je zwei Morphismen $h_1, h_2\colon b \longrightarrow d$ aus $h_1 \circ f = h_2 \circ f$ bereits $h_1 = h_2$ folgt.

i.) Zeigen Sie, dass f in $\mathfrak{C}$ genau dann ein Monomorphismus ist, wenn f in $\mathfrak{C}^{\mathrm{opp}}$ ein Epimorphismus ist.

ii.) Zeigen Sie, dass ein Isomorphismus sowohl ein Epimorphismus als auch ein Monomorphismus ist.

iii.) Zeigen Sie, dass die Monomorphismen in Set gerade die injektiven Abbildungen sind. Zeigen Sie entsprechend, dass die Epimorphismen in Set die surjektiven Abbildungen sind.

> Hinweis: Dass injektive (surjektive) Abbildungen Monomorphismen (Epimorphismen) sind, ist leicht zu sehen. Für die Umkehrung ist es nützlich, die einpunktige Menge $\{\mathrm{pt}\}$ dazu zu verwenden, um $\mathrm{Hom}(\{\mathrm{pt}\}, A)$ mit der Menge A zu identifizieren.

iv.) Sei $k \in \mathbb{N}_0$. Betrachten Sie die Inklusionsabbildung $\iota\colon \mathbb{R} \setminus \{0\} \longrightarrow \mathbb{R}$ als Morphismus in der Kategorie $\mathscr{C}^k$ aus Übung 5.2, *ii.)*. Zeigen Sie, dass diese Abbildung ein Monomorphismus und ein Epimorphismus jedoch kein Isomorphismus ist.

> Hinweis: Wieso ist eine $\mathscr{C}^k$-Abbildung $g\colon \mathbb{R} \longrightarrow U$ mit einem offenen Wertebereich $U \subseteq \mathbb{R}^n$ durch $g\big|_{\mathbb{R}\setminus\{0\}}$ bereits eindeutig bestimmt?

Übung 5.6 (Beispiele für Funktoren). Finden Sie die entsprechenden Aussagen und ihre Beweise in Bd. 1 und in den vorherigen Kapiteln, um die Details zu Beispiel 5.23 bis Beispiel 5.31 nachzuliefern. Hier ist an keiner Stelle etwas zu beweisen, die Beweise wurden alle schon erbracht. Es geht vielmehr darum, die vorhandenen Ergebnisse im Lichte der neuen Vokabeln zu interpretieren.

Übung 5.7 (Verkettung von Funktoren). Ist die Verkettung von zwei kontravarianten Funktoren wieder ein kovarianter (oder kontravarianter) Funktor? Was passiert für die Verkettung von einem kontravarianten mit einem kovarianten Funktor?

Übung 5.8 (Verkettung von natürlichen Transformationen). Seien $\mathfrak{C}$, $\mathfrak{D}$ und $\mathfrak{E}$ Kategorien. Seien weiter F, G, H$\colon \mathfrak{C} \longrightarrow \mathfrak{D}$ sowie F', G'$\colon \mathfrak{D} \longrightarrow \mathfrak{B}$ Funktoren.

i.) Für natürliche Transformationen $\eta\colon \mathsf{F} \Longrightarrow \mathsf{G}$ und $\theta\colon \mathsf{G} \Longrightarrow \mathsf{H}$ definiert man die *vertikale Verkettung* $\theta \circ \eta\colon \mathsf{F} \Longrightarrow \mathsf{H}$ durch

$$(\theta \circ \eta)_a = \theta_a \circ \eta_a \tag{5.4.1}$$

für alle $a \in \mathrm{Obj}(\mathfrak{C})$. Zeigen Sie, dass dies tatsächlich eine natürliche Transformation ist. Graphisch können wir die vertikale Verkettung als

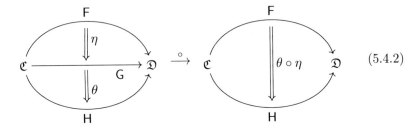

$$(5.4.2)$$

darstellen.

ii.) Zeigen Sie, weiter, dass die vertikale Verkettung $\theta \circ \eta$ wieder ein natürlicher Isomorphismus ist, sofern θ und η natürliche Isomorphismen waren. Zeigen Sie in diesem Fall, dass $(\eta^{-1})_a = \eta_a^{-1}$ ebenfalls ein natürlicher Isomorphismus ist und bestimmen Sie die vertikalen Verkettungen $\eta \circ \eta^{-1}$ sowie $\eta^{-1} \circ \eta$.

iii.) Seien nun $\eta \colon \mathsf{F} \Longrightarrow \mathsf{G}$ und $\theta \colon \mathsf{F}' \Longrightarrow \mathsf{G}'$ natürliche Transformationen. Dann definiert man ihre horizontale Verkettung $\theta * \eta$ durch

$$(\theta * \eta)_a = \theta_{\mathsf{G}(a)} \circ \mathsf{F}(\eta_a) \tag{5.4.3}$$

für alle $a \in \mathrm{Obj}(\mathfrak{C})$. Veranschaulichen Sie sich anhand eines geeigneten Diagramms die Richtung der Pfeile. Zeigen Sie, dass $\theta * \eta \colon \mathsf{F}' \circ \mathsf{F} \Longrightarrow \mathsf{G}' \circ \mathsf{G}$ eine natürliche Transformation ist. Zeigen Sie die alternative Formel

$$(\theta * \eta)_a = \mathsf{G}'(\eta_a) \circ \theta_{\mathsf{F}(a)} \tag{5.4.4}$$

für alle $a \in \mathrm{Obj}(\mathfrak{C})$. Graphisch stellt man die horizontale Verkettung als

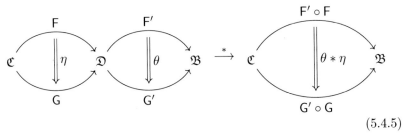

$$(5.4.5)$$

dar.

Hinweis: Schreiben Sie die entsprechenden kommutierenden Diagramme für η und θ geeignet aneinander.

iv.) Zeigen Sie auch hier, dass die horizontale Verkettung $\theta * \eta$ wieder ein natürlicher Isomorphismus ist, wenn θ und η natürliche Isomorphismen waren.

v.) Zeigen Sie nun, dass die Äquivalenz von Kategorien wirklich eine Äquivalenzrelation ist.

Literaturverzeichnis

[1] R. Abraham and J. E. Marsden. *Foundations of Mechanics.* Addison Wesley Publishing Company, Reading, Mass., 2 edition, 1985. 209, 211

[2] H. Amann and J. Escher. *Analysis I.* Grundstudium Mathematik. Birkhäuser Verlag, Basel, 3 edition, 2006. 8

[3] V. I. Arnol'd. *Mathematical Methods of Classical Mechanics*, volume 60 of *Graduate Texts in Mathematics.* Springer-Verlag, Berlin, Heidelberg, New York, 2 edition, 1989. 209, 211

[4] S. Auron. *Ringkunde für Anfänger und Fortgeschrittene.* Mordor-Verlag, Barad-Dur, Zweites Zeitalter. 50

[5] Christian Bär. *Lineare Algebra und analytische Geometrie.* Springer Spektrum, Wiesbaden, 2018. vii

[6] A. Beutelspacher. *Lineare Algebra.* Springer-Verlag, Heidelberg, 8th updated ed. edition, 2014. Eine Einführung in die Wissenschaft der Vektoren, Abbildungen und Matrizen. vii

[7] Ph. Blanchard and E. Brüning. *Distribitionen und Hilbertraumoperatoren.* Springer-Verlag, Wien, New York, 1993. 4

[8] S. Bosch. *Lineare Algebra.* Springer-Verlag, Heidelberg, 5 edition, 2014. vii

[9] M. Brandenburg. *Einführung in die Kategorientheorie. Mit ausführlichen Erklärungen und zahlreichen Beispielen.* Springer-Verlag, Heidelberg, 2016. 237, 243

[10] H. Cartan and S. Eilenberg. *Homological Algebra.* Princeton University Press, Princeton, New Jersey, 1999. Thirteenth printing, originally published in 1956. 71

[11] J. J. Duistermaat and J. A. C. Kolk. *Distributions.* Cornerstones. Birkhäuser, Boston, MA, 2010. Theory and applications, Translated from the Dutch by J. P. van Braam Houckgeest. 4

[12] S. I. Gelfand and Yu. I. Manin. *Methods of Homological Algebra.* Springer-Verlag, Berlin, Heidelberg, New York, 1996. 71

[13] L. Gerritzen. *Grundbegriffe der Algebra.* Vieweg, Braunschweig, Wiesbaden, 1994. 50, 54

© Springer-Verlag GmbH Deutschland, ein Teil von Springer Nature 2022
S. Waldmann, *Lineare Algebra 2*, https://doi.org/10.1007/978-3-662-63639-8

[14] D. Giulini. *Spezielle Relativitätstheorie*. Fischer-Verlag, Frankfurt am Main, 2004. 201

[15] A. M. Gleason. The definition of a quadratic form. *Amer. Math. Monthly*, 73:1049–1056, 1966. 193

[16] W. Greub. *Multilinear Algebra*. Springer-Verlag, New York, Berlin, Heidelberg, 2 edition, 1978. viii, 103, 164

[17] B. C. Hall. *Lie Groups, Lie Algebras, and Representations*, volume 222 of *Graduate Texts in Mathematics*. Springer-Verlag, Berlin, Heidelberg, New York, 2003. 1, 30

[18] H. Heuser. *Gewöhnliche Differentialgleichungen*. B. G. Teubner, Stuttgart, 2 edition, 1991. 1

[19] J. Hilgert and K.-H. Neeb. *Structure and geometry of Lie groups*. Springer Monographs in Mathematics. Springer-Verlag, Heidelberg, New York, 2012. 1, 30

[20] P. J. Hilton and U. Stammbach. *A course in homological algebra*, volume 4 of *Graduate Texts in Mathematics*. Springer-Verlag, Heidelberg, Berlin, New York, 2 edition, 1997. 71

[21] N. Jacobson. *Basic Algebra I*. Freeman and Company, New York, 2 edition, 1985. 50, 54, 103, 141

[22] K. Jänich. *Lineare Algebra*. Springer-Verlag, Heidelberg, Berlin, 11 edition, 2008. vii

[23] W. Klingenberg. *Lineare Algebra und Geometrie*. Springer-Verlag, Berlin, Heidelberg, New York, 1984. vii

[24] P. Knabner and W. Barth. *Lineare Algebra*. Springer-Verlag, Heidelberg, 2013. Grundlagen und Anwendungen. vii

[25] M. Koecher. *Lineare Algebra und analytische Geometrie*. Springer-Verlag, Heidelberg, Berlin, New York, 4 edition, 1997. vii

[26] H.-J. Kowalsky and G. Michler. *Lineare Algebra*. Walter de Gruyter, Berlin, 12 edition, 2003. vii

[27] T. Y. Lam. *Lectures on Modules and Rings*, volume 189 of *Graduate Texts in Mathematics*. Springer-Verlag, Berlin, Heidelberg, New York, 1999. 103

[28] S. Lang. *Introduction to Linear Algebra*. Undergraduate Texts in Mathematics. Springer-Verlag, Berlin, Heidelberg, New York, 2 edition, 1986. vii

[29] S. Lang. *Algebra*. Addison-Wesley Publishing Company, Inc., Reading, Massachusetts, 3 edition, 1997. 50, 54, 103, 141, 148

[30] S. MacLane. *Categories for the Working Mathematician*, volume 5 of *Graduate Texts in Mathematics*. Springer-Verlag, New York, Berlin, 2 edition, 1998. 237

[31] J. E. Marsden and T. S. Ratiu. *Einführung in die Mechanik und Symmetrie*. Springer-Verlag, New York, Heidelberg, 2000. 209, 211

[32] H. Römer and M. Forger. *Elementare Feldtheorie*. VCH Verlagsgesellschaft, Weinheim, 1993. 31, 201

[33] W. Rudin. *Functional Analysis*. McGraw-Hill Book Company, New York, 2 edition, 1991. 4

[34] R. U. Sexl and H. K. Urbantke. *Relativität, Gruppen, Teilchen*. Springer-Verlag, Wien, New York, 3 edition, 1992. 201, 230

[35] S. Sternberg. *Group theory and physics*. Cambridge University Press, Cambridge, 1994. 141

[36] S. Waldmann. *Poisson-Geometrie und Deformationsquantisierung. Eine Einführung*. Springer-Verlag, Heidelberg, Berlin, New York, 2007. 209, 211

[37] S. Waldmann. *Lineare Algebra I. Die Grundlagen für Studierende der Mathematik und Physik*. Springer-Verlag, Berlin Heidelberg, 2016. vii

[38] R. Walter. *Einführung in die Lineare Algebra*. Vieweg-Verlag, Braunschweig, 3 edition, 1990. vii

Sachverzeichnis

© Springer-Verlag GmbH Deutschland, ein Teil von Springer Nature 2022
S. Waldmann, *Lineare Algebra 2*, https://doi.org/10.1007/978-3-662-63639-8

Printed in the United States
by Baker & Taylor Publisher Services